YouTubeの時代

Videocracy: How YouTube Is Changing the World...with Double Rainbows, Singing Foxes, and Other Trends We Can't Stop Watching Kevin Allocca

動画は世界をどう変えるか

YouTubeトレンド・カルチャー統括部長
ケヴィン・アロッカ

小林啓倫｜訳

NTT出版

YouTubeの時代——**目次**

JoeA48に——

凡例

・算用数字による注は著者による脚注、ギリシャ数字は文献注を示す。

・〔　〕は訳者による補足を示す。

・［　］はYouTubeのチャンネル名で、日本版の補足として挿入した。

・▣は紹介動画の番号を示す。日本版の補足として主要な動画のQRコード・タイトル・チャンネル名を欄外に示した。著者の本書専用動画プレイリスト（https://kevinallocca.com/videocracyplaylist）を参照したほか、一部、日本版用に独自に選んだものもある。

（リンク先参照 2019年1月）

プリロール

ヨセミテ国立公園の端に住む「ヨセミテの熊」［Yosemitebear62］こと、ポール・バスケスの部屋に午後の光が差しこむと、47歳になる彼はいつものカメラをつかんで外へと飛び出した。息をのむほど美しい二重の虹が、巨大な渓谷にかかっていたのだ。彼はそれまでも何百という動画をYouTubeにアップしていたが、この光景を前にして自分がいま何か特別なものを撮っていると確信した。実際その動画はネットで大きな注目を集めることになるのだが、それは虹が美しかったからではなく、画面には映らなかったものが原因だった。映像が続く3分30秒の間、虹に見とれたバスケスが我を忘れてむせび泣く声が聞こえてくるのだ。こんな風に▣01。

わお、カンペキな虹だ。ダブルレインボーだ。……やばい。まじか。虹が二重になってる。やばい、やばすぎる……うぉー、すっげぇ明るい……うぉおおおおお！！！　オーマイガッ！！　オーマイガッ！！……すっげぇきれい……（喜びのあまり嗚咽しはじめる）……ウォー……まじ信じらんない……信じらんねぇわ。わおー、神様、なんなのこれ？　どういうこと？（さらに泣く）

▣01
Yosemitebear Mountain Double Rainbow 1-8-10
Yosemitebear62

……あぁ……ああああああ！！！……なんてイケてるんだ！　オーマイガッーー！！！

この「ダブルレインボー」動画（正式なタイトルはYosemitebear Mountain Double Rainbow 1-8-10）を初めて見たとき、私はまだ、ＹｏｕＴｕｂｅにそれほど関心を抱いていなかった。そのころ私は、記者の仕事を休んで、高校のサマーキャンプで講師をしていた。〝ベア〟〔バスケスのこと。彼のチャンネル名が「ヨセミテの熊」であることから〕が動画をアップしたのは２０１０年1月だったが、話題になったのはその半年後。人気コメディアンのジミー・キンメルが、ツイッターで、こんな風につぶやいて動画をシェアしたのだ。「友人のトッドが、これを『世界で一番おもしろい動画』って言ってたよ。その通りかもしれないな」

私もキンメルの友人トッドと一緒で、ベアがダブルレインボーに示した異常な興奮は、何度見ても見飽きなかった。その週だけで20回は再生しただろう。サマーキャンプのスタッフは学生のために、講義前にこの動画を大きなスクリーンに投影した。学生たちもすぐに気に入って、「なんてイケてるんだ！」は私たちの間で新しいキャッチフレーズになった。この動画は、ひとりの男が示した熱狂的なリアクション、純粋な喜びの瞬間を切り取った記録だった。それは私たちが、ぜひともシェアしたいと思うような感情を体現していたのである。

それ以来、私は何度かベア本人に会う機会があった（インターネット・ミーム〔インターネットを通じて、人から人へと遺伝子のように受け継がれ、広がっていく概念やコンテンツ、行動〕を扱ったＭＩＴのシンポジウムはそのひとつである）[01]。それでわかったのは「ダブルレインボー」動画は〝ベアそのもの〟だということだ。動画は彼のパーソナリティをそのまま詰め込んだものだった。動画はおバカで生々しく、不自然なくらい強い感情であふれている。ベアもまったく同じなのだ。「動画に僕は写ってないけど、動画を見る人は僕を通して虹を見ているんだ。みんなは僕が体験したことを体験するんだよ」と彼は言う。

「動画の何がウケているのか、ベアはわかってるの？（つまり、彼と一緒に笑っているのではなく彼が笑われていることをわかっているの？）」と私は多くの人から尋ねられた。もちろん、彼はわかっていた。でもたとえ彼を笑っているとしても、動画を見ている間、人々は彼とその瞬間を共有している。ベアに言わせると、彼の使命は、幸福な気持ちやスピリチュアリティ、それからポジティブなメッセージを世界中に広めることで、動画はその実現に役立っているのだという。ベアは動画を「僕から人類に贈るギフト」と呼ぶ。「ダブルレインボー」動画を再生したり、シェアしたり、パロディのネタにしたり、歌ったりするたびに、私たちはベアの個人的な使命に参加しているというわけだ。

数年後も、「ダブルレインボー」は私にとって、ＹｏｕＴｕｂｅのナンバーワン動画であり続けた。ベアの喜びの絶叫と、支離滅裂なむせび泣きの間に、そして私たちの笑い声の間に、重要な真実が潜んでいる。私たちはまったく新しいクリエイティビティの時代の一部なのだ。この新時代の原動力となるのは、ベアのように何かをシェアしたいという人々や、そうした経験に参加したい、自分も新しい作品を生み出したいと願う、サマーキャンプの子供たちのような人々である。それは私たち全員によって形作られつつある文化なのだ。

01｜本当の話だ。私はそのシンポジウムで、「トロン・ガイ」にも会った〔トロン・ガイは映画『トロン』のコスプレで一躍有名になった中年男性。本名はジェイ・メナード。「Tron Guy」でぜひ検索を〕。#NerdGoals

私は典型的な〝90年代の子供〟だった。土曜日の朝になれば、「ミュータント・タートルズ」を見るために起きてきたし、TRL〔トータル・リクエスト・ライブ、1998年から2008年までMTVで放送されていたリクエスト番組〕を見てどのバンドをディスればいいのか判断していたし、レンタルビデオチェーンのブロックバスターでビデオを借りていたし、夕食のときには母親に怒られてスイッチを切られるまで、ひどく大げさに演出されたサウス・フロリダのローカルニュース番組を楽しみにしていた。私はエンターテイメントに関して、両親の世代よりも、はるかに多くの選択肢を与えられながら育ってきたのだ。

両親が子供だった1950年代、ラジオとテレビの普及が進んだことで、メディアビジネスはかつてないほど大きな影響力を持つ産業へと成長した。しかしその一員になるには、多額の資金が必要だった。放送用のアンテナや、膨大なフイルム、紙メディア用の印刷機などを用意しなければならないが、どれも決して安くない。1959年にRCA社製のテレビカメラTK-41（カラー放送用のカメラとして世界初となる機種のひとつ）を1台買うだけでも、5万ドルはかかった。これは現代の価値にして、41万7485〔4700万円〕ドルだ。コンテンツ制作に巨額のコストがかかることや、宣伝費もかけなければならないこと、そうしたコストを興行収入で補わなければならないことから、マス市場で消費されるエンターテイメントのほぼすべてが、ほんのひと握りの放送ネットワークや映画スタジオ、レコード会社から生み出されていたのである。かけた経費を取り戻すには制作したコンテンツをできる限り多くの消費者に売り込まなければならない。

このビジネスモデルは、必ずしも悪いものではない。20世紀の文化を象徴するような、重要なコンテンツの大部分が、そこから生まれたのである。米大統領選でのニクソンとケネディによるテレビ討論会や、「エド・サリヴァン・ショー」へのビートルズ出演、映画『ゴッドファーザー』や『風と共に去りぬ』といった具合だ。このモデルにより、制作されたコンテンツが適切にカテゴライズされ（つまり受け手がわかりやすいジャンルに分類され）、適切な文脈の上に置かれる（標準的なマーケティングやブランディングを通じて）ことが保証され、しかもそれが高いクオリティで実現されたのである。社会学者のアーネスト・ヴァン・デン・ハーグは1957年に、次のように書いている。[ii]「大衆文化をつくり出しているのは、ごく一部の集団――ハリウッド、もしくはニューヨークである。それは無名の大衆によって構成されるマス市場向けの売り物として生み出されるのだ。したがってそれは文化というより『製品』に近く、平均的な好みに合うように調整されていて、さらに安くてどこでも売っているものにするために、自由や個性が犠牲にされている」。こりゃヤバいね。

いま現れようとしている新しいメディアは、ある意味で、私たちが生まれる前の時代にあった文化に似ている。どのくらい前の話かというと、産業革命やマスメディアの登場よりも昔の時代だ。そのころ創造性は、少数のエリート集団の意思ではなく、人々の共通の現実や情熱、恐怖を反映した、フォークアートを通じて発揮されていた。現代のテクノロジーは、個人がアートやエンターテイメントの創造に関わることを再び可能にしたのである。しかも今回、人々――つまり私たちは、それを大規模な形で行えるようになった。

２０１０年、私がＹｏｕＴｕｂｅ上のトレンドを追跡するという仕事を始めたころ、最初に気づいたのは「なにもかもが意味不明」ということだった。一番人気のチャンネルでは、16歳の少年が登場し、声のスピードを上げてハイピッチでしゃべっていた。世界で最もビッグなポップスターであるジャスティン・ビーバーが有名になったきっかけは、彼が自分の部屋で撮影してアップした動画だった。同じころ、バラク・オバマは、「ＹｏｕＴｕｂｅ大統領」というあだ名をつけられた。何か大きな変化が起きているのは確かだったが、それがもたらしていたのはカオス、すなわち混とんとした状況だった。ＹｏｕＴｕｂｅ初の「トレンドマネージャー」としての私の仕事は、こうした現象が何を意味するのかを理解することだった。

私が２０１０年に初めて目の当たりにしたのは、ランダムで予測不可能に思えるカオス。しかしそれは、現代という自己表現の時代の新しい創造の自由が生み出した、必然的な産物なのである。それを解き明かすのが、本書の目的だ。その過程で、いかにして動画がウイルスのように拡散していくのか、なぜ一部のクリエイターは多くの視聴者を獲得しているのか、「ハーレムシェイク」〔本書第4章でくわしく取りあげる〕動画はどのようにネットで大きな話題になったのか、などのテーマを掘り下げる。しかし本書が目指しているのは、こうした現象が私たち自身と、私たちが手にした新しい影響力について何を語っているのかを考えることである。

ＹｏｕＴｕｂｅという会社での経験は、私に特別な機会を与えてくれた。それは私たちと動画の進化し続ける関係が、いかに人々の日常生活に影響を与えているか（ときには私たち自身も気づかない形で）を理解する機会である。私はＹｏｕＴｕｂｅを支えるテクノロジーが、私たちひとりひとりの文化への影響力を拡大するのを見てきた。そして人々がこのテクノロジーを駆使した結果、かつてアイデアが広まるのを妨げていた多くの要素（地理的な制約や経済的要因など）が時代遅れになるのを見てきた。また私は、本当のエンターテイメントを求める声への応答として、革新的で創造的な手法が生み出されるところも目の当たりにしてきた。さらにはリミックスのような、メインストリームではない新たな芸術表現が、メディアに私たち自身の視点や文脈を持ち込み、音声や動画が生活に果たす役割を一変させるところも見てきた。相互のやりとりからつながりが生まれるメディア環境が登場したことで、エンターテイメントは私たちに豊かな経験を提供できるまでに進化し、あらゆる規模のビジネスが、私たちとのコミュニケーションのとり方を変えることを迫られている。

人々が動画で相互にやりとりすることが社会にもたらす変化は、もっと根本的なものだ。私たちが知識を獲得し、拡散する方法や、経験をシェアする方法は、より個人的で直接的なものになっており、人々の社会の見方にも影響を与えている。ニッチな分野の情熱や関心がコンテンツ制作を後押しするようになると、見た目は小さなコミュニティでも社会に大きな影響を与えられるようになり、私たちが消費するエンターテイメントは、より深く、より無意識のニーズを反映するようになる。しかもそうしたニーズは、これまで既存のメディアが見落としてきたものだ。

その結果、今生まれつつあるのは、個人が先導する新しいタイプの大衆文化だ。次の世代を代表するのは、映画のスターやテレビのパーソナリティではなく、インターネットで何かを発信する人々だ。

に参加することを、個人として親密なかたちで行うようになっているが、それだけでは終わらない。そうした行動を、現代のテクノロジーを駆使して途方もないスケールで行っているのだ。それはビジネスのあり方や、重要な出来事の生まれ方とその理解のされ方、そして人生のあり方に対して、大きな意味を持っている。

仮に文化を知識や表現、習慣、芸術（高尚か低俗かを問わず）の総量と捉えるなら、まちがいなく私たちのデジタル活動は、文化を内部から変えていく巨大な力となるだろう。私たちが日々、ＹｏｕＴｕｂｅをどのように使うかは、人生のさまざまな側面を映し出すと同時に、影響をも与えている。私たちが変われば、ＹｏｕＴｕｂｅも変わる。私たちと同様に、それは永久に変わり続ける存在なのだ。私たちは動画を見るための場所だったＹｏｕＴｕｂｅを、巨大な文化エンジンに変えた。それは常にどこかが壊れているが、参加するユーザーたち一人ひとりによって修理されたり、部品交換が行われたりしている。

そして私たちは、このカオスの中に浸って何を見ることができるか確かめようとしている。ベアの動画には大笑いしたが、ＹｏｕＴｕｂｅの関係者としてそのトレンドやコミュニティ、才能ある人々を探求した私の個人的な経験は、率直に言って、私自身にとっての〝ダブルレインボー〟であり続けている。もし動画を撮っていたら、私も思わず叫んでいただろう――なんてイケてるんだ！　オーマイガッ！

1
動物園で
YouTube最初の動画

2005年の春、ジョード・カリムは米サンディエゴに住む高校時代の友人を訪ね、市内の有名な動物園に出かけた。象の檻まで来ると、彼はオートフォーカスのデジタルカメラを取り出した。カリムはそのときのことを、「僕は撮影しようと考えていた動画の内容を、リストにしていたんだ。そのひとつが、動物園でバカな動物紹介をすることだったというわけ」と説明している。カリムはカメラを動画モードにすると、それを友人のヤコブ・ラピスキーに渡し、自分を撮影するように頼んだ。そのとき撮影された18秒の映像のなかで、カリムはカメラに向かい、こう語りかける。「オーライ、ということで、僕らは象の前にいます。この動物のクールなところは、すごく、すごく、すごく長い、えーと……鼻を持ってるところ。クールだよね。言いたいことはそのくらいかな」。ヤコブはカメラをカリムに返したが、いま撮影したこのおふざけ動画▣01が、インターネットの歴史をつくることになるとは2人とも想像していなかった。

その5年前の2000年、バングラデシュ出身の研究員と、ドイツ人の生化学教授の息子であったカリムは、通っていた大学を卒業前に離れ、PayPal（ペイパル）のオンライン決済プラットフォームの

▣01
Me at the zoo
jawed

開発者として同社に参加した。（ちなみに彼は通信教育を続け、数年後にコンピューターサイエンスの学士号を取得している。）そこで彼は、チャド・ハーリーとスティーブ・チェンという2人の友人と出会った。この友情が、のちに彼の人生と、私の人生、そしておそらく読者の皆さんの人生も変えることになる。

２００４年後半までに、カリムとハーリー、チェンの３人はペイパルを離れ[01]、定期的に会って新しいベンチャーの立ち上げについて相談をするようになった。その際に有望だと感じられたアイデアのひとつが、より優れた動画サービスを提供するというものだった。覚えている人もいるだろうが、その当時動画をネットで公開して見てもらうのは恐ろしく大変なことだった。ウェブサイトを用意して、そこに動画ファイルをアップロードし、ダウンロード用のリンクを他人に教え、さらには彼らのＰＣに、動画を再生するための適切なビデオプレイヤーがインストールされていることを祈るしかなかったのである[02]。

こうした問題があったにもかかわらず、オンラインで動画ファイルを共有するネットワークが現れようとしており、人びとが手軽で見つけやすくていつでも投稿できる動画サービスを望んでいることは明らかだった。２００４年、スーパーボウルのハーフタイムショーで、ジャネット・ジャクソンの胸があらわになる事件が起きたときの世間の反応は、そのことを証明していた（後に衣装のトラブルによるものという釈明がなされた）。『ザ・デイリー・ショー』のジョン・スチュワートが、この件でＣＮＮのニュース番組『クロスファイア』のホストたちと激しいやり取りをしたデジタル動画が、BitTorrent（ビットトレント）などのファイル共有サービスを通じて拡散し、ＣＮＮのオリジナル版より数百万回以上も多く視聴されたのだ。一方、２００４年12月にインド洋で悲惨な津波が発生した際には、一般の人々がカメラ付き携帯電話やデジタルカメラなどを使って被害の様子を撮影した。こうした撮影用デバイスが広く普及し、それを通じてさまざまな出来事が、これまでにない規模と多様性をもって記録される可能性があると証明されたのである。

　ピースは揃っていた。ブロードバンドの普及によって、高帯域幅のストリーミングが可能になり、マクロメディアのフラッシュが動画をサポートするようになっていた。それによってＹｏｕＴｕｂｅはウェブページ内に簡単に組み込めるサービスになった。[i] また数年の間にライブジャーナルやFlickr（フリッカー）、Wikipedia（ウィキペディア）、さらにはHot or Not（ホット・オア・ノット）といったウェブサービスが登場したことで、「オンラインコミュニティを基盤としたコンテンツ消費」という体験の基礎が整いつつあった。やってみるのは難しくなかった。カリム、ハーリー、チェンの3人は、使いやすいデザインを編み出し、さらにたくさんの人をサポートできるように、インフラを拡張する必要があった。幸いなことに、ハーリーはペイパルを一から設計したデザイナーであり、ユーザーインターフェースの専門家だった。さらにチェンとカリムは、かつてペイパルのアーキテクチャチームで共に働き、同社の決済プラットフォームを数百万人のユーザーが使えるものに拡張させた経験があった。とはいえ、新たな動画サービスというアイデアを追求したのは彼らだけではなかった。すでにVimeo（ヴィメオ）やGoogle（グ

01｜ペイパルで彼らの同僚だったメンバーたちは、のちにYelp（イェルプ）やLinkedIn（リンクトイン）といったウェブサービスを立ち上げている。

02｜将来、僕たちの孫にこの話を聞かせたら、彼らは目を丸くして驚くことだろう。

ーグル）ビデオといったサービスが立ち上がっていたのである。２００５年のバレンタインデーにはさっそく作業にとりかかったが、自分たちのアイデアを実現するインフラを本当につくれるのか、確証はなかった。ホスティングにかかる費用や、数百種類のファイルのコード変換を行う仕組みなど、課題も山積していた。ハーリーはのちに、問題がどれほど複雑なものか最初にわかっていたら、決して取り組まなかっただろうと冗談を言っている。

人々がこのサービスをどう使うのかという点も、はっきりしていたわけではなかった。有名な話だが、彼らは最初、人々が自分のプロフィール動画を撮影するだろうと考え、出会い系サイトとしてＹｏｕＴｕｂｅを立ち上げた。[03] 最初の設計では、ユーザーは見る動画を選べなかった。ユーザーが自分の性別と「探している」性別や年齢を選択すると、ＹｏｕＴｕｂｅ側がランダムに動画を選ぶ形式になっていたのだ。

ＹｏｕＴｕｂｅの最初のテストサーバを立ち上げるとき、カリムはその日サンディエゴで撮影した動画をアップロードした。彼はそれに「動物園にいる僕」というタイトルをつけたが、その理由は、できる限り簡単で効率的にラベルづけすることをエンジニアに任せていたからだった。4月23日に「動物園にいる僕」ビデオは、ＹｏｕＴｕｂｅ上に初めてオフィシャルにアップされた動画となった。２日後、カリムは次のようなメールを友人たちに送った。

差出人：ジョード

日付：2005/4/25（M）05:34:07-0400（東部夏時間）

やぁみんな、僕らはこんなサイトを立ち上げたよ。

http://www.youtube.com

拡散に協力してくれる？
立ち上げたばかりで、女の子はひとりもいないんだ……いまのところは、だけど。
それから、みんなの動画もアップしてくれるかな。感想を聞かせて！
ジョード

YouTubeのスタートは、ゆっくりとしたものだった。投稿された動画はわずかで、そのほとんどが、カリムが自分で撮影した飛行機の映像だった。アップロードを増やそうと、彼らは広告投稿サイトのCraigslist（クレイグズリスト）に広告を出したり、スタンフォード大学でフライヤーを配ったりした。さらにユーザーたちは、YouTubeを出会い系サイトとしては使っていなかったため、カリムたちは恋人紹介という要素をすべて無くすことにした。ユーザーはこのサイトを、友人やペット、おかしな落書き、ネット上で流行っていることなどの動画をシ

03｜当時のキャッチフレーズは「チャンネルを合わせて、恋人を見つけよう」だった（ﾟДﾟ）

エアするために使っていたのである。6月、チームはサイトをリニューアルし、視聴回数を伸ばすための「関連動画」機能の追加や、シェア機能の使いやすさアップ、そしてＹｏｕＴｕｂｅの動画プレイヤーをユーザーが自分のサイトに埋め込む機能の追加を行った。これが何より重要だった。

これらの新機能が功を奏し、サイトが成長を始めると、カリムたちは得られたデータを分析して、おもしろい傾向を見つけた。カリムは２００６年に、次のように語っている。[04]「2週間に1回のペースで、まったく予想もしていなかったような動画がアップされる。その動画は再生回数の記録をあっさり塗り替えて、他のすべての動画を取るに足らないものにしてしまうんだ」。アップロードの頻度が増してくると、動画がヒットする確率も高まり、それがまた投稿を呼び込んで、ＹｏｕＴｕｂｅは当時恐らくインターネット史上、最も速く成長するサイトになった。

「動物園にいる僕」動画はもちろん、そうしたヒット作にはならなかった。ＹｏｕＴｕｂｅ上で数百万、数千万という動画再生が行われるようになるのは、カリムがジョークとして撮影した動画が、インターネット史の伝説になったあとだった。「動物園にいる僕」動画は、その後に起こるウェブ動画の大流行の輪には加われなかったが、この単純で気取らない映像は、ＹｏｕＴｕｂｅがその後何年にもわたって後押しすることになる「個人的な体験」を象徴していた。

私はよく、カリムが最初の動画のなかで言いたかったのは、実は違う言葉だったのではないだろうかと考える。確かにこれは、20年分の後知恵と、彼が創り出したものが与えた影響に関する知識があるからこそ言えることだが、カリムは単に象に関するおバカなコメントをしたかったのではなく、もっと深いことを表現したかったのではないだろうか。この質問をついにカリム自身にぶつける機会を得たとき、彼はこう答えてくれた。「それが最初の動画かどうかなんて気にしてないよ。ただこの動画は、ＹｏｕＴｕｂｅでは誰でも好きなものを投稿できて、それに価値がどのくらいあるかはコミュニティが決めるっていう、核心をついていると思う」。そう、確かにその通りだ。

誰でも動画を投稿できて、誰もがそれを見ることができる場所があったらどうなるだろうか？　この信じられないくらい単純な質問から、今日の私たちが知るＹｏｕＴｕｂｅが生まれた。そして当初は、この質問の答えが持つ本当の意味を、誰も理解していなかった。しかし少なくとも、ＹｏｕＴｕｂｅは人気サイトとなった。たった1年で、ユーザー数はゼロから[ii]月間３０００万人に達したのである。さらに２００６年末までに、1日に1億本の動画が視聴されるようになり、インターネット上での動画視聴の58パーセントがＹｏｕＴｕｂｅ上で行われるようになった。それから10年が経過し、1日に視聴される動画数は数十億本に達している。いまやＹｏｕＴｕｂｅは、世界で最も訪問者数が多いサイト、最も利用されているアプリのひとつに一貫してランクインするようになった。

これから解説するように、ＹｏｕＴｕｂｅはユーザー自身の行動をインプットしてユーザー

04｜カリムはスタートアップとしてのYouTubeに従業員として加わることはなく、スタンフォード大学で大学院生をしながら、YouTubeのアドバイザーとして活動した。

経験の向上に取り組んでおり、私たちが気づいている以上に、ユーザーはYouTubeがどう機能するかという点に影響力を持っている。このサービスを日常的に使っているだけで、私たちはYouTubeに大きな変化をもたらすことができるのだ。それがどう実現されるのか、説明していこう。

まじめな話、動画はどこに置いてあり、どのように視聴されているのか?

現在、YouTubeは10億人以上のユーザーを抱えている。しかしYouTubeがどうやって動いているのか、本当にわかっているユーザーはほんの少しだ。いま私たちが活用している主要なオンラインプラットフォームは、どれも直感的に使うことができ、利用者はその仕組みについて多くを知る必要はない。英国のSF作家であるアーサー・C・クラークは、「十分に発達した技術は、魔法と見分けがつかない」という有名な言葉を遺した。[iii] しかし私たちがYouTubeを通じて文化に与えるインパクトを考える場合、この「魔法」を何がもたらしているのか、いくつか理解しておかなければならない。それはYouTubeを支えるインフラがどのような状態にあるか、そしてYouTube上での人々の動きを把握するための測定方法である。

以前、中学生のグループに「動画はどこにあるの?」というひどくシンプルな質問をされたことがある。その答えは少し複雑だ。それを明らかにするために、私はビリー・ビッグスのもとを訪ねた。彼はYouTubeの最古参社員で、最も尊敬されているソフトウェア・エンジニアのひとりである。彼の仕事のひとつが、YouTubeの技術アーキテクチャを管理することだ。私はビリーに、先ほどの質問を投げかけてみた。「簡単に答えてしまえば、ハードドライブ上に記録されている、ということになるね。ただ、その数はものすごいことになっているけど!」というのが彼の答えだった。ユーザーが動画ファイルをアップロードすると、YouTubeのサーバがファイルを処理していくつかに分割し、それをさまざまな画面サイズや接続速度に最適化された、数種類のフォーマットにコード変換する。4Kテレビで動画を見る場合、高速回線につながったラップトップで見る場合、都市部から離れた場所で携帯電話を使って見る場合など、それぞれ異なった動画ファイルを準備しておく必要があるのだ。そうしたファイルは複製され、世界中のサーバに保管されるため、ヨハネスブルクにいる誰かが見ている「ダブルレインボー」動画は、ロサンゼルスにいる誰が見ている「ダブルレインボー」動画と同じファイルであるとは限らない。動画へのアクセスが多ければ多いほど、その複製の数も多くなり、さまざまな場所にあるサーバに保管される。人気の動画となると、世界中に数千のインスタンスが存在する可能性がある。その意味では、YouTubeの動画は文字通り私たちの周りに存在しているのだ。

ビッグスがYouTubeに参加したのは、同社が急成長を遂げていた2006年のことだ。そこで働くのはスリリングな経験で、彼はサービスが盛り上がっていくことに興奮していたが、トラフィックの急増に対処するのにサーバが足りなくなる恐れがあることもわかっていた。特に心配していたのは、人々がネット上で騒ぎ出す週末だった。「システムが急激に成長している場合、週末ごとにピークが更新される可能性がある」とビッグスは語っている。彼は何か起きたときのために、ラップトップと３Ｇの通信カードを常に持ち歩いていた。友人とビーチに向かう途中に、車の後部座席でトラブル対応に追われるということもあった。

かつてほどの勢いは無くなったとはいえ、ＹｏｕＴｕｂｅは現在も成長を続けており、ピークの更新も続いている。こうした絶え間ない進化は、技術的、経済的、挑戦を技術者に突きつける。この状況を生み出しているのは、私たちＹｏｕＴｕｂｅユーザーもまた、常に変化を続ける存在であるという現実だ。私たちの欲求や関心を押さえつけたり、その将来を予測したりすることはできない。ＹｏｕＴｕｂｅがユーザーの変化と、彼らが望むものに効果的に対応するためには、その行動を正確に測定する必要がある。

ＹｏｕＴｕｂｅ上の動画の測定の基礎となるのは、当然ながら「視聴」である。視聴回数もしくは再生回数は、ある動画が何回見られたかを示している。[05] しかし「視聴」とは、正確には何を指すのだろうか？　これもよく尋ねられる質問のため、私は頼れる情報源をあたることにした。その情報源であるテッド・ハミルトンは、視聴について「ユーザーが実際に動画を見ようと思って、動画を再生すること」と解説する。ハミルトン（私の同僚には「ハミー」として知られている）はスイスのチューリッヒにあるＹｏｕＴｕｂｅの分析部門において、６年以上プロダクトマネジャーを務めており、動画やチャンネルといったさまざまなデータをどう整理するかについて、エキスパートと呼べる存在だ。実は視聴回数の測定は、私たちが考えているよりも、ずっと複雑な問題である。

１日に何十億回も行われる動画の再生を数え、処理するのは、それほど技術的な難しさはない。ＹｏｕＴｕｂｅのシステムは、それを非常にうまく処理することができる。難しいのは、再生が意図されて行われたものかどうかを判断する部分だ。タイトルやサムネイルに騙されて、ある動画を再生してしまった場合、それを本当に見ようと思って再生したといえるだろうか？　あるウェブページにアクセスした際、そこで動画が自動再生された場合はどうだろう？　ユーザーがある動画を５回連続して再生した場合、５回の視聴が行われたとカウントしてよいのだろうか？　動画が自動再生されている間、ユーザーが別の部屋で夕飯をつくっていたとしたら？　自動化されたシステムが行った再生をカウントしてはならない、という考え方に同意するだろうか？

こうした状況のなかには、ある動画を実際よりも人気があるように見せかける卑劣な企みもあれば、悪意なく行われるものもあるが、いずれにせよ統計分析の手法を駆使して、問題行動がデータを信用できないものにしてしまうことを防がなければならない。「ＹｏｕＴｕｂｅでは毎日何十億回と動画が再生されており、そのデータを分析すると、一定のパターンが見えてくる」とハミルトンは説明する。[06]

05｜この数が「動画を見た人の数」でないことに注意してほしい。これはよくあるまちがいで、ニュースのなかですら目にすることがある。インターネットで何かを見た人の数を測定するのは、皆さんが想像しているよりもずっと難しい。

視聴回数は、あるインターネット上のコンテンツがどれほど人気かを議論する際に、多くの人々が使用する指標のひとつとなっている。しかし私は、YouTubeで働き始めて間もないころから、ある動画の人気を視聴回数だけで測るのは、不十分な気もしている。第1に、ある動画が見られたかどうかよりも、どのように見られたかのほうが多くのことを伝えてくれる。ユーザーが検索して表示された結果から動画を見るような、能動的な「検索主導型」の視聴は、フォローしているチャンネルからのお知らせを通じて動画を見るような、受動的な「購読主導型」の視聴とは大きく異なる。いつのタイミングで動画が見られたのかという要素は、私たちに「速度」の概念を与え、それは動画の人気がどう推移しているのかを理解することに役立つ。たとえば2015年、ラッパーのフェティ・ワップによる曲「トラップ・クイーン」の動画が人気を集めるまでに、数か月を要した。その一方で、アデルの曲「ハロー」は、公開されるとすぐに大勢の視聴者を獲得している。どちらもこの年に最もヒットしたシングルの中に含まれているが、ポップカルチャーのなかでは、異なった受け止められ方をした。そしておそらく、最も重要なのは、あるユーザーがどのくらい長く動画を見たのかという情報である。それが示すのは、ある動画が視聴前にどのくらいおもしろそうに感じられたのかではなく、実際に視聴したときに、それにどのくらい引き寄せられたかという点だ。人々がある動画を見た時間の合計を「視聴時間」と呼び、視聴回数よりも重要な指標となっている。

YouTubeに動画を投稿した人は、誰でもアナリティクスのツール（ハミルトンがその一部の開発責任者となっている）を使うことができ、そこで視聴回数や視聴時間、その他多くの重要な統計情報を確認できる。ＹｏｕＴｕｂｅは毎日、視聴回数や評価件数、シェア数、コメント数などを集計する。そしてすべてのデータを整理して、ユーザーが重要な情報を細部（たとえば視聴者の居場所や年齢層、性別など）[07]まで確認できるようにする。ハミルトンの仕事は、こうしたピースを組み合わせ、ＹｏｕＴｕｂｅ上のユーザーの行動が正確に把握できている状態を実現することだ。このデータは視聴者だけでなく、視聴者の反応を見て戦略を修正しなければならないクリエイターたちや、ＹｏｕＴｕｂｅ自体のシステムにとっても重要なものである。

ハミルトンに任されている仕事は、さらに重要だといえるかもしれない。要するに彼は、デジタル空間における人々の行動を記録し、検証しているのである。動画制作者にとって、高度なデータ分析が行えるというのは、匿名のデジタル情報を具体的な視聴者の姿として感じられるようになることを意味する。「インターネット時代のいま、人々は切り離された状態になっている」とハミルトンは語る。私たちは「人々はそこにいるのだが、彼らを見ることはできない。『ここに視聴者がいて、あなたのアップした動画を再生し、評価し

06｜賢明なユーザーであれば、かつて何年もの間、再生回数を示すカウンターが301回の時点で「一時停止する」ことに気づいていただろう。その理由は、カウンターの更新が常にリアルタイムで行われているわけではないためだ。それは一定のタイミングでストップし、不正行為が行われていないかをYouTubeのシステムがチェックする。このチェックが入る最初のタイミングが再生回数300回であり、それが目に留まりやすかったのである（特に評価件数だけが数千件に伸びている場合などは）。信頼できる視聴回数を担保するための作業は、だんだんとユーザーから意識されにくいものになっているが、裏側では常に行われているのだ。

07｜こうした属性情報は主に、ユーザーがアカウントを登録した際の情報に基づいている。そのためすべてが正確な内容であるとは言えないが、参考値として活用することができる。たとえば誕生日を１月１日と申告しているユーザーの数が不自然に多いと聞いても、驚かないだろう。

ていますよ』というフィードバックをユーザーに返しているのだ」

こうした情報はすべて、ＹｏｕＴｕｂｅのトレンドを理解するのにも役立つ。多くのＹｏｕＴｕｂｅの社員とシステムが、毎日このデータを分析し、自分たちのサービスをより優れた、より使いやすいものにする方法を見出そうとしている。つまり今日のＹｏｕＴｕｂｅの姿、そしてその将来の姿をつくり出しているのは、実は私たちユーザーの行動（趣味・嗜好や意見、情熱）なのである。

あなただけのＹｏｕＴｕｂｅのページはどのように作られるか

ＹｏｕＴｕｂｅのウェブサイトを開いたり、アプリを使ったりするとき、最初に目に飛び込んでくるのは、ＹｏｕＴｕｂｅの最も重要な機能のひとつである動画の「おすすめ」だ。この「おすすめ」は、完璧とは言わないまでも、きわめて効果的である。[08] 伝統的なエンターテイメントの世界さえ、それを認めなければならなかった。２０１３年に米国テレビ芸術科学アカデミーが、ＹｏｕＴｕｂｅの動画おすすめ機能に対し、技術・工学エミー賞を授与したのである。

授賞式に参加した関係者のひとりが、エンジニアリング担当バイスプレジデントのクリストス・グッドロウである。彼はたたき上げの数学者で、オフィスや工場で最適化を支援するコンサルタントとしてキャリアをスタートさせた。そしてそのあとで検索エンジンの世界に入り、Amazon（アマゾン）を経てグーグルの商品検索を担当した経験を持つ。彼は現在、ＹｏｕＴｕｂｅの「サーチ・アンド・ディスカバリー」チームを指揮しているが、これはYouTubeが動画やチャンネルのおすすめを行うシステムの構築とメンテナンスを担当するエンジニアのグループだ（私と日常的に仕事をしているメンバーも多い）。

「YouTubeの根本的な要素が理解されていません。それはすべてが巨大なクラウドソーシングの結果であるという点です」とグッドロウは語っている。「よく『アルゴリズムについて教えてくれ』と頼まれるのですが、アルゴリズムに期待できるのは、人々の好みや関心を素早くかつ忠実に読み取って、その情報を個々のユーザーの状況に適用することだけです」。2017年現在、YouTubeの発見アルゴリズムは、ユーザーから毎日得られる800億件以上のシグナル（動画の再生、クリックなどさまざまな行動）に基づいて、自動的にアップデートされている。このことにより、YouTubeは他のあらゆるエンターテイメント用メディアとは異なる、「個人的な好みと集団意識の延長線上にあるもの」というべき存在になっている。

YouTubeは人類の表現についての、一種の実験であり、実は何ひとつとして意図的に構築されたものではない。YouTubeの創業者も、そして彼らに続いた多くのエンジニアも、入念に設計された計画を守っていたわけではなく、サービスを利用した人々の行動や関心を広げ、深めることに努めた。言い換えれば、私たちがYouTubeで経験することは、私たち自身の個人的・集団的行動が

08｜皮肉なことに、ユーチューブで働く人々は、このおすすめ機能の恩恵を受けていない。彼らが自分の趣味や嗜好から動画を選んで見ているわけではないということを、システムは理解していないからである。僕がネコ動画の歴史やインドにおける論争の傾向、さまざまな広告が視聴されるパターンなどを調査していると、そこで見た動画が、おすすめが決定される際の要素に含まれてしまうのだ。音楽も例外ではない。最も人気の音楽ビデオを7年間追跡してきた結果、ユーチューブのシステムは、僕の趣味が小学生のホームルームのように乱雑であると仮定してる。

つくり出しているものなのだ。

II

YouTubeがあなたの好みや関心を最大限に活用する方法は数多くあるが、まずは再生中の動画の横に表示される、関連動画のフィードから始めてみよう。これは何年にもわたって、天文学的な数の視聴を生み出した源泉となってきた。あなたがキリンの動画を見ようとYouTubeにやってきたはずなのに、3時間後には、トウモロコシを電動ドリルにつけて食べることに挑戦している女性の動画を見ているのも、このフィードが原因だ。「関連動画」の仕組みは当初、非常に簡単なものだった。ジョード・カリムは次のように説明している。「ユーザーが再生中の動画に付けられているタグに注目し、それと同じタグが付いている動画を見つけてくる。そして同じタグの数が多い動画ほど、リストの上位に表示する。それが最初の頃のアルゴリズムだった。それは単純な仕組みだったけど、しばらくの間、びっくりするほどうまくいったよ」

アルゴリズムは徐々に進化し、YouTubeはユーザーがどのように動画を視聴しているのかを考慮に入れ、彼らの集団としての視聴行動を把握したうえで、ユーザー個人の視聴行動を改善することに取り組むようになった。そしてグッドロウと彼のチームは、ユーザーが特定の動画を見終えると、別の特定の動画を次に見る傾向があることに気づいた。そこで彼らは、このパターンが今後同じ動画を見るユーザーにも当てはまるだろうと仮定した。こうしてYouTubeのシステムは、あなたがい

▣02
Taylor Swift - Blank Space
Taylor Swift

▣03
Meghan Trainor - All About That Bass
Meghan Trainor

ま見たのと同じ動画を見た別のユーザーが、他に見ている動画を表示するようになったのである。システムはこのおすすめを改善できるパターンを常に探しており、テーマの関連性（例：全米オープンの動画が好きな人は、全仏オープンの動画も好きな可能性がある）や、好みの類似性（テイラー・スウィフトの曲「ブランク・スペース」▣02が好きな人は、メーガン・トレイナーの「オール・アバウト・ザット・ベース」▣03も好きな可能性があり、シスコの「ソング・ソング」が好きな人は、ジニュワインの「ポニー」も好きな可能性がある）[09]などを利用している。

こうしたおすすめは、いかに改善されるのだろうか？　答えは「機械学習」だ。簡単に言ってしまうと、機械学習はコンピューターが過去のパターンや統計に基づいて結論を導くことを可能にする。しかもその方法について、明示的にプログラミングしておく必要はない。グーグルは機械学習を活用することで、大量で複雑なデータを分析し、検索結果の最適化からアップロードされた写真の自動整理に至るまで、ユーザーが何を望むのかを予測してその体験を改善することを可能にした。ＹｏｕＴｕｂｅでは、機械学習はグッドロウの哲学を実現するために活用されている。それは「人々に望むものを与える」というものだ。「私たちは『人々が何を望むべきなのかと考えるのではなく、彼らが望んでいるものを理解してそれを提供すれば、彼らは喜んでくれる』という前提に立つことで、大きな成長を遂げることができました。この考え方は非常にうまくいくことが証明されたのです」。グッドロウには４人の子供がいるのだが、彼らはそれぞれ別の関心をＹｏｕＴｕｂｅに向けている。ビデオゲームの

09｜これらは適当に挙げているのではなく、すべてデータから読み取られた傾向だ。申し訳ない。

動画を見る子もいれば、ハンクやジョン・グリーン［vlogbrothers］といった、ビデオブロガー〔動画を使ってブログを作成する人々で、ブイロガー（Vlogger）と呼ばれることもある〕の動画を見る子もいる。ＹｏｕＴｕｂｅの検索機能やおすすめ機能は、それぞれの関心にうまく対応できなければならない。「誰でも自分が気に入る動画を、百時間分はＹｏｕＴｕｂｅで見つけられると信じています。それを見ていないとしたら、単にその存在を知らないか、あるいは見つけられずにいるだけなのです。したがって私たちの仕事は、彼らにその存在を教え、見つけられるようにすることです」

私たちが見る動画の種類が増加傾向にあることを考えると、この点は重要だ。伝統的なメディアは、人々の大多数が、まったく同じコンテンツを見ることで満足しているのだと私たちに信じこませてきた。しかしＹｏｕＴｕｂｅが実現したことは、現実はこの主張とは異なることを私たちに教えてくれた。グッドロウは言う。「ＹｏｕＴｕｂｅでは実にいろいろな動画が見られていて、その多様性がどれほどのものか、測り始めることすらできません」

私がＹｏｕＴｕｂｅに参加したとき、ホームページにはユーザーの視聴履歴に基づいたおすすめ動画が掲載されていたが、その大部分は人気の動画がカテゴリー別に整理されていただけだった。しかしＹｏｕＴｕｂｅの「サーチ・アンド・ディスカバリー」チームは時間をかけて、次々と機能改善を行い、現在ではユーザーごとに異なるホームページが表示されるまでに至っている。実際に、２０１７年３月現在、ＹｏｕＴｕｂｅのホームページ上では、毎日２億種類以上の動画が表示されている。そう、２

億種類以上だ。ビリー・ビッグスが私に言ったように、「ＹｏｕＴｕｂｅはあなたのもの、あなただけのもの」なのである。ユーザー自身の意思決定と関心が、ホームページに何が表示されるかを決めている。つまりいま、あなたがＹｏｕＴｕｂｅでなにかを見るたびに、その行動はこのプラットフォームを少しずつ変えているということだ。そしてそれは、他のユーザーがＹｏｕＴｕｂｅで経験する内容も、少しずつ変えている（おそらくは良い方向へ）。

またあなたは、ＹｏｕＴｕｂｅを構成するさまざまな要素の発展に貢献したかもしれない。それはおすすめ機能以外のもの、たとえばボタンが配置されている場所や、アップロードした動画の処理に使われる技術などについても同様だ。

「私たちは実験を行って、試してみたことの影響をほぼすべて測定しています」とグッドロウは説明する。「そしてユーザーがＹｏｕＴｕｂｅで経験するあらゆることについて、データを測定できるようになっているのです」。彼のいう実験とは、ごく一部のユーザーのページにちょっとした変化を加えるというものだ。対象となるユーザーは自動的に選択され、実験を通じて収集された彼らの行動が、それ以外の人々の行動と比較される。そして結果が良好だと、誰もが使える機能としてリリースされるのだ。こうした実験は非常にシンプルで、たとえば関連動画を表示する領域から枠を取り払ってみたら、動画が視聴される確率が増えたなどという例がある（1回の視聴で改善される割合はごくわずかかもしれないが、ＹｏｕＴｕｂｅの規模は非常に大きいため、トータルで見た場合には大きな改善となって現れる）。ただ、複雑な実験が行われる場合もある。グッドロウのチームが行った、そうした実験のひとつは、視聴履歴の少ないユーザーに対しても、はずれやクリックベイト（アクセス数を増やすために、本文と関係なく過激なタイトルを付けるなどして、クリックを誘う行為）、扇情的な動画の含まれていないおすすめを行えるアルゴリズムを開発するというものだった。このアルゴリズムを導入したところ、当初は視聴回数が下がってしまったのだが、こうした種類の動画を見ずにすんだグループのほうが、最終的にはより多くの動画を見るようになった。良識の勝利というわけだ！

はずれを引いてしまう回数が減れば、人々はもっとサービスに戻ってくるようになる。それは当然のように思えるかもしれないが、人々がどのようにＹｏｕＴｕｂｅを利用するかを予測するのは難しい。特に私たちが、テレビやラジオといった古いメディアによって、思い込みを植え付けられてしまっている場合には。ＹｏｕＴｕｂｅのユーザーエクスペリエンス研究者は、ユーザーが新機能やもとからある機能をどのように使うのかという仮説を検証するために、インタビューや調査を実施する（研究所に被験者を連れてくる場合もある）。仮説が否定される頻度がいかに高いかを知ったら、驚くかもしれない。それはＹｏｕＴｕｂｅが伝統的な思い込みによってではなく、ユーザーが実際にそれを使う姿に基づいて構築されているからであり、驚かされることも多いが、実際には非常に理にかなった対応だ。

南フロリダの小学6年生だったころ、私は中学校の科学フェアの「植物学」部門で優勝したことがある。出展したのは、マリーゴールドに複数の異なる肥料を与えるという実験結果だ。副賞としてもらったのは、コーラルスプリングスのショッピングモールで開催される、郡の科学フェアへの旅行だった。私と他の参加者は展示の準備をするため、店舗が開く前に会場に到着した。ところがそこにいたのは、私たちだけではなかった。モールの中を何十人という高齢者が、スウェットを着て早足で歩きまわっていたのである。その光景に、私たちは唖然とした。もしかしたらモールの設計者が、そこが高齢者のジム代わりに使われることを予想していたのではないだろうか、という気分にさせられるほどだった。しかし後知恵だが、モールがそのように使われるのは理にかなっていた。モール内は安全で、空調も効いている上に、トイレや水飲み場まであるのだ。[10]

要するに、さまざまな用途に使えるものを人々に提供した場合、それがどう使われるのか予想するのは難しいのだ。ＹｏｕＴｕｂｅを立ち上げて間もないころ、創業者たちは、彼らのサービスをユーザー自身に定義させることにした。ＹｏｕＴｕｂｅは、いま人々がそれをどう使っているのかに対応できるよう設計されている。過去の使われ方や、こう使われるべきといった思い込みに対応しているのではない。誰もがどこからでも動画を投稿したり、視聴したりできるインフラは、その上に集まる多種多様な興味と関心をフル活用しており、「メディアはこうあるべき」という古い考え方を過去のものにしようとしている。

意外なKポップスターの登場と、ポップカルチャーの未来

それは２０１２年の夏の終わり頃だった。私はこの動画が、トレンドを追跡するためのすべてのツール上で、ランキングを駆け上がっていくのを見ていた。その日は忙しく、そ

10｜ついでに僕はフロリダでモール内ウォーキングをする高齢者たちが、小学６年生からガーデニングのアドバイスを熱心に聞き出そうとすることも予想していなかった。

の動画のサムネイルがマンガだったので、どこかの国のゲームか何かだろうと思って再生は後回しにしていた。夜遅くになって、私はこの動画にもう一度気づき、何が起きているのかを確かめることにした。それはミュージックビデオで、男がビーチチェアに座っていた……

私はあごが床に落ちるほど驚いた。これまで見たなかで、最も不条理なミュージックビデオだったからだ。私は涙がでるほど大笑いした。韓国語だったので、何を歌っているのかはわからなかったが、そんなことは問題ではなかった。映像に映っているのはナンセンスなものばかりで、大勢の人々が馬に乗っているかのようなダンス（ホースダンス）をしていた。私はみんなにこの動画を見せて、私の反応が正しかったかを確かめたくなり、ソーシャルメディアで動画のリンクを共有した。それは私がそれまでに投稿したもののなかで、最もシェアされた動画となった。

この動画こそ「江南スタイル」▣04である。私はそれが大ヒットする予感がした（私たちオタクはこういうものが大好きなのだ）。しかし一方で、途方に暮れていた。この奇妙で馬鹿げたビデオが韓国発だったという点に、私は大いに興味をそそられた。インターネットが、世界中のあらゆる種類のエンターテイメントへのアクセスを提供してくれることに、心から感謝した。私は海外の風変わりなコンテンツ（日本のゲームショーだとかポーランドのミュージックビデオだとか……）を愛する人々のひとりなのだ。たとえそれが、メインストリームからの注目を浴びなかったとしても。

私は２０１１年の初めから、ＹｏｕＴｕｂｅで韓国のポップミュージック（Ｋポップ）の人気が高まるのを追跡してきた。その年、ＢＩＧＢＡＮＧという人気男性グループから派生したデュオのＧＤ＆

▣04
#PSY # 싸이 #GANGNAMSTYLE
PSY - GANGNAM STYLE（강남스타일）M/V
officialpsy

ＴＯＰが投稿した動画が、何百万回という視聴回数を記録していたのである。同様に、スーパージュニアやSHINeeといったＫポップグループも、Ｒ＆Ｂを洗練させカラフルにしたダンスの動画を大量に投稿していた。そうした動画は見ているだけで楽しく、カラフルに染めた毛を固めて、きらびやかな衣装をまとった若いシンガー兼ダンサーが、複雑な振付のダンスを行っていた。これらの動画はアジアや韓国人コミュニティのなかで頻繁に視聴されており、また数は少ないが、熱心な視聴者を西欧圏でも獲得しつつあった。しかし多くの点で、「江南スタイル」はそれらとまったく違っていた。そこに登場するスターは、19歳の少年ではなく、ＰＳＹ[officialpsy]（サイ）――本名パク・チェサン、ニックネームのサイは「サイコ（Psycho）」の略――という中年男性だった。彼は見た目が純粋でも、スリムでも、セクシーでもなく、癒すような甘い声も持っていなかった。彼は当時34歳で、ずんぐりした体形であり（趣味は飲酒と公言していた）、マリファナ吸引による逮捕歴もあった。どう見ても、典型的な韓国ポップアイドルではない。

　動画が投稿される前のＰＳＹのファン数から考えると、「江南スタイル」は発表された当初から、妥当な成功を収めたといえるだろう。しかしこの動画に対する注目は、その後爆発的に増加し、１日の合計視聴回数は１０００万回を突破するまでに至った。この曲を米国の観客に初めて紹介した人物のひとりであるT-Painは、「この動画がどれほど驚異的か、言葉では表せない」とツイートしている。[iv] またケイティ・ペリーも、「助けて、江南スタイルでトリップしそう」とツイートしている。[v] 私がこの動画を知ってから３週間後、ＰＳＹはロサンゼルスで行われた、メジャーリーグのドジャースの試合に参加した。それは関係者全員にとって、シュールな時間だったに違いない。そのなかでＰＳＹの歌が披露され、観客席に向けられたカメラは、観客たちが彼のダンスを真似する姿を映し出した。

一般的にバイラル動画（まるでウイルスの流行のように、短い時間で広く拡散する動画）の流行は、観客がそのおもしろさや、熱狂をもたらした要素に飽きてしまうために急速に終息する。しかし「江南スタイル」の場合、視聴回数は増加し続けた。わずか4か月で、それはＹｏｕＴｕｂｅのなかで最も多く視聴された動画になり、それから数週間後の２０１２年12月には、視聴回数が10億回を超えた初めての動画となった。２０１４年には、公開されてから2年が経過していたにもかかわらず、「江南スタイル」は視聴回数ランキングで25位にとどまっていた。

ＰＳＹがＹｏｕＴｕｂｅに動画を投稿するのではなく、米国の大手音楽レーベルと契約して「江南スタイル」を売り出す可能性があったかというと、それは想像できないだろう。期待される販売数はごくわずかで、ビジネスの投資判断としては考えら

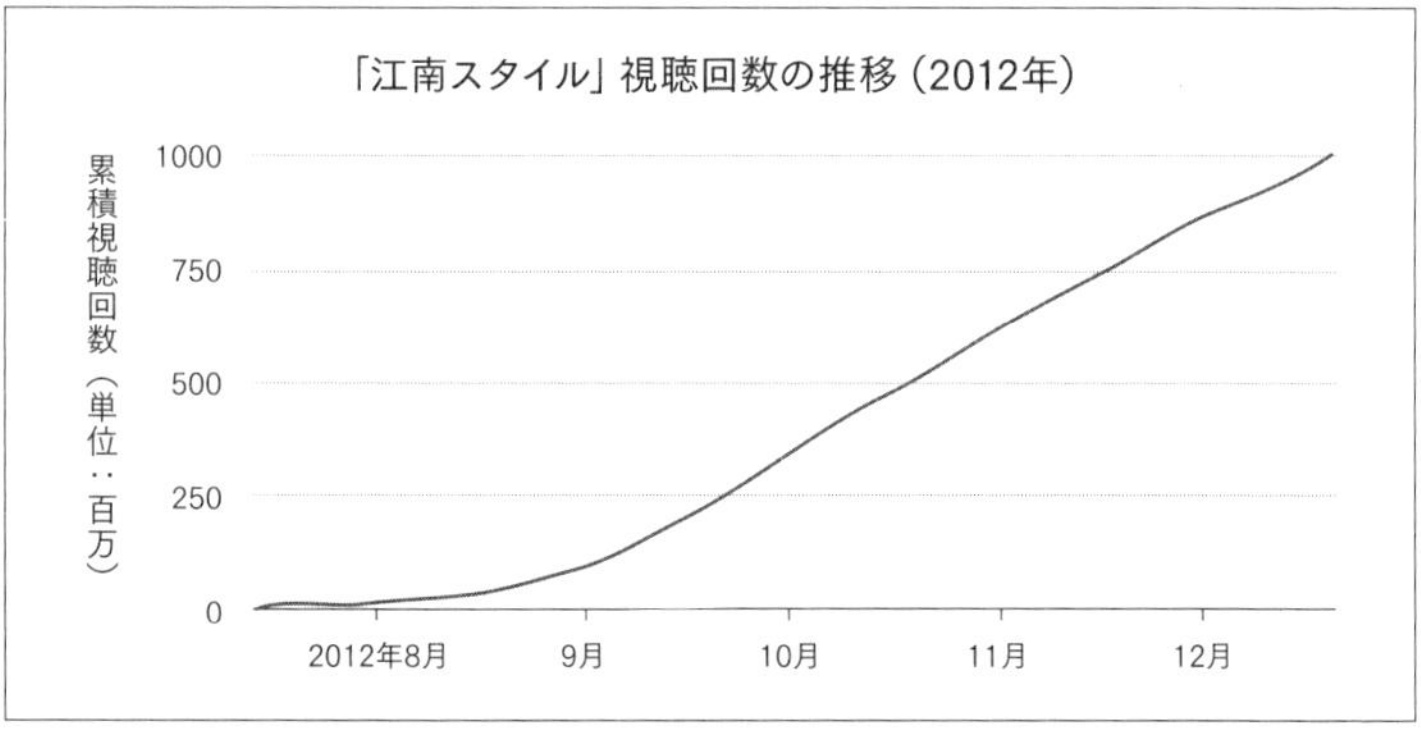

「江南スタイル」視聴回数の推移（2012年）

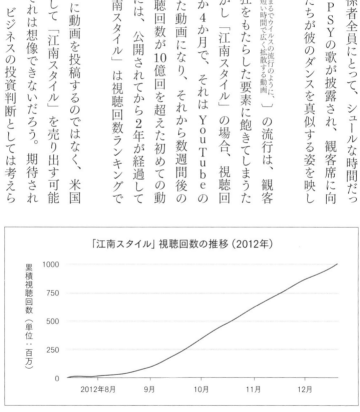

れないものだったからだ。伝統的に、米国の音楽市場は外国語のヒット作に厳しい。最後にランキング1位を獲得した外国語曲は、1987年のロス・ロボスによる「ラ・バンバ」である。世界で韓国語を話す人々はごくわずかであり、しかもその多くは北朝鮮にいて、ヒップホップのファンになってくれそうにない。PSYは海外の視聴者に向けて動画をつくっているわけではないと認めている。それは彼の地元である韓国市場に向けてつくられており、PSYはこれまで韓国で5枚のアルバムをリリースし、いくつかのシングルヒットも飛ばしている。多くの人々が、「江南スタイル」を理解するには、韓国の文化についてのある程度の知識は必要だと指摘している。ライターのサクチョン・ホンは、オープン・シティ・マガジンのなかで「彼は韓国で最も裕福で、最も有力な人々が住む地域（江南）をパロディにしている」と解説している。「曲がった上唇から、奇妙な首を伸ばす動きまで、彼の動きは富裕層のプレイボーイの『あるある』を表現しているのだ。彼の手にかかれば、それはギャグになる。しかし最後に『オッパ（兄さん）は江南スタイルだ』と叫ぶことで、彼は私たちの視線を江南へと向けさせ、特定の地域があらゆる領域を支配している韓国という国における、権力と特権を揶揄しているのだ」[vi]。PSY自身は、この歌が何を暗示しているのかと詮索する声から逃れようとしている。彼はウォール・ストリート・ジャーナルに対して、「この曲が人気を博すにつれ、何か隠されたメッセージがあるんじゃないか、と何度も尋ねられるようになりました」と語っている。「天気はいいのに景気は悪いので、単に楽しくて、エキサイティングで、惹きつけられるような曲が書きたくなっただけです[vii]」

しかし「江南スタイル」は、単なる歌以上の存在だった。理解するには文化的な知識が必要だったものの、視覚的な情報が誰にでもわかるものだったために、見る者を選ぶことはなかった。この動画の見た目のおもしろさは、万国共通だったのである。世界中のありとあらゆる場所から、江南スタイルのパロディや二次創作作品が投稿されるようになった[11]。そしてPSYと彼のチームが1か月かけて振付をしたダンスは、ワールド・クリケット・チャンピオンシップから『サタデー・ナイト・ライブ』に至るまで、ありとあらゆる場所に浸透した。パリではセーヌ川からエッフェル塔にかけて、江南スタイルのダンスを行うフラッシュモブが開催され、PSYもファンたちの輪に加わった。このイベントには2万人が参加した。

この熱狂は、私たちが何年にもわたって感じてきたことの正しさを、決定的に証明した――シンプルでオープンな動画配信は、文化的な力になる可能性があるのだと。「江南スタイル」は、オリンピックやワールドカップのようなごく一部のイベントの外でも、本当にグローバルなポップカルチャー現象が生まれ得ることを示した。ウォール街ですら、PSYの話題に触れずにいられなかった。グーグルのCEOラリー・ペイジは、四半期業績発表の投資家向けカンファレンスコールにおいて、「ホースダンスで最近話題の動画、何でしたっけ？ 江南スタイル？」と切り出し、次のように続けている。「スイッチをオンにして電源を入れるだけで、世界中のコンテンツにアクセスできるわけです。（中略）コンテンツプロバイダーであれば、それはすばらしい状況でしょう。これぞ未来なのです[viii]」

数々の記録を打ち立てたのがこの動画だったというのは、非常に適切であったと私は感じている。ジャスティン・ビーバー（もしくは「江南スタイル」登場前に記録を保有していた彼のミュージックビデオ「ベイビー」▣05）に対抗できるのは、他の米国のポップカルチャーだろうと誰もが考えていた。一方で「江

▣05
Justin Bieber - Baby ft. Ludacris
Justin Bieber

南スタイル」は、一言で言ってしまえば、この新しい環境で可能になったものの象徴であり、またそこでは予想できない楽しさが生まれることを示していた。PSYは世界に韓国のポップミュージックを紹介し、この分野が韓国の外でも大きく成長することを助けた。江南スタイルがリリースされた後の翌年、韓国人アーティストが関係する動画のグローバル視聴回数は3倍に達し、そのうち91パーセントが韓国外からのアクセスだった。2013年に開催された、初の「YouTubeミュージックアワード」では、ワン・ダイレクション、マイリー・サイラス、レディー・ガガらが、ファン投票による「ビデオ・オブ・ザ・イヤー」を競い合った。米国の音楽メディアにとってはショックなことに、この賞に選ばれた(しかも圧倒的な大差で)のは、Kポップグループの少女時代だった。

PSYは彼のビデオが世界的な大ヒットを飛ばすことを予想していなかったが、では誰が予想できただろうか? つい最近まで、このようなことはまったくありえなかった。そうした環境をつくりだそうと、誰かが計画を立てていたわけでもなかった。[12]

■

11|オハイオ大学のマーチングバンドが「江南スタイル」を演奏した動画は、PSYのお気に入りとなった。

12|僕たちは文化的にも、そして技術的にも、「江南スタイル」への準備ができていなかった。この動画の再生回数が20億回を突破すると、カウンターが停止してしまったのである。それは再生回数が2,147,483,647回より大きくなることを予想していなかったためだった。そこでエンジニアが緊急対応を行い、カウントシステムを32ビットから64ビットに更新して、この問題を解決した。次に問題が発生するのは、再生回数が9,223,372,036,854,775,808回を超えたときだが、「江南スタイル」がそこに達するまで、まだ400億年ある。

20世紀中頃、どのようなエンターテイメントを楽しめるかは、自分がどこに住んでいるかに左右された。それはテクノロジーの限界と、国境を越えてコンテンツを届ける際のコストが壁となっていたためである。インターネットの登場により、状況は一変したが、何の制約もなくコンテンツを提供できることの真の力が明らかになったのは、ＹｏｕＴｕｂｅのようなプラットフォームが登場してからである。

２０１６年、ＹｏｕＴｕｂｅにとって最大の市場は依然として米国だったが、それが視聴回数全体に占める割合は20パーセント以下になっていた。ブラジルや日本、ドイツ、フランスといった国々でも、一定の視聴者を獲得していたのである。また平均で3分の2のチャンネルの視聴回数が、発信者の母国以外の国からもたらされるようになっていた。ＹｏｕＴｕｂｅによって、人類史上初めて、このように幅広い国々からの視聴者が同時にコンテンツを楽しめる環境が生まれたのである。私が子供のころ、Ｋポップのミュージックビデオを観ようとしたら……おそらく、何をすればいいのかもわからなかっただろう。カーソン・デイリーにＴＲＬでＰＳＹを取り上げてもらうためには、一人で大量の投票を行わなければならなかったはずだ。突如として、誰でも自分のつくり出したコンテンツを、世界中にいる信じられないほど多くの観客に届けることが可能になった。それは同時に、ＹｏｕＴｕｂｅとクリエイターたちが、信じられないほど多くの観客の趣味嗜好を分析できるようになったことを意味する。

たとえばマクロレベルでは、国や文化による流行の違いを把握することができる。ミシェル・テロによるセルタネージョ（ブラジルのカントリーミュージック）の曲「アイ・セ・エウ・チ・ペゴ」▣06が、何の前触れもなく、ＹｏｕＴｕｂｅ上で２０１２年上半期に最も視聴された動画に躍り出たときには、私

▣06
Michel Teló - Ai Se Eu Te Pego - Video Oficial（Assim você me mata）
Michel Teló

は心底驚かされた。この動画は投稿されてから数か月間、ブラジル国内でだけ人気を集めていた。しかしレアル・マドリードのスター選手、クリスティアーノ・ロナウドとマルセロが、ゴールを決めた後のパフォーマンスで動画に登場するダンスを真似したことで、スペインで急激に注目が高まったのである。そしてこのダンスは、ゴール後のパフォーマンスとして欧州のリーグで流行し、その元となった曲も当然ながら流行した。ＹｏｕＴｕｂｅの分析によれば、特にトルコ、ポーランド、メキシコ、タイでこの動画の人気が高まっており、またフランスでは過去最高の視聴回数を記録したビデオとなった。こうした「アイ・セ・エウ・チ・ペゴ」のファンたちが示していたのは、特定の言語や地域ではなく、サッカーに対する愛だった。

　こうした現象は、エンターテイメントがグローバル化していく流れを示しているのだと私は感じていたが、その一方で、私は「ＹｏｕＴｕｂｅトレンドマップ」というツール〔米国内のさまざまな都市において、どのような動画が人気を集めているのかを示すというもの〕を通じて、特定の地域だけで流行する動画もあることを理解していた。たとえば「オーバーン大学のお店に入れちゃうよ！」と題された投稿（アラバマ大学の熱狂的なファンの親が、泣くのをやめない子供に対して、「オーバーン大学のギフトショップに入れちゃうよ！」と言って怖がらせるファミリー動画）■07がバーミンガム、ハンツビル、モービル、アラバマの各都市で最も再生された動画になったことがあるのだが、これらはみな、アラバマ大学とオーバーン大学が激しいライバル争いをするのが日常生活になっている地域である。無料で使えるグローバルな動画プラットフォームにアクセスできるということは、物理的な位置によって、アイデアや経験を拡散するのが制限されることはないという意味だ。いまそれを制限するのは、視聴者の文化的な壁だけである。何が人気を博すかは、視聴者がどこにいるかではなく、彼らの間で何が共有されているか次第なのだ。

「江南スタイル」が多くの視聴者を獲得できたのは、ある場所で投稿された動画を、即座にどこからでもアクセス可能にしてくれるテクノロジーのおかげだ。このシステムは、たとえ私たちが何を望むのかがわかっていなくても、望んでいるものを与えてくれるように設計されている。それはポップカルチャーによって、非常に広い範囲まで普及することとなった。いまポップカルチャーは、視聴者の居場所や経済状況、あるいはコンテンツを配信する企業の思惑によってではなく、視聴者の間で共有される興味や情熱によって形づくられつつある。「江南スタイル」を今回のようなヒット作品にしたのは、特定の企業や、ビジネス上の契約などではない。動画のシェアや再生、そしてキッチンで誰も見ていないときに踊ってみたホースダンス。そうした私たち自身の行動が、「江南スタイル」の人気を生み出したのである。

YouTubeの社員が経験する、多くの驚くような経験のひとつは、自分たちがつくり出しているものの実権を握っているのは、自分や自分の同僚ではないと気づくことである。むしろそれは、人間のコミュニケーションについての、巨大で複雑な実験を遂行するファシリテーターとしての役割を

▣07
I'm Gonna Put You In The Auburn Store!
ljoseph27

任されているようなものだ。誰もが「YouTubeはこうあるべき」とか「こう進化するべき」といった意見を言いたがるが、私たちは同じ船に乗る仲間であり、世界中のインターネットユーザーに耳を傾け、彼らの意見を実現するのが私たちの役割である。十分な経験を積むと、YouTubeで働く誰もがそれに気づく。クリストス・グッドロウは私に、こんなことを語っている。『『この偉大なアプリケーションをつくっているのは自分であり、それをより良いものにしてきたからこそ、人々から愛されるようになったのだ』と思ってしまいがちですよね。しかし実際には、アプリケーションは単に、人々が本当に好きなものと彼らをつなぐ仕組みにすぎないんです。動画や仲間やクリエイターといったものたちとね」

YouTube立ち上げ当初から、チャド・ハーリー、スティーブ・チェン、ジョード・カリムの全員が、このことに気づいていた。ジョードは2006年に、「私たちが予想もしていなくて、本当に驚かされたことは、コミュニティがこのサイトを盛り上げてくれる、その姿だった」と述べている。この言葉は、10年経ったいまも当てはまると感じている（YouTubeをデスクトップやラップトップのPCから、ブラウザで閲覧するよりも、YouTubeのアプリを使う人のほうが多いことに気づいてからは「このサイト」という呼び方はやめるようにしたが）。

YouTubeはユーザーの視聴やシェア、そしてもちろん、投稿に基づいて、進化と多様化を続けている。それは提供する製品によってではなく、そこに関わる人々によって形づくられるという、世界で数少ないブランドのひとつだ。そのことは結果として、YouTubeを、人間が経験するものを包括的に映し出す存在としており、YouTubeが私たちについて多くのことを語っているのも、それが理由だ。YouTube上にあるものは、私たちが何者で、何者になろうとしているのかを示している。いまやYouTubeは、2005年にチェン、ハーリー、カリムが立ち上げたサーバやコード、あるいはその現在の姿を実現している精巧なテクノロジー以上の存在になっているのだ。

誰もが見ることのできる動画を、誰もがつくることができるという状況は、「何が可能か」というルールすら変化させる。「コンテンツを配信する力の民主化」は、YouTubeが起こしたイノベーションのなかで、最も重要なものといえるだろう。なぜならそれは、YouTube上で私たちが出会うアートやアイデアが、コンテンツを配信できるだけの経済力を持つ、ごく少数の人々によって支配されたり、クリエイティビティの拡散を妨げる、国境によって縛られたりするような事態がなくなることを意味するからだ。YouTubeの登場により、それは過去の話になったのである。

究極的には、YouTubeを使うときの私たち一つ一つの選択が、今のYouTubeの姿をつくったのだ。そしてウェブ動画の文化が一般的なエンターテイメント文化と融合するにつれ、またインターネット文化がポップカルチャーになるにつれ、私たちがウェブ動画を使う方法は、誰も想像できなかったほどの影響を世界に与え始めた。

2 歌う大統領
オートチューン時代のエンターテイメント

私はエヴァン、マイケル、そしてアンドリュー・グレゴリーの３人とともに、ブルックリンにある彼らのオフィス兼スタジオから数ブロック離れた場所で座り、昼食を取っていた。彼らの過去10年にわたるユニークな創作活動について話を聞くためだ。ひとまず、どんなふうに活動が始まったのか、たずねてみた。

「私たちは兄弟（ブラザーズ）としてスタートしました」とアンドリューが答えた。「残りはもう、終わったことです」

「ええそう、本当に仕方なくだったんです」とマイケル。「実際、強制的に兄弟にされ、依然として兄弟であることを強いられています」

何もまじめに答えてくれない人物3人と話すと、会話はこんな調子になる。インタビューへの彼らの風変わりなアプローチは、音楽とコメディを混ぜ合わせる独創的な制作手法を反映している。そしてその独創性は、クリエイティビティをめぐるルールが大きく変わろうとしている世界において、彼らに大成功をもたらしている。パフォーマーとして3人が目指しているのは、まじめなことに対して、不

▣01
Debate Highlights -- in song and dance
schmoyoho

真面目な態度で臨むということなのだろう。エヴァン、マイケル、アンドリュー、そしてエヴァンの妻サラを含めた4人から成る「グレゴリー・ブラザーズ」[Schmoyoho]は、音楽的才能と動画制作のスキル、そして破壊的なユーモアのセンスを兼ね備えた存在だ。

彼らは米バージニア州ラドフォードで育った。しかしグループとして活動を始めたのは、大人になって、マイケルとエヴァンがニューヨークに移り住んでからである。2007年、アンドリューは自身の名前でアルバムを発表し、当時まだエヴァンのガールフレンドだったサラをツアーに誘った。エヴァンはそのころ大手コンサルティング会社で働いていたのだが、仕事を辞めて彼らに加わり、ツアーを実現するのを手伝った。さらに彼らは、アパラチア州立大学の4年生だったマイケルをドラムに誘い、4人は、エヴァンが600ドルで買ったダッジ・キャラバンに荷物を積んで、旅に出ることになった。「僕らは50日間くらいツアーをして、それが終わるころには、1つのバンドになっていたというわけさ」とエヴァンが解説した。このころ彼らは、音楽エージェントに自分たちが本物のバンドだと証明するために、ライブの短い動画をYouTubeにたびたび投稿していた。

マイケルは大学時代、自分のチャンネルも開設していた。実質的に、彼が飛ばした最初のヒットは、ノースカロライナにある小さな公園をコミカルに歌いあげた曲だった（視聴者は彼が住む小さな大学街のごく周辺に限られていたが）。2008年、マイケルは大学を卒業してニューヨークに移り、レコーディングスタジオで働きながら、アンドリューと一緒にアパート暮らしを始めた。2008年の米大統領選は、米国にとってソーシャルメディア時代の幕開けとなるものであり、突如として私たちは、何かのイ

▣02
VP Debate in Song and Dance
schmoyoho

ベントが起きるとリアルタイムでそれに参加できるようになった。ニュースの更新は毎日から毎時間となり、政治関連ニュースの解説（もしくはパロディ、リミックス、その他さまざまなコンテンツ）に対するニーズは際限なく膨らみつつあった。マイケルは大統領選に関するコメディソングをつくることを思いつき、バラク・オバマとジョン・マケインによる最初の公開討論の映像に、自分を重ね合わせた作品をつくった■01。それはちょっとしたヒットとなり、次の討論が行われた際には、アンドリュー、エヴァン、サラも参加することにした。そのとき彼らは、自分たちだけでなく、候補者も歌ったらもっとおもしろくなるのではと考えた。もちろんディベートにおいて、候補者たちが歌い出すなどということはない。しかし映像のなかであれば、いくらでも加工できる。ちょうどそのころ、音程を補正するソフト、Auto Tune（オートチューン）に大きな注目が集まっていた。マイケルもスタジオで頻繁に使っており、それを使えばどんな音声でも加工できると考えた。彼らはラッキーだったといえるだろう。そのときの副大統領候補は、どちらも大げさな話し方をする人物——ジョー・バイデンとサラ・ペイリンだったからである。「バイデンは僕らのチャンネルのビヨンセ的存在だよ」とマイケルは言う。「彼は偶然にも、最高の男性ボーカルだったんだ」■02

選挙後も人気を持続させるために、彼らは「オートチューン・ザ・ニュース」[Auto-Tune TheNews]〔現在はSongify the Newsに改名〕という手法を編み出した。これは大統領選の際と同じように、補正ソフトを使って音声を加工するというものだったが、対象をニュース番組とし、ありとあらゆるテーマで動画を作成していった。２０１０年には、アラバマ州ハンツビルのＷＡＦＦ（ＮＢＣ系列のローカルテレビ局）で流れたニュースを加工した動画が、ＹｏｕＴｕｂｅの各種人気ランキングを席巻した。それはこんなニュースだ。リンカーン・パーク居住区の住民だったケリー・ドッドソンは、２階にある彼女の部屋の窓から侵入してきた強姦魔を撃退した。彼女には24歳の兄、アントワンがいたのだが、怒り狂った彼はこの未解決事件に世間の注目を集めるため、ＴＶ局の取材にセンセーショナルな受け答えをした。こんな風に▣03。

リンカーン・パークに強姦魔がいるのはまちがいない。ヤツは壁を登って窓から入ってくる。みんなの家族をさらって、レイプしようとしているんだ。だから子供や奥さん、旦那さんを隠すんだ。みんなレイプされちまうぞ…… おい犯人、いまさら出てきて「自分がやりました」なんて自白なんてしなくていい。こっちから見つけ出してやるからな！ 絶対に見つけてやる！ 覚えとけ！はやく逃げな、このチンピラ。

次に何が起きたか、想像できるだろう。グレゴリー・ブラザーズのファンたちが、さっそくこのインタビューをオートチューンにすることを彼らにリクエストしたのである。２日後、彼らが仕上がった作品をＹｏｕＴｕｂｅに投稿すると、すぐポップカルチャー系のウェブサイトに転載され始めた▣04。このテーマが上品なものかどうかについては、いろいろと言いたいこともあるだろう。しかし彼らがつくった曲「ベッド・イントルーダー・ソング（ベッドへの侵入者の歌）」がきわめて耳に残るものであること

▣03
Antoine Dodson 'Hide Yo Kids, Hide Yo Wife' Interview (Original)
CrazyLaughAction

▣04
BED INTRUDER SONG!!!
schmoyoho

は否定できない。「僕らはこの動画を、ニュース映像をもとにした一種のファンアートのようなものと思ってるんだけど、それが一連の報道のなかで最も大きな注目を集めるものになったんだ」とマイケルは語る。「どこからともなく現れ、オリジナルのニュースを膨らませて、ウイルスのように拡散する現象の一部になっていった」数日後、この話がアントワン・ドッドソンの耳に入ると、彼はグレゴリー・ブラザーズと共に、オフィシャルな長編版を作成し、ＹｏｕＴｕｂｅとiTunes（アイチューンズ）で発表した。[01]

この一件については、陰惨な事件を利用しているのではないかという批判も多かったが、ドッドソンは後に、彼と妹はつらい時期に自分たちの声が曲になっているのを聞いて、幸福な気持ちになったし、ほっとしたと語っている。そして動画の人気は、雪だるまのように膨れ上がった。私はロウアー・イーストサイドで行われたパーティーで、誰かがこの曲をかけていたのを覚えている。それはシュールな光景だったが、パーティーに参加した人々は、まるで普通のポップミュージックであるかのようにこう歌っていた。「見つけてやるぞ！　絶っっっっ対に見つけてやる！」

その年の終わり、ＹｏｕＴｕｂｅに予想もしなかった余波が到来した。私たちはその年に人気を博した動画を集めた「ＹｏｕＴｕｂｅリワインド［YouTube Rewind］」というリストを発表したのだが、１位の座をめぐって争ったのは、ケシャの「ティックトック」のパロディソングである「グリッター・ピューク」▣05と、グレゴリー・ブラザーズの「ベッド・イントルーダ

01｜ドッドソンは最終的に、この「ベッド・イントルーダー・ソング」（および関連商品）から得られた収益で、家族をより安全な場所へと引っ越しさせた。

ー・ソング」だった。当時PRマーケティング部で働いていた私の同僚は、YouTubeが「クリエイティブな表現の場を提供する立派なプラットフォーム」であると世間から認めてもらうために、膨大な時間を費やしていた。しかし2つの動画は、とても高尚とはいえない内容で、これらが人気を博していることに同僚は頭を抱えていた。最終的にこの競争は、グレゴリー・ブラザーズの勝利に終わり、「ベッド・イントルーダー・ソング」は音楽レーベルが制作したものでなかったにもかかわらず、その年に最も見られた動画という栄冠を手にした。しかしその結果は、「YouTubeがどのような意義を持つか」をめぐる世論に、それほど大きな影響を与えないことがわかった。人々（特に若い人々）は、ウェブをふざけたことをする場、ポップカルチャーに新しい形で反応する場、そして奇妙な形で創造性を発揮する場として捉えるようになっている。グレゴリー・ブラザーズのリミックスは、そのすべてを兼ね備えた存在だった。

補正ソフトを使ってリミックスをつくったり、登場人物を「歌わせる（songfy）」ように加工したりする動画については、模倣者が無数に現れて大流行になった。何かニュースが起きると、それを題材にして補正ソフトを駆使した動画が投稿される。そのためそうした動画が何本あるかを数えることで、題材となったニュースにどれほどの反響があったかを把握できるほどだ。メインストリームのエンターテイメントにおいても、グレゴリー・ブラザーズの「歌にする」という手法が、「（フィクションで）登場人物のひとりがウェブ上で有名人になった」ことを示す表現方法として活用されるようになっている。２０１５年には、作曲家のジェフ・リッチモンドが、Netflix（ネットフリックス）の連続ドラマ『アン

05
TIK TOK KESHA Parody: Glitter Puke - Key of Awe$ome #13
The Key of Awesome

ブレイカブル・キミー・シュミット』〔カルト教団によって15年間監禁された29歳の女性キミー・シュミットが、ニューヨークで新生活を始めるというコメディで、エミー賞に18回ノミネートされている〕用の魅力的なテーマソングをつくるために、グレゴリー・ブラザーズに協力を求めている。

「ベッド・イントルーダー・ソング」は彼らの生活を一変させた。「ジェット機を買ったのもそのころさ」とアンドリューが言う。「あぁ、プライベート・ジェットを手に入れたんだよね」とマイケルが続く。[02] この動画の成功は、4人にとって転機となり、全員がグレゴリー・ブラザーズに専念するようになった。さらに「オートチューン・ザ・ニュース」の成功は、彼らに新たなチャンスをもたらした。ケーブルテレビ局のコメディ・セントラルで、パイロット番組の制作を持ちかけられたり、ジングルの作曲や、さまざまなイベントでのパフォーマンスを依頼されたりするようになったのである。

グレゴリー・ブラザーズは多様なリミックスを制作している。マイケルは私に、通常はメロディから始め、それからメンバーやゲスト（俳優のダレン・クリスやジョゼフ・ゴードン＝レヴィット、アル・ヤンコビックなど）の声をかぶせていくのだと教えてくれた。それは何かの不条理な側面に注目し、それを組み替えるのではなく、むしろ強化していくという創造的な試みだ。「僕らにとって、最高のバージョンはいつだって、オリジナルの音声から最短でたどり着けるものさ」とエヴァンが言う。グレゴリー・ブラザーズは、彼らが扱う対象を搾取しているのではなく、コラボレーションしているのだと感じているが、それが一方的なものだと認めている。ポップスターと共同でヒットを生み出す、プロデューサーと作曲家のチームとして、グレゴリー・ブラザーズは編曲を行い、知らず知らずのうちにボーカルになってしまっている人々の声

02｜注：グレゴリー・ブラザーズはジェット機を所有していない。

を補正する。「私たちの制作プロセスは、テイラー・スウィフトやビヨンセの作曲家のそれと本当に似ているよ」とマイケルは加えたが、それは半分だけ冗談だった。

彼らの人気は、一時的な熱狂にとどまらなかった。２０１６年の大統領選では、２００８年当時と同じくらい、「歌にする」加工がピタリとはまったのである。それは非常に現代的な手法であり、その目新しさはいくぶん失われてしまったかもしれないが、時代の精神に反応して生まれたこのユニークなエンターテイメントへの人々の熱狂は、いままでと同じくらい強いようだ。グレゴリー・ブラザーズはよく、「自分たちの音楽をしてみたいと思わないのか」と聞かれるそうだ。その問いはまちがっている。「いまの活動こそ、僕らの音楽なんだ」とマイケルは言う。グレゴリー・ブラザーズが示している創造性は分類が難しい。これまで長年使われてきたエンターテイメントのカテゴリーには一致しないのだ。このことは、ＹｏｕＴｕｂｅのクリエイティブなコミュニティが発展させてきた、多くのショーやフォーマットにも言えることだ。

ウェブは芸術的な実験を制限なく行うことを可能にし、ミュージシャン、コメディアン、映画製作者、その他あらゆる種類のクリエイターたちは、新しいフォーマットや手法を試して、何がうまくいくのかを見極めようとしている。そこから現れてくるものは、事前に予想した通りとは限らない。人々が愛するようになるものは、伝統的な要素を持っているとは限らず、また私たちが育ってきたころのメディアのルールと一致するとも限らないのである。それは以前よりも動きが速く、予想外で、双方向のやり取りができ、またこれまでのジャンルや創造的活動の定義を混乱させるものであることが多い。

「何をされているんですか、と聞かれたとき、よく5つの答えを返すんだけど、どれも嘘ではないんだ」とアンドリューは説明する。「気分次第で、音楽家だと答えたり、あるいは監督、映像編集者、コメディアンだと答えたりする。全部本当なんだよ。全部僕らのチャンネルでやってることさ。そしてそれは、こう答えるよりずっと簡単だ。『えー、僕はビデオリミックスのシリーズを手がけていてですね……』」

◀◀

本とは何かを考えたとき、それを「文章が印刷された紙の束」などと定義することはないだろう。小説や回想録、アンソロジーなどが頭に浮かぶはずだ。テレビとは何かを考えたとき、「電波やケーブル、衛星回線を通じて送られてくる映像」などと描写することはないだろう。ドラマやバラエティ、クイズ番組、スポーツ中継等を考えるはずだ。世ののなかにはさまざまなメディアがあるが、その姿は、それを通じて提供されるコンテンツの形でイメージされる。そしてクリエイターたちは新しいメディアが登場するたびに、どのようにしてこれまでにない制作手法を編み出すか、そして自分たちの作品を体験する新しい形に適応していくかという課題に直面することになる。

オンライン動画時代が始まったとき、人々はこの新しく現れてきたメディアを、既存のメディアフォーマットの延長線上にあるもの、あるいはアマチュアばかりの混とんとした状態にあるものと捉えた。ある一画では、コメディやミュージックビデオ、そして21世紀版の一般人参加型トークショーが配信されている。一方で別の一画では、がらりと雰囲気が変わり、写真家ノア・カリナによる映像プロジェクトである、6年間毎日撮り続けた自分の写真をつなげた動画や、イーピーバードの創設者で、ジャグリングのプロであるフリッツ・グローブと弁護士のステファン・ヴォルツによる、ダイエットコークとメントスを使ったパフォーマンスなどが配信されている。[03] そこから導き出される結論はこうだ――ネットでよく見られるこの種の創造性は、大半がどうしようもないものだが、時としてすばらしい大成功が生まれる。しかし私たちが見てきたのは、人々の新しいメディアとの関わり方に適応しようとする、クリエイターのコミュニティが生み出したものなのである。単にアマチュアが大騒ぎしているだけではない。野心と才能にあふれる人々が、その方法を見出そうとしているのだ。

YouTubeで私たちの注目を集めるものは、過去のメディアにおける創造性からは、見た目も感触もかけ離れている。無数の人々が生み出した、未熟でまとまりのないコンテンツの中から、パターンやフォーマットが現れようとしている。そしてYouTubeのようなプラットフォームは、視聴者が彼らの好きなものや、好きではないもの、大好きなものを明らかにすることを可能にする。クリエイターはそれをコメント数やシェア数、再生回数といった形で確認でき、さまざまなアナリティクスのツールや分析手法が、視聴者を惹きつけることを可能にするように進化してきた。

▣06
First Blog / Dorkiness Prevails
lonelygirl15

〝本物らしさ〟とつながりの美学（16歳の女の子の部屋）

２００６年の夏のことだ。ブリーという16歳の女の子［lonelygirl15］が、ビデオブログを始めた。彼女は数日おきに、カメラに向かって話しかけるスタイルの動画を投稿して、自分の生活や関心事について語った。次第に彼女は、十代のオタクたちの憧れになっていった。彼女のビデオブログはＹｏｕＴｕｂｅの「最も視聴された動画」のリストに載るようになり、そのチャンネルもすぐに人気を集めるようになった。しかしここから、事態は思わぬ方向へと向かう。彼女のファンが、部屋の壁にアレイスター・クロウリー〔20世紀初めに活動していた英国のオカルト信者で、新興宗教の立ち上げも行っている〕の写真があることに気づいたのである。さらに彼女の両親は、奇妙な宗教にはまり、彼女を学校には通わせず家で教育しているようだった。たちまち議論が沸きおこり、人々は16歳の少女ブリーの人生の謎を解き明かすことに夢中になった06。

ところが実際は、彼女はブリーという名でも、16歳でもなかった。彼女の本当の名前はジエシカ・リー・ローズで、ニュージーランド出身の19歳の女優だった。彼女は脚本家ラメシュ・フラインダーと医師のマイルズ・ベケットが書いたシナリオを演じる、「ロンリーガール15」と題されたウェブシリーズの出演者だったのである。当初ローズは、このプロジェクトが詐欺ではないかと思っていた（誰も知らないウェブシリーズ⁉ ウェブカムで撮影⁉ と警戒心を抱いたの

03｜そしてもう一画がアダルト動画だ。大量のポルノがネット上にアップされている。しかし本書は母さんも読んでいるので、この話は飛ばそう。

である）。彼女はそれまで、人生で2回しかオーディションに参加したことがなく、しかもこの仕事は6か月間拘束されなければならなかったが、最後には意を決した。関係者は全員、機密保持契約へのサインが求められた。こうしてローズと彼女の共演者、ユセフ・アブ・タレブ（当時バーテンダーとウエイターをしていた）は、本性を隠してデジタルの人格を演じることとなった。もちろん彼らは、ミステリーが長くは続かないことを理解していた。4か月後、この一件を詳しく調査したニュース記事によって、プロジェクトのすべてが明らかにされたのである。ローズはのちに、視聴者が反発して自分に矛先が向くのではないかと感じ、その夜は怖くて泣いたと語った。しかし予想もしなかったことが起きた。怒り出すファンもいたが、多くはこの物語がどこに向かうのかと、視聴を続けたのである。

仕込み？　悪乗り？　そうかもしれない。しかし新しいストーリーテリングの手法が登場したこと、そしてそれが欺瞞などではないことは、誰の目にも明らかだった。このシリーズの製作費は、ほぼゼロに等しかった（最初の方のエピソードでは、１３０ドルのウェブカメラが最も高額な支出だったほどだ）。さらに寝室はフラインダーが実際に使っていたもので、リサイクルショップとスーパーマーケットから入手した品々で飾っただけだった。そしてこのシリーズのアイデアは、クリエイターたちが初期のウェブ動画の世界を見てたどり着いた結論――視聴者はカメラの前で自分を正直にさらけ出す人に惹きつけられ、その裏にある動機の信頼性に疑問を呈することはほとんどない、という発想から生まれたものだった。そして真相が明るみに出たとき、関係者たちは、この話を今後どう扱うつもりか考えていないことを認めた。通常であれば、これらのウェブ動画を導入部分にして、長編ＤＶＤの販売につなげるといったところだろう。しかし開始してからほんの数週間で、「ロンリーガール15」のビデオブログがケーブルテレビの番組に匹敵する視聴回数を記録するようになったとき、彼らはもっと大きな成功を収めつつあることを理解した。

一部の人々は、この偽のビデオブログがセンセーションを煽ってビジネスにつなげるものだと感じたが、それがシリーズものの番組を配信する舞台となり得ることを示したと感じる人もいた。動画は単なる動画である必要はなく、「ショー」の一部であっても構わない、というわけだ。初期の「ロンリーガール15」のエピソードを見て、自身もビデオブログを始めた今日の著名クリエイターのなかには、トリニダード・トバゴのユーチューバーであるアダンデ・ソーン[sWooZie]（またの名をスウージィ）がいる。彼はブリーがこのような形で自分をさらけ出していることにインスピレーションを得て、自分もやってみる気になったと語っている。[ii] 多くの若いYouTube視聴者にとって、「ロンリーガール15」は都市伝説となった。いまとなっては、五百本以上となったエピソード（しかも公開時の文脈は失われてしまった）を見返して、当時の熱狂を理解することは難しい。インターネット時代における「そこにいなければもう味わえない」瞬間だったのである。

「ロンリーガール15」のミステリーは、新しいウェブ動画の創造性を特徴づける、すべての要素を駆使している。ウェブ独自の優れた点を再構築し、模倣することで、「ロンリーガール15」の制作チームはある意味で、その本質を抽出することに成功したといえるだろう。ビデオブログの内容が演出されたものだったと、彼らが明確に認めたことはない。彼らは単に、視聴者たちが信じたいものを信じさせるようにしただけである。ローズはのちにこう述べている。「私たちが嘘をついたことはありません。単に動画を公開しただけなのです」[iii]

ウェブ動画とは、実在する誰かが制作して、実在する誰かが楽しむもの——私たちはそう考えてきた。実際に多くの動画制作者が、この認識に基づいて映像スタイルを選んでいる。しかし「ロンリーガール15」は、透明性と現実感が実現されれば、映像はフィクションであっても構わないという方向性を示した。そしてこのアプローチは、その後の標準となる大きなトレンドの一部となったのである。

本物らしく感じられ、インタラクティブ性のあるウェブ動画のエンターテイメントに対する需要は、時間とともに拡大しつつある。「ロンリーガール15」のビデオブログのような新しいフォーマットが生まれており、以前から存在したコンセプトについても、再検討が行われることで、新たな人気が得られるようになった。

ドッキリ動画を例に挙げよう。『どっきりカメラ』のような番組は以前から存在しているが、インターネットはまったく新しい「ドッキリ」エンターテイメントを生み出している。事実、それに関係する動画やチャンネルは、毎日驚異的な数の視聴回数を記録している。確かにドッキリの仕掛人が、道徳に反するようないたずらを行うこともある。しかしそうしたケースは別にして、ドッキリ動画が人気を維持してきたという事実は、新しい時代に人気を集めるエンターテイメントの原則について、多くのことを語っているといえるだろう。その成功が示しているのは、現実に根差して構築されるエンターテ

▣07
Best Game Ever: Little League Baseball Game Surprised with Mob
Improv Everywhere

イメントを、人々が高く評価しているという点である。

ドッキリ動画のチャンネルのひとつ、インプロブ・エブリウェア［ImprovEverywhere］は、これまでの「いたずら」の定義を超えた内容を生み出している。彼らのキャッチフレーズは「騒ぎを起こすぜ」だ。創設者のチャーリー・トッドは、こんな風に語っている。「インプロブ・エブリウェアの特徴は、公共の場で騒ぎを起こすものの、それが他の人々にとってはポジティブな体験になっているという点です。いたずらにはちがいありませんが、それは思わず伝えたくなるようなおもしろい話を提供するいたずらなんです」。トッドはニューヨーク市に移り住んだ２００１年に、「ザ・コメディ・コレクティブ」を結成している。私が彼らのことを最初に耳にしたのはその数年後で、「ベスト・ギグ・エバー」と名付けられた活動を通じてだった。それはインプロブ・エブリウェアのメンバーが無名バンドの演奏（ギグ）を前に、熱狂的なファンであるかのように振る舞うという内容である（２００８年、彼らは同じいたずらを、リトルリーグの試合を舞台に仕かけている。その際は大型スクリーンを用意し、スポーツキャスターのジム・グレイを招いて、プレイの解説まで行った▣07）。これらの動画では、通りすがりの人々と同じくらいの長さで、パフォーマーの姿も映っている。こうしてつくり出されたものは、単に「やーい、引っかかった！」と言いたいがための内容ではなく、まるで即興劇場の舞台のようなものだ。そこでは仕掛人とターゲットがお互いに行動して、筋書きと即興が入り混じったものが生み出される。彼らの最初のヒット作（それは広く拡散したドッキリ動画として世界初の作品となった）は、「フローズン・グランド・セントラル▣08」である。これはニューヨークのグランド・セントラル駅で、２００人以上の仕掛人が、いっせいにピタリと動きを止めるという内容だ。このパフォーマンスの笑いどころは、困惑した旅行客や通勤客の反応、仕掛人たちの動きの止め方なのだが、生み出されたシーンそのものにもおもしろさがある。インプロブ・エブリウェアの見事なコメディは、古典的なドッキリをよりレベルの高いものとし、洗練されたドッキリをＹｏｕＴｕｂｅ上で見たいという欲求を刺激した。

「いたずら」がより大きな文脈の一要素にすぎないという、この種のドッキリは、成功の程度に差はあれど、テレビや映画、オーディオ作品で試みられてきた（『トリガー・ハッピー・テレビ』や『ボラット』、『ザ・ジャーキー・ボーイズ』など）。しかしそれはＹｏｕＴｕｂｅのコメディ部門において、定番のジャンルとなったのである。[04] 確かにそれには、脚本を書いてドラマを撮影したり、アニメーションを制作したりするよりも、簡単で安上がりだという理由もある。だがこうしたドッキリ動画のチャンネルが多くの視聴者を集めているのは、彼らが撮影し投稿しているものが、演技ではない、本物の反応から生まれるコメディを見たいという視聴者の共感を得ているからなのである。

多くの場合、こうしたドッキリのターゲットとなるのは、仕掛人とつながりのある人物である。ローマン・アトウッド **[RomanAtwood]** は、ＹｏｕＴｕｂｅのドッキリ仕掛人のなかで、最も成功した人物といえるだろう。２０１６年、彼の動画は毎週、平均で３０００万回以上もの視聴回数を記録した。彼のドッキリの多くは非常に手が込んでいて、たとえば色のついたプラスチック製ボールで家をいっぱいにしたこともある。彼の動画のなかで最も人気のもののひとつは、次のような内容だ▣09。アトウッドはアルバ〔カリブ海にあるオランダ領の島〕のホテルを予約し、部屋に隠しカメラをセットして、彼のガールフレンド

▣08
Frozen Grand Central
Improv Everywhere

▣09
Anniversary Prank Backfires!!
RomanAtwood

であるブリトニー・スミス（彼は彼女との間に息子をもうけていた）を呼び出す。そして、付き合いだして5年目の記念日を祝うのだが、次第に雲行きが怪しくなる。アトウッドはブリトニーに向かい、後悔と悲しみが入り交じった声で「君に伝えなくちゃならないことがあるんだ。それは君がこれまでに聞いたなかで、最悪のニュースになると思う」と告げる。「3週間前、ロサンゼルスに行ったとき、とある女の子に出会ったんだ。そして……一夜限りの関係を持ってしまった。神に誓って、もう二度とこんなことはしないよ」。ブリトニーは手で顔を覆い、すすり泣きを始める。彼女の動揺が高まっていくのを見たアトウッドは、彼女を慰めようとするが、ブリトニーは一瞬間をおいてこう告げる。「私も裏切ったの……」

「なんだって？」

「私もあなたを裏切ってしまったの」

「何を言ってるんだ？　裏切ってなんかないよね？　裏切ったの？　違うよな、ブリトニー？」

「いいえ、裏切ってしまったの！　ごめんなさい！」。彼女は涙ながらに告白する。

アトウッドは理性を失う。彼は口汚い言葉を言い、ランプをパンチする。彼が仕かけたドッキリは、悲惨な形で彼の身に跳ね返り、私たちは何の演出もない瞬間を目の当たりにする。彼は相手の男が誰なのかを聞き出そうとする。たった2分間で、彼はドッキリの仕掛人から、哀れな失恋した男になってしまった。

04｜2017年初めに、YouTubeのコメディ部門において、購読者数の多いチャンネルのベスト50のうち、およそ5つに1つがドッキリ動画をベースにしたものだった。

次の瞬間、ブリトニーがベッドの上に立ち、こう叫ぶ。「あなたが隠しカメラをセットするのを見てたのよ、バーカ!」。いまにも気絶しそうだったアトウッドは、ブリトニーが笑い出すのを見て、何が起きているのか理解しようと必死な様子を見せる。彼は逆ドッキリを仕かけられて当然だった。彼もわかっていたはずだ。視聴者もわかっていただろう。彼はこの動画を投稿すべきか悩んだが、そうせざるを得ないことは知っていた。ぶざまな映像ではあるが、それも人間の経験の複雑な記録の一部なのだ。しかしそれは、ドッキリ動画一般に対する、一種の象徴になるだろう。この動画を見た私たち(彼らのチャンネルの購読者数は1000万人を超えている)の多くにとって、アトウッドとブリトニーはもはや見知らぬ他人ではなく、自分たちと関係のある実在の人物である。アトウッドの動画が成功したのは、想像力と、視聴者がつながりを感じることのできる、本物の人間の経験をミックスさせたためだ。彼らの人気は、「日常生活における思いもよらない瞬間」という形式のエンターテイメントに対し、人々の欲求が高まりつつあることを証明している。

ジョー・ペナ **[Joe Penna]**、またの名をミステリー・ギターマンが最初に評価されたのは、すばらしい特殊効果が入った動画を作成したためであった。子供のころ、ブラジルのサンパウロから米国へとやって来たペナは、医学部に進学する夢を諦めて映像制作の世界に入った。彼は卓越した編集と音楽のスキルを駆使し、短編動画やミュージックビデオを制作している。彼の動画はハリウッド超大作のような、あり得ないものを実物のように見せるといった内容ではないが、かといって質の低いものではな

▣10
MysteryGuitarMan Flip Book Flip Out - Joe Penna
Joe Penna

▣11
Stop-Motion Excel (Spreadsheet Animation) - Joe Penna
Joe Penna

い。舞台は意図的にありきたりなものにされ（ペナのオフィスや街路など）、一方でポスト・プロダクション作業は、一切のミスのない完璧な内容になっている。ペナの特殊効果は、ＷＥＴＡデジタル（ウェタ・デジタル、映画『ロード・オブ・ザ・リング』や『アバター』を手がけた制作会社）やＩＬＭ（インダストリアル・ライト・アンド・マジック、『スター・ウォーズ』や『アベンジャーズ』の制作会社）の作品と渡り合えるだろうか？　答えはノーだ。しかし、それは問題ではない。ペナの作品には、より魔法が込められているのだ。それは映画『ジュラシック・ワールド』の制作に携わっているような、多くの無名のデジタルアニメーターとは異なり、誰が「ミステリー・ギターマン・フリップブック・フリップアウト」▣10をつくっているのか、私たちにはっきりとわかるからである。彼がその制作に何時間かけたのか、想像することができる。２０１２年の「ストップモーション・エクセル（スプレッドシート・アニメーション）」▣11のように、彼が動画制作に使うツールは、誰にでも手に入るものだ。ある動画の制作には、10か月を費やした。妊娠した妻をストップモーションで撮影して、キュートなタイムラプス映像をつくったのである▣12（「ミステリー・ギターワイフ」と「ミステリー・ギターベイビー」はすばらしい共演者だった）。彼の作品には、リアルな場面やテーマが持つ確かなリアリティが存在している。そしてペナが頻繁に視聴者に向かって語りかけるため、こちら側の存在もわかっているように感じられるのだ。彼らが活用している特殊効果エディターは、テレビ番組や映画の製作にはあまり使われていないものだが、動画とその制作者が視聴者と密接な関係を持っているＹｏｕＴｕｂｅ上では、それは完璧に機能する。

ペナのチャンネルだけでなく、それに似た多くのチャンネルが急成長しており、視聴者はそこで提供される経験の一部として参加する。そしてクリエイターたちが選択するスタイルは、視聴者の意識を反映したものだ。そうした動画は、まったく無から生まれてくるわけではない。そして顔や個性のない、目に見えない制作チームから生み出されるものでもない。それは視聴者の存在をちゃんと認識していて、彼らがコメントなどの形で反応することをわかっている、実在の人々によってつくられている。つながりと関連性は、ＹｏｕＴｕｂｅの最も初期のころから、ユニークな形で優先されてきた。あるクリエイターはこんな風に言っていた。映画でエンドロールが流れたあとに、スクリーンに監督とキャストが現れて『楽しんでくれたならコメントをよろしく！』と言うことがあるけど、あれとはまったく違う話だ」。

長い間、ウェブの良さはそれが本質的に「アマチュア」であるところだと考えられてきた。伝統的なエンターテイメント業界・広告業界でさえ、その姿勢を受け入れ始めた。多額の予算を持つ制作会社は、いまや多くの視聴者が人気のＹｏｕＴｕｂｅ動画に感じている「真実味」を、自分たちの作品にも再現しようとしている。しかしＹｏｕＴｕｂｅのクリエイターが到達した真実味は、彼らが使うカメラや編集技術というよりも、より大きな「創造の哲学」によって生み出されるものだ。制作に手間暇をかけることは依然として重要であるものの、いまや本物らしさが何にも増して評価されるのである。

多くのユーチューバーは、作品の中に自分自身や友人を登場させている。名前は挙げないが、なかにはかなり演技が下手な人もいる。私は最初、そのことがあまり好きではなく、インターウェブ動画

12
Pregnancy Time Lapse - Stop Motion Animation
Joe Penna

はエンターテイメント業界の落ちこぼれたちの場所だという感覚を抱いていた。しかし後に、人々がオンラインで動画を見るのは、その映像の巧みさ故ではないことに私は気づいた。パフォーマンスの稚拙さは、それが演出されたものではなく、真実をありのままに記録しているのだという感覚を抱かせる場合もあるのだ。

私たちが「YouTubeネーション」【YouTube Nation】（YouTubeがドリームワークス・アニメーションと共同制作したチャンネル）を開発していたとき、米マリナ・デル・レイにある奇妙な形をしたオフィスビル[05]の最上階のスタジオでは、映像制作に必要なあらゆる機材を使用することができた。一方で私は、この番組に「プレミアム感」と「YouTubeらしさ」を同時に醸し出す方法について、エグゼクティブ・プロデューサーのスティーブ・ウルフ、ザディ・ディアスと長い議論をした（たとえば「YouTubeネーション」は、4K動画を毎日配信する最初の番組というのが売りのひとつだった）。デザイナーたちはワークショップ風のすばらしいセットをつくってくれたが、そこで撮影をするたびに、私は何か違和感を覚えた。そこでウルフとディアスは、実際に人々が働いているオフィスのなかで撮影を行うことを決めた。そこには小ぎれいなセットはなかったが、使用された照明と撮影方法は、まさに番組にどんぴしゃりだった。ポイントは、アマチュアのように見せることではなかった——「本物らしく見せること」だったのである。

YouTubeの動画にある良さは、動画という作品、それをつくった人々、それを

05｜まじめな話、私たちはこのビルを「ホール・オブ・ジャスティス」と呼んでいた。まるでSF映画に登場しそうな外見をしていたからだ〔DCコミックスのヒーローマンガシリーズ「ジャスティス・リーグ」に同名の建物が登場する〕。

見る他の人々と、私たちがつながることを妨げてしまう「作りもの感」が取り除かれている点にある。それは私たち視聴者が最も望んでいることだ。最も成功したクリエイターたちは、そのよさを実現するための新しい方法を見出し、またそれを常に達成することを可能にする、信頼性が高く簡単に再現可能なフォーマットをつくり上げている。

誰もが共同制作者

私がベニー・ファインとラフィ・ファインの2人と初めて会ったのは2011年のことだったが、そのときはアポイントを取るのに1日ですんだ。5年後、彼らはひっぱりだこになり、予約を取るまでに3か月もかかるようになった。その間に、彼らはウェブ動画の制作会社を立ち上げて成功を収めたのだが、それは彼らが完成させた一連のフォーマットによるものだった。

この2人、ファイン・ブラザーズ[06]［The Fine Brothers］が自分たちの動画を拡散させる方法を考え始めたのは、インターウェブ動画が流行り出す前からだ。彼らは子供時代にブルックリンに住んでおり、そのころから一緒に動画を制作している（兄のベニーが弟ラフィを誘って短編動画をつくり始めたのだ）。大きくなると、彼らは友人のために上映会を開くようになった。2人の目標は、翌日に学校の誰もが自分たちの動画について話をしていること。そして、上映会に参加しなかった子供も次こそは参加しようという気にさせることだった。「何をするにしても、こうすればみんなが話したくなるんじゃないかっていう、勘のようなものが常にありました」とベニーは私に語った。「そういうフォーマットを考え、使い続けることで、最終的にどれほどの規模にまで達することができるか想像できますよね。すべてのフォーマットは会話や相互作用、参加を促すためにつくられているんです」

２００４年、兄弟は自分の個人サイトで動画を公開し始め、その際にファンが投票を行えるようにした。「昔はこういった取り組みを『ニューメディア』なんて呼んだりして、みな気に入っていました。動画を見るのが受け身の体験ではなくなりましたから」とベニーは言う。「それは非常にインタラクティブで、そのことが体験の一部になったんです」。ＹｏｕＴｕｂｅが登場すると、彼らはコメディやパロディの動画を投稿するようになった。彼らは単に動画が見られるだけでは満足せず、インタラクティブ性をもっと高めようと、ＹｏｕＴｕｂｅの機能について実験を繰り返し、ときには意図されていない使い方まで試した。アノテーション機能〔動画内の任意の場所にテキストを貼りつけられるというもの〕を使って、動画の続きを視聴者が選択できるようにし、一種のゲームを実現するといった具合だ。ファイン・ブラザーズはファンからみると動画の出演者だが、彼ら自身は自分たちのことを、何よりもプロデューサーだと考えている。２００９年、彼らはメーカースタジオ（現在はディズニー傘下となっている）に参加し、すぐにそこで制作とクリエイティブのリーダーになって、同社に所属する多くのユーチューバーのために動画シリーズを生み出すようになった。やがて彼らは、再び自らのチャンネルに専念するようになるのだが、そこで得たスキルを使っ

06 | ほかにもさまざまな「ブラザーズ」がいる。YouTubeとブラザーズに何かあるのは明らかだ。もしかしたら兄弟や姉妹というのは、私たちが人生で初めて出会う、そして最も協力的な（あるいは少なくとも手助けしてくれる）、創造的活動の仲間なのかもしれない。

て、さまざまな新しいフォーマットを探求するようになった。そのなかには成功するものもあれば、そうでないものもあった。そして２０１１年、そうしたフォーマットのひとつが大成功を収め、彼らのチャンネルへの人気が急速に高まった。それは「キッズ・リアクト［KIDS REACT］」と名付けられたシリーズで、子供たちにバイラル動画を見てもらい、それについてインタビューするというものだった▣13。

これはファイン・ブラザーズがＹｏｕＴｕｂｅ上で取り組むことになる数多くのフォーマットのうち、最初のヒットとなるものだった。私が兄弟と知り合ってからもう何年も経つが（私は自分と同じくらいバイラル動画にはまっている人物に何人か会ったことがあるが、彼らはその中の２人だ）、彼らが非常に多作であることにいつも驚かされている。兄弟はかつて、あるアイデアで１日に５本のエピソードが撮影できなければ、そのアイデアは諦めると語っている。また彼らは、ヒットが生まれたとき、それを最大限活用する方法を知っている。「キッズ・リアクト▣14」と同じフォーマットで出演者を変えた「ティーンズ・リアクト」、さらには「エルダーズ（高齢者）・リアクト」、「ユーチューバーズ・リアクト」へと発展させるといった具合である。このインタビューをした時点では、彼らは「セレブ・リアクト」に取り組んでいた。さらにはこうした「リアクト」シリーズが非常に人気を博したため、他のチャンネルでスピンオフ作品がつくられることになった。新しいチャンネルをゼロから始めるというのはリスクの高い行為だが、この場合は、たった１週間で百万人の購読者を集めることに成功している。そしてファイン・ブラザーズは、こうしたヒットを踏み台にして、たとえば２０１２年のモキュメンタリー〔架空の事件や出来事を、ドキュメンタリーのような手法で撮影した映像〕番組「マイミュージック」のような、他のフォーマットや番組を立ち

▣13
KIDS REACT TO PPAP Pen Pineapple Apple Pen
FBE

▣14
KIDS REACT TO PONPONPON - きゃりーぱみゅぱみゅ
FBE

上げるということを行っている。

その後ファイン・ブラザーズは「ファイン・ブラザーズ・エンターテイメント【FBE】」を立ち上げ、50人以上の従業員を雇い、さまざまな番組用にオフィス内の3つのスタジオで週12本の動画を撮影するまでになっている。その内容もアニメーションから、完全な脚本に基づく24分間のドラマ『シング・イット』（これは初期のYouTubeオリジナル番組として製作されている）に至るまでさまざまだ。こうした多様な番組を1つのチャンネルのなかで展開するというのは稀なケースであり、多くの場合はうまくいっていない。「みんなからは、そんなにいろいろな種類を手がけるんじゃないと言われました」とラフィは語っている。「しかし僕たちのキャリアを振り返ってみると、ハリウッドやエンターテイメント業界にとどまっていたとしたら、現在の成功もなかったわけです」。彼らのヒット作品に共通する要素は何だろうか？　それは「観客をショーの一部として扱うこと」である。

彼らの「リアクト」シリーズは、それを極めたものといえるだろう。ファイン・ブラザーズは新しいエピソードのアイデアを、ファンのメッセージから得ており、製作した動画の冒頭で、どこからアイデアや示唆を得たのかを明確に示している。こうした視聴者の関わりを明らかにするというやり方は、彼らの多くの番組で見ることができる。「ほとんどの場合、視聴者と積極的に交流するというのが、僕たちの動画の要素となっています。視聴者は、自分が動画の内容に影響を与えることができ、僕たちが彼らの声に耳を傾けていることをわかってるんです」とベニーは語っている。その言葉が示すように、彼らに最大の成功をもたらした番組は、リアクションとインタラクティブ性を最も直接的な形でエンターテイメントの中心に据えたものだった。

ファイン・ブラザーズのように多作のプロデューサーが生み出した作品のなかで、最も人気のあるものの多くが、普通の人々を出演させて普通のことをさせたものである。この事実は、ウェブ動画について何を語っているのだろうか？（まじめな話「リアクト」シリーズは、動画を見ている人々の動画を見るというメタな状況が生まれているにすぎない）。「リアクト」シリーズの累計視聴回数は、40億回を超えている。したがってそこには、私たちがデジタル動画を好きになるときの何かがあるはずだ。なぜそれほど多くの人々が、こうした動画を見るのを楽しんでいるのだろうか？

ラフィは私に、それをフォーカスグループのように考えてみてほしいと言った。つまり何人かの一般の人々が集まり、特に議題を与えられないまま、文化に関する話題について話し合っているような状態というわけだ。そこにいる人々は、あなたと同じ世代の人々かもしれないし、別の世代だがあなたに関わりのある人々（親や祖父母、子供、孫など）かもしれない。私は子供たちがテクノロジーについて話しているのを聞くと、いつも頭がくらくらしてくる。ポスト・インターネット／ポスト・スマートフォン時代に大人になることの意味に、圧倒されてしまうのだ。その一方で、子供たちがiPod（アイポッド）の第1世代について、タッチスクリーンでないことに文句を言っているのを聞くとおもしろさを感じることもある。一部の視聴者にとって、「ユーチューバーズ・リアクト▣15」に登場する人々は、影響力があったりおもしろいと思われたりするようなグループを象徴する人物だ。そしてラフィが言うように、見ている人たちは「彼らも自分たちと同じようなリアクションをするのだろうか？　誰に親近感を覚

▣15
YOUTUBERS REACT TO BABYMETAL
FBE

▣16
Let's Play - Mario Party 5: 50-Turn Extravaganza
LetsPlay

えるだろうか？　逆に親近感を抱けないのは？」といった関心を抱く。このフォーマットは視聴者に対し、自分の個人的な視点を非闘争的な形で検証したり、あるいはそれに挑戦したりすることを可能にする。そしてこの番組は、視聴を始めた瞬間にインタラクティブなものになり、それを評価したり、シェアしたり、コメントを投稿したりすれば、インタラクティブ性が保持されることになる。それは動画が投稿される環境（共有やコメントの機能があるＹｏｕＴｕｂｅというサービス、さらにはさまざまなニーズを抱える現代社会）とうまく調和するフォーマットだ。ファイン・ブラザーズは、コミュニケーションが簡単かつ絶え間なく行えるようになった世界では、お互いの声に真剣に耳を傾けることはなくなると予想され、「リアクト」シリーズはそれを証明するものだという。ベニーは私に、「人々がそれに惹きつけられるのは、私たちが社会のなかで、すでにかつてと同じようにはコミュニケーションしていないからだと思う」と語っている。

ファイン・ブラザーズは、リアクションを活用するフォーマットを試みた唯一のクリエイターでもなければ、最初のクリエイターでもない（２０１６年、兄弟が「リアクト」フォーマットの商標登録を行うと、彼らはＹｏｕＴｕｂｅのコミュニティから手痛い反撃を受けた）。ＹｏｕＴｕｂｅ上でよく使われているフォーマットの多くは、一般の人々が何かにリアクションするという内容になっている。ＹｏｕＴｕｂｅで最も成功したフォーマットのひとつである「レッツ・プレイ」では、出演者がビデオゲームをプレイしておもしろいコメントを言う。それはまさに、リアクション型のエンターテイメントだ▣16（２０１４年には、独立系ユーチューバーのトップ12人のうち、11人までが「レッツ・プレイ」フォーマットを活用していた）[iv]。最も初期にＹｏｕＴｕｂｅ上で成功を収めた人物のひとりである、コメディアンのレイ・ウィリアム・ジョンソン［Ray］は、「イコール・スリー」というシリーズで最初に注目を集めたが、これはその日に注目を集めたバイラル動画にコメントするというものだった。

「その多くが、結局は人間の本質と結びついています」とベニーは言う。「誰もひとりにはなりたくないのです。誰かがゲームしていたり、ビデオを見ていたりするのを見ると……自分に関係のある誰かとつながっているという感覚が得られて、彼らと一緒にいるような気分になれるのです」。孤独を感じることがずっと簡単になったいま、私たちは動画を通じて他人とつながることを好むようになり、視聴者とのインタラクションを中核に据えたフォーマットが、そのニーズに応えるようになった。

このような形式の動画（演出されたり、強いられたりしているという感覚を受けることなく、常に本物のつながりが感じられるようなもの）を制作するためには、創造過程の再考が必要だ。一部の人々にとっては、それは文字通りエンターテイメントとメディアについて自分が知っていると思っていることをすべて捨てて、ゼロから再出発することを意味する。

意味のないものを捨て去る

ゼ・フランク［zefrank1］は長い間、マルチメディア上での体験をデザインする仕事をしてきた。皆がFacebook（フェイスブック）やイーバイト〔オンライン上でイベントの招待メールを送ることのできるサービス〕を使うようになる前の２００１年、

▣17
ゼイ・フランク：ウェブ上の遊び場
TED

パフォーマンスアーティスト、コメディアン、そしてデジタルアーティストである彼は、26歳の誕生日を祝うオンラインパーティーの招待メールを出した。そこにはダンスを披露する彼のアニメーション画像が添付されていた。彼がそれを送信した相手は17人だけだったが、1週間後、オンラインパーティーを視聴する人の数は百万人を超えた。フランクはブラウン大学で神経科学を学んだ後、ウェブブラウザ上で遊べるさまざまなゲームを開発したり、視覚的な実験作品をつくったりして、新しいデジタルエンターテイメントの世界を探求していた。そして最終的に、彼は自分の道を動画制作に見出し、2006年に「ザ・ショー・ウィズ・ゼフランク」という名のビデオシリーズを開始した。これはこの分野の先駆けとなるもので、視聴者とのインタラクティブ性を実現するために、さまざまな実験が行われた。多くの人々が、彼が生み出したこのシリーズは、数年後にYouTubeのコミュニティ内で大流行するビデオブログのフォーマットを形づくったと評している。2012年、フランクは後続シリーズとなる「ア・ショー・ウィズ・ゼフランク」を制作するための資金調達を行い、ファンから約15万ドルの寄付を集めた。彼のビデオアートは予想もできないような内容で、視聴者を惹きつける魅力があり、他人とつながりたいという欲求がその後押しをしていた。ゼ・フランクは2010年のTED(彼にとって2回目の登壇だった)において、「私たちは、(お互いを感じ合うことを)容易にする、さまざまな環境をつくることができます。しかし私たちが本当に目指しているのは、他人とつながることなのです」と語っている■17。「そしてそれは、物理的な空間で起きるとは限りません。いまやそれは、バーチャル空間でも起きるようになっています。この点をもっとよく理解しなければなりません」

彼は２０１２年に、ニュースサイトのBuzzFeed（バズフィード）に参加し、急成長する動画部門「バズフィード・モーションピクチャーズ」を率いるようになった。しかしそこでも、スケールがはるかに大きくなったとはいえ、彼はさまざまな実験を繰り返した。彼はスタジオを建設して、そこで映像制作に関するあらゆる前提を問い直し、メディアに対するまったく新しいアプローチを模索しようとした。フランクはコンテンツ制作における伝統的な役割に収まりきらない、若く才能にあふれた人材を集めた。彼らは単なるプロデューサーや映像監督、編集者ではなく、いくつもの役割を兼務するような人々で、言うなれば「プロデューサー兼映像監督兼編集者」のような存在だった。また彼らの多くは、自ら動画に出演した。フランクが最初に掲げたルールのひとつが、「我々は皆が制作に携わる」である。部門を率いる立場にあるフランクですら、スタッフと一緒に動画制作を行った。

フランクはもうひとつ、前例のない決断を下し、熟練のクリエイターたちを驚かせた。彼はチームに対し、つくっているものが何であれ、それをウェブ上に投稿しないかぎりフィードバックは行わないと宣言したのである。「コンテンツ制作のサイクルを十分に速くでき、さらに十分な量のコンテンツが制作できるのであれば、事後フィードバックは完全に有効です」と彼は語っている。大人になってからの大部分の時間を、映像制作の仕事に費やし、編集とフィードバックというサイクルを何度も何度も繰り返してきた人物として、彼の「フィードバックしない」という態度は当初、私にとって奇妙としか言いようがなかった。しかしそれはフランクにとって、まったく理にかなったものだったのである。視聴者による動画再生の回数や、シェアの回数、評価といった形で、それが成功したか否かを明確に判断できるというのに、その良し悪しの議論に時間をかける必要があるだろうか？

多くのクリエイターたちが、細部にこだわりたいという衝動に抗い、あらゆる新しい試みを価値のあるものとして扱っている。しかしフランクと、その他多くのウェブ動画制作者が、こうした姿勢に強く反対している。真摯に実験を重ねる人々にとって、ウェブは寛大な場所になり得る。成功は最大化されるが、失敗はそのままネットの大海へと流され、誰も思い出すことはないのだ。「もちろん平凡な作品も無数にありますが、デジタル世界の動画制作のような広く開かれている世界では、考えをめぐらすよりもこういったプロセスを経るほうが、おもしろいものを見つけられる確率がずっと高まると、私は固く信じています」と彼は説明する。あまり多くのことを考えると、いまいる場所にとらわれてしまう。フランクにとって、ある人にどのくらいやる気があるかは、その人物が見せる生産性で証明される。そしてそれがどのくらい難しいかも、彼にはよくわかっている。「私も同じ道を通ってきましたよ」と彼は言う。「何の脚本も用意せずに進める番組を、毎日行っていました。朝起きると、不安で体が動かなくなったくらいです。しかし6か月経つと、それも少しずつ和らいできました」。フランクの「つくればつくるほど腕が上がる」アプローチは、どうやらうまくいったようだ。「（バズフィード・モーションピクチャーズで仕事を始めて）4～5か月が経過すると、新しく参加したメンバーでも、3～4週間もすれば視聴回数百万回に達する動画を制作できる（ようになる）レベルにまでなりました。これは非常にすばらしい結果です」とフランクは解説している。バズフィードのチャンネルは、その後数年間で、爆発的に成長した。２０１５年までに彼らが開設したチャンネルのなかで主要なもののひとつは、YouTubeで最も視聴回数が多いチャンネルのベスト10に入った。また同じ年、バズフィードの主なチャンネル4つに投稿された動画を見るのに、人々は合計で2・5億時間以上を費やしている。これは2年前と比べて20倍の増加となる。

ウェブからは、あらゆる種類のリアルタイムデータがメディア関係者にもたらされる。そしてバズフィードは、そうしたデータを重視してコンテンツ制作や意思決定を行う、数少ないの大手メディアのひとつだ。バズフィードの事業は大規模であるため、一度にさまざまな施策を試し、何が統計データの改善に役立つかを把握することができる。そのなかで、最も重要な統計データは何だろうか? それは「シェア」だ。ご想像の通り、偉大なアートを偉大なものにしている、あるいはおもしろいジョークをおもしろいものにしている、手に触れることのできない質(クオリティ)を計測できる統計指標を見つけることは、実際には不可能だ。しかしシェアが何回行われたかというデータは、ある動画が「自分は他の人々とつながっている」感覚を視聴者に与えるという、感情的な体験を生み出せたかどうかを示すものに最も近いように感じられた。「有効性を示す、最も近いシグナルを探すのです」とフランクは言う。「シェア回数は、私たちが初期から有望視していた指標でした。それは配信と価値を結びつける中核にあるものだからです。また視聴と違って、誰かにシェアしてもらうというのは難しい課題です」。開発チームが画面デザインに変更を加えようとするたびに、それがシェア回数と、その他の指標にどう影響するかという観点から修正内容を判断した。「それは昔ながらの実験主義でしたが、実施するには大量のデータが必要で、また意味のないものをできるかぎり捨て去るために、実験を速いサイクルで繰り返す必要がありました」と彼は語っている。

フランクは、動画制作の創造性のなかで最初に不要な要素は、驚くべきことに「ストーリー」であるという。ほぼすべてのエンターテイメントにおいて、物語の流れは背骨のような位置を占めているが、フランクは「ストーリー」にこだわりすぎると、身動きが取れなくなると感じている。フランクのチームはストーリーの代わりに、彼が「モーメント（瞬間）」と呼ぶものをいくつかつなげた作品を生み出している。「左利きの人が困っている13のこと」と題された動画を例に挙げよう。「もしストーリー型で制作していたら、そこで展開される話は1つだけで、それが（視聴者に対して）『すごい、これはまさしく自分のことだ！』という思いを抱かせることができていたかもしれません。しかしいくつものモーメントを重ねるという手法を取れば、最初の3つは響かなかったとしても、4つ目で大うけを勝ち取れるかもしれないわけです」とフランクは説明する。バズフィードは伝統的なストーリーテリングの手法を明確に放棄するにあたり、ウェブの至る所で、無秩序な形で示されていたものを体系化した。

非ストーリー型のコンテンツでも、かつては物語が独占的に提供していたのと同じ価値をもたらすことができるようになったのである。テレビのリアリティ番組は、一般の人々が展開する筋書きのないドラマが、優れたエンターテイメント体験をもたらし得ることを証明した。しかしウェブは、私たちが欲する感情的な価値を、多くの非ストーリー型フォーマットで実現できることを証明したのである。

「本を読んでいて、自分しか考えていないと思っていたことが書かれている一文を見つけると、まさにその通りだという思いからカタルシスを感じます。世界が少しオープンになり、自分がその一部になったような気がするのです。それこそ、私たちが生きている時代からの最大の贈り物です」とフランクは言う。「従来のメディアでは、必ずといっていいほど、私たちは蚊帳の外におかれていました。『君が誰かなんて気にしない』というわけです。私たちがどう感じるか、どうコンテンツを楽しむか、どこから来たかといった要素が、メディアの側に反映されることはありませんでした。しかし私たちはいま、先ほど述べたようなカタルシスを、繰り返し感じられるような環境にいるのです」。バズフィード・モーションピクチャーズのラボでは、動画の長さや並び順、テロップの使い方などに関してさまざまな実験が行われ、多くの先入観が誤りであることが証明された。またフェイスブックが動画プラットフォームを立ち上げて間もないころ、彼らは同社との共同作業を成功させているのだが、その経験からは音声が想像されていたほど重要な役割を演じていないことが判明した（２０１６年に発表されたレポートによれば、フェイスブック上で視聴された動画のうち、85パーセントまでが音声をオンにせず再生されていた）[vi]。

バズフィードが行った実験の多くは、「つながりを促進する」という彼らの目標に沿って行われたものだった。21世紀のクリエイターの大部分が、動画の出演者と視聴者の間につながりを生み出すことに焦点を当てている。しかしフランクは、視聴者と赤の他人とではなく、彼らがすでに知っている人々との間のつながりを促すことに、より大きな可能性を見出している。「アーティストが観客とつながるというような、異なるものを融合しようというトレンドは馬鹿げています」と彼は説明する。「他人とつながることのできるシステムをつくり、そうしたつながりを促進するメディアをつくる努力をすべきです」。その結果、予想通り、視聴者は多くのバズフィードのタレントとつながることになった。しかし彼らが制作した動画の真のスターは、そのコンセプトと「モーメント」なのである。

バズフィードが作り上げたモデルは、従来のテレビや映画、印刷物で見られるような、計算しつくされたものとはまったく異なる。それは短時間で制作され、専門的な内容ではなく、予測可能で、安上がりで、大量に生み出され、プロセス全体が大混乱に陥っているかのように感じられる。しかし大手メディアのコンテンツこそ、フランクに言わせれば「きわめて乱雑な内容になっている」。バズフィード・モーションピクチャーズのほうが例外的な存在なのか、それともウェブにおける新しいエンターテイメント制作の標準なのか、判断は難しい。しかし彼らやファイン・ブラザーズのようなスタイル（それは私たちがオンライン上でつながる新しい方法を生み出している）は、次第に一般的なものになりつつある。テクノロジーの発展により、コンテンツをつくるアプローチも変化しつつあり、それはエンターテイメント業界の最も伝統的な領域においても始まっている。

2人のジミーと1人のジェームス

ジミー・ファロンが２０１４年に『ザ・トゥナイト・ショー』〔米ＮＢＣの人気トーク番組で、ホスト役を変えながら１９５４年から続いている〕のホスト役に就いたとき、彼には大きな課題があった。同番組のかつてのホスト役、ジョニー・カーソンの残した伝統を引き継ぎつつ、同じく前任者だったジェイ・レノとコナン・オブライアンの失敗を乗り越えて、他のテレビ番組やウェブサイトとの厳しい競争に立ち向かい、特に若者の支持を集めなければならなかったのである。番組はファロンによるまじめなひとり語りから始まって、さまざまなセレブを迎えてのトークへと進んだのだが、次に番組スタッフがこの記念すべき初回に選んだコーナーに、私はびっくりした。それはＹｏｕＴｕｂｅの動画のパロディだったのだ。

ファロンはウィル・スミスと共に、「エボリューション・オブ・ヒップホップ・ダンシング」を踊った■18。この元となったのは、「エボリューション・オブ・ダンス」というＹｏｕＴｕｂｅの初期のバイラル動画■19で、ジェドソン・ライプリーがオレンジ色のシャツを着て20世紀のさまざまなダンスを踊る、伝説的なビデオだった。これはウェブのクリエイティブ文化が、いかに浸透したかを示す出来事といえるだろう。米国の老舗トークショーが新しい司会者を迎えた回で披露されたコントが、それを十分に理解するために、ＹｏｕＴｕｂｅという21世紀のエンターテイメント・メディアの基本的知識を必要とする内容だったのである。またそれは、この番組がどの世代をターゲットにしようとしているのかを象徴するものだったともいえるだろう。[07]

私がそのときちんと理解していなかったのは、ウェブとテレビの深夜番組が、いかに密接な関係を結ぶようになっていたかという点だった。

深夜トーク番組のフォーマットは、そのターゲットの明確さと魅力的なホスト役とあいまって、オンライン動画のシェアリング・エコノミー文化にマッチしていた。そしてもうひとりのジミーが、ウェブ上でうまくいったものとテレビでうまくいったものをブレンドさせる方法を見出していた。

■18
"Evolution of Hip-Hop Dancing" (w/ Jimmy Fallon & Will Smith)
The Tonight Show Starring Jimmy Fallon

■19
Evolution of Dance
Judson Laipply

２０１３年、ケイトリン・ヘラーという名の若い女性が動画を投稿した。彼女が自宅でドアに向かって逆立ちをしてセクシーに腰を振るダンスを踊っていたところ、突然ドアが開いて友人が入ってくる。それでバランスを崩した彼女は、コーヒーテーブルに倒れこんでしまい、ヨガパンツに火をつけてしまうという内容だった。完璧な「ネットにいる痛いヤツ」の失敗動画というわけだ。そしてこの動画は口コミで広く拡散し、しまいにはＣＮＮで取り上げられ、多くのローカルテレビ局で放送された。この熱狂のさなか、『ジミー・キンメル・ライブ！』はヘラーに独占インタビューを行うと発表した（その当時から、トークショーにバイラル動画の関係者が登場するのは普通になっていた）。ヘラーはこのインタビューにおいて、投稿した動画ではカットしてしまったのだが、映像の最後にはもう数秒の続きがあることを明かした。ヨガパンツに火がついた後で、彼女の部屋にひとりの消防士が飛び込んでくるのである。その消防士とは――ジミー・キンメルだった。実は彼女は、本名をダフネ・アバロンといい、プロのスタントウーマンだった。すべて番組スタッフが制作した動画だったのである。

　キンメルと彼のチームは、２００８年から深夜テレビ番組とインターネットの融合の可能性を探っていた。その年、コメディアンの（そしてキンメルの元ガールフレンドの）サラ・シルバーマンが、『アイム・ファッ○ング・マット・デーモン』と題された映像を番組内で流し、それがたちまちウェブ上で話題になったのである。キンメルは当時、この動画が博した人気について、「ライトセーバーを持った、あの太った少年よりも話題になった（２００３年、映画『ス

07｜ファロンのデビュー週は、1992年にカーソンが最後の司会を務めた週以来、最大の視聴者数を記録した。そして視聴者の平均年齢も、一気に６歳若返った。vii

ター・ウォーズ』の登場人物ダース・モールのように棒を振り回す少年の動画がネットに流出し、話題になっていた）」と述べた。キンメルには他にも、オンライン上で話題になった動画がある（一時この番組には、グレゴリー・ブラザーズの協力を得て、T-Painとオートチューン動画をつくるコーナーがあった）。しかし彼が本領を発揮したのは、番組と視聴者の壁を壊したときだった。２０１１年、キンメルは視聴者に、子供たちにハロウィンのキャンディーを食べてしまったと信じさせるいたずらを仕かけるよう呼びかけた。そうして投稿された動画▣20のうち、最も話題になったものの視聴回数は、３億回以上に達している（彼はこの企画を「ＹｏｕＴｕｂｅチャレンジ」としてシリーズ化し、ほかにもさまざまな呼びかけを行っている）。

さまざまな深夜テレビ番組を比べたとき、『ジミー・キンメル・ライブ！』はＹｏｕＴｕｂｅ上のコンテンツを巨大化させたもののように感じられることがあった。ジェイ・レノやデイヴィッド・レターマンなどのライバルが従来型の番組づくり（レノの「ヘッドライン」や「ジェイウォーキング」など）をしていたのに対し、キンメルの番組中で放送されたコーナーの多くは、デジタル空間において人気を集めたフォーマットを参考にしていたのである。「ジミー・トーク・トゥ・キッズ」は「キッズ・リアクト」を参考に、キンメルが子供たちと、最近起きた出来事について語り合うというものだった。また２０１４年のアカデミー賞では、大勢のセレブを集めて、有名なＹｏｕＴｕｂｅ動画をハリウッド超大作なみの作品にリメイクすることまで行っている。[08] 彼が制作したもののなかで、最も成功したシリーズである「ミーン・ツイート（セレブに関する意地悪なツイートを、本人に読み上げてもらうという企画）▣21」（視聴回数７億５０００万回以上）は、ＹｏｕＴｕｂｅのクリエイターがファンからのコメントを参照する、コラボレーション型のビデオブログに非常に似た雰

▣20
YouTube Challenge - I Told My Kid I Ate All Their Halloween Candy Again
Jimmy Kimmel Live

▣21
Celebrities Read Mean Tweets #7
Jimmy Kimmel Live

囲気を持っている。[09] そしてもちろん、ドッキリ動画を忘れてはならない。時にはキンメル自身もそのターゲットとなっている。たとえばある動画では、リアーナとブリトニー・スピアーズがダンサーを引き連れ、真夜中に彼の寝室に押しかけている。ただ彼はドッキリの仕掛人のほうにまわることが多く、そのターゲットとして頻繁に登場しているのがマット・デイモンだ。しかしキンメルのチームがいかにウェブ世界について深く理解していたかを、最もよく示しているのは、前述のケイトリン・ヘラーが登場するヨガパンツに火がつくドッキリ動画だろう。

「どのテレビ局にも一切連絡せず、ツイートもせず、ニュースサイトにも掲載しなかった」とキンメルは言う。「単にYouTubeにアップして、魔法が起きるままにしたのさ」。この動画でキンメルがドッキリのターゲットとしたのは、他のすべての人々というわけだ。彼の「魔法が起きるままにする」戦略はうまくいった。それは伝統的なメディアが、視聴者とのつながりを維持するために、彼らにうけるもののヒントをウェブに求めるという新しい創造サイクルを確立したのである。

キンメルと彼のチームがしたのは、ジョークを観客のためにつくるだけでなく、観客とともにつくるという、新しいエンターテイメント文化を活用することだった。

08 | そのなかでの私のお気に入りは、ジョゼフ・ゴードン＝レヴィットが「歯医者帰りのデビッド〔2008年に撮影された動画で、7歳の少年デビッドが歯医者で抜歯した後の、帰りの車中での様子を映している〕」のリメイクを演じるために登場し、なんのリアクションもない状況にもかかわらず、元の動画とほぼ同じタイミングで演じきった映像である。

09 | たとえば人気のチャンネル「ジャックスフィルム」を運営するジャック・ダグラスは、「あなたの文法おおまちがい」というシリーズを長年続けているが、そこでは彼がファンから寄せられたコメントを大声で読みあげている。

ジェームズ・コーデンが深夜テレビ番組に参加したとき、彼の前にはハードルが立ちふさがっていた。米国での知名度が低く、与えられた時間も遅い深夜帯だったのである。彼のチームは番組が支持され、コーデンの話題で盛り上がるように、番組をＹｏｕＴｕｂｅ時代に合わせて最適化するという戦略に賭けることにした。彼の番組『ザ・レイト・レイト・ショー』のエグゼクティブ・プロデューサーであるベン・ウィンストンは、２０１６年のエジンバラ・インターナショナル・テレビジョン・フェスティバルにおいて、「朝オフィスに来ると、昨夜の視聴率を確認するより前に、ＹｏｕＴｕｂｅの反応を確認します」と語っている。「その結果から、誰が夜中に起きていたのかわかりますから。それは私たちがつくっているものの品質については何も教えてくれませんが、ＹｏｕＴｕｂｅの視聴傾向から、何が彼らにうけたのかを知ることができます[viii]」。『ザ・レイト・レイト・ショー』は、「エンターテイメントは次第に、その作り手と受け手の間のコラボレーションになりつつある」という流れを真剣に受けとめているのである。

『ザ・レイト・レイト・ショー』はＹｏｕＴｕｂｅに動画を公開し、その分析ツールから得られたデータと、コメント、評価の内容に基づいて、番組制作の意思決定を行うようになった（ＹｏｕＴｕｂｅで動画投稿を始めたクリエイターの多くが同じことをしている）。そしてオンライン上でうけるコーナーを求めていた番組チームは、比較的早い段階で、大ヒットを掘り当てた。それは精巧なミュージカル作品のように手の込んだ内容でもなければ、スタジオのライトやカメラ、観客を伴うものでもなかった。多くのユーチューバーがするように、小型で安価なカメラを使って、誰もが共感できる、日々の何気ない

図22
Adele Carpool Karaoke
The Late Late Show
with James Corden

娯楽を撮影するという内容だったのである。「カープール・カラオケ（セレブをゲストに迎え、コーデンと共に車中で歌を熱唱するというコーナー）▣22」は、スターからは賛同されないような提案から始まった。コーデンはかつて、「音楽のアーティストに出演を依頼しても、ノーと言われるだけでしょう」と語っている。しかしマライア・キャリーと話をしたことがきっかけで、この企画がスタートし、2年も経たないうちに視聴回数10億回を突破する人気コーナーとなった。少なくともオンライン上においては、このコーナーは過去のコメディ番組のなかで、最も人気を集めるものとなっている。

「それはセレブとの親近感を、素敵なかたちで生み出しています」とウィンストンは言う。「マネージャーもいなければ、広報担当者も、メイク担当者もいません。ジェームズという才能あふれる人物と、セレブが登場して、楽しく歌を歌う。それだけです」。そしてそれは、まるでＹｏｕＴｕｂｅの動画のようだ。

◀◀

私がＹｏｕＴｕｂｅに参加して間もないころ、何が自然な視聴数の増加で、何が話題になったことによる急上昇かを見分けるのに苦労していた。何かがひと段落すると、2つの新しい盛りあがりが生まれる、といった具合だったのである。エンターテイメントのプラットフォームとしてのＹｏｕＴｕｂｅという捉え方自体、一時的な流行にすぎないのではないかと考えられていた。しかしいつの時点からか（正確にいつかは、誰に尋ねるかによって変わるだろう）、そこで生まれる動画から、人々のエンターテイメントへの関わり方が大きくシフトしつつあると感じられるようになった。業界ウォッチャーたちは、この変化をどう表現するかに苦労し、「本物らしさ（authenticity）」という言葉を使った。そしてこの言葉はすぐに、動画制作の世界における決まり文句となったのである。どうすれば「本物らしい」エンターテイメントがつくれるのか、誰もが知りたがった。多くのクリエイターたちが、それはクオリティの高さとは関係ないというだろう。ただそれは、プロダクションデザインが重要ではない、という意味ではない（視聴者は優れた照明、カメラワーク、音声などにちゃんと反応するものだ）。「本物らしさ」は初期のYouTubeに私たちが惹きつけられた要因だったが、それは動画やチャンネルの制作者がアマチュアだったから生まれたのではなく、アマチュアたちが自然にもつ誠実さから生まれたのである。

2001年を過ぎたころから、私たちは「本物であること」と「透明性」を以前よりも評価するようになった。そして多くのエンターテイメントと、個人的体験がオンライン上の同じ場所で公開されるようになったことで、人々が創造するものは、私たちがそれについて交わす会話や、私たちが他の人々とつながる上でそれが果たす役割と、分けて考えることができなくなった。いま最も支持されているフォーマットやスタイルは、動画に親近感を抱かせることを可能にするものである。私たちはアデルに、自分と同じように車のなかで大声で歌っていてほしいのだ。男女の違いをテーマにしたドラマを見るよりも、バズフィードのスタッフによる動画「男性が混乱する女性のいちゃつき方

5つ」をシェアしたくなるのだ。グレゴリー・ブラザーズが大統領選候補のそっくりさんと一緒に歌うよりも、候補自身と歌うのを見たくなるのだ。それは別に、脚本のある物語がうまくいかないという意味でも、手の込んだ制作プロセスや特殊効果が何の意味も持たないという意味でもない。それらが重要であることはまちがいない。ただ、何かが投稿されてから数分で「これはフェイクだ！」というようなコメントがつく場合、プロデューサーは観客がそこにいないかのようなふりや、彼らがまやかしに気づいていないかのようなふりはできないのである。視聴者はこれまでより大きな影響力を持つようになっており、そして新たな力学は、エンターテイメントのつくられ方も変えてしまった。

私たちはもはや、エンターテイメントを受け身で消費する存在ではない。それを自分自身の目的のために使うことができる。私たちがエンターテイメントに反応し、それと交流する手段は、他人や自分が好きなものとつながることを助けてくれる。そしてもし、自分のニーズを満たしてくれる（自分が望む形で、周囲にある世界を認識し、解釈し、反応することを手助けしてくれる）コンテンツが存在しないのであれば、手元にあるものを使って自分自身でつくることもできるのだ。

3 リミックス——新たな言葉

２０１１年、25歳のクリス・トーレスは、ダラスの保険会社で事務スタッフとして働いていた。しかし夜になると、彼はマーティという名の美しいロシアンブルーの猫とともに、ウェブの世界で変わったデジタルアートを制作して過ごしていた。子供のころプエルトリコから米テキサスへとやってきたトーレスは、正式なアート教育を受けたわけではなく、独学でビジュアルデザインを学び、マンガまで描いて自身のブログで公開していた。その多くに、猫のマーティ（この名前はマーティ・マクフライにちなんでつけられたのだが、つまり彼はそういうタイプの人間ということだ）が登場している。

その年の2月、トーレスは赤十字への募金を呼びかけるイベントに参加し、オンライン上の視聴者からのコメントに応じて絵を描くというパフォーマンスを、ライブストリーミングで配信した。そのなかである視聴者が、何の気なしに「マーティをポップタルト〔米ケロッグ社が発売しているお菓子で、米国では一般的な食べ物として普及している〕として描いてはどうか？」と提案した。その瞬間について、トーレスはのちにこう説明している。「この2つを組み合わせるというアイデアに、すぐに飛びつきました。チャットルームにいた全員が大喜びしていましたよ」[i]。

こうして出来上がったのが、胴体がお菓子で、頭と手足がロシアンブルーの猫という姿をし、虹色の光

▣01
Nyan Cat [original]
MEANS TV

を放つ生き物という落書きのようなイラストだった。

　その後トーレスは、ピクセルアート（デジタルイラストレーション手法のひとつで、初期のビデオゲームのように、正方形のブロックを組み合わせて画像を描く）を学び始めるのだが、その際にこのイラストをもう一度使ってみることにした。そして２０１１年4月3日、８ビット風のCGアニメーションを制作し、自身のウェブサイト上で公開した。するとそれをファンのひとりが、当時ウェブカルチャーに関するブログとして最も影響力のあった「ザ・デイリー・ホワット」に伝えた。「ザ・デイリー・ホワット」はトーレスのアニメをTumbler（タンブラー）〔ブログに似たウェブサービスで、ネット上のコンテンツを簡単にシェアできるのが特徴〕でシェアし、その結果、米国中のネットオタクがこのアニメの存在を知ることとなった。

　ポップタルトになったマーティのピクセルイメージは、最終的に、サラ・レイハニ［MEAS TV］という名の学生のもとにたどり着く。彼女はトーレスのことをまったく知らなかったが、彼女の友人で、タンブラー愛好家であるネットオタクのＰＪから紹介されたのである。ＰＪはネット上にある奇妙なコンテンツが大好きで、最近はボーカロイドと呼ばれる技術を使った（主に）日本で流行していた音楽ジャンルのことを周囲に話していた（複雑なシンセサイザーを通して、ヘリウムガスを吸った人のように高い声になった、ユーロポップの曲を想像してほしい。それが大部分のボーカロイド曲だ）。ＰＪのお気に入りだった日本のボーカロイド曲は「Nyanyanyanyanyanya!」というタイトルで、オリジナル版を制作した[01]のはdaniwellP［daniwell］という日本人プロデューサーだった。なかでも好きだったのは、初音ミクというエメラルドグリーンのツインテールで知られる16歳の少女キャラクターが歌うバージョンだった。いずれにせよ、トーレスが8ビット風アニメを投稿してからたった2日後の2011年4月5日、レイハニはこのポップタルトの姿をした猫のイメージに、PJが好きだったボーカロイド曲を重ね合わせた。そしてそれをYouTubeに投稿したのだが、その理由は「PJが2つのタブを開かなくても、この2つを一緒に楽しめるようにするため」だったと、彼女は私に語ってくれた 01。

するとどういうわけか(レイハニ自身にも訳がわからなかった)、レイハニのYouTubeのチャンネルと、PJのタンブラーに掲載されたこの「Nyan Cat(ニャンキャット)」ビデオは、瞬く間に多くのウェブサイトやフォーラム上に拡散していった。2人の大学生の、友達の間のジョークとして始まったものが、大きなインターネット・ミームとなった瞬間だった。3分37秒の奇妙な、ループ再生されるデジタル「アート」が(トーレスの言葉を借りれば、それは「純粋な喜び」であり「宇宙を飛ぶネコ」だった)、バイラル動画としてヒットしたのである。突如として、「ニャンキャット」動画がありとあらゆる場所で見られるようになった。人々はそれぞれ独自のバージョンをつくったり、演奏したり、そのコスプレをしたりするようにまでなった。また国旗と、国歌をボーカロイドで再現したものを組み合わせた、世界中の国々のバージョンが作成された。この動画はその年、8000万回以上再生され、2011年に最も視聴された動画のベスト5にランクインした。他に何千件と存在する、別バージョンも同じように人気

01 | 初音ミクは実在の人間ではない。彼女は空想の人物で、日本の札幌に拠点を置くソフトウェア会社、クリプトン・フューチャー・メディアが開発したボーカル・シンセサイザー・アプリケーションを擬人化したものだ。適切に操作することで、好きな曲に合わせて「彼女」を「歌わせる」ことができる。これまで初音ミクが何曲歌ったのか、正確に把握することはできないが、10万曲は超えているようだ。クリプトンによれば、彼女の名前は「未来からの最初の音」を意味している。

だ。２０１７年までに、ＹｏｕＴｕｂｅ上には10万件以上もの「ニャンキャット」関連動画が投稿され、それらは合計で12億回以上視聴された（驚くべきことに、10時間ループが続くバージョンも再生回数５０００万回以上となっている）。

時が経つにつれ、ニャンキャットはインターネットそのもののシンボルとなり、デスクトップの壁紙から「ウォール街を占拠せよ」運動〔２０１１年9月に米ニューヨークのウォール街を出発点として発生した運動で、経済界や政界に対する抗議を行い、他の都市や世界各地に飛び火した〕の横断幕に至るまで、さまざまな場所に現れることとなった（ＹｏｕＴｕｂｅでさえ、本社ビル２階の広い部屋の名前を「ニャンキャット」会議室と名づけた）[02]。それはオンラインフォーラムやソーシャルプラットフォームの加工のされていない、民主的な文化を象徴している。そこではどんなにバカバカしい内容だったとしても、あらゆる声やアイデアは、世界中の人々に知ってもらえるチャンスがあるのだ。

ニャンキャットが知れ渡ると、トーレスのもとには、ブローカー役を買って出る人々からの問合せが殺到するようになった。彼は自分の画像を著作権で保護し、保険会社での仕事を辞め、そして……ニャンキャットに専念し、オモチャや服、ビデオゲームなどなどにライセンスを供与するようになった。一方でdaniwellPは、興味深いことに、当時自分の曲が商用で使用されることを望んでいなかった。レイハニは私に、人々は自分があの動画で大成功を狙っていたのだろうと思い込んでいるが、それはまちがいだと語っている。彼女はこの一風変わったクリエイティブな三角形の一辺だったが、レイハニは何の権利も主張することはなかった。この動画の元となった主要な知的財産は、彼女のものではなかったからである。[03] 画像の所有権はトーレスにあったが、彼はこの一大ブームを起こしたのは自分ではないと語っている。では、誰がそれを起こしたのだろうか？　やはりＣＧを描いたトーレスか？　それともミュージシャンであるdaniwellPか？　リミックスしたレイハニか？　動画が投稿されたブログや各種のサイトか？　自分たちのバージョンをつくって楽しんだ人々なのか？

私はＪＦＫ空港の滑走路で離陸を待つ飛行機のなかで、そんなことをずっと考えていた。「ニャンキャット」のようなリミックス作品は、「アートとエンターテイメントは、プロフェッショナルのチームによる入念なコラボレーションの上に成り立つもの」というこれまでの概念を崩そうとしている。それは個々に行動しつつ、ある意味では共同で作業する、まったく異なる複数の個人によって創造されるポップカルチャーだ。人々は自分を表現するために多様な手段を使うようになっているが、ニャンキャットはそうしたさまざまな手段を通じて、その意味を確立していった象徴的な存在だった。インターネットを席巻したこの動画は、誰かひとりが作り上げたものではない。何千人という異なる人々が、それが生まれる上で積極的な役割を演じたのである。

まったく奇妙な世界になったものだ、と私は思った。座席の目の前にあるスクリーンには、デルタ航空の最新の機内安全ビデオが流れている。そのなかで、ニャンキャットがダンスを踊っていた〔２０１５年のデルタ航空の機内安全ビデオは、22のバズ動画の〝有名人〟が登場した。ニャンキャットなど「ダブルレインボー」のバスケスも「本人」として登場している〕。

02｜それは「モア・カウベル」会議室からつづく廊下の先にあり、「ハニー・バッジャー」会議室の向かい側だ〔それぞれヒットしたテレビ番組のコーナーとバイラル動画〕。

03｜とはいえ、彼女はトーレスと契約を結ぶに至っており、動画制作用のカメラの購入と、自分の猫を飼うための資金を手に入れることができた。

リミックスはオリジナルの作品を、その制作者の手の届かないところに押しやってしまうため、クリエイターのコミュニティ内に混乱や対立、ビジネス上の難題を引き起こすことがある。そうした波紋を起こしたくないという思いから、過去には多くの人々がリミックスから距離をおいてきた。法学者のローレンス・レッシグは、著書『リミックス』（邦訳『REMIX――ハイブリッド経済で栄える文化と商業のあり方』）においてこう記している。「このリミックスという行為は新しいものではないが、これまではほとんど大っぴらに行われてこなかった。それは検閲があったからでも、邪悪な資本家のせいでも、あるいは善良な資本家のせいでもない。この通常とは異なるやり方について話すことの経済的側面が、それについて話すことを不可能にしたために、触れられてこなかったのである」[ii]

インターネットは「よい混乱」を好むため、リミックスはウェブ動画の世界において、最初に普及した表現形式のひとつとなった。マット・メイソンが『海賊のジレンマ』（邦訳『海賊のジレンマ――ユースカルチャーがいかにして新しい資本主義をつくったか』）で解説しているように、「音楽において、リミックスは幸運なアクシデントとして始まり、議論を呼ぶアイデアへと発展して、最後には大きなムーブメントになった」[iii]。21世紀に入り、リミックスは単なるスタイルから、独自のコミュニケーション手法へと成長し、現代のテクノロジーによって大きな盛り上がりを見せている。

私が覚えている最初のリミックス動画のひとつは、実在しない映画の偽の予告編だ。タイトルは

02
Shining
Robobos

『シャイニング』で、スタンリー・キューブリック監督のホラー映画『シャイニング』をコメディとして再構成したものであり、BGMにはピーター・ガブリエルの「ソールズベリー・ヒル」が使われている■02。つくったのはロバート・リャン［Robobos］という名の男性で、独立系クリエイティブ・エディター協会が主催する「トレイラー・パーク」というコンテスト向けに制作されたものだった。そしてこの作品は、2005年にニューヨーク支部の予選を通過し、当時アシスタントだったリャンに大きな注目が集まった。しかし『シャイニング』の快進撃は、これで終わりではなかった。リャンが予選を通過した動画を数人の友人とシェアしようと、こっそりと会社のウェブサイトにアップしたところ、その「秘密の」リンクにアクセスが殺到して、危うくサーバを落としてしまうところだったのである。その日彼は、ワーナー・ブラザースのバイスプレジデントから電話を受けた。「動画の公開を即刻取りやめるように、と言われるとばかり思っていました」と彼は語っている。しかしワーナーの幹部は単に、他の人々と同じように、この愉快な動画に好奇心を示していただけだった。そしてリャンは、動画のファンから毎日何百通ものメールを受け取るようになった。それは人々がシェアしたくなるような、わかりやすく楽しいコンテンツだったのである。しかし私がもうひとつ評価しているのは、この動画が、時代を超えて愛される映画を使い、それを自分自身の表現にしているという新鮮さと独自性がある点だ。

『シャイニング』は数千とまではいかなくても、数百の似たようなコンテンツが生まれるきっかけとなった。プロかアマかを問わず、それにインスピレーションを受けた人々が、同様の作品を制作したのである（『2001年宇宙の旅』を夏休み超大作風にしたものや、『十戒』を青春コメディ風にしたもの、妄想的なサイコパスのように描かれたウィリー・ウォンカ〔ロアルド・ダールの児童小説『チョコレート工場の秘密』の登場人物で、同作品は過去2回映画化されている〕、超能力を持つ魔女のように描かれたメリー・ポピンズなど）。新しい創造の世界が開かれ、これまでとは異なるルールが生まれることとなった。

「リミックス」――ここでは可能な限り広義の意味で捉え、自己表現のために既存のメディアを選択し、操作し、再結合し、再構築することと定義している――はウェブ上において、最も愛され、最も重要な新しいコミュニケーション形態のひとつとなった。それは私たちが、自らの文化に影響を与えた人々やアイデア、シンボルなどと交流し、さらにその行為自体に影響力や価値を生み出すことを可能にしたのである。ウェブ動画をクールにしているもの（大胆な行動や新しい製作技術の活用、創造性を一心に追求する姿勢から生まれる新しさ）は、同時にリミックスをクールにしているものでもある。リミックスはまさしくインターネット的な、リアクションと会話の最初の手段なのである。

では、私たちはどのように〝会話〟しているのだろうか。

インターネットの母語

ジャズ／ファンク／ロックのミュージシャン兼プロデューサーであるオフィール・クティエル［kutiman］

▣03
Kutiman-Thru-you - 01 - Mother of All Funk Chords
kutiman

（ステージ上の名前は「クティマン」）は、20代後半の頃、仕事で悩みを抱えていた。彼は住んでいたイスラエルで、フルアルバムをリリースして絶賛を浴び、他のアーティストとコラボレーションもしていたのだが、ライブに客が入らなかったのである。状況が変わったのは、そんな時だった。「ＹｏｕＴｕｂｅのことを知ったときは、頭が爆発する思いでした」と彼は言う。「あるのは猫だとか、頭から倒れる人だとかの動画ばかりで、あまりクリエイティブとはいえませんでした。大量の（楽器に関する）ハウツービデオもあったのです」。クティエルは伝説的なファンクドラマー、バーナード・パーディによるハウツービデオを見つけ、それに合わせてギターを弾いてみることにした。彼は見知らぬ誰かとセッションをするというアイデアに、すっかり魅了された。そしてさらに大胆な行動に出た――2人の異なるミュージシャンによる音楽クリップを、1つにしてしまったのである。彼は私に、「それを始めた瞬間から、2か月は椅子から立ち上がりませんでした」と語ってくれた。「ＹｏｕＴｕｂｅを検索して、カット＆ペーストをする。それしかしていなかったのです。最初の日、あるベースプレイヤーと、別のドラムプレイヤーの動画を切り貼りして、一緒に演奏させました……もうあのときと同じ興奮を味わうことはないでしょうね」。彼の重ね合わせの技術はより複雑になり、中毒といえるほど熱中した結果、彼が「Thru-you（スルーユー）」と名付けた一連の動画が生み出されることとなった。その最初の動画である「マザー・オブ・オール・ファンク・コード」では、パーディの演奏から始まり、24人のミュージシャンの映像が組み合わされている[03]。

彼の友人たちは、クティエルがこのプロジェクト用のウェブサイトを設計したり、動画を

ＹｏｕＴｕｂｅにアップロードしたりするのを手伝った。「私はウェブサイトのリンクを10人の友人に送ったんですが、まだ内容を確認中なので、シェアはしないでと明確にお願いしていました。ところがその中のひとりが、私の話を聞いていなくて、アクセスが殺到する結果になってしまったのです」。彼がリンクを送った日の翌日、クティエルはMySpace（マイスペース）〔２０００年代に人気を博した米国のソーシャルメディアサービスで、一時はフェイスブックと肩を並べる存在だった〕上の自分のページをチェックしたのだが（そう、これは２００９年の話なのだ）、百通を超えるメッセージが届いているのを目にした。何かシステムがおかしくなったのだろうと彼は考えたが、すぐに彼のサイトは落ちてしまい、クティエルは届いたメールに目を通すのに何時間もかけることになった。メールを読み終えると、彼はＹｏｕＴｕｂｅのアカウントに寄せられたメッセージに目を向けた。それを読み終えると、彼は再びメールに戻ったのだが、そこには改めて膨大な量のメールが寄せられていた。

「スルーユー」は単にバイラル動画になっただけでなく、クリエイターのコミュニティのなかでも話題となり、多くのプロがこの動きに参加したり、コラボレーションしたりした。クティエルは当時、ワイアード誌に対してこう語っている。「私は小さな国の、小さな町で、小さな家に住んでいました。自分のつくったものが、こんなに短時間で、こんなにヒットするなんて思ってもみませんでした。テルアビブから世界のミュージックシーンに躍り出るなんて、絶対に無理だと思っていましたが、いまでは信じられないほど成功しています[iv]」。彼が受け取ったメッセージには、他のミュージシャンから送られたものも多く含まれ、そのなかには超大物もいた。しかし当時、クティエルは世界的なポップミュージックの流行にあまり詳しくなかった。「（マネージャーの）ボアズに、『マルーン５ってバンド知ってる?』などと聞い

▣04
Kutiman - Thru Tokyo | クティマン - スルー東京 | PBS Digital Studios
PBS Digital Studios

たぐらいです」

クティエルは、彼が「リミックス」として行っているものが何かを定義していない。「単にいくつかのYouTube動画を組み合わせて、音楽をつくっているだけ、と話しています」と彼は説明する。彼にとってそれは、自然で当たり前の行為なのだ。クティエルはリミックスをつくろうとしていたわけではなく、他の人々は気づかなかった、さまざまな動画の間にあるつながりを見出したのである。彼の行為は、ウェブというメディアの性質に由来するものといえたが、同時に幅広い視聴者にとっても魅力的なものだった。5年後、彼はスルーユーの続編となる「スルーユー・トゥー」をリリースし、ほかにも多くの作品を生み出した▣04。そのなかには他のアーティスト向けに制作したものもあり、たとえばマルーン5からの依頼を受け、リハーサル映像を使用したリミックスをつくっている（彼らが何者なのかを理解した上で）。

「カット&ペーストなんて、私が生まれる前から行われていました」とクティエルは認めているが、2009年、彼の作品はまさに時代の先端を行くもののように感じられた。ビデオ編集ツールはシンプルで価格も手ごろになり、インターネットには写真や音楽、動画が無尽蔵に保管されている。そしてそのすべてが、技術に疎い人々でさえも、自分の考えやリアクションを表現する手段として使える素材になる可能性があるのだ。

ウェブ上では、リミックスはコミュニケーションの一手段となっている。それは私たちが、これまでの動画のつくり方では不可能だった形で、自分自身を表現することを可能にする言語なのだ。クティエルのYouTubeリミックスは、人々がウェブに投稿するものの間にある関係性や、私たちが音楽の演奏に対して共有している普遍的な情熱について、オリジナルの作品よりも雄弁に表現している。

多種多様なメディアにアクセスし、精査し、利用することが可能になっている以上、リミックスの取り得る形は無限にあるといえるだろう。最もおもしろいリミックスとは、クリエイターならではの個性的な組み合わせにより、そこで使われている素材に別の意味が生まれているような作品だ。そうした素材の総和は、素材をつくったオリジナルのクリエイターの視点というよりも、リミックスした人の視点を反映している。実際にクティエルは、リミックスのおもしろさのひとつとして、オリジナルのクリエイターたちがコラボレーションしていることすら知らずにいることを挙げている。

自分の生み出したものが意図せぬ形で使われ、コラボレーションに巻き込まれているのに気づくというのは、奇妙な感覚だろう。しかし予期せぬリミックスがもたらす、さらに興味深い事例が、インターネットに数多くの馬鹿げたコンテンツを提供している国で生まれた。その国とは――ロシアである。いや、当時その地域がロシアといえたかどうかは、地政学上の議論として残されているのだが、私には語る資格がないので、その点については触れずにおこう。いずれにせよ、2014年3月、ウクライナ領クリミア自治共和国の検事総長としてナタリア・ポクロンスカヤが任命された。当時クリミアは、ロシアによって併合されようとしていた。任命の日、ポクロンスカヤは緊迫した記者会見において、大きな物議を呼ぶロシア寄りの分離主義的発言を行った。(その年の終わりに米財務省が作成した

▣05
Blonde Bombshell: Crimea prosecutor Natalia Poklonskaya internet sensation & 'wanted' in Kiev
RT

「ウクライナの平和、安全保障、安定、主権、領土保全を脅かす行動や政策を実施、もしくは加担した」[v]ウクライナ人とロシア人の分離主義者のリストに24人中唯一の女性として彼女の名前が載っている）。ロシア語で行われた記者会見の映像は世界中に配信されたのだが、思ってもみなかったことが起きた。日本のオタクたちがそれに反応し、33歳のポクロンスカヤの高い声と魅力的な容姿に、日本アニメで描かれる〝カワイイ〟あるいは〝萌え〟に通じるものを見出したのである。彼女の知らないうちに、ポクロンスカヤをアニメ風に描いたファンアートがウェブ上に出回り始め、彼女を「リミックス」してアニメのヒロインにしたり、ファンのコミュニティを立ち上げたりする動きまで生まれた。4月半ばには、数週間にわたって、彼女に捧げられたミュージックビデオがロシアとウクライナで最も視聴された動画となった▣05。

この種の人気はポクロンスカヤが求めていたものではなく、ロシアの検察当局は殺到する問合せに対し、「ナタリア・ポクロンスカヤはツイッターやブログへの書き込みを行っておらず、SNSには登録していない」[vi]という声明を発表するまでに至った。しかしそれは何の抑制にもならなかった。彼女を題材としたクリエイティブな活動によって、ポクロンスカヤはロシアにおける最も有名な役人のひとりとなった（彼女はグーグルが発表した「年間で最も検索された人物リスト」のロシア編において、２０１４年冬季五輪のフィギュアスケート金メダリスト、アデリナ・ソトニコワに次ぐ第7位にランクインしている）。興奮しやすいネットユーザー（主に男性）がポクロンスカヤをキャラクターとしてもてはやすという現象は、多くの人々（私もそのひとりだ）にとって困惑するものだったが、人々のリミックス能力が、予想を超えた広がりをもつことを示す出来事といえるだろう。

「ナタリア・ポクロンスカヤ」が持つ本来の文脈は、リミックスをしたほとんどの人にとって、なじみの薄いものだった。しかし彼女は「ナタリア・ポクロンスカヤ」という人物から概念（コンセプト）になり、人々がそれぞれの仕方で自己表現する手段のひとつとなったのである。

多くの人気リミックス作品には、特に明確なメッセージや主張は含まれておらず、単に楽しむだけのコンテンツとなっている。数年前、私は大声でこんな質問をしてしまったことがある。

「オバマ大統領が『コール・ミー・メイビー』を歌っただって？　みんなの前で？[04]」

それは事実だった。まぁ、ある意味では。彼は「アップタウン・ファンク」や「ゲット・ラッキー」、「ユー・キャント・タッチ・ディス」も歌っていた。ミット・ロムニーと「パーティー・イン・ザ・ＵＳＡ」をデュエットしたことは言うまでもない。実は当時、テネシー大学で生化学を専攻する、ファディ・サレハという19歳の学生がいた。[vii] 彼は大統領の演説を映した膨大なテレビ映像を綿密にチェックし、細心の注意を払って、曲の歌詞に合う言葉をピックアップしたのである。ＹｏｕＴｕｂｅ上で「バラクスダブズ［baracksdubs］」として知られるこの動画チャンネルにおいて、サレハは「リクエストに応じて、誰かの言葉をポップミュージックにのせる」ということをしていた。私が最初に「バラク・オバマがカーリー・レイ・ジェプセンの『コール・ミー・メイビー』を歌う▣06」（サレハ作の動画のなかで最も有名な一本だ）を見たとき、私はこの奇妙な組み合わせにあっけにとられ、そして動画をつくるのにかけられたであろう膨大な作業に感動した。そう感じたのは、私ひとりではなかった。ジャスティン・

▣06
Barack Obama Singing Call Me Maybe by Carly Rae Jepsen
baracksdubs

ビーバーとＬＭＦＡＯはバラクスダブズ版の自分たちの曲について、興奮した様子でツイートした。サレハの一連の動画が累計２億回以上視聴されていることを考えると、こうした反応は珍しくないのだろう。バラクスダブズ一本の長さは、１分半を超えることはほとんどないのだが、それを制作するのには最大３週間ほどかかる。[viii] 動画の編集技術が要求されるのは明らかだが、同時にサレハがこの動画を制作するのにどれほどの情熱と労力を傾けているかを考えると、技術的な卓越さよりも感動を覚える。

　ウェブはこのような楽しい事例であふれている。たとえばベンジャミン・ロバーツ（またの名を「アニマルロボット」）の作品を目にしたことがあるかもしれない。彼はＤＪのガール・トーク〔大量の音源を組み合わせて音楽をつくる作風で知られている〕にインスピレーションを受けて、家族向けのテレビ番組とヒップホップ曲をシンクロさせた。ビッグバードの口の動きに合わせ、ビッグ・パン〔米国のヒップホップアーティスト〕の曲が流れたり、アール・シンクレア〔マペットを使用した米国のテレビドラマ『恐竜家族』の登場人物〕がノトーリアス・Ｂ．Ｉ．Ｇ．の「ヒプノタイズ」を口パクしたりするところを想像してほしい。ロバーツはかつて、編集には十から百時間かけていると語っている。[ix]

　バラクスダブズとアニマルロボットは単に目新しいだけで、時間が経てば忘れ去られてしまうかもしれない。しかしエンターテイメントとして、誰かに言っていないことを言わせる（あるいは歌っていないことを歌わせる）という方法は、より大きなトレンドとなっている。あるコンテンツを、オリジナルの文脈から別の文脈に移して、自分の意図するものに合うように意味を

04 | バラク・オバマも人間なのだから、プライベートな場であれば、「コール・ミー・メイビー」を歌っていておかしくないだろう。

変化させるという行為に、私たちはだんだん慣れてきているのだ。

大統領に歌わせたり、ビッグバードにヒップホップをさせたりといった、一見すると他愛のない行為はさておき、21世紀においてリミックスは、重要な自己表現の手法のひとつとなった。それは私たちが自分のアイデアや考え方を、他人のそれと編み合わせて表現することを可能にする。そして、そうしたクリエイティブな相互作用を通じて、動画に新しい意味を与えることができるのだ。

事実ＹｏｕＴｕｂｅには、コンテンツを自在に変形させることで価値を生み出した例が数多く見られる。なぜある動画やミームが人気になったのかという理由には、アートとしてのクオリティはあまり関係がない。むしろそれがいかに柔軟で、私たちの参加を可能にしてくれているかというほうが関係している。視聴者のアートの感性に訴えるからではなく、視聴者自身をアーティストにしてしまうことで、人気を得る動画や画像が存在するのだ。そうしたコンテンツの場合、それが真の意味で価値を生み出すのは、視聴者が参加者としてそれに関わり始めてからだといえる。

２０１５年の卒業記念ショーを前に、ロンドン芸術大学のセントラル・セント・マーチンズ校の学生１５０人が、次のような依頼を行った。「卒業制作の紹介文を提供して下さい。読むのに30秒を超えない、もしくは百語以内の文章にするように。詩のようなもの、抽象的な文章、文学的な作品、なんでも構いません。ただ、作品に込められた感情や空気を表現することに重点をおいて下さい」これは英国人アーティストのルーク・ターナーと、フィンランド人アーティストのナスチャ・サデ・ロンッコ、

■07
#INTRODUCTIONS (2015)
LaBeouf, Rönkkö & Turner

さらに彼らと共に活動していた、ロサンゼルスのある俳優によるコラボレーションのひとつとして行われたものだった。その俳優は卒業記念ショーにおいて、集まった学生からの短い紹介文を読み上げるところをグリーンバックで撮影し、その映像を学生が操作できるようにしようとしていた。この企画について、3人はガーディアン紙に次のように説明している。「私たちのコラボレーションは当初から……このつながった世界において……人々は体験を共有することを通じて、あるいは自分自身を正直に表現することを通じて、人間であるという感覚を求めている、という事実をテーマにしたものでした」。呼びかけの結果、静かに呼吸をするものから、本や詩、広告の宣伝文などを読み上げるものまで、1日で36本のビデオが撮影された。このプロジェクトには「# INTRODUCTIONS」という名前がつけられた。そしてロサンゼルスの俳優とは、シャイア・ラブーフだった。

　完成した30分の映像の8分58秒の時点で、ジョシュア・パーカーという公衆衛生の企業化を研究していた学生による紹介文がはじまる07。シャイアは突然ぎくしゃくしたロボットのようなジェスチャーで、全身で喝を入れながら「やるんだ！　とにかくやるんだ！（Do it! Just Do it !!）」と画面に向かって叫びだす。パーカーはどうやってこの文章を思いついたのだろうか。彼はインタビューの中で、人々がアクティブなライフスタイルを実現するために、テクノロジーへの依存を深めている状態からインスピレーションを受けたと語っている（彼によれば、むしろテクノロジー依存こそ、そうしたライフスタイルを阻害するものだった）。この動画が拡散すると、多くの人々はラブーフの気が違ってしまったのではないかと思った。「夢をかなえろ！　やってみせろ！」とラブーフは怒鳴る。「他人なら諦めてしまうところまでおまえは行くんだ。それでも立ち止まるな！　まだだ！　何を待ってるんだ⁉　やれ！」

　完全版の映像は31分間の長さで、動画共有サイトのVimeo（ヴィメオ）で公開された。そのなかにはさまざまな学生の言葉が取り上げられていたが、ラブーフの熱演もあり、最も注目を集めたのはパーカーのものだった。「ものすごい反応がありました」とパーカーは語っている。映像は背景がグリーンになっているため、他の映像を重ね合わせるなどの加工がしやすく、世界中のリミックス映像制作者が反応し始めたのである。数日のうちに、数百という二次創作作品がネットに投稿され、その多くが独創的で笑えるものだった。「申し訳ありませんシャイア、それはできかねます▣08」と題された動画では、シャイアは『２００１年宇宙の旅』に登場するコンピューター「HAL2000」に向かって、ポッドベイのドアを開けるように叫んでいる〔同映画に登場する有名なシーンのパロディになっており、「私にはできかねます（I'm afraid I can't do that）」はＨＡＬが主人公への返事として言うセリフ〕。「アップル・ウォッチ『シャイア・ラブーフ』バージョン」では、彼は手首に巻いた装置から呼び出せる小型のホログラムとして描かれ、トレーニング中に装着者モチベーションを上げようとしている。「シャイアウォーカー・インスピレーショナル」▣09（私はこれが一番好きかもしれない）では、彼は映画『スター・ウォーズ』の主人公ルーク・スカイウォーカーに向かい、ルークが劇中に登場する戦闘機「Ｘウイング」を惑星ダゴバの沼から引き上げようとしているところを応援する。[05] またラブーフがＴＥＤトークで「やれ！」と叫んだり、映画『アベンジャーズ』のカットされたシーンに登場していたりする動画もつくられた。さらにはグレゴリー・ブラザーズがオートチューンでリミックスした動画は、１０００万回以上視聴された（パーカーはこの動画がお気に入りだそうだ）。私たちが２０１５年の「ＹｏｕＴｕｂｅリワ

▣08
I'm sorry Shia, I'm afraid I can't do that
Dillon Becker

▣09
Shiawalker Inspirational
190 Proof Entertainment

インド」に取り組んでいたとき、私が唯一望んでいたことは、シャイア・ラブーフに登場してもらうことだった。残念ながら願いはかなわなかったが、ラブーフの動画に言及した有名人は、モデルのカーリー・クロスやミュージシャンのT-Pain、テレビ司会者のジョン・オリバーなど45人に達した。シャイアの雄たけびが、あらゆる場所に響き渡っていた。

表面的には、人々がラブーフを嘲笑しているように感じられたかもしれない。傍目には、ここ数年で頭がおかしくなってしまった有名人のように見えたことだろう。しかしラブーフ、ターナー、ロンッコ、そしてセントラル・セント・マーチンズの学生たちは、集められた文章のピースを、最初からリミックスを生み出す媒体として考えていた。パーカーはそれを「一種の遠距離コラボレーション」と呼んだ。そして3人のアーティストたちは、インタビューにおいて、「このプロジェクトの観客は、私たち3人と同じくらい、作品に深く関わる存在です。彼らが作品を完成させたのです。『私たちはみなアーティストなのだ』という発想から、このプロジェクトは生まれました」[xi]と語っている。元々の映像が、人々を笑わせることを意図していたわけではない。しかしそれを見た観客が、「作品を完成させる」上で、おもしろいリミックスにするという選択肢を選んだわけである。

シャイア・ラブーフが雄たけびをあげる姿は、それだけで大きな人気を博すのに値するものだったが、この動画の真価は非常に簡単に手が加えられる点にあった。「シャイア・ラブーフ」というミームは、芸術性が意識され、またポップカルチャーが持つインタラクティブな性

05｜あらゆるインターネット上のブームには、遅かれ早かれ『スター・ウォーズ』のネタが登場するというのは、もう科学の法則と言えるかもしれない。

質にも配慮されていたという点で、ユニークな存在だ。しかしミームとはリミックスの別の姿であり、それは一般の人々が、偉大な芸術作品の創造に参加できるチャンスを得るようになったことを示している。シャイア・ラブーフの動画をたまたま目にしたら、ひどく面喰らうことだろう。しかしそれを６回立て続けに見るのは、すばらしい体験になるはずだ。その理由のひとつはもちろん、この動画がおもしろいからだが、同時に「テクノロジーがいま何を可能にしているのか」という、より大きな視点を私たちに教えてくれるからでもある。本当に「私たちはみなアーティスト」であるのなら、ウェブで起きていることは、私たちがその可能性を十分に実現することを助けてくれているといえるだろう。

コピペを超えて

「この動画は、僕とエレノアのコラボレーションの結果です。エレノアは僕の元ルームメイトで、秘密の恋人でもあります。テキトーにコラボレーションしてたら、たまたま完璧にできちゃったんだよね。舞台となったのは、ロンドンのショーディッチにある僕らの部屋。ネットで何時間も無駄にしてる間の出来事でした」。これはアレッサンドロ・グレスパン［Alessandro Grespan］が、彼が２０１１年にアップしたマッシュアップ「ＹｏｕＴｕｂｅデュエット　マイルス・デイビスによるＬＣＤサウンドシステムとの即興演奏▣10」の解説として書いた文章だ。「編集やその他のトリックは使われていません。２つのＹｏｕＴｕｂｅ動画を同時に再生しているだけです」（マッシュアップとは、いくつかの楽曲のサビとなる部

▣10
Youtube duet: Miles Davis improvising on LCD Soundsystem
Alessandro Grespan

分を組み合わせて制作したリミックスのこと）。ＬＣＤサウンドシステムの曲「ニューヨーク・アイ・ラブ・ユー・バット・ユア・ブリンギング・ミー・ダウン」と、マイルス・デイビスの映像を同時に再生するという、ごく単純な内容のこの動画には、制作者自身が認めているように、普通の創造的作品に費やされるようなスキルや労力は見られない。それでもニュースサイトのアップロックスは、それを「音楽マッシュアップの頂点」と評した。シンプルなアイデアと基礎的な技術を使って、ＬＣＤサウンドシステムがニューヨークに捧げた曲に新たな命を吹き込むというのは、それ自体が優れたアイデアだったのである。同じくニュースサイトのGawker（ゴーカー）は、ヘッドラインで「インターネットのすべてが、このＬＣＤサウンドシステムとマイルス・デイビスのマッシュアップの前奏曲にすぎなかったのだ」とまで評価している。

リミックスは多くの点で、「クリエイティブであるとはどういうことか」という問いに対する、これまでの考え方と理解を変えようとする。かつて私たちは、動画の品質をその制作過程や照明、編集、演技、脚本などで判断してきた。しかしウェブ動画の世界では、制作における創意工夫以上に、独自のアイデアや視点といったものが評価される。ただ、確かに技術的なスキルや労力をあまり必要としない「自発的でランダムかつ完璧なコラボレーション」から生まれるリミックス動画もあるが、ウェブ上で人気のリミックス動画の多くは、そのまったく逆の存在だ。リミックスはこれまでとは異なる種類のスキルを駆使する、異なる種類のクリエイティブな才能に道を開いた。彼らは「秘密

06｜「秘密の恋人」という表現がどういう意味なのか、私にはよくわからないのだが、要はグレスパンが私よりずっとリア充だってことなのだろう。

の恋人」たちと、夜遅くまでいちゃついているだけではない、というわけだ。[06]

ここしばらく、誰かから「ＹｏｕＴｕｂｅで起きている何かおもしろいことを教えて」と聞かれたら、私は一言、こう答えていた——「ポゴ」と。

南アフリカ出身のニック・バートキは子供のころ、母親がファミリー映画の古典的作品を見せてくれたことをよく覚えている。彼はそうした映画にすっかり魅了されていた。高校を卒業後、彼の家族はオーストラリアへと移住し、バートキはグラフィックデザイナーと映像編集者としての教育を受けるようになった。そして17歳のとき、バートキはカナダのエレクトロニック・ミュージック・アーティスト、アクフェンによる作品「マイ・ウェイ」と出会う。これは２００２年に発表されたハウスミュージック・アルバムで、ラジオ放送からサンプリングされた２０００を超える音源がおさめられたものだった。「自分が耳にしているものが信じられませんでした」とバートキは言う。「映像でも、ゲームでも、音楽でもいいから、自分でも同じようなことができたら、と思いました」

サウンドコラージュの基本的な考え方は、１９４９年に登場している。この年、ピエール・シェフェールと作曲家ピエール・アンリが、電車やピアノ、鍋などから集めた音で作曲を行い、「ミュジック・コンクレート」と呼ばれる実験的な音楽のスタイルを確立した。シェフェールは次のように解説している。「楽譜上で一般的に使われるシンボルを使って、頭に浮かぶ音楽を紙の上に表現し、一般的な楽器でそれを再現できるようにするのではなく、さまざまな音源から実際の音を集め、それが持つ音楽的価値を抽象化できるかどうかというのが、私たちが取り組む課題だ」[xii]。彼は世界で初めて磁気テープを

▣11
POGO - Alice
POGO

▣12
POGO - Scrumdiddlyumptious
POGO

使い、音楽の編集や創造を行った人物として知られている。[xiii] それ以来（特に過去15年間）、そうした編集を行うツールはシェフェールが想像もしなかったほど高度に進化し、かつ誰でも使えるものになり、私たちは音や映像の素材を自在に使えるようになった。「いまではコンピューターとシーケンサーを使って、多くのサンプルを処理できます……オリジナルのコンテンツから完全に離れた、複雑なパッチワークをつくることができるのです」とバートキは言う。「90年代初めに戻ったら、私は（こうしたリミックスを）つくるかどうかわかりません」

バートキは指先でソフトウェアを操って、１９５１年のディズニー映画『不思議の国のアリス』から音や曲を取り出し、それを再構成した。そして生まれたリミックス、サウンドコラージュは、彼いわく「すばらしい出来栄え」であり、バートキは毎朝それを聞きながら職場へと向かうほどだった。しまいに彼は、数日かけてそのリミックスに動画をつけ、「ポゴ［Pogo］」という名前でＹｏｕＴｕｂｅにアップした。

大きな注目を浴びる前から、ポゴが制作したこの動画「アリス▣11」は、数百万回再生された。「何が起きているのか、さっぱりわかりませんでした」と彼は言う。「これほど多くの人々と一度につながったということが、よく理解できなかったのです」。間もなく彼は新しい仕事を始めたが、マッシュアップ制作は続け、『王様と私』や『夢のチョコレート工場▣12』のような映画を使って作品を生み出した。彼の制作プロセスは次第に洗練され、登場人物が話す言葉の単語やセンテンスではなく、音節や響きなどのほうを重視するようになっていった。そして最終的に、ディズニーの関係者が直接彼にコンタクトを取るまでに至った。「僕を笑いものにしようと連絡してきたのだと思いました」と彼は語っている。そして、もともと映画制作の道を夢見て、3Dアニメーションと脚本を学んだこともあるバートキは、その3週間後、カリフォルニアにやって来ていた。目的はピクサーの幹部に会うこと。そのなかには、チーフ・クリエイティブ・オフィサーのジョン・ラセターも含まれていた。「自室で音楽をつくっていたはずが、気づいたらこんなに偉大な人たちと握手していただなんて、本当に夢のようです」。この会合の結果、彼は初めて、動画制作の仕事を請け負うこととなった。映画『カールじいさんの空飛ぶ家』のブルーレイ発売を宣伝するためのリミックスの制作である。バートキの作品はクリエイティブ業界の間で非常に知られた存在になっていたので、彼は積極的に自分を売り込む必要がなかった。彼のもとには、次々に仕事が舞い込んでくるようになったのである。彼は他のキャリアを捨て、さまざまなプラットフォームを通じて、委託を受けて制作した作品と、オリジナルの作品を販売することに専念するようになった。

「『不思議の国のアリス』は、私が子供のころによく見ていた映画でした。英語をしゃべれるようになる前から、それに夢中だったんです」とバートキは言う。「話の内容はわからなかったけど、その音楽と、映像が醸し出す雰囲気にうっとりとさせられていました」。こうした子供向け映画を通じて得た体験が、彼にインスピレーションを与え、生まれたのが独自の「ポゴ・スタイル」である。彼はそれを、「陶酔感があり、夢心地で、きわめて優美な」音と表現している。

「音楽よりも効果的で、素早く自分を表現できる方法なんて、他に思いつきません」と彼は言う。

「自分の魂の一部を、インターネットの上に置いているようなものです」。バートキは別のアーティストの作品をいじることで自分の作品を生み出しており、有名になった作品の中の音もどれひとつとして彼がつくったものではないが、それでも彼は独自のスタイルを確立することに成功している。「声の中からひとつの音を取り出して、それをピアノのように使います。実際、それを元にオリジナルのメロディをつくるのです」と、彼は私に説明してくれた。「サウンドトラックから音源を集めて、それを重ねてコードとコード構成をつくります。次に映画から打楽器の音を取り出して、パーカッション・シーケンスとドラム・シーケンスをつくります。つまりある意味で、シンセサイザーや楽器を使うよりも難しいことをしているのです。非常に特殊な素材から、そうしたシンセサイザーや楽器をつくらなければならないわけですから。私の動画を見た多くの人が、『あぁ、映画からカット&ペーストしてるだけでしょ？　自分でした仕事はどのくらいなの？』と言います。まぁ、逆の立場なら自分でも同じことを言うでしょうが。それは作曲をしている人に向かって、『あぁ、要はバイオリンの音ですよね。これはシンバルとティンパニの音ですよね。本当に仕事をしたのは、楽器を設計した人ではないですか？』というようなものです」

他の作品から音源を借りてはいるものの、ポゴやクティマンといった人々の作品は、まちがいなく彼ら自身が生み出したものだ。素材をどこから持ってこようが、彼らのアートには彼ら自身の視点が入っており、元の作品に対する愛も込められていることが多い。

ＹｏｕＴｕｂｅ上にアップされているリミックスの多くは、クリエイターの視点から、素材となった楽曲を解釈したものである。それと同時に、クリエイターと素材との関係を示すものにもなっている。最も印象的で、最高のリミックス作品のなかには、私たちにインスピレーションを与えるアート作品に近いものもある。私はこの種の動画が大好きだ。いかにウェブ動画が、人々が自らの情熱を熱狂的に追求し、その思いを共有する人々と深くつながることを可能にしているかを、具現的に示しているからだ。ＹｏｕＴｕｂｅには、ファンコミュニティのなかでのつながりを深めようとして制作された作品が、それこそ無数に存在している。そのひとつが生まれたのは遠い昔、遥か彼方の銀河系……ではなく、実際には２００８年のブルックリンだった。その制作者、ヴィメオで開発者を務めるケーシー・ピュー **[Casey Pugh]** は、『スター・ウォーズ』の大ファンで、映画製作者がバーチャルにコラボレーションする方法を考えていた。その前の年、エバン・ロスとベン・エンゲルブレッドが、「ホワイト・グローブ・トラッキング」と名付けられたオープンソースの芸術プロジェクトを立ち上げていた。これはウェブ上で不特定多数の人々からの協力を募り、マイケル・ジャクソンがテレビで披露した、有名な「ビリー・ジーン」のパフォーマンスをおさめた映像の1万60フレームの中から、彼の白い手袋（ホワイト・グローブ）の正確な位置を特定してもらうというものだった。そうして集められたデータを、他のクリエイティブな活動に使えるようにしようとしたのである。このプロジェクトは、他のクラウドソーシングの取り組みと同様、ピューにインスピレーションを与えた。そして映画を細かく分解して、それを使ってリメイクをつくるよう、人々に呼びかけるプロジェクトを開始した。その映画とは？「もちろん

◘13
Star Wars uncut

『スター・ウォーズ』です」とピューは言った。「一番有名な映画だし、何より私は大好きなんです」。6か月におよぶブレインストーミングの後、彼はスター・ウォーズのエピソードⅣ『新たなる希望』の映像を15秒単位で切り、473のシーンに分割した。そして2週間かけ、「ルーカスフィルムの許諾を一切得ていない」サイトを立ち上げ、ファンたちが好きなシーンでリメイクし、作品をアップロードできるようにしたのである。

サイトの公開から数か月間で、約千人の人々が参加し、CGアニメや生の演技、ストップモーションなどを駆使して、思い思いの形で自分が愛する映画のリメイクを作り上げた。ピューはこれほど多くの人々が、これほどの労力を費やすとは思ってもみなかった。「人々は15秒間のシーンをつくるのに、撮影や編集に何週間もかけたのです」と彼は説明する。「0・5秒しか登場しないダース・ベイダーの精巧なコスチュームを、一からつくった人もいるほどです」。誕生した映像のなかには、情熱をむき出しにしてスター・ウォーズへの愛を示すものもあれば、まったくのパロディ作品もあった。この体験はファンたちに、自らが愛してやまない文化的記念碑の一部となる機会を与えた。

ピューのプロジェクトは、2010年のエミー賞「インタラクティブ・メディア・フィクション賞」（その2年前に設立されたばかりの賞だ）を獲得した。「スター・ウォーズ・アンカット▣13」とその続編「エンパイア・アンカット」（これはルーカスフィルムからリクエストを受けて進められた）は、リミックスをクラウドソーシングで進めることに成功した、最初の例のひとつといえるだろう。確かにそれは、寄せ集めでクオリティが安定しているとはいえないが、見れば制作に携わった人々の情熱を感じずにはいられない。
私たちがつくり出すリミックスの大半が、リミックスに使われる素材と、私たちとの関係をテーマにしている。ビデオリミックスのサブジャンルのうち、最も大量に作品が存在するもののひとつが「スーパーカット」である。それはファンアート作品と、鋭い批評の中間にある存在だ。２００８年、ブロガーで技術者のアンディ・ベイオは「映画やテレビ番組の映像を徹底的に編集して、特定の言葉や特徴を取り出すのがトレンドになっていることに気づきました」。そして彼はウェブデザイナーのライアン・ガンツと議論し、それを「スーパーカット」と名付けた。彼はブログに記事を投稿し、そのなかでこの現象を、「強迫観念にかられた熱狂的なファンが、彼らの愛する番組／映画／ゲームの一エピソード（もしくはシリーズ全体）から、特定のフレーズ／行為／言い回しをすべて抽出し、それを一本の巨大なつぎはぎビデオに仕立て上げている[xiv]」と表現した。

時に彼らは、さまざまなジャンルにおける「お決まり」のシーンを風刺する。リアリティ番組の出演者が、自分たちは「友達をつくりに来ているのではない▣14」と宣言したり、テレビドラマの刑事が監視カメラの映像を拡大したり▣15、ホラー映画の主人公が鏡にびっくりしたりするような場面だ。また有名人を風刺することもある。たとえばアーノルド・シュワルツェネッガーが雄たけびをあげる場面や、デヴィッド・カルーソが『ＣＳＩ：マイアミ』のなかでサングラスをかけたり、外したりする場面を集めるのだ。

ハイブロウなアートコミュニティですら、このスーパーカットの手法を取り入れている。クリスチャン・

▣14
I'm Not Here to Make Friends!
richfofo

▣15
Let's Enhance (HD)
Duncan Robson

マークレーの作品「ザ・クロック」は、これまで制作されたスーパーカットのなかで、最も印象的なものといえるだろう。映画から集めたカットを、1万もつなぎあわせているのである。有名なものからそうでないものまで、映画に登場するありとあらゆる時計のシーンを使い、それをリアルタイムの24時間と連動させることで、マークレーは時の流れを表現したのである。これだけは、ＹｏｕＴｕｂｅ上で全体を見ることはできない。私の場合は、ニューヨーク近代美術館（ＭｏＭＡ）でのインスタレーションとして体験した。

最高のリミックス作品が生まれるタイミングというものにはいくつかの種類があるが、そのひとつが、何らかの視点や批判的な姿勢が、圧倒的な努力と結びついたときだ。私のお気に入りのスーパーカットに、「ソーキニズム」と名付けられた作品がある。これは脚本家アーロン・ソーキンのファンであるケビン・T・ポーター［Kevin T.Porter］が制作したもので、ソーキンのさまざまな作品を元に、そこで繰り返し使われているフレーズや会話をモンタージュしている。オリジナル版の制作に、ポーターは2年を費やしており、[xv]彼は「これは批判のつもりでつくったわけではなく、むしろソーキンのすばらしい言葉の表現を通じて、小旅行を楽しむようなものだ」と説明しているが、それを見た後で、ソーキンの脚本に対する辛辣な批判を感じずにいるのは難しい。私がこの作品を好きなのは、ソーキンの作品が好きだったり、ＹｏｕＴｕｂｅに投稿する作品に2年もの歳月が費やされたことに驚いたりしているからだけではない。

本当に優れたスーパーカットは、単にその創造において途方もない労力がかけられたという驚きを人々に与えるだけでなく、ごくわずかであったとしても、文化に対する人々の見方を変えてくれるのだ。それはメディアにおける慣習や伝統といったものや、それが投げかけるメッセージの背後にある動機、私たちが消費するエンターテイメントの意味や価値に疑問を投げかける。

当然のことながら、最も反響を呼ぶリミックスとは、人々を楽しませるだけでなく議論を生み出すものなのだ。

総統閣下はリミックスがお好きのようです

現代のポップカルチャーにおけるリミックスの流行が、ヒップホップと、ジャマイカ発の音楽手法「ダブ〔既存の楽曲を素材として、その器楽の部分を使い、さまざまなエフェクトをかけて別の作品に作り替える手法〕」にルーツを持つことは偶然ではない。これら2つのムーブメントは、弱い立場の人々が集まるコミュニティから生まれた。エデュアルド・ナバスは、著書『リミックス理論――サンプリングの美学』（未邦訳）において、次のように説明している。「初期のダブは、植民地のイデオロギーを押しつけられた人々によって、そうしたイデオロギーを受け入れていく、境界線上にある空間といえるものだった。これは理解しておかなければならない、重要な点だ。リミックスは、こうした植民地における抵抗運動という、重要な流れを受け継いでいる存在だからである」。リミックスは、人々が自らのおかれた世界に対してリアクションを行う、理想的な手段として機能する。そしてエンターテイメントだけでなく、ポップカルチャーによる「既存体制の破壊」という、健全な処方

16
Hitler gets banned from Xbox Live
Hitler Rants Parodies

箋を提供する。

「コメンタリーとしてのリミックス」として、おそらく最も極端で、最も広く知られている例のひとつが、予想だにしなかった世界から飛び出している。それは２００４年に公開された、アドルフ・ヒトラー率いるナチス・ドイツの終焉を描いた映画『ヒトラー 最期の12日間』だ。批評家たちはこの映画について、「ヒトラーの最期の日々と、第三帝国の崩壊を正確に描き出している」[xvi] と評したが、アカデミー賞候補にも選ばれた同作品のなかで、最もよく知られているのは、ある3分50秒間のシーンだろう。このシーンでは、戦争が終わりに近づき、部下たちが裏切り行為を働いたと感じたヒトラーが、激高してその幹部たちを怒鳴りつける姿が描かれている。しかしこうした文脈を理解しながらこの映像を見ている人は、ほとんどいないだろう。私自身、このシーンを何百回と見てきたが、本書を書くためにリサーチするまでは、オリジナル版の字幕を読んだことはなかった。

『ヒトラー 最期の12日間』から取られたこのシーンのパロディ版をつくるのは簡単だ。激高するヒトラーの姿に、思い思いの字幕をつければよいのである。実際にやってみれば、この映像を驚くほど柔軟に使えることを実感できるだろう〔日本でも同様のパロディが流行しており、ネットでは「総統閣下シリーズ」などと呼ばれている〕。

すでに公開されている多くの作品のなかで、ヒトラーはさまざまな事件や出来事に対して怒りをぶつける。Xbox Liveのアカウントを停止されたこと■16、オバマ大統領が再選されたこと、最後の最後でバーニングマン〔毎年夏に米国で開催されるお祭りで、荒野に人々が集まり、原始的な共同生活を送るというもの〕に参加しないことを決めた友人のこと、文法にうるさい人々がいちゃもんをつけてくること（「総統閣下、えー、閣下はいま、前置詞で文を終えました」）……。ＹｏｕＴｕｂｅ上には、『ヒトラー 最期の12日間』のパロディ動画が、少なくとも数千本はアップされている。この流行が起きてから何年も経過しているというのに、そうした動画は依然として、毎年1億回以上再生されている。この映画の監督自身、２０１０年のインタビューにおいて、「パロディを１４５本は見ましたよ！」と認めている。「もちろん、それを見るときには音量を下げなければなりません。セリフはどれもおもしろくて、大笑いしてしまいますよ。自分で演出を行ったシーンですら笑ってしまいます！　監督から贈られる賛辞として、これ以上のものはないでしょう[xvii]」

『ヒトラー』のパロディのなかで、ある意味で皮肉なものといえるのは、世の中の不条理や不正といったものにヒトラーが文句を言い、それに同意してしまうような作品だ……はっ！　ヒトラーに賛同してしまうなんて！　それは「総統閣下はピザの配達が遅れるとの連絡を受けたようです」や「総統閣下はアイポッド・タッチにカメラがついていないことにお怒りのようです」のように、くだらないことに文句を言う場合もあれば、「総統閣下はＳＯＰＡ（オンライン海賊行為防止法案）に一言あるようです」や、住宅市場の崩壊をテーマとした「総統閣下は住宅市場にお怒りのようです」のように、シリアスな問題を扱う場合もある。こうした単純なミームを通じて、私たちは自分が感じる憤りを表現することができ、また歴史上最悪の人物に私たちの代わりをさせることで、文化的な慣習や伝統といったものを破壊することができるのだ。私自身、本書のリサーチのために、多くの『ヒトラー』パロディを視聴した。正直言って、ヒトラーを見て笑いながら午後を過ごすというのは、奇妙な経験だ。仕事の後の飲み会で、こんなことをしてるなんて打ち明けようとは思わないだろう。しかし『ヒトラー』パロディのミームは、単なるブームを超えて定着した。その理由のひとつは、このパロディの内容が極端で、シュールだという点にある。それはミームを消滅させるのではなく、繁栄させる方向へと働いた。

それは最高のリミックス、あるいは最悪のリミックスだ。『ヒトラー』パロディ現象について報じたBBCの記事に、次のようなコメントがついているのを見つけたのだが、これは一連の状況をうまくまとめたものだろう。「こうした動画が人気を集めているというのは、テクノロジーへのアクセスが容易になったことが、いかに情報の拡散を民主化したのかを示しており、また人々が自分自身の声を、政治家や大企業、教師、研究機関、既存のメディア業界が恐れおののくような形で示せるようになったことを示している」[07]。まさにその通りだ。リミックスは最も尊敬される権威、あるいは最も恐れられる権威に対してすら、その力を破壊することができるのである。

インターネットは明らかに、皮肉屋にとって恩恵となるものだろう。そこには半匿名のコメントをいつでも投稿できる、無数のフォーラムが存在している。そしてリミックスほど、皮肉な視点を適切に伝えることのできるコミュニケーション方法は存在しない。しかし一方で、それは私たちの文化に満ちている、重要なアイデアや概念を損なう可能性がある。私たちの批判やユーモアが、攻撃対象としている人々やシンボルを直接捉えた映像を通じて巧みに表現され、リミックスを単なるパロディよりも効果的なものにしてしまうと、それが持つ破壊力

07｜明らかにBBCは、私がよく訪れる他のウェブサイトの大半より、読者コメントの質が高い。

は劇的に高まってしまうのである。

　リミックスという芸術に対する私の愛は、ニューヨークで最初の仕事を始めたころから始まった。当時私は、Huffington Post（ハフィントンポスト）による政治・ニュース風刺プロジェクト「23／6」で働いていた（この数字は23時間と6日を示し「ほぼすべてのニュースを扱う」という意味だった）。２００８年の大統領選に向けて、私たちはありとあらゆる種類の風刺やパロディをつくり、米国の政治家とそれを報じる既存メディアをこき下ろした。私はかなりの量の原稿を執筆したが、その一方で、フォトショップによる画像加工や動画編集も行った。そして私たちが「イン・ア・ミニッツ〔1分間で（もしくはそれほど短い間で）という意味だが、ニュース番組やサイト等で、何かを短時間でまとめるコーナーのタイトルに使われることが多い〕」と名付けたスタイルを確立し、当時使われていたレトリックのばかばかしさを強調するために、ニュースのスーパーカットやマッシュアップを駆使するようになった。私のお気に入りはＣＮＮの「シチュエーション・ルーム・イン・ア・ミニッツ」で、私は動画編集によってそのパロディを作成し、ウルフ・ブリッツァーの不機嫌な口調と、ジョン・キングの選挙関連データを表示するＣＧ「マジック・ウォール」への執着心を皮肉った。[08] そうした作品のなかで最も人気を集めたのが、3回行われた討論会のマッシュアップで、オバマ上院議員（当時）とマケイン上院議員が自分の発言を繰り返す姿を強調させたものだった。

　私がこうした動画をつくっている間、同僚たちは当時大人気だった、ユージーン・マーマンやＨ・ジョン・ベンジャミンといったコメディアンに出演してもらい、オリジナルのすばらしい短編作品を制作していた。しかしどういうわけか、私の馬鹿げた「イン・ア・ミニッツ」動画のほうが、彼らの巧みな風

17
Donald Trump Says "China"
HuffPost Entertainment

刺作品よりも人気を集めることになった（私自身、この事態に困惑するばかりだった）。なぜそうなったのかを理解するのには、何年もかかった。何らかのニュースに関するジョークを聞くのと、ニュース映像自体が風刺作品へと変わるのを目の当たりにするというのは、まったく別の体験なのである。２００７年にまったく新しい手法だったものは、10年経って、人々が現在の出来事に反応を示す標準的な手段となった。

２０１６年の大統領選が終わるころには、リミックスは候補者を批判し、パロディ化してしまう一般的な手法として定着した。特にドナルド・トランプは、マッシュアップによる嘲笑の人気のターゲットとなった。トランプのリミックスをつくったり、見たり、シェアしたりすることは、インターネットによって過激化する大統領選に対して、私たちが感情を爆発させることのできる手段のひとつとなったのである。トランプの矛盾した発言を組み合わせてマッシュアップをつくったり、彼がよく口にする言葉やフレーズをモンタージュしたりといった具合だ。たとえばある作品では、彼の奇妙な「チャイナ（中国）」という発音（米国民なら１０００万回以上は耳にしているだろう）に注目し、それをスーパーカットにしている▣17。音楽プロデューサーのアンドリュー・ファンは、第2回討論会の映像からトランプが鼻をすする音を抜き出し、それをヒップホップのビートにしてしまった。

公の人物を批判したり、皮肉ったりするのと、彼ら自身の言葉や姿を使って嘲笑

08 | 信じられないことに、キース・オルバーマンとリック・サンチェスは、私が制作したパロディをそのままMSNBCとCNNで放送した。オルバーマンは「なんて多くの労力をかけているんだ」とコメントしていたが、この言葉が私の墓石に刻まれることはまちがいないだろう。

することはまったく異なる。この種の手法は、特に聖人ぶった態度を取る人物に対して、異義を唱えるための効果的なツールになる可能性がある。偽善を暴露する上で、リミックスほど優れた手法はない。

２０１１年2月22日、北アフリカの人々は、のちに「アラブの春」と呼ばれるようになるものを実感し始めていた。その日、リビアのムアンマル・アル＝カッザーフィー（カダフィ）大佐がテレビ演説を行い、反体制活動家を「路地という路地、建物という建物のすみずみに至るまで」捜し出してやると怒りながら宣言した。

そのときイスラエルのプロデューサー、ＤＪ、音楽ジャーナリストであるノイ・アルーシェ[Noy Alooshe]は、友人から電話で、テレビをつけるように言われた。アルーシェはかつて、ヒットしたテクノソング「ロッツ・バノット」で名をはせた人物だ（この曲は「江南スタイル」より前に発表された曲だが、「初の江南スタイル」と評されている）。彼と友人がそのレコーディングにかけた時間はたった30分だったのだが、彼らはその年にかなりの注目を集めることとなった。「これがあったことで、インターネットの力を理解するようになりました」とアルーシェは語っている。数年後、米国で流行したネットミーム「オバマガール▣18〔２００８年米大統領選の際、モデルのアンバー・リー・エッティンガーが「オバマガール」を名乗ってオバマ候補を応援する動画を作成し、そのなかで口パクで応援歌を歌いながらダンスしたことが大きな注目を集めた〕」にインスパイアされた彼は、「リヴニボーイ」という曲をつくった。これはイスラエルの外相ツィッピー・リヴニを対象に、オバマガールと同じことを行ったもので、イスラエルにおいてネット上で初めて大ヒットしたパロディと評されている。20代後半になったアルーシェは、もっとまじめなことをしたいと考えていた。

▣18
Crush On Obama
The Key of Awesome

▣19
Muammar Gaddafi - Zenga Zenga Song - Noy Alooshe Remix
Noy Alooshe

しかしエジプトとチュニジア（彼の家族の出身地だ）での出来事を目の当たりにし、「アラブの春」がこの地域で最大の話題になるにつれ、彼はどうやってこの問題に切り込んでいったらよいのかわからなくなってしまった。そんなときに目にしたのが、カダフィ大佐のテレビ演説だったのである。

　カダフィ大佐がこぶしを空に突き上げるジェスチャーをし、繰り返し叫ぶ姿を見て、アルーシェはテクノのコンサートを連想した。「演説を耳にして、『オーケー、これにビートをつければグレートになるぞ』って言ってました」と彼は回想する。そしてビートを最近のピットブルとT-Painのコラボ（これ以上のコラボがあるだろうか?）から拝借し、映像を編集して、演説をオートチューンで加工した。カダフィ大佐は公の場に現れるとき、女性による警備団「革命の尼僧」で周囲を固めることが多かった。アルーシェは動画のおもしろさを増すために、露出の多い服装で腰を振りながら踊る、半透明の女性の姿をカダフィ大佐の両サイドにオーバーラップさせた（これで再生回数が伸びるだろうと思った、と彼は認めている）。その結果、カダフィ大佐がバックダンサーをしたがえて、ピットブルの曲「ヘイ・ベイビー（ドロップ・イット・トゥ・ザ・フロア）」に合わせて声を張り上げる動画が完成した。

　アルーシェはこの動画に「ゼンガ・ゼンガ」というタイトルを付けた▣19（「ゼンガ」はリビアの言葉で「路地」を意味する）。そしてオンラインで公開し、特にソーシャルメディアを通じて、アラブ世界の若き革命家たちとシェアした。するとこの曲はすぐ話題となり、数百万回再生され、アルーシェのもとには彼を英雄と称えるコメントが殺到した。[09] さらにはナイトクラブでこの曲が流され、それに合わせて人々が踊る動画まで寄せられた。あるジャーナリストからは電話で、「いまシリアの市場にいるんだ。

誰かがあの曲をスピーカーで流して、みんなそれに合わせて踊ってるよ」と伝えられた。2人のエジプト人ラッパーは、このライブ盤をレコーディングした。テルアビブではＤＪがリミックスを流し、アルーシェはある新聞上で、「革命の歌をつくったイスラエルの男」として大々的に報じられた。彼は友達に仕事を中断して、メディアからのリクエストに応えることを助けてもらえるよう、説得しなければならなかった。「まるでテレビドラマ『アントラージュ』のエピソードのひとつのようだったよ」と彼は言う。彼は最終的に、自分のオリジナル曲を使った別バージョンも作成し、アイチューンズ上で着メロとして売り出した。それはイスラエル国内だけで、発売1週間で60万回ダウンロードされた。

最も大きな反響が生まれたのは、カダフィ大佐自身の国である、シリアだった。活動家たちがアルーシェに、シリアの多くでインターネットが遮断され、ＹｏｕＴｕｂｅにアクセスすることもできなくなっているにもかかわらず、「ゼンガ・ゼンガ」がヒット曲になっていると伝えてきた。[xviii] 動画のビデオファイル、あるいは音声ファイルが直接配布される場合まであった。ＢＢＣのリビア特派員が語った内容によれば、あるときカーステレオから「ゼンガ・ゼンガ」を爆音で流している男に話しかけ、どこでそれを手に入れたのか尋ねたそうである。その答えによれば、誰かが音源をＣＤに焼きつけていたそうだ。「僕の動画は仮想世界だけじゃなくて、現実世界でも拡散していた、というわけです」とアルーシェは冗談を言う。このように、動画がどのように拡散したのかを把握することは難しく、ＹｏｕＴｕｂｅ上でのオフィシャルな再生回数は、このリミックスをめぐる現象の一部しか反映していない。

「ゼンガ・ゼンガ」が持つ反体制的な性質に、若い世代はすぐに反応したが、[10]誰もがそれに気づいたわけではなかった。リビア国営テレビは、それが指導者を嘲笑する内容だと理解するまでの数週間、映像を放送してしまっていたと伝えられている。

「この動画は、人々のカダフィ大佐の受けとめ方を変えてしまった」とアルーシエは言う。カダフィ大佐はエキセントリックな振る舞いで知られていたが、それが彼を身近な存在にしていたのだろうと、彼は考えている。「『ゼンガ・ゼンガ』によって、それは逆方向に作用するようになりました。彼はマンガのキャラクターのように感じられるようになったのです」。この動画のようにオープンにカダフィ大佐をあざけるというのは、当時きわめて稀なケースだった。２０１１年、アブダビの英字新聞である「ザ・ナショナル」紙は「この年になるまで、彼や彼の40年にわたる支配に対し、公に批判することはほとんど行われてこなかった」と報じている。「しかし2月の『ゼンガ・ゼンガ』演説がターニングポイントとなった可能性がある。リビアで革命の機運が高まるにつれ、この曲は反体制派の賛歌になっていった」。オートチューンの時代には、短時間で仕上げたリミックスが新しい音楽の歴史を築くことはない。しかしそれが何をテーマにするかによって、話は違ってくる。そこに作品の力が宿るからだ。「ゼンガ・ゼンガ」によっ

09｜彼がイスラエル人であることから、当初は彼をモサド〔イスラエルの諜報機関〕の工作員ではないかと疑うコメントもあった。しかしそうした反発はすぐに消えていった。「２日もすると、誰も気にしなくなりました」と彼は言う。「『お前が大嫌いだ。イスラエルも大嫌いだ。ユダヤ人なんて大嫌いだ。けどこの動画は本当におもしろいから、シェアする』という書き込みも多かったですよ」

10｜それを親とシェアしたいという若い世代からのリクエストに応え、アルーシェはダンスする女性の姿が入っていないバージョンも制作している。

て、自称「アフリカの王の中の王」は、陳腐なダンスホールの独裁者に成り下がった。[xix] ピットブルの曲に合わせた嘲笑を、リビア中の人々が目にしたのである。

カダフィ大佐の死後、アルーシェはニュース番組で、勝ち誇った人々がかつての独裁者の写真を手にして、「ゼンガ! ゼンガ!」と叫ぶ姿を目にした。そしてジャーナリストたちは、彼を「カダフィを殺した男」と評するようになった。しかしアラブ世界における動画に対する反響は、リビア国内におさまることなく、他国でもアルーシェのリミックスが、指導者の威厳を崩す手段として参考にされるようになった。シリアでは、バッシャール・アル＝アサドが同国における「ゼンガ・ゼンガ」のリメイク版のターゲットとされ、完成した動画が拡散している。

アルーシェはイスラエル国内でも、地元の政治家や出来事をテーマにした動画を制作するようになった。そして世界各地にいる彼の仲間と同様、彼は企業やメディアからの依頼も受けるようになった。自動車のセールスマンのような笑い声をあげながら、アルーシェは私に「何でも持ってきてくれれば、リミックスできますよ」と語った（実際に彼と、彼の仲間たち「イスラエル版クティマン」は、そのような機会に何度も恵まれている）。彼によれば、次に行われた選挙で、すべての政党が彼を雇って候補者向けの（好意的な）リミックスをつくろうとした。イスラエルでは、リミックスは政治活動の手段のひとつとなったのだ。

しかし誰もが彼の力を、良い方向に活かすことを望んでいるわけではない。アルーシェはある大臣からの依頼を断ったことがあるのだが、それはライバル候補をこき下ろす内容だった。ここ数年の経験から、リミックスは単なるエンターテイメントの次元を超えて、現実世界に影響を与え、世の中の出来事や政治指導者に対する人々の見方を変える力を持つことを彼は学んだ。これは軽く扱ってはいけない力なのだと、彼は感じているのだ。

◀◀

リミックスは、ウェブ上の動画の単なるサブジャンルではない。それは今世紀に入るまで、私たち一般人がクリエイターとしても、また視聴者としても、アクセスを持たなかったコミュニケーション手法だ。

私たちはオンライン上で行動することで、自分自身の考え方を通じて、文化を形作ることができる。それを行う上で、リミックスは最も効果的で、最も現代的な手法のひとつだ。ノイ・アルーシェの「ゼンガ・ゼンガ」、ロバート・リャンの「シャイニング」、ポゴの「アリス」はすべて、ポップカルチャーから生まれ、それを満たしていった。いまやポップカルチャーは、かつてないほどインタラクティブなものになっている。これら3作品のクリエイターたちは、私と同様に、エンターテイメントを制作し流通させるのに大きなコストがかかる時代に育った。オリジナルのコンテンツを好き勝手に使うといったことは、ほとんど行われていなかった。しかしテクノロジーの進化で状況は一変した。ローレンス・レッシグは著書『リミックス』において、「デジタル技術は経済的な検閲を取り払った」と解説している。「より多くの人々が、これまでよりも多くの種類のツールを使い、自らのアイデアや感情を以前と異なる形で表せるようになっている。法律がその前に立ちはだかるまで、より多くのことが行われるようになるだろう」[xx]

リミックス芸術はいまや、単なる流行ではなく、広く普及した効果的な表現形式だ。何かに反応する手段としてリミックスを利用するのは、私たちの多くにとって後天的な習性となっており、「知的所有権を守るため」という名目であっても、リミックスをすべて排除してしまうのは難しい（絶対に無理とまでは言わないが）。オフィール・クティエルは私に、「ほんの数か月前、小学3年生の子供たちのためにリミックスを披露しました」と語った。「私が普段やっていることを、彼らに見せたのです。そして『どうなっているのかわかる？』と聞いてみました」。子供たちは彼の説明を受けて、即座に理解していた。「彼らはわかっていたのです。リミックスという概念を、ちゃんと理解していたのですよ」

リミックスの急速な普及は、あらゆる種類のメディアで飽和状態にあるポップカルチャーに対し、より積極的に関わりたいという欲求が高まった結果だ。それは私たちとテレビ、映画、音楽、人々、イメージ、そしてそれらが表現するものとの関係を変えることのできる、創造的なツールである。私たちはそれを使い、毎日接しているシンボルや概念に対する、自分自身の考え方をシェアすることができる。写真や音楽、人物など、なじみのあるメディアを使い、自分の視点を主張できるのだ。それは私たちの生活における聴覚・視覚メディアに直接的に関与するのを可能にすることを通じて、その力を示すと同時に、それを覆す力を与えてくれるものである。それは馬鹿馬鹿しい内容であることもある。またきわめて重要な変化を周囲に与えるものであることもある。あるいは単に、ヒトラーがピザの到着が遅いと文句を言っているだけかもしれない。しかしそれは常に、個人の考えを示すものだ。

リミックスについて考えていると、エンターテイメントに対する私たちの見方と、それを大衆に向けて制作することが、いかに限定されたものになったかを実感せずにはいられない。ニャンキャットの存在自体、過去の原理原則に基づいて考えれば、完全に非論理的だ。しかし私たちのオンライン上での行動は、新たな論理を生み出し、ニャンキャットの登場を可能にした。次のニャンキャットが生まれることを、誰も止められない。

4 みんなアーティスト ―世界中が「踊ってみた」―

ジャンニ・〝ルミナティ〟・ニカッシオは、自分のバンドのために新たなインスピレーションを得ようとしたとき、よく他国の音楽チャートを参考にしていた。これから北米でもヒットしそうな曲を探していたのである。彼が最近見つけたある曲は、まだ米国やカナダではランクインしていなかったが、ベルギーやオーストラリアでは人気になり始めていた。彼はそれがすぐに気に入った。彼のバンド仲間であるサラ・ブラックウッドは、こう語っている。「ジャンニが部屋に来て、『この曲を聞いてみなよ、いまラジオで流れてるどんな曲とも違うから。本当にクールだぜ』と言うんです。『絶対に大ヒットになる。カバーしなくちゃ』って」

ルミナティと友人のミュージシャンであるライアン・マーシャルは、２００６年にカナダのオンタリオ州バーリントンでメンバーを集め、「ウォーク・オフ・ジ・アース［**Walk off the Earth**］」というバンドを結成していた。「私たちは、そこら辺にいる地元のバンドと同じでした」と、ルミナティは私に語ってくれた。彼らは熟練のミュージシャンだったが、全員が昼は別の仕事をしていた。マーシャルの仕事は、バスルームの備品やトイレの販売だった。

■01
Somebody That I Used to Know - Walk off the Earth
Walk off the Earth

そんなときルミナティは、ある歌手と出会った。彼女はレディー・ガガの曲をヘヴィメタルでカバーしていて、それほど独創的でもなかったのにYouTubeで大きな話題になっていた。同じようにウォーク・オフ・ジ・アースも曲をアップしていたが、そんな注目は全く集めていなかった。彼女が言うには、ファンは自分の大好きな曲ともっと深くつながりたくて、その曲のいろいろなカバーをチェックするということだった。「それを聞いて、ひとつの考えがひらめいたんです」とルミナティは言う。その後彼らは、ヒット曲を普通とは違った形でカバーする動画をアップし始めた。そして、ルミナティが気づいたのは、ヒット曲をカバーしてファンに見つけてもらうには、きわめてオリジナルなやり方を考えだす必要があるということだった。たとえば、こんなアイデアを彼はしばらく考えてみた——バンドのメンバー全員で、一つのギターをいっせいに演奏してみるのはどうだろう？

２０１２年の初め、オーストラリアのシンガー・ソングライター、ゴティエ［gotyemusic］の曲「サムバディ・ザット・アイ・ユースト・トゥ・ノウ」に出会ったとき、彼はついにこのアイデアを実行に移すのに最適な曲を見つけた。そしてブラックウッドと他のバンドメンバーの元へ駆けつけた、というわけである。彼は仲間とともに、１週間ほどかけてアレンジを考え、練習に１日費やした後で、動画を制作した。彼はブラックウッドとマーシャル（序奏部を始めとしたギターパートを担当した）の間で押しつぶされながら、大声で歌った。その外側では、ジョエル・キャサディがギターを叩いてパーカッションを担当し、マイク・テイラー（彼はのちに「髭面の男」としてネットミームになる）がギターのヘッドにある弦を、無表情ではじいていた。５人の大人で１つのアコースティックギターを演奏するというのは簡単なことではなく、動画は30回以上もの撮り直しを余儀なくされながら、レコーディングは深夜の2時から3時にまでおよんだ。「本当にフラストレーションがたまりました」とルミナティは回想する。「多くの動画と同じように、撮影しているうちに白熱してくるものです。特にこの動画のように、お互いを押し合いへし合いしているような内容では」

ルミナティの自己評価では、このレコーディングは「中途半端なもの」であり、ブラックウッドによれば、よく耳をすませば背後でタイピングしている音がしているそうである。それでも彼らは、出来上がった動画をYouTubeにアップした▣01。しかしそれからたった6時間後、朝になってメンバーたちが目を覚ますと、ラジオでは自分たちが録音したばかりの曲が流れていた。その日だけで、動画の視聴回数は百万回に達した。彼らはあまりに早くその動画を公開してしまったために、音源を売るための許諾すら取っていない状態だった。ルミナティは慌ててそのライセンスを扱う会社に連絡を取った。電話に出た相手に、ルミナティは「たぶんご覧になったばかりの動画に登場する男なのですが」と語りかけたが、それは彼の予想通りだった。少しして、この曲はアイチューンズ上で発売され、1週間後にはカナダの売上ランキングで第1位を獲得していた。そして1か月後には、動画の視聴回数は50倍になり、その年にYouTube上で流行した動画の第2位を獲得した（カバー曲としては最大のヒットだった）。

動画を公開してから5～6日後、バンドのもとに、ゴティエ自身からのメールが送られてきた。その内容は、彼らの「クールなビデオ」を称賛し、いつか一緒に曲をつくろうと呼びかけるものだった。このベルギー生まれのオーストラリア人ミュージシャンも、流行に乗ろうとしていたのだ。それから数週間、ゴティエの「サムバディ・ザット・アイ・ユース・トゥー・ノウ」は、20か国以上で音楽チャートのトップに君臨し、最終的には２０１２年に最も売れた曲のひとつとなった。ルミナティのバイラル動画が後押ししたのは明らかだ。

ウォーク・オフ・ジ・アースがカバーした「サムバディ・ザット・アイ・ユース・トゥー・ノウ」は、その後ＹｏｕＴｕｂｅ上で氾濫することになった無数のバージョンのなかで最も初期のものであり、ファンたち（そのなかにはウォーク・オフ・ジ・アースのようなプロもいれば、アマチュアもいた）が見せた創造性は、この曲の伝説の一部となった。その年、ゴティエはこうしたカバー版の人気作品を集めてマッシュアップをつくり、「サムバディーズ：ＹｏｕＴｕｂｅオーケストラ」と名付けて公開したほどだった■02。

ウォーク・オフ・ジ・アースは他にもさまざまなカバー曲や、奇妙な楽器やコンセプトに基づくオリジナル曲を発表し、数百

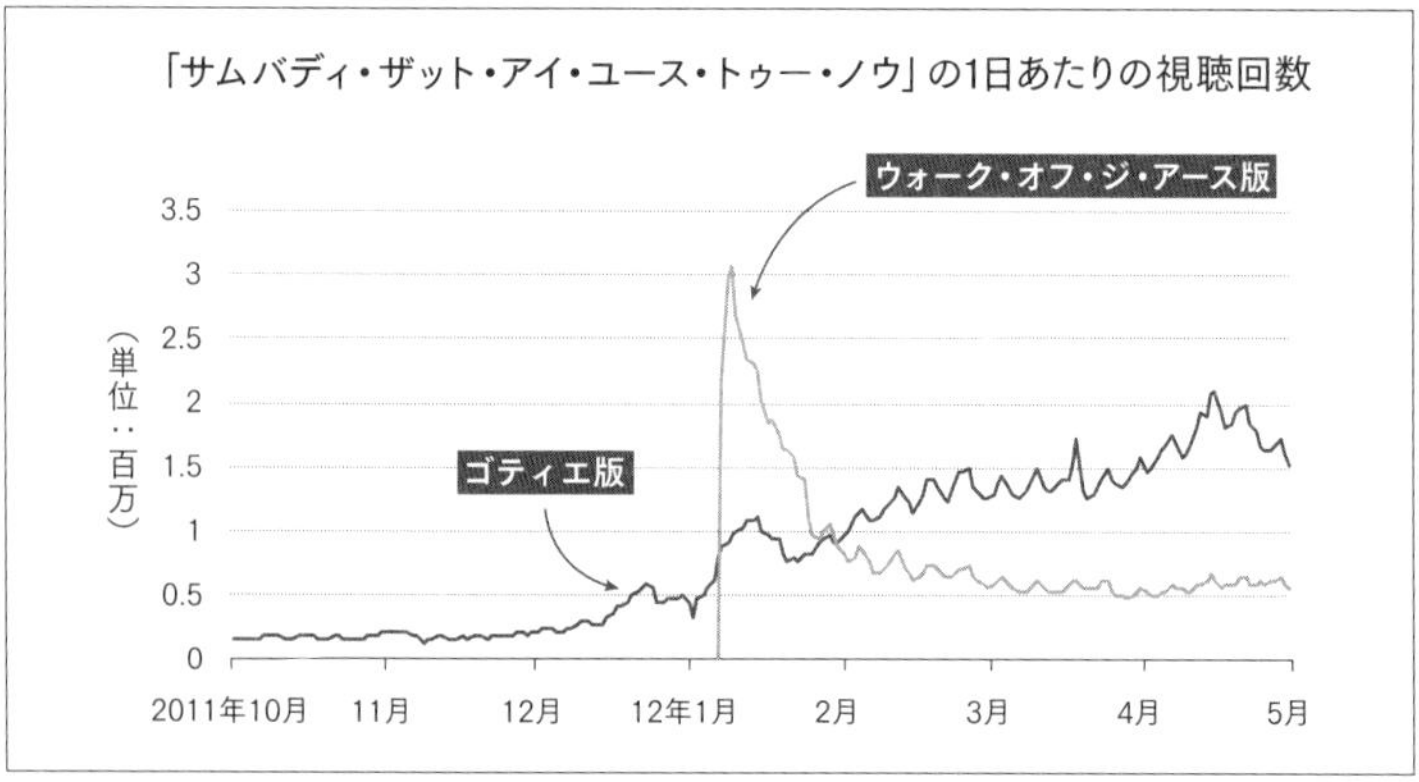

■02
Gotye - Somebodies: A YouTube Orchestra
gotyemusic

万人の視聴者を獲得するに至った。楽曲の流通と販促を、音楽レーベルだけに依存するアーティストを、ルミナティは「レコードレーベル・バンド」と表現しているのだが、そうしたバンドと異なり、ウォーク・オフ・ジ・アースのメンバーは個人としてファンたちとオンライン上で交流している。「僕らは世界中どこにでもツアーに行けて、ライブハウスに2000人集めることができる。そうした国のラジオで、一度も僕らの曲がかかったことがなくても。すばらしくないですか?」と彼は言う。電話で話したとき、ルミナティとブラックウッドは、デンマーク、ベルギー、フランス、英国でのツアーから戻り、これからケベックで行われるライブのためにリムジンで空港に向かっているところだった。彼らがバンド以外の仕事をやめてから、長い時間が経った。もちろんライアン・マーシャルも、もうトイレは売っていない。

ウェブの環境は、彼らをこれまでとはまったく異なる世界へと導いた。いまやウォーク・オフ・ジ・アースは、「普通のローカルなバンド」などではない。ただ、「普通の有名バンド」というわけでもない。彼らが何者なのかを表現することは難しいが、アーティストの創作活動と、ファンの創造活動の間にある境界線がぼやけるという、音楽の新しい世界にフィットしていることは確かだ。

◀◀ トーマス・エジソンが蓄音機を発明するまで、生演奏以外で、音楽を再生することなどできないと考えられていた。エジソン自身、この発明品の使い道として想定していたのは、会話を録音して口述筆記の精度を高めることだったほどである。それより前の時代、音楽は交響楽団やオペラ、舞台、日曜日の教会などで生演奏されるものだった。聴衆はそこに出席し、参加した。かつてスティーブン・フォスターが作曲した曲を、プロが演奏するのを耳にする機会はほとんどなかっただろう。しかし「草競馬」や「ケンタッキーの我が家」は、米国全土において、家庭内でピアノやギター、あるいは歌声によって再現する音楽として広く知られていた。[01] 室内楽が楽譜を通じて流通するようになり、特にアマチュアによって演奏されたり、歌われたりするときにうまく聞こえるよう作曲された。音楽の生演奏は、音楽そのものと切り離すことができなかったのである。

　しかし録音された音楽の登場が、すべてを変えた。蓄音機により、誰でも最高の曲と演奏を楽しめるようになったのだ。ただ、誰もが喜んだわけではなかった。1908年、作曲家のジョン・フィリップ・スーザは、「機械音楽の脅威」と題されたエッセイを寄稿する。それは聴衆が参加しなくなることで、体験する音楽が死にゆくことを宣言する内容だった。それは「私たちのいない音楽」なのだ。「音楽は、この世の美しいものすべてを教えてくれる」と彼は書いている。「何の変化もなく、魂もなく、人間だけが持つ喜びや情熱、熱意もなく、日々物語を伝えるだけの機械のせいで、それが損なわれてしまうことのないようにしよう」[i]

　しかしスーザの懸念をよそに、録音された音楽は物理メディアを通じて流通するようになり、その市場は急速に拡大していった。ただそこには制約もあった。78回転のレコード（そしてそれを置き換えた45回転レコード）は、片方の面に音楽を約３分間しか記録できなかったのである。そのため20世紀初頭、最も人気を博した曲は、ラジオやジュークボックスを通じて流通するように、３分以下の長さであるように設定された。

私たちの「音楽」の定義は、その時代や経済のなかで普及したテクノロジーが、どのような形で音楽の流通や制作を可能にするかに左右される。もしも「歌」が、繰り返し再現可能な３分間の聴覚的体験と定義されるものだったら、それは現在のような音楽を楽しむための理想的な手段といえるだろうか？　あるいは、過去百年間の音楽技術の集大成といえるだろうか？　私たちは、その答えを出す過程にある。今日のオーディオ／ビデオプラットフォームは、過去の制約から解放された。そしてテクノロジーは再び、音楽体験のあり方を変えようとしている。その舞台となっているのがＹｏｕＴｕｂｅだ。ウェブ動画は、１９８０年代にＭＴＶが始めたことを、その自然な帰結へと導こうとしている。それはすなわち「視覚と聴覚の融合」だ。しかしデジタル時代における音楽を、単なるミュージックビデオの進化という枠組みだけで捉えていては、いま起きていることの衝撃をひどく過小評価してしまう。私たちが動画をつくり、配布する新しい方法は、音楽が参加するものだった時代へと、私たちを連れ戻そうとしているのである。

不信感を徹底的に払しょくする

２００２年、OK Go **［OK Go］** はツアーを行い、シングル「ゲット・オーバー・イット」をヒットさせ、のちに映画『ハンガー・ゲーム』の監督を務める著名な映像作家のフランシス・ローレンスを招いてプロモーションビデオを撮影しようとしていた。OK Goのリードシンガーであるダミアン・クラッシュは、「僕らが彼に監督をお願いしたのは、ウィル・スミスとブリトニー・スピアーズ、それかピンクか誰かの間でした〔フランシス・ローレンスは２００１年にブリトニー・スピアーズ、２００２年にピンクのプロモーションビデオ、２００７年にウィル・スミス主演の映画『アイ・アム・レジェンド』を手がけている〕」と語った。「すごく大きな経験になりました。彼に監督を依頼するというのは、ある意味でクーデターのようなものでした。多額の予算をかけて、撮影期間は２日。使用したカメラだって、アカデミー賞の技術賞を取れるレベルでした。とにかく大がかりだったのです」。完成したビデオは、彼らにとって初めてＭＴＶでヒットした作品になったが、いま彼らの名を知らしめている数々のビデオには、フランシス・ローレンス監督作品の雰囲気はまったくない。

　クラッシュは「ゲット・オーバー・イット」までに、何本ものミュージックビデオを制作してきた。彼と彼の妹のトリッシュ・シーはワシントンD.C.で育ち、親のビデオカメラを使って、お気に入りの曲のミュージックビデオを自作していた。クラッシュは「レッド・ホット・チリ・ペッパーズの『ブラッド・シュガー・セックス・マジック』か何かのレコードで、ビデオを作成したのを覚えています」と言う。「カメラを持って街中を走りまわり、『その郵便箱の上に立って！』などと指示しながら撮影したのです。単にふざけていただけでした」。彼らはアクションを順番に撮影して、次にスピーカーをカメラの横において音楽を流し、映像に上書きした。[02] クラッシュは親友のティム・ノードウィンドとも、そうしたビデオをつくるのを楽しんだ。彼らは11歳のときにサマーキャンプで出会い、学校の長期休暇の間、ノードウィンドはミシガン州カラマズーの自宅からワシントンD.C.にやってきて、クラッシュと一緒に過ごした。そこで2人は、あらゆる種類のばかばかしい動画を撮影し、そのなかにはミュージックビデオもあった。

数年後、クラッシュとノードウィンドはダン・コノップカ、アンディ・ロスと共に、シカゴでOK Goを結成した。OK Goが初期に注目を集めたのは、1999年のことだ。この年、シカゴの公共テレビの番組『シック・ア・ゴーゴー』が彼らを招き、当時彼らの唯一の持ち歌だった「C・C・C・シナモン・リップス」を演奏するよう依頼したのである。ただ問題は、シック・ア・ゴーゴーには生演奏を放送できる設備がなかったため、OK Goは口パクで歌わなければならないことだった。「もし口パクしなければならないのなら、全力でそれをやろうと決めました」とクラッシュは言う。バンドメンバーはイン・シンクのビデオをレンタルして、クラッシュのアパートに集まった。そしてその映像を参考に、彼らに踊れる最もばかばかしいダンスを考えて、曲に振付をしたのである。[03] ちょうどそ

01｜フォスターの「おおスザンナ」からブリトニー・スピアーズの「ワーク・ビッチ」に至るまで、200年もかからなかったというのは、ミステリーと言うしかない。

02｜中学生のころ、私もまったく同じことを妹のクリスティンとしたことがある。使ったのはストーン・テンプル・パイロッツの曲だった。熱心に協力してくれる兄弟姉妹に幸あれ！

のころ、彼らはバンド名と同じファーストアルバムをリリースし、その宣伝を兼ねてツアーを行っていた。彼らは公演のラストの一曲をいつもこの曲にしていたのだが、それは当時のインディーロック界隈の自己満足的な雰囲気を壊したかったからだ。

２００５年、彼らのセカンドアルバム『オー・ノー』のツアーをすることになったとき、メンバーの誰もが公演のラストをこのスタイルで続けたがったが、前のアルバムの曲でライブを締めくくることもしたくなかった。そこでクラッシュは、プロの社交ダンサーになっていた妹のシーにロサンゼルスまで来てもらい、新しいシングル「ア・ミリオン・ウェイズ」の〝もっとバカバカしいダンス〟をつくるのを手伝ってもらうことにした。振付には1週間かかった。彼らはそれをライブでだけ使うつもりでいたが、ちょうどその頃、著名なフランス人映画監督のミシェル・ゴンドリーが近くで新しい作品を撮影していることを耳にした。「彼はカニエとかいう、聞いたこともないラッパーのために、ものすごいダンス映像をつくっていました」とクラッシュは回想する。「それで僕らは『マジかよ!? 俺らもダンスバンドじゃん！』と思ったわけです。そして誕生したのが、「ア・ミリオン・ウェイズ」のビデオでした。これは誇張でも何でもないのですが、文字通り、ミシェルのためだけにつくったものです」。カニエなんかではなく、自分たちのためにゴンドリーにビデオをつくってもらうぞと決心したクラッシュ、ノードウィンド、その他のメンバーたちは、クラッシュの自宅の裏庭にカメラを設置して、トリッシュが振りつけたダンスを踊った。撮影は4回におよんだ。「いくらやってもうまく踊れなかったけど、4回目はそれなりにまともにできたので、僕らは『まぁ、これでミシェルは僕らと仕事したいって気になってくれるんじゃない

■03
OK Go - A Million Ways
OK Go

か』と言いました」とクラッシュは語った。彼は完成したビデオを友人に渡し、ゴンドリーに渡してくれるように頼んだ。彼がそれを見たかは定かではない。

ワンテイクで撮影された、解像度の低いダンスビデオは、クラッシュが彼の妹や親友と子供のころにつくっていたショートフィルムと、たいして変わらなかった。そして見てもらおうと思っていた観客の規模も、それと同じくらいだった。「これがミュージックビデオだなんて、考えませんでした」と彼は言う。「自分たちでつくって楽しむ、バカバカしいもののひとつだと思っていたのです」。彼らは完成したビデオを、友人たちの間だけでシェアしていたのだが、誰かが、それを「アイフィルム・ドットコム」という初期の動画共有サイトに投稿した[03]。するとこの動画は、同サイトで大ヒットを飛ばしたのである。彼らはひらめきを得た――「あぁ、これはミュージックビデオなんだ！」と。とはいえ、次に何をしたらいいかは誰もわかっていなかった。彼らは興奮してその動画を自分たちのレーベルに持ち込んだが、それは放送できる仕様になっていないという理由で却下されてしまう。「内容がめちゃくちゃ奇妙だったというだけでなく、あらゆる種類のテレビ向けの仕様に合っていなかったのです」とクラッシュは語った。しかしそうこうしている間にも、大勢の人々が、それをオンライン上で消費していった。[04]

03｜演奏者であるバンドメンバーがダンスをすることになったため、彼らは友人を集め、自分たちの後ろで演奏しているふりをしてもらうことにした。その際にドラムを担当したのが、ラジオ番組「ディス・アメリカン・ライフ」のホスト役、アイラ・グラスである。

04｜あるときクラッシュは、チャドという男から、彼が立ち上げた新しい動画共有サイトにOK Goのビデオをアップしてくれないかというメールを受けとる。そのサイトの名前は、YouTubeといった。「まったく相手にしていなかったと思います」とクラッシュは言う。「まーた動画共有サイトを立ち上げるスタートアップが出てきたのか、という程度にしか感じませんでしたよ」

するとまもなく、ファンたちが自分たちの「ア・ミリオン・ウェイズ」の動画をつくりはじめた。OK Goのダンスを、裏庭や車道、体育館などで踊り、それを撮影したのである。こういった「踊ってみた」系の動画はいまでは珍しくないが、当時は前代未聞の出来事だった。「僕らのマネジメントを担当してくれている会社には、何百本というビデオテープが送られてきました。『ブラジルに住んでいる者です。結婚式で撮影しました』だとか、『ワイオミングの学校で、出し物をしました』といった具合です。そういった人たちが、あらゆるところに現れたのです」とクラッシュは語った。「僕らがこれをつくり、理解した時間で、彼らはそれを自分たちのものにしたのです。まるで体験がシェアされたように感じられました」。こうして生まれた動画の多くがオンラインで公開され、OK Goは最終的に、最優秀作品を選ぶためにYouTube上でコンテストを実施した（サンディエゴに住む4人の10代の女性グループが勝者となった）。もちろん、OK Goの頭には大きな疑問が残っていた。ヒットするウェブ動画を偶然つくれたなら、狙ってつくることもできるんだろうか？

バカバカしさのレベルをさらに上げようと、OK Goはフロリダにあるトリッシュの家に集まり、ランニングマシン8台を集めて、彼らの曲「ヒア・イット・ゴーズ・アゲイン」のミュージックビデオをつくることにした。予算はほぼゼロだった。精巧なダンスを完成させるまでに、撮影は17回におよび、何度かのケガも経験することになった。数か月後、その動画がウェブで公開されると、それは若者のウェブ動画界隈で最も人気を博したバイラル動画のひとつとなった▣04。それが達成した数字を、誰も信じることができなかった。「ランニングマシンの動画をつくって数週間経つと、僕らは『くそっ、墓石に

▣04
OK Go - Here It Goes Again
OK Go

〝ランニングマシンの奴ら〟と書かれちまうぞ』というような状態になっていました。このイメージを上回ることなどできないと感じたのです」とクラッシュが笑いながら言った。彼らのレコード会社は、バイラル動画のヒットをどう活用するかをようやく理解し、ラジオでの放送をプッシュした。さらに信じられないことには、MTVが「ビデオ・ミュージック・アワード」において、ランニングマシンのダンスを生で披露するよう彼らに依頼してきたのである。「リハーサルに参加したときのことを、よく覚えています。ジャスティン・ティンバーレイクのリハが終わり、空っぽの観客席を前にしながら、自分たちの順番を待っていました」とクラッシュは回想する。「ティンバーレイクのレコード会社の関係者とおぼしき男が後ろに座っていて、僕のほうに身を乗り出してこう言ったんです。『感謝すべきか、ぶん殴るべきかわからないな。お前たちは業界全体を変えちまったんだぞ』。まったく奇妙なことが起きたものです。突如として、僕らのやり方が、ミュージックビデオをつくる際の標準となってしまったのですから」

彼らの低予算で、しかも自分たちで撮影した動画が大成功したことで、まさに業界は一変した。しかし「ア・ミリオン・ウェイズ」と「ヒア・イット・ゴーズ・アゲイン」に対する好意的な反応は、ファンともっと交流できるようなやり方で、アーティストが自己表現できる新しい機会が生まれたことを示唆していた。ミュージックビデオは、単に新曲を市場に売り込むための販促ツールではなく、それ自体がメインイベントとなったのである。

OK Goは「ヒア・イット・ゴーズ・アゲイン」の後、錯覚やロボット、巨大なルーブ・ゴールドバーグ・マシンを使用したビデオの制作にも取り組み、成功するまで60回もの撮影が行われた。また「アイ・ウォント・レット・ユー・ダウン▣05」では、日本で2300人以上のエキストラを使い、歴史に残るドローンによる空撮が行われた。こうした動画は、ミュージックビデオというより、まるでパフォーマンスアートのような趣を感じさせるようになった。そしてそれぞれの動画は、作品を見て、細々としたディテールについて議論するのが好きな人たちを大勢惹きつけた。私が彼らと話したとき、OK Goは「アップサイド・ダウン・アンド・インサイド・アウト」のビデオを発表したところだった。そのなかで彼らは、放物線飛行を行う飛行機の中（短時間の無重力状態が生み出される）で撮影をしていた。「この10年間、ビデオのアイデアを議論する機会があるたびに、私は3つくらい適当なネタを出した後で『それより、この世で一番バカげたビデオを撮影するなら、無重力状態しかないんじゃないか』と提案してきました」とクラッシュは言う。今回のビデオも、クラッシュと妹のトリッシュが監督を務めた[05]。郵便箱に乗って撮影をしていたころとは大違いだ。

OK Goが生み出した動画を見れば、ミュージックビデオがいかに進化したか理解できるはずだ。「ア・ミリオン・ウェイズ」が偶然ヒットを飛ばしたときから、OK Goの動画のすばらしさは、その内容がどんなにバカバカしく、あるいは視覚的に複雑なものだったとしても、クラッシュ、ノードウィンド、コノップカ、ロスが本当の人間で、本当にいろいろなことに取り組んでいるのだという感覚から生まれている。「僕らが本当に求められていたのは、不信感を徹底的に払しょくすることだったと気づいたんです」とクラッシュは私に語ってくれた。「それを達成することは、どんどん難しくなっています。

▣05
OK Go - I Won't Let You Down - Official Video
OK Go

デジタル技術の進化によって、現実とCGの境界線がますますぼやけているからです。人々に驚いてもらうために、『これは現実ですよ、これは現実ですよ、これは現実ですよ』と、何度も念押ししなければなりません」。完璧主義のカメラクルーには不評だが、クラッシュはライトやカメラ用の台車が映像に映り込むように指示している。21世紀の現代、特殊効果やCGを使いこなす専門家の手にかかれば、あらゆる想像を視覚的な現実に変えることができる。「何をやっても構わないということになれば、本当に感動するものは生まれません」と彼は言う。「だからこそ、僕らがはっきりと『これを本当にやったんだぜ!』と打ち出すことができれば、人々は感動するための枠組みを、心の中につくってくれるのです」

OK Goがウェブ動画の冒険に乗り出す3年前の2002年に、フランシス・ローレンスが撮影したようなシンプルな動画ですら、彼らが10年後に手がけるようになった大がかりなDIY動画に比べれば、大げさで個人というものが感じられない。プロのような映像をつくりたいがゆえのプロのような映像は、突如——カッコ悪いものになったのである。

OK Goは私たちの一員だ。確かに彼らはロックバンドであり、そのように活動している。しかしOK Goの動画とファンがつながるデジタル環境は、ファンが自らの動画を生み出すのと同じ環境なのである。ルールは変わった。OK Goは音楽の世界に対し、「ミュージックビデオ」は単なる販促物以上のものになり得ること、そしてファン

05｜クラッシュの妹であり、協力者でもあるトリッシュ・シーは、社交ダンサーであるだけでなく、振付家と映画監督の顔も持ち、映画『ステップ・アップ』シリーズの1本の監督も務めている。私の妹のクリスティンも、映画の監督まではしていないが、熟練の小学校教師だ。

が音楽とつながり、それを体験する方法の有機的な一部になり得ることを、（偶然）証明した。クラッシュの作品は、誰もがミュージックビデオを制作できる世界では、自分たちの曲のためにビデオをつくるバンドと、自分のお気に入りの曲のために動画をつくるファンの間には、大きな差がないことを証明した。OK Goは誰でもつくる（少なくとも自分でもつくるんじゃないかと思わせる）動画を制作したが、そこには彼らにしか実現できないレベルの創造性と複雑性が込められていた。「どこであろうと、8台ものランニングマシンを並べるというのはひと仕事ですが、ポイントはそこではありません。いずれにせよ、8台のランニングマシンを並べることはできるのですから。ポイントは、8台のランニングマシンを持っているなら、僕らと同じことをできる、ところにあるのです」とクラッシュは言った。「ロシアの宇宙飛行士訓練機に乗ることができれば、宇宙飛行士訓練が受けられるというようなものです」

かつて普通のロックバンドだったOK Goは、いまやマルチメディア・クリエイターのチームのような存在になった。そして彼らは、私たちの音楽体験の新しい方向性を示している。彼らはファンのために、3分30秒の曲以上の体験を提供しているのだ。確かに彼らは、依然としてロックバンドである。しかし私たちがロックスターに対して感じるような距離感を、彼らはあえてつくらないようにしているのだ。

人々が新しいテクノロジーを使うようになったことで、アーティストは、ファンに身近に感じてもらうための戦略を一新させる必要に迫られた。またそれにより、音楽が持つ、ある根本的な性質に再び焦点が当たることとなった。その性質とは、音楽を生活のなかで特別な存在にするものでもあるのだが、それは「音楽の一部になれること」である。

▣06
Numa Numa
Dork Daily

VREI SA PLECI DAR NU MA, NU MA IEI（ノマノマイェイ）

２００４年12月、ＹｏｕＴｕｂｅが立ち上げられる約半年前のことだ。ニュージャージー州サドルブルックに住む19歳の少年、ゲイリー・ブロルスマ〔Gary Brolsma〕が、自分の動画を撮影した。その動画のなかで彼は、ウェブフォーラムで見つけた奇妙な曲に合わせて、歌い、踊っていた▣06。それはルーマニアで２００３年に発表された曲で、翌年ヨーロッパ中に広まっていた。曲名は、本当は「ドラゴスタ・ディン・テイ」といったのだが、ルーマニア語がわからなかったネットユーザーたちは、「ノマノマ」と呼んだ〔日本では歌詞の響きから「マイアヒ」などと呼ばれ、のちに国内発売されたＣＤには「恋のマイアヒ」というタイトルが与えられた〕。

私たちの多くは、ブロルスマの「ノマノマ」を最初のバイラル動画のひとつとして覚えている。登場から10年以上経ったが、それはいまでも時おり話題になる（広告ディレクターがもっと新しいネットミームを探すのをさぼったり、初期のインターネットについて誰でも知っている話題を出そうとしたりしたときなど）。たとえば刑事ドラマ『ＮＣＩＳ　ネイビー犯罪捜査班』では、捜査チームの若いメンバーが、上司であるギブス特別捜査官にウェブ動画がどのようなものかを説明するために、熱心に「ノマノマ」を紹介するというシーンが出てくる（ギブス捜査官はおもしろがらないが）。でも当時はまるで天啓、あるいは何か新しい世界を開く扉であるかのように感じられていた。ダグラス・ウォルクは２００６年にビリーバ誌で次のように書いている。「誰もが『スター・ウォーズ・キッド』を見て笑った。そして誰もが

『ノマノマ・ガイ』になりたがった。彼らは棒を振り回したり、知らない言葉で唄われた馬鹿なポップソングを口パクで歌ったりしながら、無意識のうちに意識的な喜びを体で感じていた。人々は同じ喜びを感じようとしたのだ。

オゾンの「ドラゴスタ・ディン・テイ」は米国ではヒットしなかったが、特定の年代の若者の間で、誰もが知る曲となった。その多くはブロルスマのおかげである。このモルドバ発のユーロビートは、米国人ラッパーのＴ・Ｉがリアーナをフィーチャリングした曲「リブ・ユア・ライフ」にも使われた。「ドラゴスタ・ディン・テイ」のサンプリングを多用したこの曲に合わせ、リアーナが歌うのを聞いたときには、私は卒倒しそうになった。19歳の少年が自室で歌った口パクが、２００８年のトップアーティストふたりがつくる曲に影響を与えたというのだ。いまでは当たり前の話かもしれないが、当時はあり得ないことのように感じられた。

ブロルスマが動画のなかでしたことは、画期的というほどのものではなかった。しかし誰もがそれを見て、シェアできたことで、「寝室で大好きな歌を熱狂的に歌う」という、音楽ファンなら誰でもしたことのある経験が広く支持され、歴史に名を残すほどのインパクトが生まれたのである。いまやポップミュージックの文化は、専門家のクリエイティビティを超えたところでつくられている。ＹｏｕＴｕｂｅは、私たちが自分の好きな曲をささやかによろこび、楽しむための小さな方法を取り入れ、それを普遍的な音楽体験の一部にしたのだ。

07
The Grand Rapids LipDub (NEW WORLD RECORD)
sefllc

かなり早い時期から、ＹｏｕＴｕｂｅのようなプラットフォームには、ファンが普段からしているようなことを再現可能なアート様式に変えてしまう強烈な力があると感じられていた。たとえば、口パクの「リップ・ダブ」は、個人動画の定番コンテンツになった。技術的にいうと、「リップ・ダブ」とは口パク（リップダブ）で歌って、あとから音楽を重ねたものを指す。しかし多くの人々はリップ・ダブを、精巧な振付がなされた、ワンテイクで行われるパフォーマンスで、大勢の人々が次々に曲の一部を歌っていくものと考えている。この意味での「リップ・ダブ」が始まったのは、２００７年のことだ。カレッジユーモアやヴィメオといったサイトを運営するコネクテッド・ベンチャーズのスタッフが、オフィスで仕事の後の息抜きとして、最初にこのタイプの動画をつくったのだ。彼らが口パクしたのは、ハーヴィー・デンジャーの「フラッグポール・シッタ」だった。そしてこの動画は、他の大勢の会社員や大学生、高校生を刺激した。２０１１年には、ミシガン州のグランドラピッズ市が、ニューズウィークで米国の「死にゆく都市」のひとつとして取り上げられたことに反応して、ダウンタウンの一画を封鎖して５０００人の人々を集め、皆でドン・マクリーンの「アメリカン・パイ」をリップ・ダブするというパフォーマンスを行った。この動画には警察官、消防士、体操選手、結婚式に集う人々、氷の彫刻をつくる彫刻家、フットボール選手、チアリーダー、マーチングバンドなどが登場し、この町の生活をカプセルに詰め込んだかのような内容になった。ロジャー・イーバートはそれを、「これまでに制作された中で最高のミュージックビデオ」だと宣言した[07]。

数千年という長い間、人々はお互いを楽しませるために歌を口にしてきたのだろう。それは世界中の人々の楽しみだったために、トルクメニスタンの元大統領で、クレイジーさでは殿堂入りしてもおかしくないサパルムラト・ニヤゾフは、外国からの影響を防ぐという理由で、公共の場やテレビ、そして結婚式における口パク行為を禁止したほどだ。[ii] 私は9歳のころ、小学校4年生のクラスメイトを感心させようと、タッグ・チームの「フープ！（ゼア・イット・イズ）」の歌詞を覚えて口パクをしてきた。友達に楽しんでもらえたかはわからないが、この持ちネタがあったことで、私は音楽的なスキルがほとんどないのに、自分の好きな曲を通じて自分を表現することができたのである。[06]

動画プラットフォームは、このコンセプトをさらにレベルアップすることを可能にした。15歳のシカゴっ子、キーナン・カーヒル［Keenan Cahill］がケイティ・ペリーの「ティーンエイジ・ドリーム」を口パクした動画は、私がＹｏｕＴｕｂｅ上でのトラッキングを担当した動画のなかで、大ヒットしたものの最初の一本になった。カーヒルは自宅にあるウェブカメラ付きのラップトップＰＣを使って、自分が好きな曲の動画を制作している。彼はマロトーラミー症候群という珍しい病気の患者で、その他外見上の特徴と突き刺すような視線が、彼の情熱的なパフォーマンスにさらに多くの注目をもたらすことになった▣08。ケイティ・ペリー自身、「動画を見たわよ、@KeenanCahill」とツイートしている。たちまち多くのアーティストやその関係者がカーヒルに直接メッセージを送るようになり、彼らとのコラボレーションまで生まれた。たとえばラッパーの50セントは、ジェレマイの「ダウン・オン・ミー」で、カーヒルと共に口パクを披露している▣09。その後数か月間で、カーヒルはさまざまな寝室、ホテルの部屋、リビングルームを使い、ジャスティン・ビーバー、ＬＭＦＡＯ、ジェイソン・デルー

▣08
Teenage Dream (Keenan Cahill)
Keenan Cahill

▣09
Down On Me
(Keenan Cahill and 50 Cent)
Keenan Cahill

ロ、リル・ジョン、デヴィッド・ゲッタ、サンフランシスコ・ジャイアンツ、ショーン・キングストンらとビデオを制作した。

口パクとファンによるミュージックビデオは、ウェブの低品質な音楽体験と、メインストリームの音楽エンターテイメントが交わる奇妙な交差点となった。そしてこの2つは、次第に融合しつつある。

カーヒルが口パクを始めてから5年後、ケーブルテレビ・チャンネルの「スパイクTV」において、『リップ・シンク・バトル』が始まった。これはジミー・ファロンの『トゥナイト・ショー』のなかで、有名人がステージ上でポップソングを口パクするという、人気コーナーをベースにした番組だった。スパイクの『リップ・シンク・バトル』は、同局において最も高い評価を得た番組となり、海外の十のテレビ局で同様の番組が制作されることとなった。[iii]

『リップ・シンク・バトル▣10』のアイデアは、もともと俳優のジョン・クラシンスキーと、彼の妻の女優エミリー・ブラント、コメディアンのステファン・マーチャントから生み出された。クラシンスキーがファロンの番組に出演することが決まり、何かおもしろいことができないかと考えたのである。「映画『8マイル』のシーンのようなことを、口パクでやったらどうだろう?」とクラシンスキーがマーチャントに尋ねると、彼はそれを車のなかで試してみようと答えた。[iv] ライオネル・リッチーの「オール・ナイト・ロング(オール・ナイト)」、ウィル・スミスの「ブーム! シェイク・ザ・ルーム」、ブラックストリートの「ノー・ディギティ」などを何度か歌った後で、

06|小学校4年生のセンスであることを理解してほしい。

アイデアが固まった。クラシンスキーはニューヨークタイムズの取材に応えて、『トゥナイト・ショー』のパフォーマンスについてこう語っている。「ありがちな言い方ですけど、そこで魔法のような何かが起きたんです」と語っている。「ジミーは私に向かってこう言いました。『うわぁ、これは流行るぞ！』[v]」

クラシンスキーは別に、何か新しいものを発明したわけではない。言ってみれば、ネットで流行っていた口パクを、テレビにもちこんだだけである。トゥナイト・ショーのエグゼクティブ・プロデューサー、ケイシー・パターソンは、エンターテイメント・ウィークリーに対して「ネット上の口パク文化は、トゥナイト・ショーとは何の関係もありません」と語った。「テイラー・スウィフトだって、車のなかで別の人の曲を口パクしているでしょう。誰もがそれをしています。とにかくそれは、いまポップカルチャーで起きていることなんです[vi]」

ブロルスマ、カーヒル、クラシンスキー。彼らがシェアしたアート（そう、それはアートなのだ）は当初、派生的なものでオリジナルなものではないと感じられていた。しかし実際には、それは表現豊かで、個性的だ。それは音楽との個人的なつながりを、音楽そのものと同じくらい記憶に残るようにする。口パクは私たち自身や音楽を表現するものではなく、私たちがその音楽によって得た経験をカプセル化するものだからだ。それは私たちに、自分が愛する音楽を、生活の中により深い形でもたらすメカニズムを提供する。良いリップ・シンクやリップ・ダブをつくりあげるために必要な、音楽に耳を傾け、歌うのに費やされる労力を考えると、そうした動画は、私たちとオリジナルの音楽とのよりすすんだ関係を実現しているといえるだろう。

▣10
Lip Sync Battle with Emma Stone
The Tonight Show Starring Jimmy Fallon

ＹｏｕＴｕｂｅ上での口パク動画の人気は、私たちが音楽を通じて自分自身を表現するためにウェブを使う方法が、大きく変わりつつあることを示すものだ。ＹｏｕＴｕｂｅはそうした表現方法を、自分の部屋や教室、近所のダンスホールから、ポップカルチャーの中心部へと動かした。音楽に対する私たちの応答は、音楽そのものと同じくらい重要になった。そして音楽の成功が、音楽に対する人々の応答に依存するようになるのも、時間の問題だった。

ヒットの定義

振付師のティアン・キング［Tianne King］は、ダンス教室で生徒を指導していると、しばしば生徒たちの目が、彼女の2歳になる娘ヘブンのほうへと泳ぐのに気づいた。ヘブンは教室の隅にいるうちに、自然とすべてのダンスの動きを身に着けていたのである。ティアンは自分とヘブンが踊る姿を撮影し、ＹｏｕＴｕｂｅに投稿し始めた。すると彼女の生徒たちと同様、他の人々もヘブンのダンスを気に入るようになった。動画は膨大な数の視聴者を集め、ついには女優のエレン・デジェネレスによる番組でも取り上げられ▣11、この番組自体の再生回数も百万回に達した。しかしヘブンとティアンの人気は、それで終わらなかった。数年後、アトランタに住む17歳のラッパー、リッキー・ホークとコラボレーションしたのである。

当時まだ高校生だったホークだが、すでに歌唱力とダンス力で評価を得ていた。２０１５年1月、彼と彼のプロデューサーであるボロ・ダ・プロデューサーは、人気のダンスを取り入れたシングルをオンラインで発表した。ステージでは「サイレント［SilentoVEVO］」という名前を使っているホークは、その曲に「ウォッチ・ミー（ウィップ／ネイ・ネイ）」というタイトルをつけた。ホークは業界の常識にしたがわず、ミュージックビデオを半年間リリースしなかった。そうする必要がなかったからである――彼の代わりに、多くの人々がミュージックビデオを制作したのだ。

ホークが曲をリリースする際に活用した、独立系のディストリビューターは、「ダンスオン」というネットワークとコラボレーションした。[vii] ダンスオンはＹｏｕＴｕｂｅ上で活躍するダンサー、およそ１２００人が集まって２０１０年に立ち上げられたものだ。ホークは、「ダンスオン」を通じて〝インフルエンサー〟の称号を与えられたダンサーたちに動画をつくってもらう「#WatchMeDanceOn」というキャンペーンを行った。それにより、プロとアマ双方のダンサーがこの曲のビデオをつくるようになり、そうしたビデオが数百万回もの視聴回数に達した結果、「ウォッチ・ミー」という曲にも注目が集まり始めた。6月になってホークが「サイレント」としてようやくオフィシャルなＭＶをつくることになったとき、ホークと彼のチームは、ダンサーたちが制作したすべてのビデオを組み込むことにした。そしてそのなかに、ティアンと当時5歳になっていたヘブンのダンスも含まれていたのである。ホークは自分の番組のコーナーに、ヘブンを招待することまでした。ヘブンとキングの「ウォッチ・ミー（ウィップ／ネイ・ネイ）」は、２０１５年にＹｏｕＴｕｂｅで最もヒットした動画のひとつとなり、さらに一年後には、それまでに29本しかなかった再生回数10億回を超える動画にサイレントの公式ミュージッ

11
Three Year Old Beyoncé Dancer, Heaven on ELLEN!
Tianne King

12
Silentó - Watch Me (Whip/Nae Nae) (Official)
SilentoVEVO

クビデオが仲間入りを果たした▣12。ホークは「ダンスオン」キャンペーンが、「ウォッチ・ミー」がヒットした要因のひとつだと認めている。そこで生まれたすべてのダンス動画が、アングラのヒップホップをヒット作へと変えたのだ。

ダンスをベースとしたエンターテイメントは、メインストリームのメディアの歴史のなかで、輝かしい位置を占めてきた。その一方で、ウェブ動画の世界に満ちている、他人よりも一歩先を行こうとする競争的な雰囲気（そこではあらゆる行動が顕示され、シェアされ、模倣され、やがてさらに先を行く行動が現れる）は、このアートの一形態を最先端のものへと押し上げ、新しいスターを生み出し、さらには私たちに、これまでよりもずっと活動的な形で、次のポップミュージックを形成し、その一部となるための新しい方法をもたらした。「ウォッチ・ミー」は、数多くのそうしたヒット作のひとつだった。[07] 今日、流行のダンスは、ファンが参加という形で新しい音楽とつながることを後押しするだけでなく、その曲が音楽チャートの上位へと躍り出ることも支援する。

ビルボードとYouTubeの関係は、2011年に開始されたYouTube限定のヒットチャートから始まったが、有名な「Billboard Hot 100（ビルボード・ホット100）」チャートでストリーミング配信の状況が考慮されるようになったのは、2013年2月のことだった。ウェブ動画の世界を組み込んだ形で音楽のランキング

07｜他の例として、ソウルジャ・ボーイの「クランク・ザット（ソウルジャ・ボーイ）」、MCフェルナンド＆オズ・レリクスの「パッシンホ・ボランテ（アー・レリク・レック・レック）」（ブラジルにおいて、主流の音楽メディアの外で流行した曲で、貧民街に住む人々によって投稿された動画を通じて広まった）などが挙げられる。

を決めるという、新しい方法論が誕生したのである。

その数週間前、19歳の大学生でユーチューバーのフィルシー・フランク［TV FilthyFrank］は、友人たちと暇つぶししていた。そのとき友人のひとりが、名もなきブルックリンのＤＪがつくった重低音のダンスミュージックを流し始めた。ビートが鳴り響くと、彼らはみな、狂ったように踊り始めた。その光景を見たフランクは、友人たちとともにカラフルな全身タイツを身にまとい、この瞬間を再現して、撮影した動画をウェブにアップした▣13。するとこの動画を見たオーストラリアの若いスケートボーダーたちが、それをまねた動画をすぐにつくって公開した▣14。この動画では、部屋の真ん中にバイク用のヘルメットをかぶった若者が立っていて、前後に腰をふりながらひとりで踊っている。その間、周囲は静かに座ったままだ。しかしビートが響くやいなや、様子は一変し、人々が部屋いっぱいに狂ったように踊り出す。ひとりの若者が下着姿で腕を激しく振っているかと思えば、別の若者は椅子の上に立ち、腰を振っているという具合だ。これこそ、世界に「ハーレムシェイク」がやってきた瞬間である。ほかの人々も動画をまねしはじめ、そのなかには、メーカー・スタジオの共同創業者であるローン・エリクソン2世もいた。彼はロサンゼルスのオフィスで、同僚たちを説得して「ハーレムシェイク」動画のひとつを制作した。そしてたった1週間で、シリコンバレーにあるほぼすべての企業が、自分たちのバージョンを制作することとなった（見ているこちらが恥ずかしくなる出来のものもある）[08]。

そしてＹｏｕＴｕｂｅ上に大量の「ハーレムシェイク」動画が流れ込んでくるのを、私は目の当たりにした（しかし実際にハーレムシェイクのダンスをしているのは少数であり、それに対してニューヨーカーたちは

▣13
DO THE HARLEM SHAKE (ORIGINAL)
DizastaMusic

▣14
The Harlem Shake v1 (TSCS original)
TheSunnyCoastSkate

嫌気がさしていることを、知っておく価値はあるだろう）。２月中旬までに、１日におよそ１万本の関連動画がアップされるようになった。大学の水泳チームや、士官学校の候補生、結婚式の参列者など、この輪に加わった人々の顔ぶれもさまざまだった。ミュージシャンのマット＆キムは、コンサートに集まった彼らのファンとともに、この動画を制作した。中でも人気の一本を撮影したのは、ノルウェー軍の兵士たちで、彼らの動画は1億回以上再生されている。ＮＢＡ選手のレブロン・ジェームズ、ドウェイン・ウェイド、そしてマイアミ・ヒートの選手全員までもが、ロッカールームで「ハーレムシェイク」動画を撮影している。まさしく、世界中の全大陸で関連動画が生まれていた（南極近くの海上で撮影された動画を含めるのであれば）。この動画を撮影したことで、解雇されてしまった人も数知れない。そこには、数々の安全基準に違反したとして訴えられた多数の鉱夫も含まれている。いまやＹｏｕＴｕｂｅ上には、ハーレムシェイクの関連動画が２００万本以上投稿されており、合計で30億回以上視聴されている。

この現象に最も驚いた人は誰だろうか？　それは「ハーレムシェイク」を作曲した、ブルックリンのＤＪ、バウアーだろう。本名はハリー・ロドリゲスといって、23歳の音楽プロデューサーである。ある日バウアーは、ウィリアムズバーグのアパートでこの曲を書き、ネットで公開したのだが、それは「幸運な偶然」と呼べるものだった。「ハーレムシェイク」は音楽プロデューサーのディプロが立ち上げたレーベル「マッド・ディセント」からリリースされ、一部のコミュニティでそれなりのヒットを飛ばしていた。しかしバウアー

08 | YouTubeも「ハーレムシェイク」動画を制作している。カリフォルニア州サンブルーノにある本社で撮影されたものだが、あまりに酷い出来で再生時間も長かったので、参加した皆のためを思い、私はその公開に反対した。

は、「ドゥ・ザ・ハーレム・シェイク！」というかけ声（これはラップグループ「プラスチック・リトル」による10年前の曲からサンプリングされたものだった）に、数百万人の人々が反応するなど予想もしていなかった。ハーレムシェイクが彼にもたらしたものは、彼がハーレムシェイクにもたらしたものよりもずっと大きかった。別に彼は、バイラル動画でヒットしたかったわけではない。朝の情報番組『グッド・モーニング・アメリカ』に出演することを狙っていたわけでもない。「自分の曲が大流行している気分がどんなものか、少し味わうことができたし、それが一度だけで良かったと、心の底から言うことができます」と、彼は音楽メディア「ピッチフォーク」に対して語った。「もう二度とごめんです[viii]」。

バウアーがミームになろうとしていたかどうかはともかく、「ホット100」チャートでＹｏｕＴｕｂｅの動向が反映されるようになった最初の日、彼の曲はいきなりトップに躍り出た。バウアーは初登場からトップチャート入りを果たした最初の無名アーティストとなった。そして「ハーレムシェイク」は、36週間もチャートにとどまった。ビルボードの編集責任者であるビル・ウェルデは、同社の発表資料のなかで、「いまやヒットの定義そのものが変わろうとしている」と述べている。しかしビルボードの方法論の変化は、人々が音楽を発見する新しい方法を取り入れることを狙ったものであったが、実際にそれが反映したのは、何か別のものだった。それが反映したのは、私たちが音楽に参加する方法によって、ポップミュージックのヒットのあり方が再定義されようとしている状況だった。

奇妙な言い方をすれば、音楽としての「ウォッチ・ミー（ウィップ／ネイ・ネイ）」や「ハーレムシェイク」それ自体は、あまり重要ではない。この二曲が重要なのは、それがファンを刺激して生み出した、より大きな現象との関係にある。「ウォッチ・ミー」と「ハーレムシェイク」は、音楽という以上に、ファンがより大きなムーブメントに創造的に参加するためのプラットフォームだったのだ。[09]

こうしたトレンドは、今日の私たちが動画を使って音楽に参加するちょっとした方法が、どれほど強力なものになり得るかを示している。私たちはいま、新しい音楽体験を生み出そうとしている（あるいは古い形に戻ろうとしているだけかもしれない）。そこでは、音楽に合わせて歌ったり踊ったりするような小さな行為が、単に体験を補完したり、受け身的に行われたりするものではなく、それがその音楽を体験することの中核に位置するものになる。現代の大スターたちは、21世紀における音楽のアイコンとはどのような存在なのか、その定義を私たちとともに生み出すために、人々がオンラインで自由にシェアしている動画や画像、会話の活用を始めている。

動画を活用する女性アーティスト

ここで紹介する5人の女性スーパースターたちは、すでにデジタル時代におけるアーティストとファン、音楽、アートとの関係を活用し、新しい時代における典型的な音楽体験を生み出そうとしている。彼女らの姿は、いかにファンの創造性と彼らとの交流によって、ポップミュージック体験が再定義されようとしているかを教えてくれるだろう。

09｜これは単発的な現象ではない。2016年だけで、少なくとも3曲が、それに関連するミームのおかげでビルボードのトップ40チャートにランクインしている。

レディー・ガガ［Lady Gaga］

２００４年のナンバーワンヒット曲が、アッシャーが繰り返し「イェー！」と叫ぶ一方で、背後で彼の仲間が「ホワット！」「オーケー！」と叫ぶというものだったことが示しているように、[10] ポップミュージックの大スターであると同時に前衛的なアーティストになるという考え方は、２０００年代にはとうてい実現不可能なものだと考えられていた。しかしその数年後、レディー・ガガがソーシャルメディアという新しいツールと、「リトル・モンスター」と称される彼女のファンたちを駆使して、それを成し遂げる方法を発見した。

彼女の最初のシングルとアルバムが発表された２００８年、ガガは仲間を集めてブレインストーミングを行った。「私がクールだと思ってたアーティストの友達みんなに声をかけて、部屋で話したの。顔をライトアップしたいとか、杖を光らせたいとか、超いけてるサングラスをつくりたいとか……そんな話をしたわね」と、ガガはのちに回想している。[ix] このグループが発展して、「ハウス・オブ・ガガ」が生まれた。これはデザイナーやスタイリスト、アーティストたちによるチームで、ガガのワールドツアーに登場するすばらしいセットや、彼女が２０１０年にＭＴＶビデオ・ミュージック・アワード（ＶＭＡｓ）で着たややクレイジーな生肉ドレスに至るまで、ガガに関するあらゆるものをつくり出している。

２００９年の「バッド・ロマンス■15」のミュージックビデオに登場するエイリアンのコスチュームとデザインは、ハウス・オブ・ガガの作品で最初の傑作となった。そしてこのミュージックビデオも、公開された月にはウェブ上で最も視聴された動画となった。それはガガが持つ、視覚的な要素と音楽を組

■15
Lady Gaga - Bad Romance
Lady Gaga

み合わせる力を象徴するものだった。「2008年の夏、『ジャスト・ダンス』がリリースされたとき、私はちょうど高校の最初の1年が終わり、ホームパーティをしている頃でした」と、長年にわたってガガのファンである「リトル・モンスター」のひとりが、2016年のナイロン誌に掲載されたインタビューで語っている。「もちろんその曲を楽しむだろうと思っていましたが、YouTubeでミュージックビデオを見たら、たちまち虜になってしまいました」。それは、MTV2・0以上のものだった。ソーシャルメディア時代、ハウスが制作するあらゆるものは、ガガを24時間365日追っかける熱狂的ファンたちの糧となった。なかでもミュージックビデオは特にシェアされ、徹底的に分析され、何度も繰り返し視聴された。ファンは互いにコラボレーションして、ガガの最新作品をソーシャルメディアにあふれさせた。さらにはクリエイティブでアートにとりつかれぎみなガガのファンは、自分の動画や作品やデザインにも彼女の美学と音楽をとりいれて、ガガのアートをあっというまに一般の人にまで浸透させた。ガガは2011年のインタビューで、ハウスについて次のように語っている。「私は自分の作品を、ファッションの解説や映画のような、一連のイメージとして考えていますが、そこにストーリーはありません。重要じゃないんです。あなたがストーリーであり、ファンはショーをつくるストーリーなんです[x]」

ファンはガガのアプローチに応じて、ウェブ上で最も強力なファンコミュニティのひとつへと成長した。それは中学生がボーイ・バンドに対して抱くような、狂信的な支持とは異なっていた。彼女の「リトル・モンスター」はガガを単に崇拝するのではなく、彼女や彼女のアート、

10 | おっと、リル・ジョンがあらゆるヒップホップ曲に登場していたのを忘れていた。

そこに込められた視点を中心にコミュニティをつくりだしている。ガガのハウスとファンたちは、音楽と視覚的な芸術、ソーシャルメディアを組み合わせることで、社会規範に挑戦し、自分はアウトサイダーだというアイデンティティを抱いて、ガガの音楽を中心としたより大きなムーブメントに参加している感覚を抱くという経験を生み出した。「ガガ現象」を再現することはほぼ不可能だが、ファンが動画や各種メディアを通じて、アーティストやほかのファンたちとオンライン上でつながった方法は、それから数年が経過したいま、単なる流行のように見えたものがポップミュージックにおける永続的な要素となったことを示している。それをさらに推し進めるかのように、ガガは自らの腕に「リトル・モンスター」というタトゥーを入れている。

ケイティ・ペリー［Katy Perry］

人々に愛されるミュージックビデオを制作することにかけては、ケイティ・ペリーの右に出る者はいない。彼女の公式ビデオは、２００８年以降の視聴回数が１００億回を超えている。ペリーは動画とソーシャルメディアを使って音楽とファンをつなぐ方法を本当に理解した、最初のメジャーなアーティストだ。彼女は自分のアカウントを使って、楽屋裏の様子を共有したり、ファンの声に（そしてアンチにも）直接応えたり、社会的な活動に加わったり、自分の好きな音楽や動画に賛辞を贈ったり、冗談を言ったりした。ツイッターで最もフォロワー数を集めるユーザーになったのも、不思議ではない。
またペリーは、ファンが音楽とつながるうえでの、２０１０年代における最も優れた手段のひとつ

▣16
Katy Perry - Roar (Lyric Video)
Katy Perry

を普及させることに貢献した。その手段とは、リリックビデオである。リリックビデオとは、音楽が流れると同時に、画面上に歌詞が表示されるミュージックビデオで、最初はファンたちが好きな曲をシェアする目的で投稿されていた（公式なビデオがなかった場合や、他のファンたちに貢献したい場合など に）。この現象を好んで取り入れた初期のアーティストは、宗教系のバンドや歌手たちであることが多く、２０１０年のはじめにヒット曲「ティーンエイジ・ドリーム」と「カリフォルニア・ガールズ」でリリックビデオを発表したペリーは、自身の公式リリックビデオを手がけた最初のメジャーアーティストとなった。[11] フェイスブックのパロディを登場させた「ワイルド・アウェイク」向けのビデオや、ファンたちが使う絵文字のメッセージを風刺した「ロアー▣16」向けのビデオなどのように、ペリーと彼女のチームの作品は独創的なエンターテイメントであり、さらに重要なのは、それがファンたちが彼女の曲により深くつながるためのツールであるということだ。

アーティストが公式なリリックビデオをリリースするというのは、一種のイノベーションであり、それは私たちのオンライン上での行動に見合うものだ。いまやそれは、現代におけるポップソングのサイクルのなかで、重要な役割を演じている。アーティストとレーベルは、新曲に最初の注目が集まるタイミングで、リリックビデオを公式なコンテンツとして提供する。完全なミュージックビデオができる前に、それを発表するのだ。それは話題を持続させるのに効果的であり、ファン

11｜オーケー、事実上、著名アーティストによる最初のリリックビデオとなったのは、これより45年前のボブ・ディランによるショートフィルム（「サブテレニアン・ホームシック・ブルース」のためにつくられたもの）と言いたいのだろう？プロモーション用に制作されたこの映像は、もともとD・A・ペネベイカーの映画『ドント・ルック・バック』の冒頭として用意されたものであり、伝統的なミュージックビデオの先駆けと見なされている。

たちが簡単にシェアして、それについて語り合うことを可能にする。2015年までに、アーティストがリリックビデオをリリースするのは珍しいことではなくなった。ジャスティン・ビーバーは自身の曲「ホワット・ドゥー・ユー・ミーン?」のために、ティーザー、リリックビデオ、そしてオフィシャルビデオの3種類で5本もの動画を制作している。

リリックビデオにはもうひとつ、重要な役割がある。それはファンが歌詞を覚えるのを助けるのだ(放っておいても誰もがリップ・ダブできるようになるわけではない)。ペリーは公式のリリックビデオをファンに発表した際、こんなメッセージを付けたことがある。「ハーイ! これで歌詞を覚えて、みんなにすごいって言われちゃおう! そしてパーティーを盛り上げてね!」[xi]。ペリーの言う通りだ。

リリックビデオは文字通り、そしてデジタル上の文脈で、自分の好きな曲への私たちの参加を促すようにできている。ポップミュージックという体験に私たちが何を期待しているのか、最初から理解してくれていた誰かのおかげで、かつてはファンのお遊びだったリリックビデオは、今の音楽において不可欠な存在となっている。

ビヨンセ [Beyoncé]

ビヨンセ・ノウルズのミュージックビデオと、それが与えた影響については、『レモネード』のような最高のビジュアル・アルバムから、彼女の象徴ともなっているシングル曲「シングル・レディース」に至るまで、大きな紙面を割いて語ることができるだろう(私はそれを正確に描写することができるが、踊

▣17
Beyoncé - 7/11
Beyoncé

ることはできない)。[12] しかし私は、別の側面に焦点をあててみたい。世界中の人々が生み出すクリエイティブな表現にアクセスできることが、ポップカルチャーの最高峰を生み出し、メインストリームのアーティストたちにまで影響を与える可能性がある——このことを、いかにクイーン・ベイ〔ビヨンセのこと〕が体現しているかという点だ。

いま多くのアーティストが、ＹｏｕＴｕｂｅを見て自身の作品のインスピレーションを得ているが、ノウルズはこの手法の名人といえるだろう。たとえばノウルズと、彼女の振付師であるフランク・ガットソン・ジュニアは、２０１１年に２か月以上を費やして、モザンビークのダンスグループ「トフォトフォ」について調べ上げた。そのきっかけは、彼らのダンスをノウルズがＹｏｕＴｕｂｅで見かけたことだった。彼女は２人のダンサー、クウェラとザビットのもとに飛び込み、彼らにダンスを学ぶとともに、自身の曲「ラン・ザ・ワールド（ガールズ）」のミュージックビデオに出演するよう依頼した。

このビデオでは、「パンツーラ」というスタイルのダンスが中心的存在になっていた。「私たちは、『光を分かち合えば、より明るく輝く』という話をします。そして多くの新しい、クリエイティブな人々と、光を分かち合ってきたのです」と、ガットソンはＭＴＶに対して語っている。「彼らを見て、やったぞと思いました。トフォトフォには脱帽です。誰も彼らを真似ることはできないのですから」[xii]

しかしクイーン・ベイの傑作は、２０１４年に発表された「７／11」▣17だろう。フランシス・ローレンスが「ラン・ザ・ワールド（ガールズ）」で用意した壮大な砂漠のセットや、40

12｜私が「シングル・レディース」のダンスを踊っているところを想像しないでほしい。

人の制作スタッフによって撮影された「シングル・レディース」と異なり、「7／11」はスマートフォンで撮影された（正確に言えば、ギャラクシー・アルファが使用された）。このビデオは、ロサンゼルスのペントハウスで、ノウルズと才能にあふれたバックアップ・ダンサーたちが大騒ぎするという内容で、ＹｏｕＴｕｂｅに対するオマージュというべき存在となっている。

ノウルズはその年の初め、フィリピン出身のミュージシャンであるゲイリー・バレンシアーノの息子で、プロダンサーのガブリエル・バレンシアーノ［Gabriel Valenciano］の動画に夢中になっていた（私も同じだ）。皆とシェアする超ショート動画の新しいアイデアを探していたバレンシアーノは、自分の家で、編集を多用した一連の動画を制作した。それはバカバカしい内容だったが、彼の個性とダンスのスタイルを完璧に表現したものだった。「スーパー・セルフィー」と名付けられたこの動画は、ＹｏｕＴｕｂｅとインスタグラムに投稿され、たちまち人気を博した▣18。ノウルズのチームは彼にコンタクトを取り、彼女が動画を見て、自分も同じことをしたいと言っていることを伝えた。バレンシアーノはコンサルタントとしてチームに招かれ、多くの音楽ライターから「今年のベスト・ミュージックビデオのひとつ」と称えられることになる動画の制作を支援した。

「7／11」は、別の誰かが発明したアプローチからインスピレーションを得ていたが、最終的にノウルズ自身のスタイルと個性を完璧に表したものになった。意外なコラボレーションの結果であるこのビデオは、まだ個人による、新しい種類の表現形式だと思われているものから派生して生まれたといえるだろう。それは単に新しい制作手法を取り入れたという話ではなく、誰もが同じことをできるが、

▣18
Super Selfie - Jump
Gabriel Valenciano

実際には誰にも真似できないものになったのだ。「7／11」はノウルズの作品リストのなかで異質な存在だが、それでも他の作品と同様に、「100％ビヨンセ」であることを感じられる作品なのである。

マイリー・サイラス［Miley Cyrus］

マイリー・サイラスは、さまざまなプラットフォームにまたがって活躍するセレブとしてどう振る舞えば良いのか、最初から理解していた。それはおそらく、彼女がYouTube世代で最初のメジャー・ポップスターだからだろう（彼女はディズニー・チャンネルの番組『シークレット・アイドル ハンナ・モンタナ』の主演を務めた女の子から、自立したパフォーマーへの転身を遂げた）。2008年、脱色して金髪にする前、サイラスと友人のマンディー・ジルーは、YouTubeで「ザ・マイリー・アンド・マンディー・ショー」を始めた。彼女らは当時の十代のビデオブロガーたちと同様に、動画を自分たちの部屋で撮影し、その内容は冗談を言ったり、視聴者からの質問に答えたり、単に踊ったりするというものだった。彼女らはその年、映画監督のジョン・チュウと、俳優兼ダンサーである『ステップ・アップ2』のアダム・G・セヴァーニから、ダンスバトルを挑まれた。その結果、動画投稿の応酬が行われ、大きな注目を集めることとなった。十代の視聴者がネットで大勢彼女らをフォローするようになると、2人の振付はより手の込んだものになり、バトルはまるでセレブの軍拡競争の様相を呈してきた。ついにはチャニング・テイタムやアダム・サンドラー、リンジー・ローハンなど、時代を彩る大スターたちが登場した。

サイラスはこの出来事を、いとも簡単に成功させてみせた（まぁ結局のところ、それは映画のプロモーションだったのだが）。その姿は、「新しいメディアの使い方を頭をひねって考える必要がなく、本能的にそれに適応してしまえる人物」という、新しいタイプの有名タレントが現れたことを示していた。このダンスバトルは、サイラスがその後に発揮することになる、デジタル世界への不条理な影響力の前兆であったと思うかもしれない。彼女は私たちに、数多くのクリエイティブ上のイノベーションをもたらしてくれたが、インターネットがトゥワーク〔しゃがんで腰を挑発的に振るダンス〕に夢中になったのも、サイラスがきっかけだった。彼女は２０１３年３月20日、ラッパーのフロー・ライダーとＪ・ダッシュの曲「ＷＯＰ」に合わせて、ユニコーンの着ぐるみ姿で腰を振って踊るという内容のモノクロ動画を投稿した▣19。

その年の終わり、サイラスは再びネットを沸かせ、自らの才能を最も明らかな形で（そして最も見逃せない形で？）示した。覚えている人も多いだろう、彼女は自身の曲「レッキング・ボール」用のビデオのなかで、建物を破壊するのに使用する鉄球に裸でまた

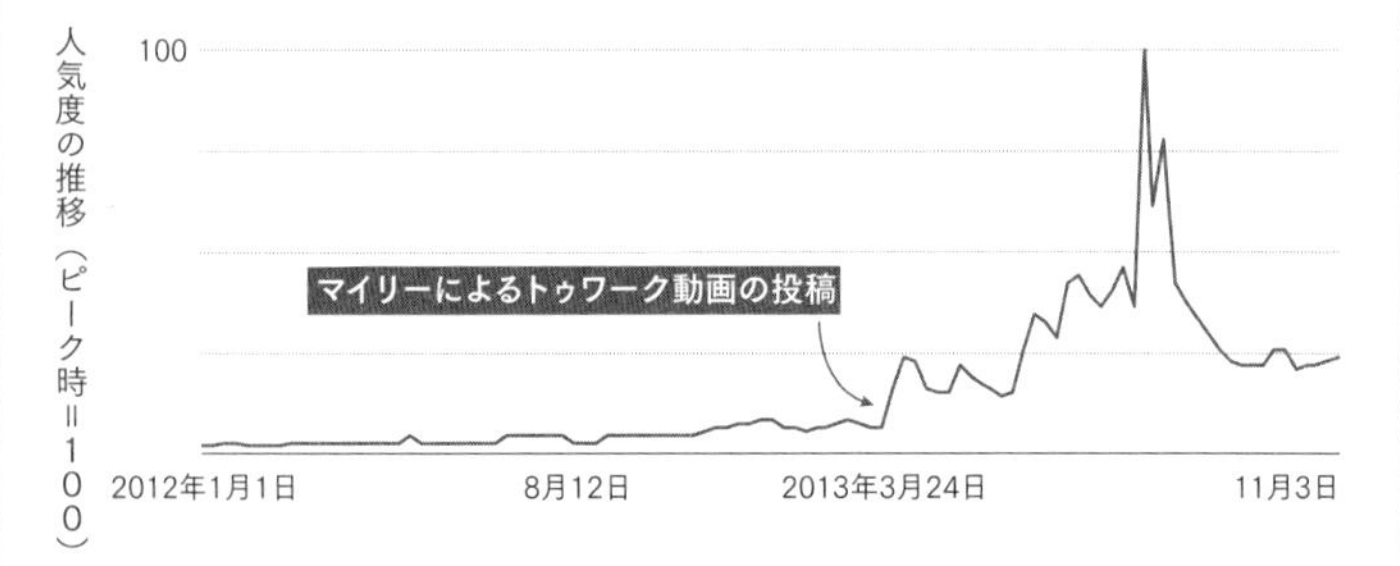

YouTube上で「トゥワーキング」が検索された頻度の推移（全世界）

▣19
Miley Cyrus Twerking in a Unicorn Suit to WOP

がって登場したのである。このビデオは発表されてから最初の24時間で、２０００万回以上視聴された。これはリリースされたばかりのビデオとして、当時の最多視聴回数記録を打ち立てた。私は何人もの同僚が、サイラスのすることすべてが、ウェブ上で最大の注目を集められるよう準備が整えられていると口々に評していたのを覚えている。その言葉は正しかった。善かれ悪しかれ、サイラスはデジタルネイティブのセレブが（そしてユニコーンの着ぐるみが）いかに大きな力を持つのかを実証している。

カーリー・レイ・ジェプセン［CarlyRaeMusic］

２０１２年２月、「ビッグ・タイム・ラッシュ」（これはバンド名であると同時に、ニコロデオンで放送されたテレビ番組の名前でもあった）のカルロス・ペナ・ジュニア［LexLovesLos］は、自身のＹｏｕＴｕｂｅチャンネルに、解像度の低いリップ・ダブ動画を投稿した▣20。撮影のほとんどはキッチンで行われ、どうやらラップトップに内蔵されているカメラが使用されたようだった。それはミュージックビデオではなく、友人たちが集まり、ふざけ合っているだけの内容だった。友人たちとは、ジャスティン・ビーバー、セレーナ・ゴメス、そしてアシュレイ・ティスデイルである。そこで彼らが歌っていた「コール・ミー・メイビー」は、26歳のカナダ人歌手カーリー・レイ・ジェプセンの新しいシングル曲で、ジャスティン・ビーバーがカナダのラジオで流れていたのを聞いて知ったのだった。この曲はまだ、米国では知られていなかった。彼はそれが、自分が聞いた中で「一番キャッチーな曲」だと宣言し、自身のマネージャーであるスクーター・ブラウンに紹介した（ブラウンはのちに、ジェプセンのマネージャーにもなっている）[xiii]。

▣20
"Call Me Maybe" by Carly Rae Jepsen
 - Feat. Justin Bieber, Selena, Ashley Tisdale & MORE!
LexLovesLos

「コール・ミー・メイビー」はどこからともなく現れたかのように見えるかもしれないが、その人気は、ペナが投稿した動画から始まっている。従来型のミュージックビデオが最終的にリリースされているものの、影響力のある若いスターたちがつくったお手製の動画が、彼らのファンたちに「この曲は友達と一緒に歌う曲だ」というシグナルを送ったのである。それは友人とふざけながら歌う曲だった。そしてウェブ動画のおかげで、友人とふざけながら歌う行為は、社会とつながる創造的活動になった。ペナと彼の友人たちによる動画は、実質的に、ティーンエイジャーたちへのハウツーマニュアルになった。「友人を集めて、カメラを用意し、ジェプセンの歌に合わせて口パクしてみよう」というわけである。その後数週間で、まるで誰もが「コール・ミー・メイビー」のリップ・ダブに挑戦したかのようになった。ハーバード大学の野球チームが投稿したバージョンは、春休み中の試合に向かうバンのなかで撮影されたもので、尋常ではない勢いで拡散した。ＮＦＬマイアミ・ドルフィンズのチアリーダー▣21や、米国のオリンピック水泳チーム、アフガニスタンに駐留中の兵士▣22、テレビ番組『ビッグバン☆セオリー』の出演者など、文字通り何千人もの人々が自分たちのバージョンを制作したのである。ケイティ・ペリーも、友人と一緒に動画をつくっている。

この曲はさまざまなチャートで1位を獲得し、最終的に、２０１２年全体のランキングで2位を獲得した（1位はゴティエの「サムバディ・ザット・アイ・ユース・トゥー・ノウ」だ）。[xiv] ジェプセンは耳に残る曲として完璧な作品をつくりあげ、そしてそれは、ミームとして拡散されることになったのである。それは「一番キャッチーな曲」であり、ファンたちによるユニークでインタラクティブな活動によって、

▣21
Miami Dolphins Cheerleaders
"Call Me Maybe" by Carly Rae
FinsProductions

▣22
[Call me maybe]
US soldiers in Afghanistan
Memmet Mama

彼女はこれほど大きな規模でブレイクした最初のメジャーアーティストになった。「コール・ミー・メイビー」以前、熱狂的なファンの応援を糧に、これほどの速さでチャートのトップに躍り出た曲はほとんどなかった。しかし現在では、同様の現象が繰り返し生まれるようになっている。適切な状況が整えば、いまや友人とじゃれ合うくらい単純なことでも、音楽文化のなかで抑えられないほどの力になり得ることが証明されたのである。

ジェプセンは次のアルバムからリリースされる最初のシングル曲「アイ・リアリー・ライク・ユー」のオフィシャルビデオは、男性の俳優にリップ・ダブをしてもらおうと考えた。彼女のマネージャーが、デイナーの際にそのことを友人に伝えると、その友人は「なぜ僕に頼まないんだ?」と答えた。「僕が引き受けるよ」と、その友人トム・ハンクスは言った。[xv] 彼はその言葉通りにした。

◀◀

国際宇宙ステーション（ISS）に5か月間滞在した後、クリス・ハドフィールド船長は地球に帰還する準備を進めていた。宇宙における最後の活動として、彼はISSで撮影したミュージックビデオを投稿した。[13] それはデヴィッド・ボウイの「スペイス・オディティ」のカバーだった。宇宙から投稿された世界初のミュージックビデオとなったこの動画は、カナダ人の宇宙飛行士が歌いながら、ISSのさまざまな区画に遊泳していくという内容で、彼は時おりギターをかき鳴らしたり、眼下

13｜地上にいた息子のエバンが編集を行った。

に地球を眺めたりした。それはまるで、ボウイが１９６９年にこの瞬間を正確に予知してレコーディングを行ったかのようだった。ボウイ自身、フェイスブック上で「この曲のバージョンのなかで、最も感動的なものかもしれない」と語っている▣24。動画は２０１３年５月に公開されて注目を集めたが、２０１６年１月11日には百万回以上視聴された。それはボウイの死去が報じられた日だった。当時ハドフィールドは、「彼のアートは、自分が群衆のひとりだと気づく世代に向けて、宇宙空間や自己の内面、急速に変化する世界のイメージを表現していました」と書いている。「（スペイス・）オディティをＩＳＳでレコーディングするというのは、そのアートを完璧なものにする試みでした。私たちの文明が地球を飛び出したのだということを、はっきりと言葉にしなくても、人々が実感できる手段にしようとしたのです」

ハドフィールドのファンビデオは、ボウイの曲に新たな意義を与えた。そしてそれは確かに極端な例であるものの、同じことが日常のなかで、より小さな規模で、他のさまざまな曲で生まれ得るのである。ジョン・フィリップ・スーザは蓄音機から流れてくる音から、「喜びや情熱、熱意が失われている」と評した。彼はおそらく、リップ・ダブや「ハーレムシェイク」も気に入らないだろうが、しかしこうしたコラボレーションによる創造的活動が、「喜びや情熱、熱意」を欠いていることはない。誰もがどこでも自分の音楽体験（リップ・ダブや流行りのダンス、ガガのメイクアップの真似など）をシェアできるという力は、それに新しい意味を与えた。そしてアーティストの中にも、この流れに参加し、ファンたちがシェアや二次創作、交流に使うことを前提に、音楽とビジュアルを用意

▣24
Space Oddity
Rare Earth

する者が現れた。そうしたアーティストたちは、音楽そのものと切り離すことのできない、新しい音楽体験を生み出し始めたのである。

私は「音楽を純粋に音として楽しむことは終わった」と言いたいのではない。実際、それは盛んに行われている。ニールセンによれば、オンデマンド型の音楽ストリーミングサービスの後押しにより、2016年の米国における音楽消費は過去最高を記録した（アメリカ人の90パーセント以上、つまり私たちのほぼ全員が音楽を聴き、週に25時間以上をそれに費やしている。またそのほとんどが、音楽だけの曲やアルバムといった、伝統的な手段を通じて行われている）[xvi]。しかし動画は、単なる販促用の存在から、現代の音楽における欠かせない一部へと変化した。ファンも動画によって貢献することができ、「音楽」の定義は、再びファンたちの参加を含むものにまで拡大しようとしている。

そして人々のYouTube上での活動からヒントを得ようとしているのは、音楽業界だけではない。

5 新しい広告

リアルに、なにより誠実に

若手コピーライターのコンビである、クレイグ・アレンとエリック・カルマンには、風変わりなコメディの才能があった（彼らは数々の広告を手がけたが、中でも有名なのが、触るものすべてをスキットルズのキャンディーに変えてしまう男が登場する、ブラックな笑い満載のＣＭだ[01]）。彼らはその才能を駆使し、最終的にオレゴン州ポートランドの広告代理店、ワイデン＋ケネディに入社する。そこで彼らは、大口顧客の一社であるＰ＆Ｇを担当することになり、２００９年に、男性用ボディソープのテレビＣＭを任された。当時のＰ＆Ｇの調査によれば、ボディ用製品を選んでいたのは男性ではなく女性だった。そこでＰ＆Ｇはアレンとカルマンに、女性に直接アピールすると同時に、男性も疎外しないようなＣＭをつくるよう指示した。

２０１０年のスーパーボウル用にＰ＆Ｇが放送するＣＭのドラフト版をつくるのに、２人に与えられた時間は２日間だけだった。当時彼らは、広告が一方通行の会話になっているのではないかと感じていた。視聴者に向かって直接、賢いやり方で話しかけることで、より双方向的だと感じられるＴＶコマーシャルを制作できないだろうか。彼らはそう考えて、このアイデアの検討を続けた。そして最後

01
Old Spice | The Man Your Man Could Smell Like
Old Spice

にアレンがカルマンに向かい、こんなセリフはどうだろうと言った。「やぁ、お嬢さん。彼氏を見て。次に僕を見て。もう一度彼を見て。また僕を見て」。カルマンはそれが気に入った。そこで彼らはすぐに内容を書き留め、さらにひねりを加えて、翌日に完成した台本をクリエイティブ・ディレクターに渡した。

その年の冬、いまや大勢の人々に知られ、愛されるようになった、オールドスパイス【Old Spice】〔P&Gの男性用品ブランド〕の広告「あなたの彼もこんな香りの男になれる」の撮影が開始された。起用されたのは、役者としては当時無名だった、イザイア・ムスタファという元NFL選手だった。アレンによれば、ムスタファは撮影中プロフェッショナルに徹していたそうだ。バスルームのセットが倒れ、彼を危うく殺しかけるなどいくつもの混乱があったのだが、彼は動じなかったそうである。彼らは2日間かけて、丹念に作り込まれたノーカット30秒の映像を、60回以上撮影した。しかし撮影中、多くの技術的問題が発生し（仕かけのタイミングがずれたり、馬が言うことを聞かなかったりなど）、そのなかで使いものになったのは3本しかなかった。

「あなたの彼もこんな香りの男になれる」は、第44回スーパーボウルで流れた広告のなかで最も印象に残る一本になった■01。P&Gがそれを試合開始前の時間帯に放送することを選んだにもかかわらず、である。アレンは私に、「私たちはいつもコンテンツをオンラインで公開していますが、このCMがこれほどのバイラル動画になるとは思ってもみませんでした。それを気に入ってなかったからではなくて、要するに、それが広告だったからです。わざわざ広告を見に来るなんてこと、普通はあり得ません」と語っている。しかしこの場合は違った。人々はこの広告が大好きになり、公開されてから最初の週だけで、何百万人もの人々が動画をネットから探し出してシェアをした。最終的にこの広告は、2010年にYouTubeで最も視聴された動画になった。

そして人々は、普通なら広告ではしないことに取りかかった。自分のバージョンの「あなたの彼もこんな香りの男になれる」をつくり始めたのである。数千とまではいかなくても、数百のパロディ版が登場した。大学生からプロの運動選手、さらにはセサミストリートのグローバーに至るまで、さまざまな人々が動画を投稿した。「それは私たち広告業界にとって初めての経験であり、クライアントも含め、どう反応するべきか誰にもわかりませんでした」とアレンは語っている。こうしたパロディは、P&Gの知的財産を侵害していたり、広告が伝えたいメッセージを伝わらなくしたりするものだとも考えられたが、アレンとチームはそれと争うのではなく、逆に応援しようと皆を説得した。「『オールドスパイスでは、ネットが常に勝利する』という格言までできました」とアレンは言う。「私たちが何をしようと、ネットが最後は打ち負かすんだ」

それに続く数か月間、オールドスパイスのボディソープは売れに売れた。広告が発表されてから、ボディソープとデオドラント製品の売上は、それぞれ一ケタ台後半と2ケタ台の成長を記録したほどである。[i] そんななか、ワイデン＋ケネディのチームは、P&Gに「ソーシャルビデオ・キャンペーン」を提案した。それは「あなたの彼もこんな香りの男になれる」のムスタファが登場し、

01｜彼らは「サタデー・ナイト・ライブ」への売り込みまで行おうとしたことがある。彼らはカルマンのクラスメイトであったウィル・フォーテ（当時この番組に新たに参加したばかりだった）に、ショービジネスに対する熱意を語っている。フォーテは2人がどうかしていると感じたそうだ。大手広告代理店の給料は、コメディアンよりも高かったからだ。また確かにテレビの深夜番組にはコメディアンが欠かせないが、広告業界のほうがユーモアのセンスに対する需要がずっと大きかった。

寄せられたコメントやメッセージに答えるというものだった。この提案は採用されたが、問題はそれが、リアルタイムで行われるという点だった。つまり内容について、事前に本社の了承を得ることができないわけである。救いだったのは、ほとんどコストがかからず、失敗してもＹｏｕＴｕｂｅなら、それほど気づかれずに終わってくれるだろうという点だった。「何人くらい反応しそうかという予想すらできませんでした」とアレンは言う。「『15人も来れば上出来だな』と考えていたほどです」。コメントやソーシャルメディア上の投稿に直接反応するという種類の動画を制作するには、まったく異なるアプローチが要求される。「私たちはオリジナルの動画を１か月かけて制作しましたが、今回は２日で１８３本の動画をつくることになりました」とアレンは笑った。彼とカルマン、そして他のライターたちは、これに対処するために、新たな手順を編み出した。まず輪になって座り、隣にいるライターに順にラップトップを手渡していく。そして書き込まれている回答文を読んで、もしおもしろいと感じたら、それを別の担当者に渡す。最終的に残った回答文が、テレプロンプター〔演説やコンサートなどにおいて、登壇者を支援するために、原稿や歌詞などを表示する画面〕に表示され、それをムスタファが読んで演じるのである。5分から7分でこのプロセスを回すこともあった。初日の流れはゆるやかだったが、２日目になると、彼らの取り組みはソーシャルメディアに一大現象を生み出した。セレブやブロガー、そして大勢のファンが大挙して押しかけ、質問を投稿し、「オールドスパイス・ガイ」であるムスタファが、次々それに答えた。ウェブサービス「ディグ」の創業者であるケビン・ローズが「病気になった」とツイートすると、オールドスパイス・ガイは投稿した動画のなかで、こんな風に語りかけた。「やぁケビン、調子はどうだい？　良くなっていることを祈

02
Re: @kevinrose | Old Spice
Old Spice

るよ。個人的な話だが、私は熱を出したことがないんだ。なにしろ私の体は、98パーセントが筋肉で、筋肉は病気にならないのでね。私の体のなかで、筋肉でない1パーセントが耳だ。これは軟骨製なんだ[02]」。もともとのスーパーボウル用CMも大きな注目を集めたが、本当に人々の関心を引き、オールドスパイス・ガイの名前を知らしめたのはこのインタラクティブなイベントだった。その後この種のリアルタイムなイベントは一般的に行われるようになったが、当時はまるで、魔法のように感じられたのである。

人々はますます、ネット上で時間を費やすようになっている。そんなネットで何らかのブレイクスルーを生み出したければ、新しいアプローチを採用するしかない。これまでリスクを取ったことのないクライアントも、それに気づき始めたのだ、とアレンはのちに語っている。オールドスパイスはその後、従来とは異なるあらゆる種類の広告を試した。そのなかで最も奇妙だったのが、アレンが手がけた別のプロジェクトだった。それは「ディケンベ・ムトンボ 4週間半で世界を救う（Dikembe Mutombo's 4 1／2 Weeks to Save the World）」と題された、16ビット風のビデオゲームである。プレイヤーがNBAオールスターゲームにも参加した有名バスケットボール選手のディケンベ・ムトンボになり、ネットジョーク満載の奇妙な空間を切り抜けていくという内容だった[03]。

02｜お気づきの通り、足しても100パーセントにならない。しかしオールドスパイス・ガイが科学と数学の法則を超越していることは明白だ。

03｜このゲームを開発したアダム・サルツマンが、スタッフに送ったメールを紹介しよう。「やぁみんな、いま概要が手に入ったよ。僕らがやろうとしているのは、バトルトード〔1990年代に発売された、横スクロール型のアクションゲーム〕風のゲームで、プレイヤーはジェットパックでアメリカを回りながら、『江南スタイル』を踊る人々に投票用紙を投げつけたり、ディスコボールを避けたりして、オハイオ州とのボス戦に挑むって筋書きだ。何か質問は？」

「あなたの彼もこんな香りの男になれる」の人気は、馬鹿げたビデオゲーム以上のものをもたらした。それは業界全体のマインドセットを変えることを後押ししたのである。その結果、広告業界はウェブを広告における独創的な創造を行うための場として見るようになった。「単に商品を売るのではなく、エンターテイメントを届けることの利点を、私たちが初めて認めた瞬間でした」と、アレンは私に語った。「要するに、それはすべてを変えたのです」

この事例は、消費者と、彼らとコミュニケーションしようとしている企業の関係が変化したことを示している。多くのブランドがＹｏｕＴｕｂｅやソーシャルメディアにおいて、消費者と正直に、かつ意味のある形でつながる方法を見つけ出そうと悪戦苦闘している。「多くの人々、特に企業のブランドは、インターネットに敬意を払っていないように思います」とアレンは言う。「ブランドがインターネットに目を向け、それに何らかのアクションを取ろうとした結果、中学校でダンスする40歳のお父さんのような状態になってしまった例を、ネット上で数十万件も見つけることができるでしょう」。アレンにとってネットに敬意を払うとは、それを配信の場ではなくコラボレーションの場、つまり消費者と企業の相互の利益のために、クリエイティビティを駆使する場として扱うことを意味する。「ライターたちが集まる部屋でうまく作業が進むのは、お互いを尊重し、一緒に働くことでより良いものが生み出せるからです。私たちはネットを、新たな搾取の場と考えるのではなく、そんな協働の場として捉えています」

2014年に行われた調査によると、米国人は1日あたり約360件の広告にさらされており、そのうち印象に残るのは150件程度であるということだ。[ii] これはかなりの数であり、企業は私たちに注意を向けてもらおうと必死になっている。企業は消費者とつながるために、多くの労力を戦略と研究に投じており、それぞれの時代の広告を見れば、それがどのような期間だったのかを知ることができる。広告は伝統的なアートやエンターテイメントよりも、私たちの集団としての精神や社会規範について、多くのことを語ってくれるかもしれない（まじめな話、フォルジャーズ〔米国の飲食料品ブランド〕のCMを1950年代から見てみると良い）。しかしそうした広告がどう生み出され、どう私たちに届けられ、私たちがそれにどう反応したかという点も、同じように重要だ。

かなり最近になるまで、オンライン広告の大部分は、強制的に現れたりサイトに重ね合わせて表示されたりするものだった。したがってそれは、ウェブの閲覧を邪魔したり中断させたりするもので、ユーザーが望むエンターテイメントの障害となっていた。しかし最近、広告に対する期待が高まっている。いまや人々は、文化の前にハードルをおくのではなく、文化に貢献するような行動を広告主にも期待しているとアレンは指摘した。それは多くの企業やクリエイティブの専門家たちが、これまでもなんとか実現させようと努力してきたことだった。

あらゆる規模の企業と、彼らが雇う広告代理店が、人々の注目を集めたり冒険をしてみたりする方法について、これまでとは違う角度から考えなければならなくなった。個々の消費者たちが、自分たちのメッセージを見て、それに反応して、その拡散に協力するという役割をどこまで演じてくれるのかを評価する必要が出てきたのである。消費者との接点を持つのがその第一段階だが、次のステップ、つまり彼らと意味のある交流を行うというのはまったく別の話になる。

汝、スキップするべからず

YouTube上で視聴回数が百万回を最初に超えたのは、猫やドッキリ、あるいは失敗に関する動画ではなかった。実はそれは、広告だった。2005年の夏の終わり、ナイキ［Nike Football］は同社のクリート靴「ティエンポ」をプロモーションするためのデジタルキャンペーンを立ち上げた。そしてサッカー界の大スター、ロナウジーニョ（当時世界で最も注目を集めるスポーツ選手のひとりだった）が登場する動画を制作した。ロナウジーニョがトレーニングの休憩中、ティエンポのスペシャル版である「タッチ・オブ・ゴールド」を履いてプレイするという内容だった▣03。ロナウジーニョはサッカーボールを操り、ゴールからおよそ20ヤード離れた場所からボールを蹴ってゴールポストに当て、戻ってきたボールを再び足でキャッチし、ボールを地上に落とさずにコントロールするという芸当を見せる。それは誰もが

▣03
Nike Football Presents: Ronaldinho Crossbar Remastered
Nike Football

驚く技だった。疑い深い人は、特殊効果でも使っているのではないかと思っただろう。実際にネットの掲示板では、次のような書き込みが見られた。

「友達にも見せたけど、本物だっていう意見とフェイクだっていう意見、半々だったよ」

「もちろんあれは演出だよ。他に方法があるか?」

「フェイクかもしれないけど、僕は本物に賭けるな」

「ロナウジーニョはこれまでで世界最高のサッカー選手なんだから、10回か15回くらいトライすれば、1回ぐらいは成功するさ」

「頭に脳が入ってる奴だったら、あれがフェイクだってわかる。彼があの動画のなかでしたことは、実際には不可能だ」

もちろんナイキは、あら探しはウェブ上において一種のスポーツであり、この広告がその傾向を利用していることを理解していた。掲示板(そして居酒屋やオフィス、学校)では、こうしたコメントの応酬が行われていた。動画のコンセプト自体に、その拡散を後押しするような議論の種が埋め込まれていたのである。

この動画が広告のように見えない(携帯型のビデオカメラで撮影したような映像で、通常の広告よりも長く、テレビで放送されることはなかった)ことで、それはより本物らしく感じられるものになった。巧みに計算されたマーケティングの産物であることは明らかだったにもかかわらず、それは十分な検討の末に撮影されたものというより、ナイキ関係者の誰かが偶然の一瞬をたまたま捉えた映像のように感じられたのである。[04] この動画は、ＹｏｕＴｕｂｅ上で話題を集めるように設計され、それに成功した最初の広告であり、ＹｏｕＴｕｂｅ上では人々の反応がさらにコンテンツの拡散を促進した。確かにそれは、曲芸のように目を引くものだったが、爆発的に人気を集める動画の多くは、驚きやショックを通じて観客を獲得する。当時の他の動画マーケティングとは異なり、「タッチ・オブ・ゴールド」は、私たちが見てシェアするものの文脈の中に自然にフィットしていたのだ。

「タッチ・オブ・ゴールド」や、それに続く数多くの「本物か偽物か？」型動画の成功は、私たちと広告との関係の変化を示している。人々の注目を得るための最も良い手段は、彼らを邪魔することではなく、彼らがすでに行っていることの一部になることになったのである。

ＹｏｕＴｕｂｅのようなコンテンツ・プラットフォームの登場により、企業はもはや、彼らが発信するメッセージの文脈を完全に管理下におくことはできなくなった。テレビや雑誌などに広告を出す場合には、マーケティング部門は、誰が、いつそれを目にし、またその広告の周囲にどのようなコンテンツがあるのかを、自信をもって言うことができる。今日のデジタル・プラットフォームは、かつてない精度でターゲティング広告を行うことができると豪語しているが、そうしたターゲティングを行わずに広告が表示される場合もある。パーソナライゼーションのシステムとシェアを可能にするツールによって、広告主のメッセージは　無数の状況や会話の一部となる。「広告主の管理下にある空間から、個人のパーソナルな空間へ」というこのシフトによって生まれたチャンス（とピンチ）は、多くの企業に長年続けてきた戦略の再考を迫っている。

　何年もの間、大企業が広告主となってスーパーボウルのＣＭ枠を買い取り、何を放送するかは試合の日まで厳重に隠してきた。そして当日、視聴者の注目を奪うために入念に用意されたコンテンツが放たれるのである。スーパーボウルを観戦する人々の20パーセントは、ＣＭがお目当てだ。[iii] したがって、企業の行動は理にかなっている。大勢の人々が同時にテレビに向かう瞬間を狙うことで、自社のメッセージが人々の話題に上ることを目指すわけだ。ウェブはそのようには機能しない。

　２０１１年、フォルクスワーゲン［Volkswagen USA］は10年かけて、同社初となるスーパーボウル広告を準備した。彼らは同社の製品であるパサートとジェッタ用に、30秒のスポットを２枠購入し、広告代理店のドイチュが両方のコンテンツを制作した。しかし問題は、パサート用に制作した60秒版ＣＭの出来が非常に良かったことだった。しかしそれは30秒の枠をはるかにオーバーしている。そしてスーパーボウルの広告枠は決して安くない（この年の30秒枠は平均で３００万ドルだった）。さらにご存知の通り、彼らはタイムリミットについて非常に厳しい。そこでフォルクスワーゲンは賭けに出た。この広告を、オンラインで先に公開したのである。このＣＭ「ザ・フォース」を覚えている方も多いだろう。ダース・ベイダーのコスチュームを着た子供が家の中を走り回り、フォース（念力）を使っていろいろなものを動かそうとするという内容だ。彼は最後に、パサートのエンジンを動かすことに成功する――父親がこっそり、遠隔操作機能を使うことで。この

04｜私はナイキ関係者に接触し、このインターネットの歴史について話すつもりがあるか尋ねたのだが、彼らからは丁重な断りの返事があった。どうやら10年経ったいまも、謎を謎のままでとどめておきたいようだ。

動画は、公開された週だけで数千万回再生された。他の自動車メーカーも大量の広告を投入したにもかかわらず、「ザ・フォース」はその年の広告のなかで、最も記憶に残り、そして最も広く語られる一本となった。それから5年が過ぎても、スーパーボウル広告のなかで最もシェアされたCMだった。[iv]

２０１０年、オールドスパイスはスーパーボウル広告が、より大きな現象の出発点として使えることを証明した。そして翌年にはフォルクスワーゲンが、スーパーボウルとは試合当日がすべてというイベントではなく、確かに試合の中継は重要であるものの、それを一連のキャンペーンの一部として利用できる可能性を示した。ドイチュ・ノースアメリカのマイク・シェルドンCEOは、のちにこの広告についてタイム誌のインタビューを受けた際、「私はスーパーボウル広告を、テレビCMとして考えてはいません」と発言している。「スーパーボウルはソーシャルメディアとPRに関する現象であり、そこには数多くの要素が絡んでいます。テレビCMはそのひとつに過ぎません」[v]。スーパーボウルは広く放送される単体のイベントから、いくつものプラットフォーム上で展開する、より小さくて個人的な、無数のやりとりから構成されるイベントへと変化した。企業は同時に同じ画面を見ている大勢の人々にメッセージを発信するだけでなく、試合の前後何日にもわたって交わされる会話に参加するチャンスを手にしたのだ。ますます多くの広告が、試合が行われるずっと前の1月にネット上で公開されるようになっており、YouTubeでもそうした広告の検索が1月から増え始める。業界で行われた調査によると、広告の完全版が先行して公開される場合、試合当日に公開される広告よりも平均で2・5倍視聴回数が増え、シェアされる回数も著しく増加するそうだ。[vi] 試合放送時間の広告枠を買う予算の

▣04
Go Behind the Scenes at a McDonald's Photo Shoot | McDonald's
McDonald's Canada

ない小さな企業は、スーパーボウルに合わせて一部地域でしか放送されない広告をつくるか、あるいは放送は一切せず、オンラインでの人々の話題に相乗りすることを狙う広告をつくるようになっている。

ＹｏｕＴｕｂｅでの人々の習慣によって、広告主たちは広告の配信戦略を見直すことを迫られた。スーパーボウルはその最も象徴的な例にすぎず、同じことは毎日のように起きている。そして動画配信のあり方の変化により、動画をデザインする方法にも変化が生じている。

II

広告主が人々のコンテキストをコントロールできなくなるにつれ、彼らは一般の人々から新しいルールを学び始めた。すでに確立されていた、人々がウェブを使って他人や好きなものとつながる方法に合わせて、広告は自らを変える必要があった。人々は友人やエンターテイナーから感じるのと同じ信憑性、「本物らしさ」を、大企業にも期待したのである。話しかければ、話しかけた相手からの反応を期待する。しかもそれは、偽物ではなく、正直なものでなければならない。

２０１２年６月、私はカナダのマクドナルド［McDonald's Canada］が投稿した動画がトレンドになっているのに気づいた。それは珍しいことだった。この動画には「マクドナルドの写真撮影の裏側」というタイトルが付けられ、私はそれをクリックした瞬間、広告におけるトップクラスの失敗作を目にすることになるだろうと思った▣04。動画はある質問に対する答えとして制作されたものだった。その質問とは、おそらく私たちの多くが一度は同じように感じたことだと思うが、トロントに住むイザベルという女性から投稿された「なぜマクドナルドの商品は、広告の中と実物とで大きく違うのか？」というものだった。ところが動画は、私の期待を裏切るものだった。マクドナルド・カナダのマーケティング担当ディレクター、ホープ・バゴッジが登場して挨拶し、マクドナルドでハンバーガーを購入する。ハンバーガーは1分ほどで出来上がり、彼女はそれを持って、同社が契約している広告代理店へと向かう。彼女はそこで、フード・スタイリストのノアと、カメラマンのニールに会い、数時間かけてハンバーガーの撮影を行う。使用されたハンバーガーは、店で購入したのと同じ材料を使っているのだが、写真撮影用に最適化され、完璧に調理されたうえに、ピクルスやオニオンで見栄えよくされた。ノアは外科医のような手さばきで、熱を加えたパレットナイフでチーズを溶かし、注射器で完璧な形にケチャップをつけていく。さらにはフォトエディターのスチュアートが登場し、撮影された写真の加工をするという念の入れようだ。

明らかに、マクドナルドは自分たちが意のままにできる環境で対応を行っていた。質問を選び、どの事実を含め、どれを含めないかを決めることができるというわけだ。しかしこの広告は、企業のコミュニケーションにおいては異質に感じられるやり方で、率直に事実を語ったものであるように感じられた。以前には必要なかった形で、私たち消費者の存在を認めていたのである。

２０１５年、保険会社のガイコは一連の動画広告を発表した。そのコンセプトは非常にシンプルだったが、アドエイジ誌の「キャンペーン・オブ・ジ・イヤー」など、多くの賞を獲得した。「アンスキッパブル（スキップできない）」と名付けられたこの動画は、ＹｏｕＴｕｂｅで動画本編前に挿入される5秒後

05
Geico | Unskippable 1
Youtube Commercial

にスキップできる（飛ばせる）広告として公開されたのだが、その5秒間ですべてのアクションが起きるようになっていた。その際にリリースされた4本のうち1本は、こんな内容だ▣05。動画素材に出てくるような、米国の典型的な核家族が登場する。ダイニングルームでテーブルを囲む家族に母親がスパゲッティを取り分けながら、「私じゃなくて、節約できたことに感謝して」と言う。するとナレーションが入り、「このガイコのCMをスキップすることはできません。なぜならもう終了したからです。ガイコ。たった15分間で、あなたは自動車保険の15パーセント以上を節約できます」という音声が流れる。そして広告をスキップするボタンが表示されるのだが、動画はそれで終わらない。画面内の家族はみな、動きをピタリと止めるのだが、大きなセントバーナードが現れ、テーブルに飛び乗って皿に載っている食事を食べ出すのである。

アドエイジは、この広告を次のように評している。「『アンスキッパブル』は、動画本編前に流れる広告、というクリエイティビティが不足している世界に対して、イノベーションをもたらした。彼らは退屈な日常風景を目が離せないシーンに変え、きわめて愉快なものにしたのである」[vii]。ガイコのCMはおもしろいだけでなく、私たち消費者の行動を暗黙のうちに認めているという点で他とは違っていた。彼らは自分たちのこともよくわかっていたのだ。この広告はまるで、私たちに向かって「ねぇ、私たちもみなさんも、これが広告だってわかってますよね。そして普通は、広告なんてスキップしてしまうことも。なのでちょっとした冗談を入れてみましたよ！」と言っているかのようだった。

消費者が広告に接する状況を理解し、それを受け入れ、これまで見てきたような創造的な取り組みを認めることで、広告はより人間的なコミュニケーションのように感じられる存在になるだろう。ただマーケティングのプロたちは、より効率的に消費者に接触し、お決まりのパターンから脱するために、より人間らしくなるだけでなく、時には奇妙になる必要もある。

２０１２年、豪メルボルンの公共交通であるメトロ・トレインズは、乗客の愚かな行動によって引き起こされる事故の数の削減に乗り出した。彼らは若い世代に訴えようとしたが、公共広告は若者にリーチするのを苦手としている。そこで彼らは、広告代理店のマッキャンエリクソンに、これまでとは違うアプローチを提案するように求めた。その結果、ブラックジョーク満載の、パステル調のアニメとアップテンポの曲が組み合わされた、すばらしい広告が完成した。そこに登場するキャラクターたちは、馬鹿げていて、そしてぞっとするような形で次々に最期の瞬間を迎える。この広告「おバカな死に方▣06」は、一夜にして大きな注目を集めた。怖いテーマに不釣り合いな、かわいいアニメーションとキャッチーな歌詞（「有効期限が切れた薬を飲む、自分のあそこをピラニアに噛ませる、おバカな死に方！おバカな死に方がいっぱい！」）という内容で、従来の安全を呼びかけるメッセージとはまったく異なるものだった。その後数年で、この広告と続編の動画は、２億５０００万回以上視聴された。さらにこのキャンペーンから、子供向けの本やビデオゲームまで生まれた。

「おバカな死に方」は奇妙な広告だったが、それこそが成功の理由だった。それは一般の人々がお互いにしているような、何もふるいにかけられていない、脈略のないコミュニケーションのように感じられ

▣06
Dumb Ways to Die
DumbWays2Die

たのである。この広告を制作し、曲の歌詞を書いたのは、マッキャンエリクソンでグローバル・エグゼクティブ・クリエイティブディレクターを務めるジョン・メスカルという人物なのだが、彼は２０１３年のインタビューにおいて、「テクノロジーがもたらした最大の贈り物は、それを適切に使えば、私たちがより人間らしくなれるという点です。なぜならテクノロジーは、私たちがより人間らしく感じられるものをシェアするのを可能にするからです」と語っている。「プラットフォームの力を誇示するためだけに、プラットフォームにさせる作業を用意するなんて、誰が望むでしょうか？　私たちは人間らしく考えなければならず、さまざまな作業も、人間の基本的なレベルで行われる必要があると思います。それはローテクではなく、ローファイといえるでしょう。アイデアを生み出すとき、テクノロジーを考えてはいけません。人と人の関係を考えるのです。ひとりの人間が、もうひとりの人間にどう接するか、ということです[viii]」

言い換えれば、広告は企業がつくったというより、実在の人間がつくったように感じられるものになりつつあるということだ。構造の面においても、広告は一般の人々が制作した動画に近づきつつある。２０１４年末と２０１５年末、ＹｏｕＴｕｂｅの「アド・リーダーボード〔ＹｏｕＴｕｂｅ上で話題になった広告動画のランキング〕」にランクインした広告は、いずれも１分以上の長さだった（２０１４年度の平均は３分間だった[ix]）。事実、現在では動画のタイトル、解説、タグ、長さを見ただけでは、それが広告か否かを判断するのは難しい。そしていま変化しているのは、広告制作の根底に流れる原則だけではない。その制作方法も進化している。

ミキサーにかけられる広告

それはとても寒い冬だった（極循環と呼ばれる現象が起きた年を覚えていないだろうか？）。ある撮影班が、マンハッタンの各所で撮影を行っていた。ハーレムやロウアー・イーストサイド、ミートパッキング・ディストリクト、ミッドタウンなどをめぐり、「放置された」ベビーカーを配置して、ベストな絵を撮ろうとしていたのである。プロデューサーのサム・ペズロは、「それは惨めなもので、最悪の撮影でした」と私に語ってくれた。「凍えるような寒さの中、雨やみぞれ、雪に濡れながら、一日中外にいたのです。まったくひどい体験でしたが、周囲にいた人々の反応は抜群でした」。実はベビーカーのなかにはさまざまな装置が搭載され、遠隔操作で移動できるようになっており、さらに好奇心を持った通行人が十分に近づいたところで、なかから恐ろしい表情をした赤ちゃんの人形が飛び出るという仕かけになっていた。寒さのために人形が動かなくなり、余計な撮影日がかかってしまったものの、人々のリアクションは実に完璧なもので、編集されて2分間にまとめられた動画は、ネットで大ヒットした。

その結果、２０１４年度のトレンド動画トップ10にランクインしたほどである。「どこへ行っても、この動画を見たという人に出会いました」と、ペズロは語った。ここまで聞いて、優秀なＹｏｕＴｕｂｅクリエイターがつくったドッキリ動画のように思われたかもしれないが、実はこの動画「悪魔の赤ちゃん襲来▣07」は、映画『デビルズ・バースデイ』の宣伝用にシンクモードという会社が制作したものだ

▣07
Devil Baby Attack
DidThatJustHappen

った。

サムはシンクモードを「クリエイティブエージェンシー」と呼んでいるが（結局のところ、彼らは企業に雇われて広告制作を手がけているからだ）、テクノロジーニュースサイトのマッシャブルは、彼らを「ヤバいハッカー／ビデオメーカー／マーケター」と称した。さらにシンクモードが取り組んでいることを、「ドッキリ広告」と呼ぶ人もいる。この表現があまりに巧みで、私は椅子から転げ落ちそうになったほどだ。「私たちのアプローチは常に、映画やブランドの特定の要素に焦点を当て、それを何らかの形で増幅させるというものです」と、ペズロは語っている。「そしてそれをどう行っているかというと、注目した要素を取り出して、現実の環境に置くのです」。私はテレビでＣＭを見たとき、どのエージェンシーがそれを制作したかわかることはめったにないのだが、シンクモードの作品だけは別だ。同社は脚本家兼映画制作者のジェームス・パースレーとマイケル・クリヴィチカによって２０１１年に立ち上げられ、現実の空間で精巧な小道具やセットを活用することで知られている。彼らが制作した動画の多くは、広告というよりも狂った発明のデモのように感じられる。シンクモードが制作した中で最も凝った小道具は、ライトやファン、電動で伸び縮みする機能などさまざまな仕かけが盛り込まれた自撮り棒である。彼らはそうしたものを、現実の世界において考えてみるというアプローチを取っており（映画の中のような魔法と、日常生活を組み合わせるわけだ）、それがシンクモードの動画に多くの注目が集まる理由となっている。人が現実の空間のなかで触れることのできる、物理的な物を作り上げることで、彼らは自分たちの動画を、「作りもの感」の漂う伝統的な広告とは異なるものにしている。

シンクモードが行っているのは、いわゆるコンテンツマーケティングの派生形であり、非常に効果的だ。「コンテンツマーケティング」という言葉は以前から存在していたが、バズワードになったのは２０１１年頃で、このときほぼすべてのビジネス系イベントにおいて、コンテンツマーケティングに関するパネルディスカッションが開かれたほどだ。調査会社フォレスター・リサーチは、このアプローチを「顧客のニーズに基づいて、目に見える価値を提供するコンテンツを生み出し、整理し、シェアすること」を含むものと定義した。ＹｏｕＴｕｂｅではコンテンツマーケティングの流行により、消費者とつながるためにエンターテイメントの役割も兼ね備えた、特別に制作された広告が爆発的に増えた。

ブランドの認知を直接的に促すようデザインされることの多いテレビ広告とは異なり、シンクモードの制作する動画は、口コミを促すことを主な目的としている。「私たちの動画は、マーケティングのようには見えません」とペズロは言う。「他の広告やブランドの取り組みとは同じように見えないでしょう。それは新鮮で自然なもののように感じられ、マスメディアの方から見つけてくれます。ある意味で、メディアを広告に加担させているわけです」。ショッキングな内容で、しかもあからさまにブランドを宣伝していないというのは、ブロガーやテレビのニュース番組が、シンクモードの作品を口コミのネタとして取り上げられることを意味した。

シンクモードの顧客のなかには、一般の人々が投稿した写真や動画が引き起こした反響を、うまく捉えることをマーケティング戦略にしている企業も多い。コミュニケーションにおけるこうしたアプローチは、企業が人々のソーシャルメディアでの活動を利用し、本物として感じられるコンテンツ体験へと導

▣08
Will It Blend? - iPad
Blendtec's Will It Blend?

くことで、口コミを促進することを可能にする。そうした取り組みのいくつかは、かなりの成功を収めている。しかしこの新しいコミュニケーション手法を土台として、ビジネスモデル全体を構築することは可能なのだろうか?

ブレンドテックは1975年にトム・ディクソンによって設立された会社だ。2006年、同社が新たに雇い入れたマーケティング担当者のジョージ・ライトが、自分のミキサーを壊そうと悪戦苦闘しているディクソンを目にしたとき、彼の頭に最も現代的な広告のアイデアが浮かんだ。ライトは50ドルの予算を使って大理石、熊手、ソーダの6本入りパック、チキンの丸焼きを購入し、さらにディクソンの名前が入った実験用の白衣を用意した。彼らが思いついた広告こそ、「ウィル・イット・ブレンド? ▣08」である。これは実験ショー風のシリーズで、ディクソンが開発したミキサー「トータル・ブレンダー」が、さまざまなものをブレンド、つまり粉々に破壊していくという内容だった。この動画は大きな反響を呼び、同社の売上が急上昇したばかりか、これまでマーケティングに予算を投じてこなかった彼らが突如として、ウェブ動画史上初の「動画によるマーケティング・キャンペーンで成功を収めた企業」となったのである。2016年までに百のエピソードが制作され、チャンネルの登録者は百万人近くに達し、彼らはアイフォーンやマーカー、ゴルフボールが粉々になるのを目にすることとなった。

「ウィル・イット・ブレンド?」が成功したのは、内容がおもしろかったからだけではない。その内容が正直なものであるように感じられたことも、重要な理由のひとつだ。ディクソンは奇妙なウェブ動画シリーズのスターになるようなタイプではなかったが、それも成功に貢献した。本物のコミュニケーションに大きな価値を見出す世界では、俳優や撮影テクニックはお呼びではない。ディクソン自身が、視聴者と同様に実験を楽しむ本物の人間であったという点が、何も飾らずに馬鹿なことをするこの番組を、より魅力的なものにしたのである。

ブレンドテックや、シンクモードの顧客のような企業は、広告であると同時にエンターテイメントとなるような動画を生み出すようになっている。そしてインターネットは、これまでの考え方に捕らわれず、人々と直接交流しようとする企業に恩恵を与えている。彼らが制作する、従来とは異なる「疑似広告」(それはこれまでの広告とは異なる存在だ)は口コミを促す。さらに従来の広告よりもオンライン上で見られる文脈において、より自然な存在となることで、ブランドを構築する。

しかし企業のなかにはさらにこの路線を深掘りし、エンターテイメントと広告の融合を推進して、果たして広告とは何かという問題を提起しているところもある。

「広告とは何か、理解したつもりになっていた」

「うわ、いま８００万人がこれを見てる」

２０１２年10月14日、日曜日の朝、ＹｏｕＴｕｂｅのインフラチームとライブストリームチームの技

▣09
Felix Baumgartner's supersonic freefall from 128k' - Mission Highlights
Red Bull

術者たちが、彼らの自宅からビデオチャットを通じて集まった■09（私もクイーンズのアパートから参加していた）。あるライブストリーミング映像に、８００万人という視聴者がアクセスしていたからだ。当時これほど多くの人々が、同時にライブストリーミングを視聴した例はなく、率直に言って、何が起きるのか誰にもわからなかったのである。そのとき私は「ティッカー」を管理していた。これはＹｏｕＴｕｂｅのあらゆるページに表示されるプロモーション用のリンクで、何か大きなアクシデントが起きた際には、これを通じて人々に通知する仕組みになっていた。ライブストリーミングがクラッシュしたり、あるいは大気圏からスカイダイブをしようとしている男が、その途中で事故に巻き込まれるような事態が起きたりした場合である。

私は数百万人の人々と一緒に、フェリックス・バウムガートナーが自由落下状態で音速を超える最初の人間になるのを、驚きのまなざしで見つめていた。彼は高度12万８１００フィート（３万９４０５メートル）から飛び降り、時速８００マイル（１２８７キロメートル）を超えようとしていたのである。（幸運にも彼は生還し、ライブストリーミングも何事もなく終了した）。これは「レッドブル・ストラトス」と名付けられたイベントで、科学者のチームが5年をかけて準備したものだった。それは世界初の命知らずなスタントであり、科学的プロジェクトであり——広告だった。

エナジードリンクのメーカーであると同時に、アクションスポーツの支援を行っているレッドブル［Red Bull］は、いま広告の世界がどこまで来たのかを象徴する存在だ。彼らは独特の味のする、非常に有名なカフェインドリンクを販売しているが、一方で魅力的なエンターテイメントコンテンツを開発・

制作・配信している。彼らはターゲット・オーディエンスを見つける必要はない。人々のほうからやって来るからだ。

彼らはデジタル・エンターテイメントの世界で存在感を築いており、たとえば彼らのＹｏｕＴｕｂｅ上の公式チャンネルは、スポーツ部門で最大級の購読者数を誇っている。合計視聴回数は数十億回に達するほどだ。彼らの「広告」は非常に人気があり、そこに他社の広告を出すことで利益まで得ている。なんだって？ 彼らは野心的なマーケターたちが、喉から手が出るほどほしいものを手にしているというわけだ！ つまりブランドが製品を凌駕しているのである。レッドブル・メディアハウスのマネージング・ディレクターであるウェルナー・ブレルは、２０１２年にフォーブスのインタビューにおいて、「私たちの活動は、ブランドに非常に貢献しており、それに力を与えています」と語っている。「ブランドこそ、私たちの活動の目的です。あらゆる活動を通じて、ブランドに活気を注入しているのです」。

#Brandというハッシュタグを付けた方が良さそうだ。

レッドブルは、人々と有意義で価値のある形でコミュニケーションするために、「エンターテイメントとしての広告」というモデルを一歩進め、ハイブリッドなブランドになるという道を歩み出した。そして生まれたレッドブル・メディアハウスは、エナジードリンクの販売を第一の目的とする会社の中に設立された、正真正銘の制作会社である。「レッドブル・ストラトス」は、彼らの最高の作品といえるだろう。その日曜の朝、大勢のＹｏｕＴｕｂｅ社員と世界中の何百万人もの人々が、私たちのプラットフォームを見つめていたとき、自分たちが見ているのが広告かどうかなど誰も気にしていなかった。

企業が広告として機能する真のエンターテイメントを作り上げたとき、より対等な価値交換が発生する。人々は自分の興味があるものを手に入れ、企業は理論上、潜在的な顧客を手に入れる。あらゆるコミュニケーションから価値のあるものを即座に手に入れたいという欲求が高まるにつれ、人々はコンテンツの源泉をあまり気にしないようになった。

明らかに私たちは、エクストリームスポーツ競技のようなエンターテイメントを提供してくれる企業に満足しているが、健康の秘訣や家計に関するアドバイスの場合はどうだろうか？　彼らが社会問題や政治問題の分野で私たちに関係する場合は？

ほとんどの企業は、多額の予算を投じてオリジナルのコンテンツを制作できる立場にはなく、他の方法で人々とのつながりを実現しなければならない。より個人的なレベルで私たちの関心を引くために、重要なテーマに関して広告を通じて会話を試みる企業も登場している。そう聞いて、ダヴの広告「リアルビューティースケッチ（Dove Real Beauty Sketches）」を思い出した方がいるのではないだろうか。この広告では、ダヴが似顔絵をスケッチするアーティストを雇い、本人の顔を見ずに女性の肖像画を描く。肖像画は1人につき2枚制作するのだが、最初の1枚は、女性自身に自分のことを語ってもらい、その証言に基づいて描く。そしてもう1枚は、その女性に出会ったばかりの女性たちによる証言に基づいて描くのである（女性自身の自己描写に基づく肖像画よりも、第三者の描写に基づいた肖像画のほうが、魅力的な仕上がりになった）。これは身体イメージとアイデンティティをテーマにしたキャンペーンであり、石鹸は登場しなかった。P&Gの女性用品ブランド「オールウェイズ」も、広告「ライク・ア・ガール」で同じアプローチを採用した。この作品は2005年の広告キャンペーンのなかで最も話題を集め、さまざまな賞を受賞している。どちらも「社会的意義のあるマーケティング」（もしくは「泣かせる広告」）の範疇に含まれるもので、このトレンドは、物量に訴える広告（強制的に表示されるCMを多用するなど）に消費者が拒否感を示すようになっていることに反応して現れてきた。

そこで新たな疑問が浮かぶ。人々は女性用品のメーカーに対して、ジェンダー間の平等について議論を始めることを本当に望んでいるのだろうか？　電池メーカーに対して、難聴の人々への同情を示してほしいと思っているのだろうか？　彼らは自社の製品の優位性を訴えることに集中すべきではないのか？

正直なところ、人々はそれを必要としていないかもしれないが、ある意味では要求している。私たちがより直接的で、個人的で、日常のコミュニケーションに密接につながっているエンターテイメントを求めるようになるにつれ、企業も自らのメッセージをそれに合うものにしなければならなくなる。広告というものは常に、ある程度まで、その瞬間に存在する文化を反映したものなのだ。その間に違いはない。

▶▶

リアルで誠実なコミュニケーションを実現するのは難しい。一方ではなく、双方にメリットを提供するコミュニケーションを実現するのはさらに困難だ。しかしいまや、それは欠かせないものになった。人々は自分の注意が企業に奪われるのと引き換えに、より多くのものを企業から得ることを求めるようになっている。

これまで企業は、主に広告を通じて人々とコミュニケーションしてきた。しかしいまや、企業も私たちが他人とコミュニケーションする際に使うのと同じフォーラムやプラットフォーム、チャネルを使うようになっている。そして企業が、普通の人々やエンターテイナーたちが使うのと同じYouTubeのアカウントや、ソーシャルメディアのプロフィールを持つようになれば、そこから発せられるメッセージに対し、私たちは他と同じレベルの意義や誠実さを期待するようになる。

これは文字通りの意味で、企業が私たちと同じように話す必要があるという意味ではない。インターネットの墓場には、若者の間で流行っているような「イケてる」スラングを使って、手っ取り早く本物らしさを出そうとして失敗した企業の例がいくつも眠っている。実際、ソーシャルメディアのタイムラインやトレンド入りしているハッシュタグを見ると、そこはふんだんなマーケティング予算を持つ企業が「自分たちも話題に乗ろう」と投稿したメッセージであふれている。そして若いインターネットユーザーたちは、企業に汚染されていないコミュニケーションの場を求めるようになっている。2016年には、シンシナティ動物園のゴリラ「ハランベ」〔2016年5月、このゴリラの飼育エリアに3歳児が転落し、この子供を守るためハランベが射殺されるという事件が起きた〕や9・11の「トゥルーサー」〔2001年9月11日の米同時多発テロ事件が政府の陰謀だと信じる人々〕をめぐり、ネット上で不謹慎なミームが流れたが、その理由のひとつは、こうしたミームであればあえてそこに参加しようという企業が現れず、彼ら抜きのコミュニケーションができるからだった。ニューヨーク誌はこれに関して、多くの若者やティーンエイジャーにとって、「オンライン上で企業の広告主やスポンサーによって汚染されていない話題を見つけることは難しい」と指摘している。

インターネット時代に育った人々は、企業が自分たちのスラングを使ったり、会話に乗ってきたり、自分たちが関心を持つものに手を伸ばしたりすることを必ずしも求めていない。その代わり、彼らは単に、企業が自己認識と率直さ、そして人々と企業が交流するテーマとの関連性を持ってコミュニケーションすることを期待している。それは企業が広告を使う場合であろうが、人々と同じプラットフォームを使う場合であろうが変わらない。

私たちはある程度、広告が自分たちの生活や文化に何かをプラスしてくれるものであり、何かをマイナスしてしまうものではないことを期待しているのかもしれない。そしてそれは、今後の広告にとって、必要不可欠なことになるだろう。

6 新しい報道
——世界が見ている

２００６年の夏、ジョージ・アレン米上院議員は、共和党における政治家としてのキャリアの最高潮に達していた。元バージニア州知事で、伝統的な南部の保守派である彼は、２００１年から上院議員に選出されており、次の再選も当然と考えられていた。

８月11日、バージニア州の８月にしては快適な気候の日に、彼はブレークス・インターステート・パークに集まった聴衆に向かってスピーチを行った。そこでアレンは、青いオックスフォードシャツの袖をまくり上げた姿で、「みなさん、私たちはこの選挙戦を、前向きで建設的なアイデアに基づいて進めて参ります。そして重要なのは、人々が目標に向かって動き出すよう、鼓舞していくことです」と語りかけた。そのとき群衆の中に、S・R・シダースという男性がいた。彼は20歳のバージニア大学の学生で、アレンの対立候補だった民主党のジム・ウェッブの選挙活動にボランティアとして参加していた。ウェッブは優秀な選挙戦チームを擁していて、そのチームが派遣したのが若いインド系アメリカ人のシダースだった。彼の任務は、アレンの選挙キャンペーンを偵察して、彼の発言のすべてをレコーダーで録音するという辛いものだった（政治の世界では、こうした役割を「トラッカー」と呼んでいる）。その

▣01
George Allen introduces Macaca
zkman

日はシダースがアレンの追跡を始めて5日がすぎたところだった。

するとアレンはスピーチの途中で、シダースの方を指さしながら、カメラに向かってこう言った。「そこにいる、黄色いシャツを着ている奴。彼の名前がマカカであれ何であれ、彼は私の対立候補側の人間です。彼は私を追って、どこまでもついてきます。なんてすばらしい。私たちはバージニア州全土を巡っていますが、彼はそれを撮影して回るのです。君がここにいるのはすばらしいことだ。君は撮影した映像を、私の敵に見せるのだろう？　彼はここにいないし、今後も来ることはないだろうからね」。聴衆たちは喝采を始め、アレンの発した言葉のいくつかは、聞き取ることができなかった。対立候補であるウェッブをさらに煽った後で、アレンはこう付け加えた。「みなさん、ここにいるマカカを歓迎しましょう」。それを聞いた聴衆は、拍手喝采する。「アメリカへ、そしてバージニアの真の世界へようこそ！[i]」

「私は彼の言葉が何を意味しているのか、わかっていました。私に向かって、何らかの軽蔑的な、人種差別の響きのある言葉を投げかけていたのです」と、シダースはのちに回想している。「マカカというのが『猿』という意味で、[01] 移民に対して使われていた言葉だと知っていました」。シダースの両親は25年前にインドからやってきた移民で、彼はバージニアで生まれ育った。その数時間後、同じ金曜日の晩に、彼は何が起きたかを伝えるためにウェッブの選挙対策本部に電話をかけた。しかしチームはシダースの撮った動画をどうすればいいかわからなかったので、月曜に決めることにして飲みに出かけた。選挙本部は、ワシントンポストの記者がこの一件を短く報じた数日後、その動画をＹｏｕＴｕｂｅ

にアップだけしておくことにした 01。アレンは「マカカ」という言葉をニックネームとして使っただけで、その意味するところは知らなかったと主張した。そして声明のなかで「人種差別の意図はまったくない」「意図があったという主張は事実とは異なる」と訴えた。それによれば、シダースを「マカカ(Macaca)」と呼んだのは、彼の髪形である「モヒカン刈り(mohawk)」をもじったためだということだった。アレンは最終的に謝罪した。そして群衆のなかで非白人としてひとり晒《さら》されたと感じたシダースは、全国ニュースの見出しを飾ることとなった。

この事件は、選挙戦の流れを変えた。その前の月に行われた世論調査では、アレンがウェッブを10〜20ポイントリードしていた。しかし事件後初の調査で、ウェッブが初めてアレンを上回った。[ii] そして行われた選挙は、きわめて僅差の結果となった。アレンがたった９３２９票(投票数全体の０・４パーセント未満)の差で敗北したのである。彼が失ったものは大きかった。上院の議席数は51対49で民主党が多数派を占めることになり、共和党は立法府での力を失った。シダースとの一件の９か月前、ナショナルジャーナルが共和党関係者に２００８年の大統領選候補のランク付けをするよう尋ねている。その結果では、アレンはジョン・マケイン上院議員とミット・ロムニー元マサチューセッツ州知事を抑えて、トップの座に選ばれていた。[iii] しかし上院選の敗北で、アレンは大統領選に出馬する機会を失い、その政治生命を不確実なものにして

01｜誰に聞くかによって答えは変わるが、「マカカ」には次のような意味がある。A.20種類以上の猿が属している、生物学上の属の名前(有名なアカゲザルを含む)。B.ポルトガル語でメスの猿を意味する言葉。C.ベルギー領コンゴにおいて、植民地主義者がアフリカ人を軽蔑して指すのに使っていた言葉の派生語で、暗い色の肌を持つ人物を中傷する言葉になっている。アレンの発言の文脈においては、いずれの意味であっても適切ではない。

しまったのである。[02]

政治家の失言がカメラに捉えられるというのは、アレンの事件が最初でも、最後でもない。しかしそれは、ウェブ動画が政治の世界で武器になることを示した最初の例となった。事実、２００９年に共和党指導者が繰り返し会合を開き、オバマ大統領誕生を受けての巻き返し戦略を練っていた際、対立候補に矢継ぎ早に質問を投げかけ、慌てふためく様子をビデオにおさめるというゲリラ戦略も検討されたそうである。[iv] ２０１０年、民主党のボブ・エスリッジ議員は、カメラを持った2人の「学生」の犠牲となった。彼らはエスリッジに、「オバマの政策を全面的に支持するのですか?」と尋ねたのである。その際エスリッジは、不器用かつ攻撃的な応対を行い、彼らを睨みつけながら「お前たちは誰だ?」と繰り返したあげく、カメラマンのひとりに掴みかかるという醜態を晒《さら》してしまった。この姿はニュースで「弱いものいじめ」や「暴力」といった言葉でセンセーショナルに報じられ、エスリッジはのちに謝罪したが、次の選挙でわずか１４００票差で敗れることとなった。ミット・ロムニーとジョン・マケインも、この種の「決定的瞬間」動画のターゲットとなり、その姿がネットでさらされることになった。マケインは２００８年の選挙集会において、冗談のつもりで「ビーチボーイズの曲に、『イランを爆撃しろ（Bomb Iran）』っていうのがありましたよね」と言い、ビーチボーイズの曲「バーバラ・アン（Barbara Ann）」の一節を替え歌で歌った。ロムニーは２０１２年の政治資金パーティーで、参加した裕福な支援者に対し、米国人の47パーセントは自分の対立候補に投票するだろう、なぜなら自分たちは政府に面倒をみてもらう資格があると思い込んでいるからだ、と発言した。「もっと責任意識を持って、自分の面倒は自分でみるように、彼らを説得しようとは思わない」と彼は言った。それぞれの姿はビデオに撮影され、映像がテレビのニュースで繰り返し流れただけでなく、何か月にもわたってブログやニュース記事に埋め込まれて閲覧されることになった。

「マカカ」事件は、権力のバランスが崩れたことを示す初期のサインでもあった。オンライン雑誌のSalon（サロン）は、シダースを2006年の「パーソン・オブ・ジ・イヤー」に選出し[v]、ニューヨークタイムズは「2006年『マカカ』の年」というタイトルのコラムを掲載した。このコラムのなかで、執筆者のフランク・リッチは、次のように記している。「ウェッブの選挙キャンペーンで動画がYouTubeに投稿されたことで、それは選挙の年恒例の文化イベントになった。多くの政治家にとって危険極まりないことに、YouTubeが広く知られた人気サイトであることを、彼らは自分の子どもたちから聞かされていなかったのである[vi]」

「マカカ」動画は、私たちの誰もが、自分が経験したことを記録し、シェアし、そして世界中の大きな組織や制度にも影響を与えることができることを示した。映像の続く1分間、私たちはシダースの目線で、そこで起きたことを目撃する。そうすることで、カメラを構えた一人の20歳の青年は、政治史が変わるのを後押ししたのだ。

02｜2011年、アレンは副大統領候補の座を巡る争いに参加した（それも失敗に終わるのだが）。彼の身に降りかかったことを思えば非常に驚くべきことなのだが、彼がこの立候補を表明するのに使ったのは……YouTubeだった。

いまやすべての出来事が、何らかの形で記録されているかのように感じるかもしれないが、ほとんどの歴史的出来事に視覚的な記録は残されていない。時には貴重な歴史的文書によって、大規模な戦争や専制君主の支配の様子が詳しく描写されるということもある。しかしそれらは、自分が直接経験していない出来事に対して感情的なつながりを持つのに役立つ、微妙なニュアンスを持たないのが普通だ。優れた歴史的絵画は、文明の転換点を視覚化するのに役立つかもしれないが、それでもかなり欠陥がある。ニューヨークのメトロポリタン美術館に収蔵されている作品で、私が好きなもののひとつが、エマヌエル・ロイツェの『デラウェア川を渡るワシントン』だ。多くの人々にとって、それは米国人から最も尊敬される建国の父が、優れた軍事的リーダーシップを発揮した様子を描いたものだ。しかしロイツェが生まれたのは、この出来事が起きてから40年後である。そして批評家たちは、そこに描かれた光景が、歴史学・物理学の両面からあり得ないものであるという点で合意に至っている。つまり、私はジョージ・ワシントンとこの絵のすべてが好きなのだが、小さなボートの上で立とうとした場合の現実を描いたものではないのだ。もし絵で描かれている様子を実際にやろうとしたら、彼と11人の部下たちは、冷たいデラウェア川に落ちてもがいていただろう。歴史的出来事を描いた絵画のほとんどは、その現場に居合わせなかった（生まれてすらいなかった場合も多い）アーティストによって描かれているのである。

重大な瞬間を視覚的に正確に表現するという行為が一般化したのは、1900年代に入ってからである。しかし20世紀の大部分において、映像や画像を撮影するための機器は高価でかさばるものだった。そのため、予期せぬタイミングで起きる重要な出来事を捉えられるカメラの数は限られていた。私たちは世界で起きた出来事を視覚的に記録してもらうのに、主にフォトジャーナリストを頼りにしてきた。彼らの仕事は、しかるべき時に、しかるべき場所にいることだった。視覚的情報を捉え、配信するためにジャーナリストとニュースメディアだけに頼ることには、当然ながら限界がある。フォトジャーナリストがありとあらゆる場所にいられるわけではないからだ。さらにフォトグラファー、レポーター、プロデューサー、エディターの間には、いくつもの中間業者が存在し、彼らが捉える出来事と私たちの間に立ちふさがっている。私たちは自宅で、遠く離れた場所から出来事を見るしかない。

1963年11月22日、ダラス。エイブラハム・ザプルーダーは、オフィスに自分のベル&ハウエル製カメラを持ってくるのを忘れていたが、秘書に促され、自宅に取りに帰った。そして彼は望遠レンズを介して、おそらく20世紀で最も有名であろうホームムービーを撮影した――ケネディ大統領の暗殺である。翌朝ザプルーダーは、撮影した8ミリフィルムを2人のシークレットサービスと、ライフ誌のリチャード・ストーリーの前で上映した。彼らは最終的に、この映像のなかで最も決定的な瞬間である「フレーム313」にたどり着く。ストーリーはのちに、こう回想している。「それが起きたとき、私たち3人――2人の謎のエージェントと、1人の少し白髪がかった記者――は、『うわあぁぁぁ！』と叫び声をあげていました。それはまるで、みんなが同時にパンチをくらったかのようでした。私はこの映像を何百回も見ましたが、その衝撃はいまでも変わりません[vii]」

ウォーレン委員会での証言の際、ザプルーダーは泣き崩れてしまった。「それはまったくひどい出来事でした。私はケネディ大統領のことが大好きで、あの出来事を目の前で目撃するというのは……とても、とても深い感情的な爪痕を残しました。最悪です[viii]」。この映像は、それを目にした者ほぼ全員に、同じ反応を引き起こした。それはライフ誌に初めて静止画が掲載されたときも、それに続く何十年間も変わらなかった。それはザプルーダーを悩ませ、私たちも悩ませることになった。それから50年後、オンライン雑誌「マザーボード」のアレックス・パスタナックは、「彼が撮影した、26・6秒のサイレント映像は、その奇妙な1日に関する米国の集団的記憶の中心となったのだ」と書いている。「私たちの多く、特に事件が起きた当時に生まれていなかった者は、ザプルーダーのレンズを通してこの出来事を目撃しているのである」

2000年代の初めまでに、スマートフォンの登場によって、レンズの数は大幅に増えた。史上初めて、人々が毎日さまざまな出来事を記録するようになり、その映像を通じて、社会の動き全体が記憶されるようになったのである。これは記録された出来事が、ニュース業界のなかでどう報じられるかに大きな影響を与える変化だったが、より重要なのは、それが人々とニュース業界の関係も劇的に変化させた。私たちは遠く離れた場所にいる観察者ではなく、すぐ傍にいる「バーチャル見物人」になったのだ。想像もできないような出来事の傍観者というだけでなく、その証人になったのである。

白日の下にさらす

ジョージ・アレンの「マカカ」事件が全国ニュースを賑わせていたころ、スティーブ・グローブはハーバード大学ケネディスクールで修論を仕上げようとしているところだった。「政界のレーダーにYouTubeが捕捉されたのは、この出来事がきっかけでした。そして私のレーダーにも。それは単に楽しいサイトというだけじゃなくて、政治的な意味を持つものとして映るようになったのです」と、彼は述べている。グローブは2007年2月にYouTubeに参加した。それはこの若い動画サイトが、グーグルに買収されてからほんの数か月後のことだった。彼はニュース・政治系コンテンツのエディターを務め、YouTubeが取り上げるべき重要な動画や、急成長するウェブ動画コミュニティの新たな声を把握するのを助けた。

彼がYouTubeに入社してから半年後、ミャンマーで反政府デモが発生し、同国の軍事政権が暴力で押さえ込むという事件が起きた。何千人もの仏教僧がこの「サフラン革命」に参加し、ミャンマー政府の悪名高い検閲（それにより外国メディアの取材は非常に困難だった）にもかかわらず、その様子をおさめた動画がウェブ上を駆け巡った。ジャーナリストが入れない現場の様子を、一般市民が記録しており、グローブはそのすべてを追跡していた。「（ミャンマーの一般市民が撮影した）動画は、そこで何が起きているのかを見せてくれる唯一の窓でした」と彼は言う。

２００８年、グローブはこの新しい取り組みを支援してもらうために、オリビア・マーを招いた[03]。彼女とグローブは、世界中の主要報道機関と直接連携して働いた。そうした報道機関はＹｏｕＴｕｂｅの可能性を信じており、また自ら撮影した動画を通じて重要な事件に対する意見を発信しようとしている一般の人々と接触したいと考えていた。

そして２０１０年。彼はそれまでのグーグルにおける短いキャリアのなかで、きわめて重要な決断を下した――私を採用してくれたのである！　スティーブは私がＹｏｕＴｕｂｅに加わってから最初の１年半のマネージャーであり、彼とマー、そして私の３人は、この期間に起きたアラブの春や東日本大震災、イランの大統領選といったニュースの速報を伝える上で、ＹｏｕＴｕｂｅの最前線に立っていた。

当時カメラを搭載した携帯電話が世界中に普及しつつあり、人々は驚くような出来事に遭遇すると、それを撮影してＹｏｕＴｕｂｅにアクセスし、シェアするようになった。この変化が報道に対して与える影響に、真の意味でスポットライトが当たったのは、２００９年のイラン大統領選挙の際であると、グローブとマーは考えている。「それは世界中が注目するイベントで、人々がそれを見る場として選んだのがＹｏｕＴｕｂｅでした」とグローブは言った。人々は一般市民が動画を通じて事件を報じ、証言することの重要性を理解していたが、「イランの大統領選が転換点になりました」とマーは私に語った。

２００９年の夏、イランのマフムード・アフマディネジャド大統領が、非常に激しい選挙戦を経て再選された。改革派候補のミールホセイン・ムーサヴィーなど、彼の対立候補だった人々は、選挙に不正があったと主張した。ムーサヴィーは、「明らかに数多くの不正がなされたことに、私は個人として強く抗議する。そしてこの危険な茶番に断固として屈しないことを宣言する」と訴えた。[ix] 彼の支持者たちは、「グリーン・ムーブメント」として知られることになる通りに集まり、平和的な抗議活動を行っていたが、機動隊と衝突したことで暴動へと発展してしまう。数は定かではないが、銃撃戦によって抗議者の中に犠牲者が発生し、数千人が逮捕された。当時ソーシャルメディアは生まれて間もなかったが、多くの場面が携帯電話によって撮影され、ネット上で公開された。中には見るに堪えない映像もあった。「人々のカメラが捉えるのは、政治家の失言だけじゃない」とグローブは言った。「誰かが警官に殺されたり、建物の屋根から狙撃兵に射殺されたり、公共の場で警棒で殴られたりする場面も撮影される時代なんだ」。こうした動画は、事件が起きた現場からその様子を伝えるものであり、たった一瞬を捉えたものであっても、デジタルで記録される映像がいかに大きな力を持ち得るかを示していた。

当時26歳だったネダ・アガ・ソルタンは、それほど政治に興味があるわけではなかったが、その頃のイランの若者の多くがそうだったように、抗議しなくてはという感情に駆り立てられていた。6月20日の夕方、彼女は両親からの警告を無視し、友人で音楽教師のハミッド・パナヒと共にデモ隊に加わることを決め

03｜マーは大学卒業後に、ニューズウィークのような大手出版社で報道関係の仕事をしていたかもしれない。しかし彼女のクラスメイトのひとりが立ち上げたサイトを見て、マーは「メディアテクノロジー」という存在が大きな可能性を秘めたものであると感じるようになっていた。（マーク・ザッカーバーグがマーと同じハーバード大学の学生寮で立ち上げたのが「ザ・フェイスブック・ドットコム」で、彼女はその51番目のユーザーとなった。）

た。彼女は母親に対し、「もし私や、私のような人々が参加しなかったら、誰が参加するっていうの？」と語っている。彼女の古いプジョー２０６はエアコンが壊れていたため、テヘランのアーザーディー広場の近くまで来ると、彼女とパナヒは外を歩くことにした。バイクに乗った機動隊が近づき、催涙ガスが発射された。そのとき大きな音がして、ソルタンが地面に倒れた。大勢の人が彼女のもとに駆け寄り、なかにはカメラを持った人もいた。パナヒは彼女が「焼けるように痛い」と繰り返すのを聞いた。血が彼女の胸と口、そして鼻からあふれ出す。そして彼女は白目をむいた。彼女を取り囲む群衆のなかで、パナヒは半狂乱になりながら、彼女を励ます言葉を投げかけ続けた。「心配するな！　あぁ神よ、どうか私たちと共にいてください！」。男女の叫び声が聞こえる。胸に突き刺さるような、悲痛な叫びだ。たまたま近くにいた医師が彼女に駆け寄り、出血を止めようとするが、ソルタンは１分もせずに亡くなった。その間、カメラがすべてを記録していた。

「ネダの動画を見たとき最初に心に浮かんだのは、悲しみだけでした」とグローブは回想する。「私は本当に心を動かされ、そこで起きたことに道徳的な怒りを覚えました。他の大勢の人々も、同じように感じたのだと思います。彼女の名前とこの動画が、革命そのものと同義になったのですから」。私もこの映像を見たとき、同じような反応を示した。あれから何年も経ったが、映像の内容を詳細まで思い出すことができる。それを忘れることはないだろう。マーが最初にこの動画を見たのは、イランから新しくアップロードされた動画はないかと確認していたときで、瞬時にその重要性を理解した。この衝撃的な映像はあっという間に拡散し、すぐに「私はネダ（I am Neda）」という言葉が、抗議活動を束ねるスローガンとなった。彼女について何も知らなかった人々にも、この動画は深い共感を引き起こした。オバマ大統領は映像を見た後で、記者団に対し「胸が張り裂ける思いだ」と語っている。「これを見れば誰でも、何かが根本的にまちがっているとわかるだろう」

それ以来ネダの動画は、一般市民の撮影する動画がいかに地域社会、そして国際社会からの声を引き出すかを示す象徴的な事例となっている。この動画を記録したのは1人の男性で、それを撮影後に仲間のイラン人に託し、その人物がオランダへと逃れたことでＹｏｕＴｕｂｅで公開されるに至ったと報じられている。[xi] そしてひとたび公開されると、あらゆる場所にアップロードされるようになり、コピーも大量に生まれた。そのためどれがオリジナルなのかはほとんどわかっていないが、それは重要ではない。この動画はジョージ・ポルク賞のビデオ部門を受賞し、匿名の個人のグループに名誉が与えられるという、前例のないケースになった。

またネダの動画は、多くのグーグル社員に対し、人々が誰も予想していなかった方法でテクノロジーを活用し、世界に影響を与えようとしている事実を知らしめるものとなった。グローブとマーはこうした動画を撮影し、シェアしようとしている人々に手を差し伸べる活動を始めた。時には彼らに、より優れた使い方（ジャーナリストが使いやすいように、動画に背景情報やメタデータを与える方法など）を教えることもあった。そうした人々のなかで最も珍しい例が、ニュージャージー州出身のメディ・サハルキズという28歳のグラフィックデザイナーである。彼のＹｏｕＴｕｂｅチャンネル「オンリーメディ（onlymehdi）」は、２００９年にイランで起きていたことを記録した一般市民の動画が集まる場所となった。活動家たちは匿名のままで一般の人々と動画を共有するために、それをサハルキズに送ったのである。彼は２０１０年のインタビューで、「私たちはデモ参加者を轢いた警察の車を特定することができました」と述べている。「ちゃんと証拠があります。１つでも、２つでもなく、３つの異なるアングルから撮影された映像があるのです。こうした映像があれば、政府もそのやり方を変えざるを得ないでしょう。あらゆる不正の証拠が残るからです。私たちは、新しい種類の民主主義へと向かいつつあります。百万人でも、二百万人でもなく、60億人の目が見張っているのです」。スマートフォンが至る所に普及し、誰もがソーシャルメディアのアカウントを持つようになったことを考えれば、私たちが重要な出来事の発生を知り、それを目にすることのできる力は、かつてないほど大きくなったといえるだろう。そして視覚的な情報は、真の変化を引き起こすことができる。

２０１５年にある騒動を引き起こした火種は、壊れたブレーキランプから始まった。４月４日、40歳の黒人で、４人の子供を持つ父親であるウォルター・スコットは、彼の１９９１年製メルセデスに乗って自動車部品店の駐車場に入った。[xii] するとサウスカロライナ州ノースチャールストンの警察官が、彼に車を停めるよう命じた。彼はそれに応じたが、停車中に逃げ出そうとして、警察官と小競り合いになった。この争いは、白人の警察官であるマイケル・スレーガーが、８発の銃弾をスコットに対して撃ち込むという形で終わった。スコットは近くにある質屋の駐車場で亡くなった。スレーガーはその直後、無線を使って「発砲した、容疑者は倒れている」と報告している。「彼は私のテーザー銃〔針を発射して相手に打ち込み、遠隔操作で電流を流せるスタンガンの一種〕を奪った」と彼は言った。この事件は、多くの似たような事件によって米国内に緊張が高まっている時期に発生した。また丸腰の黒人が、白人の警察官に銃撃されたのだ。ザ・ポスト・アンド・クーリエ紙は、「ノースチャールストン警察のスペンサー・プライヤー報道官の声明では、男が職務質問から逃げ出そうとしたため、警察官はそれを止めようと支給されたテーザー銃を取り出したと説明している」と報じた。「しかし効き目がなく、2人はテーザー銃を巡ってもみ合いになったと警察は発表している。この争いによって男がテーザー銃を奪い、警察官に向かって使おうとしたということだ。そのため警察官は拳銃を使い、彼に向けて発砲したと警察は主張している」[xiii]と記事は続く。スレーガーはこの件で、弁護士の助けを借りている。「車を運転していた男は、スレーガー氏から力ずくでテーザー銃を奪おうとしました」とその弁護士は説明した。「スレーガー氏は恐怖を感じ、支給された拳銃を発砲したのです」。スコットの死は全国ニュースで取り上げられ、発表された内容は説得力のある説明に感じられた。

　しかしある人物だけは、それが真実でないことを知っていた。23歳のフェイディン・サンタナという男性である。彼は事件が起きたとき、職場である理髪店に歩いて向かっているところだった。そしてスレーガーがスコットに「止まれ！」と命じ、彼を質屋の駐車場に追い詰め、タックルするのを目にした。サンタナがそのまま見ていると、スレーガーがスコットを打ちのめし、テーザー銃を彼のそばにおいた。「この状況を支配しているのは、警察官のほうでした」と、のちにサンタナは回想している。「（スレーガーが）スコットを圧倒していて、スコットはテーザー銃から離れようとしていました[xiv]」。スコットはすきを見て、さらに逃げようとした。スレーガーは自分の拳銃を抜いて、20フィート（約6メートル）離れた場所から、スコットの背中めがけて発砲した。スレーガーはスコットのほうに歩み寄りながら、「発砲した」と無線に向かって言った。そしてスコットに手錠をはめ、テーザー銃と思われるものを彼の体のそばに落とした。サンタナがそのまま様子を見ていると、数分のうちに、他の警察官たちとEMS（救急医療）チームが現場に到着した。警察官はサンタナにその場を動かないように命じたが、身の危険を感じた彼は走り出した。[xv] 彼は単に事件を目撃しただけでなく、一部始終を携帯電話のカメラに記録していたからである。

サンタナはその後、撃たれた人物の素性と、彼が銃撃で死亡したことを知る。彼はすぐに、自分のサムスン製携帯電話で撮影した映像が持つ意味を理解した。彼はそれがどのような反響を呼ぶかを恐れたが、自分がスコットの立場なら、家族に真実を知ってほしいと思うだろうと考えた。「警察の報告書を読んで、事態がまちがった方向に進んでいると感じました」と彼は語っている。「僕は怒りに震えました[xvi]」。サンタナが見たかぎり、スコットは一度もテーザー銃をつかんでいない。それは警察の発表と異なっていた。そしてスコットは、このような悲劇的な最期を迎えても仕方のないような人物には見えなかった。サンタナは、ソーシャルメディアを通じてスコットの家族に連絡を取り、密かにスコットの兄弟と会って映像を渡した。スコットの家族が雇った弁護士は、それをニューヨーク・タイムズに提供し、映像は同社のウェブサイトにおいて無料で公開された▣02。その映像に、全米の人々はショックを受け、そして激怒した。

▣02
Walter Scott Death: Video Shows Fatal North Charleston Police Shooting | The New York Times
The New York Times

この映像によって暴露された事実により、関係者への批判が広範囲で起きた。ノースチャールストンのキース・サミー市長は、最終的に「この動画と、彼が犯した過ちにより、この警察官は殺人罪で起訴されることになった」と発表した。調査はＦＢＩ、サウスカロライナ州連邦地検、米司法省によって行われた。当時サウスカロライナ州議会に提出されていた、警察官向けに２０００台のボディカメラ〔身体に装着する小型のカメラで、ドライブレコーダーのように装着者の目線で何が起きたのかを記録できるため、米国で警察官への装着義務化が進んでいる〕を導入する法案には、スコットの名前が与えられることになった。[xvii] ２０１７年、スレーガーはスコットの市民権を侵害したとして、連邦裁判所で有罪判決を受けている。

警察官によるスコット殺害のような事件は、一度限りのものではなかった。類似の事件がほかにも発生し、それを目撃した人々によって撮影された動画が、抗議活動に火をつけた。そしてそれは、黒人コミュニティと法執行機関の関係にスポットライトを当てることとなった。スコット殺害事件の８か月前、ラムゼー・オルタがニューヨーク市のスタテン島で、エリック・ガーナーという人物がタバコをばら売りしていたとして撮影される様子を撮影していた。その際ガーナーは、警察官から違法な絞め技を使われ、「息ができない」と11回も訴えていたが、警察官はそれに耳を貸さなかった。彼は結局、心臓発作で亡くなった。その後に行われた追悼式で、オルタは群衆から拍手を受けた。ガーナーの娘はインタビューにおいて、「そこで何が起きたのかを、彼は全世界に示してくれたのです」と答えている。[xviii]「暗い街角で警棒が振るわれるのを、もはや許すことはできない」と、マーティン・ルーサー・キング・ジュニアは１９６５年に宣言した。「テレビのまばゆい光のなかで、それが行われるようにするのだ」[xix]。その50年後、キング牧師が「テレビ」と表現したものは、リビングルームに据えられた箱以上の存在となり、世界を照らす力は、私たちの手の中にある。人々によって撮影され、シェアされ、視聴される動画という形で、私たちが他人の経験したことに直接アクセスできるという状況は、今世紀における最も重要な文化的ムーブメントに影響をおよぼしている。

10億人の目撃者

私たちが持ち歩くカメラは、21世紀に私たちが体験することを視覚的に記録する。さらに言えば、私たちはカメラを持ち歩いてすらいない。たとえばロシアでは、車に設置するダッシュボードカメラが爆発的に普及し、用心深いドライバーたちに、腐敗した警察官や保険金詐欺師に対抗する手段を与えている。そして私たちに、モスクワの大通りやシベリアの脇道などで偶然撮影された、信じられない出来事に関する映像を提供してくれている[04]。人類の歴史において、日常生活がこれほどまでメディアに記録されている時代はない。ダッシュボードカメラ、カメラ付き携帯電話、個人向けの防犯カメラ、眼鏡に内蔵されたカメラ……。そうした記録と共有は、深刻な倫理的問題を引き起こし、私たちはそれに何十年も取り組んでいる。その一方で、社会のなかで、事件の証言者となり得る人々が増えたという価値も否定できない。いまや私たちは、重要な出来事が記録され、世界中にシェアされることを当然のように考えている。しかし映像や写真が影響力を持つには、単にそれを自分の

YouTubeアカウントに投稿する以上のことが必要になる。そうした映像があなたのカメラを離れ、ソーシャルメディア上で拡散し、最終的に全国ニュースのトップを飾って多くの人々が知るようになるという現象は、比較的最近のものだ。それは、映像を記録するツールとそれが信頼に足るとみなされるプロセスが浸透して、初めて起きる出来事なのだ。

私たちが撮影し、共有する光景が多くの人々に見られ、彼らから有意義な反応が生まれるためには、信頼性も必要になる。ニュースを集める専門家は、一般の人々が撮影した映像のインパクトを高めるうえで、重要な役割を演じている。彼らはそれが真実かどうかを検証し、さらに私たちが、その映像の背後にある文脈を理解することを助けてくれるのである。第三者によるスクリーニングとコンテクストの明確化がなければ、過去10年間で私たちが触れた重要な目撃証言は、もっとインパクトの薄いものになっていたかもしれない。映像がどこで、いつ撮影されたのか、それが撮影された意図は何かといった基礎的な情報がなければ、その映像から熱意を感じるのは難しい。マーは私に、「ある意味において、この中におけるジャーナリストの役割はこれまでと同じ、つまり『レポートする』ということでしょう」と語った。「映像というコンテンツも、報道で使用される一次情報と同じです。それに対して検証、審査、事実確認、背景確認といった作業が必要なのです」

04｜2013年のチェリャビンスク隕石を撮影した映像を見たという方も多いだろう。これはここ百年ほどで最大の隕石で、それが大気を切り裂いて落下してくる様子を、ロシア人ドライバーたちによって設置された多くのダッシュボードカメラが捉えていた。（Geoff Brumfiel, “Russian Meteor Largest in a Century,” Nature International Weekly Journal of Science , Feb. 15, 2013. http://www .nature.com/news/russian-meteor-largest-in-a-century-1.12438. ）

アイルランド人のデビッド・クリンチは、CNNで20年以上働いており、2010年にはアトランタの本社においてシニア・インターナショナル・エディターに就任した。クリンチと彼の同僚は、ウェブの潜在力をニュース配信のプラットフォームとしてだけでなく、新しいニュース収集ツールとしても感じていた。彼はその現象を「ソーシャルメディアの反乱」と呼んでいるが、それが転換点に達したのは、2010年1月のハイチだといえるだろう。マグニチュード7・0の大地震がハイチの貧しい人々を襲い、最終的に15万人以上の命が失われた。「そのころソーシャルメディアに対する熱狂がピークに達し、あらゆる報道機関が、YouTubeなどウェブでコンテンツを探していました。しかしその検証をどうするのか、利用許諾はどう取るのかといった難しい質問には、何も答えが出ていませんでした」とクリンチは語った。「そしてソーシャルメディアの最高の事態と最悪の事態が、同時にやってきたのです」。かつてないほど大量の映像が現場で撮影され、レポーターたちはそれにアクセスすることはできたが、それを検証する手段は誰も持っていなかった。「映像を実際に撮影した人と、それをウェブにアップした人の間にはいくつもの階層があり、それが本当かどうか確認する術はありませんでした」とクリンチは回想する。「CNNを始めとした報道機関は、自分は証人だと言い張る人々が、実際にはそうではないという状況に直面していました。この出来事を撮影したと訴える人々も、嘘をついていました」。言い換えれば、そのとき信じられないほど大きな変化が起きていたのである。しかし問題も山のように押し寄せてきていた。

あらゆる動画について、クリンチは3つの質問に答えなければならなかった。①それは真実か？

②誰が撮影したのか？　③報道機関はそれを使うことができるか？　である。こうした質問に関するルールは２０１０年初頭にはまだ整備されておらず、報道機関が重要なネタをカバーしようと大慌てで動くと、混乱が生み出されるような状況だった。当時ＹｏｕＴｕｂｅと伝統的なメディアは、しばしば対立していた。既存企業の多くが、ニュース業界に流れ込む資金を新しいメディアが奪うのではないかと恐れていたのだ。しかし国際的な出来事の発生により、両者は共生関係を結ぶことを余儀なくされた。ところが残念なことに、それぞれの基礎的なインフラは、相手のそれと相容れないものだった。たとえばＹｏｕＴｕｂｅは、最小限の組織で、具体的な情報や詳細を持たないことの多い映像を受信し、掲載することができるように設計されている。一方で報道機関は、ソースを追跡し、出来事を自分たちで記録し、そして発見した情報を外部に出す前に、独自の承認プロセスを経るように設計されている。ニュース業界は、巨大な変化に直面しようとしていたのだ。

　私がＹｏｕＴｕｂｅに参加したころには、報道機関とウェブ上にいる10億人の目撃者の間の不協和音はさらに大きなものになっており、その解決策を見つけることが最優先課題だった。

　２０１０年12月17日、チュニジアのシディ・ブジッド。腐敗した地方の役人が、果物の行商をしていたモハメッド・ブアジジという26歳の男に嫌がらせをした。残念ながらそれはありふれた光景で、いつもはそれを逃れるために、彼は賄賂を役人に渡さなければならなかった。しかしブアジジが売り物（彼はそれを仕入れるのに借金していた）の没収に抗議したとき、事態は変化した。[xx] 役人からの嫌がらせを受け、屈辱を覚えたブアジジは、１時間も経たないうちに役所の前に行き、そこでシンナーをかぶって焼身自殺を図ったのである。数時間後、彼の行動に触発された抗議活動が市内で始まり、モハメッドのいとこであるアリ・ブアジジがその様子を携帯電話で撮影して、オンラインで動画を公開した。[xxi] モハメッド・ブアジジの焼身自殺は、政府の腐敗に対するチュニジア人の不満の象徴となり、国中に抗議活動を引き起こす。その後に発生したデモは、警官隊を巻き込んだ暴動に発展することもあり、その様子は動画に撮られて、ソーシャルメディアを通じて拡散した。そしてそれがさらなる怒りを煽る、という状況になっていた。専門家たちは、こうした一連の出来事が、いわゆる「アラブの春」を招いたと考えている。

その1か月後の2011年1月25日、カイロでデモ隊と警官隊の激しい衝突が起きる。その様子をおさめた動画がウェブに流れ込むと、真偽を検証して信頼できるものだけを集める作業が始まった。コンテクストに関する情報（タイトル、解説文、キーワード）がすべてアラビア語という状況では、英語を母語とするレポーターにとって、それは非常に困難だった。動画ファイルが最終的にYouTubeにアップロードされる前に、メールでやり取りされるということもあり、ジオタグ（撮影地の位置情報）など付随するデータを信頼することはできなかった。報道機関は、動画を分析するのに手助けを必要としていた。というのも、意図的かどうかは別として、なにか重大な出来事が起きたと思われるたびに、当てにならない情報だったと判明することがしばしばあったからだ。

クリンチともうひとりのジャーナリスト、マーク・リトルは、この出来事が起こる前に「ストーリーフル」という名の企業を立ち上げていた。その目的は、ソーシャルメディアにあふれる情報を精査し、何が真実で、どれがオリジナルの情報源かを明らかにすることだった。私たちは深夜にクリンチに電話し、「アラブの春」を理解する手助けをしてくれないかと尋ねた。するとクリンチは、それはどういう意味なのかと逆に尋ねてきた。当時の上司だったスティーブ・グローブは、それに対して「どういう意味なのかはっきりとはわからないが、いますぐイエスかノーで答えてほしい」と応じた。彼らの答えはイエスだった。2016年に私たちが再び話をしたとき、クリンチはこんなことを言っている。「考えてもみてください。まだほんの数年前のことですが、『アラブの春』は、私たちの生涯において起きた出来事のなかで、最も重要なもののひとつでした。そしてそれを報じる唯一の方法が、YouTubeだったのです」

2011年にクリンチたちと共に働くなかで、「アラブの春」は複雑な地政学的意味を持つ一方で、ソーシャルメディアが世界の出来事を伝え、ついにはそれに対する人々の見解を生み出す役割を果たすようになるという、ターニングポイントになったことが明らかになった。「アラブの春」の影響を受けた国々では、厳しいメディア規制が行われていたため、このことは特に顕著だった。「こうした国々は、外部のジャーナリストのアクセスを許可していないか、許可していてもごく一部しか認めていません」とクリンチは解説する。この地域に入ったジャーナリストの多くは、ホテルのバルコニーから眼下を眺め、そこで見たものをドラマとして記事にまとめたが、抗議活動の現実を捉えた動画が、カイロ、そしてエジプト中の一般市民たちからもたらされた。同じことはバーレーンやリビア、イエメン、シリアでも起きている。「もしソーシャルメディア、特にYouTubeがその一部となっていなかったら、こうした革命が、これほど大きな影響を持つことはなかったでしょう」とクリンチは言う。「政府は『そんなことは起きていない』とか、『みなさんが思っているほど深刻ではない』とか、『外国メディアは誤解している』といった反論をする方法を見つけ出すものだからです。それがいかに大きな出来事であるのかを世界が理解し、そして最終的に、その国の政府自体が理解する唯一の方法が、ソーシャルメディアとYouTubeの動画なのです」

この種の人々による記録映像が、しばしば出来事の重大さを理解する唯一の手がかりになるということは、情報のコンテキストを読みとり検証する行為を、ますます重要なものにしている。そうした動画が重要な意味を持つためには、信頼性を担保するメカニズムが存在しなければならない。10億人の目撃者がいる世界では、真実と信憑性が何にも増して重要になる。

共感への最大の一歩

ジョージ・アレンの失言をより手痛いものとし、「アラブの春」により多くの関心を呼んだのは、動画を見た人々が、当事者の一人称視点で出来事を間近に目撃したという事実だ。その視点は起きた出来事との関係性を持っており、そして出来事を間近から見ている。そうした動画は誰でも撮影できそうに感じられる（そして私たちがふだん映像や画像を投稿・シェアするのと近いやり方で投稿・シェアされる）という事実は、人々の感情を刺激し、意見を変える力をより一層大きなものにしている。

03
Egyptian Tank Man - المصري فتى المدرعة
MFMAegy

２０１１年にエジプトから投稿される重要な動画を検証した時間は、素人が撮影した記録映像が、いかに心を打つものになり得るかを私に教えてくれた。その際の映像の一部は、いまも私の心に残っている。最初の日に私が見つけた動画は、カイロ市内の脇道で、群衆が装甲車の前に立ちふさがるというものだった▣03。警察はデモ参加者に放水を行い、彼らがタハリール広場（抗議活動の中心地になっていた）に向かうのを防ごうとしていた。映像はアパートの4階にあるバルコニーから撮影されたと思われ、その住人と近隣の人々は、若者たちに装甲車が放水するのを見て叫び声をあげていた。すると1人の男性が装甲車の前に歩み寄り、そこに立ちすくむと、高圧の水に打たれても動くことを拒否した（この無名の男性は、１９８９年の天安門事件において戦車の前に立ちふさがった男性を思い起こさせたことから、エジプトの「タンクマン」として知られるようになった）。私はアラビア語がまったくわからないが、周囲の人々が叫ぶ声に込められた緊張感と、この男性の大胆で象徴的な行為に、私は動画を繰り返し見る間、一言も発することができなかった。それからの数週間、抗議活動はより激しさと規模を増し、同じような場面を撮影した動画が数多く投稿されるようになった。毎日夜になって帰るころには、私はすっかり疲れ果て、感情的にも疲弊した状態になってしまった。ある朝、ニューヨークにあるＹｏｕＴｕｂｅのオフィスで、自分のデスクに座って目に涙を浮かべながら、一本の残酷な動画を見ていたことを鮮明に覚えている。それはバーレーンにおいて、警備隊が丸腰のデモ参加者たちに銃口を向け、実弾を撃ち込むという内容だった。

私たちが生きる現代においても、政府が自国の住民に対して残虐な行為をはたらく事件が起きているというのは、悲しむべきことだ。しかし私がそれを経験した方法は、そうした出来事をさらに心打つものにした。そう感じたのは私だけではない。２０１１年にエジプトや他の地域を訪れた特派員も、ＹｏｕＴｕｂｅの動画を通じて「アラブの春」が広がっていくのを見ていたのである。心を打つＹｏｕＴｕｂｅ動画という形で、「アラブの春」は私たちの記憶に残っている。

感情的なつながりは、こうした記録映像が持つ力の中心にあるものであり、ウェブ動画が与える身近さは、その体験がもたらす影響力をより深いものにする。動画が生み出す、それを見る人物と、撮影した人物が体験したこととの関係は、視聴者のリアクションをさらに促す。私はスティーブ・グローブに、「ネダ」のような動画をこれほどまでに心を掻き立てるものにしているのは、どのような心の仕組みなのだろうかと尋ねたことがある。「それはニュース番組などには不可能な形で、事件を個人的なものへと変えるから、ではないだろうか」と彼は答えた。何らかの出来事を、その場に居合わせた人物（特にプロのジャーナリストなどとは対照的に、その出来事を自分のものとして経験する人物）の視点から見る場合、対象となる出来事と、その場にいる人々の経験の両方との間につながりが生まれる。「そこで起きたことの一部になったかのように感じるわけだ」とグローブは付け加えた。「ある意味でオンライン動画は、私たちが長年目にしてきたジャーナリズムに対して、共感という要素を加える最大の一歩かもしれない」

こうした動画は、文字通りの意味で私たちの手の中に入り込むようになっており、さらに脳神経にまで変化をおよぼして、私たちの将来の行動を変えようとしている。科学的な研究によれば、短い動画は人間の脳に影響を与え、他人に対する共感を高めることがわかっている。２００９年、クレアモント大学院大学のジョルジ・バラッザとポール・ザックは、寛大性を評価するよう設計されたゲームを被験者に遊んでもらう研究の結果を発表した。ゲームを行う前、一部の被験者には、共感を引き出すことが意図された2分間の動画を見てもらった。その動画は、「末期の脳腫瘍を患う2歳の息子をもつ父が自身の経験を語る」というものだった。動画を見た被験者は、オキシトシンの分泌が47パーセント増加することが確認された。オキシトシンとはホルモンの一種で、人間に社会的な絆の形成を促す役割を果たすことで知られている。また同じ被験者は、ゲームをプレイするとき寛大な姿勢を見せ、共感とオキシトシン、寛大性の増加の間に関係性が示された[xxii]。

生活のなかで生じる多くの重要な出来事が、テクノロジーによって記録され、保管される時代に私たちは生きている。そうして生まれる映像は、感情的な深いつながりを通じて、社会に変化をもたらしている。そして映像を通じて、私たち視聴者と、撮影者および彼らの経験との間により密接な関係が生じる。この複雑な状況があるからこそ、私たちは新しい現実の中を、慎重にかじ取りしていく必要がある。

目撃という行為の複雑さ

アラシュ・ヘジャージー博士は、２００９年にＢＢＣが行ったインタビューのなかで、「彼らは私の発言を非難するでしょう。このことで、私にいろいろと言ってくるはずです」と不安を示した。[xxiv] その年、偶然が重なったことで、ヘジャージーはイランで最も有名な医師になっていた。彼は大統領選後の抗議活動に参加した際、気づかないうちに「ネダ」動画に出演していたのである。彼はそれまでネダ・アガ・ソルタンに会ったことはなかったが、銃声を聞き、若い女性が血を流しているのを見て、彼女の命を救うために最善を尽くした。それから2週間も経たないうちに、身の危険を感じた彼は、テヘランを出て英国へと逃れた。

動画やソーシャルメディアなど、何かを目撃したという体験をシェアするために現代のテクノロジーを使うことは、比喩としても、文字通りの意味としても、人間の絆を深め、真実を広めると私は信じている。最も悲惨な目に遭い、不公平な状況におかれた人物が、自分の体験を記録して私たちと共有できるということ。その人物が目撃したものに心を動かされた多くの人々が、共感した目撃者としてのコミュニティをつくり、状況の改善に向けて行動することができるということ。そうした行動が、事態に関与する支配層にはマイナスの影響をもたらすことがあること。しかしこうした状況よりも、現実ははるかに複雑だ。自由な表現の媒体というウェブからの贈り物には、複雑な倫理的問題も潜んでいる。

「何かを見て感動し、行動に移す力を、私は信じています」と、サム・グレゴリーは私に語った。グレゴリーは「ウィットネス（目撃者）」という名の団体でプログラムディレクターを務めている。ウィットネスの目的は、人権運動に参加する人々に、ビデオの使い方を教えてそれを支援することだ。同団体は1992年に、ピーター・ガブリエルと共同で立ち上げられた。[05] きっかけのひとつとなったのが、ロドニー・キング事件〔1991年3月3日に発生した、アフリカ系米国人のロドニー・キングが警官に暴行されるという事件で、この対応をめぐり人種間での対立が表面化したことが、1992年のロサンゼルス暴動の一因となる〕である。この事件は米国に衝撃をもたらしたが、それはその場に居合わせたジョージ・ホリデーが、事件の様子をカメラで録画していたことが大きい。「ウィットネス」は当初、カメラを配布する活動を中心に行っていたが、モバイル技術とインターネット技術が発達したことで、21世紀に入って新たな方向に進むことにした。ガブリエルは2006年のTEDトークで、次のように説明している。[xxv]「この種の不運に見舞われたとき、誰もがその体験を記録し、アップロードして、多くの人々に見て知ってもらえるという、自分の声を誰かに聞いてもらえるのだと実感できる世界を実現するのが、私たちの夢です」

現在「ウィットネス」は、どこで人権問題が発生しているのかを把握し、それに関係する人々に、ビデオを安全に、倫理的に、そして自分の経験を記録して変化を訴えるうえで効果的に使う方法を教えることに力を注いでいる。動画制作の基礎を教える、ツールやアプリを開発する、活動を支援してもらえるようテクノロジー企業にロビー活動を行う、撮影された重要な動画に注目が集まるよう支援するといった具合だ。ウィットネスは彼らの活動を通じて生み出された動画が、数億人の人々に見てもらえる可能性があると推定している。しかしグレゴリーは、記録映像を大勢の人々に見てもらうことが常に最善の戦略とは限らないことも指摘している。そうした動画を適切な人々に見てもらうことを目指すのであれば、多くの場合、何百万回という視聴回数を目指すよりも良い方法がある。人権活動を行う弁護士や、政策立案者にビデオ

05｜そう、あのピーター・ガブリエルである。

を渡すことでも、変化が生まれる場合がある。ウィットネスのチームは、バイラル動画を実現するという夢に警告を与える活動を、定期的に行っている。それには多くの人々が考えるよりも、より慎重な姿勢が求められるからだ。

それを他人とシェアするために、何か重要なことを動画に撮った場合、それを最初にシェアするコミュニティが頭に浮かぶだろう。自分の体験に共感してくれそうな人々だ。しかし当然ながら、実際には他の人々、それぞれ違った意図を持つ無数のコミュニティもその動画を目にすることになる。何かを投稿した人々の多くは、状況をコントロールしていると思い込み、自分は賢いことをしているのだと感じるが、重要な点を見落としてしまうとグレゴリーは解説する。それは他人が目にしたときにその動画が別の形で使われる可能性と、動画がどれほど多くの人々に影響を与え得るかという可能性だ。何らかの力の乱用をはっきりと捉えた動画ですら、加害者や、映像に映っている他の被害者、対立する組織、敵対的な政府系機関などが関与してくると、逆に事態を複雑にし、被害者を後押しするのではなく、より脆弱な立場においてしてしまう場合もある。

ジョージ・ホリデーが撮影したロドニー・キングの映像は、警察の改革と全国的な運動へとつながったが、その後に行われた刑事訴訟では、悪名高い3つの無罪判決がなされた。またホリデーは小さな配管工事会社を経営していて、事件のあった日にたまたま自分のビデオカメラでこの出来事を撮影し、KTLA（ロサンゼルスのテレビ局）にテープを渡しただけだったのだが、共和党のパット・ブキャナン議員がCNNで自分のことを激しく攻撃しているのを目にした。それから25年間、ホリデーはニユース業界に対し、彼らは自分を搾取してきたという苦い思いを抱き続けてきた。エリック・ガーナーの動画を撮影したラムゼー・オルタは、のちに警察官から繰り返し嫌がらせを受けたと訴えている。彼によれば、警官のひとりは「俺たちを撮影したな、今度は俺たちがお前を撮影してやる」と言い放ったそうだ。彼はタイム誌に、「余計な世話をしなければ良かったと、後悔することもあります」と語っている。[xxvi] 彼は最終的に、無関係の罪で刑務所に入れられた。

パリに住むエンジニアであるジョルディ・ミアは、２０１５年１月、ある光景を撮影した。彼はそれを銀行強盗だと思ったが、実際には彼の42秒間の動画は、シャルリ・エブド襲撃事件 の後の様子を撮影したもので、そこには覆面をした２人の銃撃犯が、警察官のアフメッド・メラベを冷酷に殺害するショッキングな様子が映っていた。そして彼は、その動画を自分のフェイスブックのアカウントにアップした（のちに彼は、この行為を「愚かな反射的行動」と表現している）。15分後、彼は投稿を取り消した。しかし１時間もしないうち、彼の撮影した動画は、テレビで流れていた。彼が未編集の映像を使わないでくれと訴えたにもかかわらず、それは何度もコピーされ、再生され、スクリーンショットが撮られ、この襲撃事件における最も象徴的なイメージとなった。それがフランスの人々を一致団結させる上で重要な役割を果たしたと評価する人もいたが、一方で害のほうが大きかったという声もある。「よくあの映像を手に入れて放送しようという気になれたもんだ」と、メラベの兄弟が報道陣に対して語っている。「彼の声が聞こえたよ。彼の姿がわかった。彼が殺されるところを見たし、彼が殺されるときの音が毎日聞こえる」。ミアは最悪の気分だった。彼はＡＰ通信に対し、もしやり直せるとし

たら、動画は決して投稿しないだろうと語った。[xxvii]

抑圧に関する記録も、当事者によって不正な目的のために利用されてしまう場合がある。それは驚くほど簡単で、時には非常に大きな連携のもとに行われる場合がある。２００９年、イランでは抗議活動に誰が参加したかを調べるために、写真や映像に映った人物を特定するためのクラウドソーシングサイトを開設したと報じられた。[xxviii] グレゴリーと彼のチームが人権侵害の記録に慎重なアプローチを取っているのは、それが理由である。「目撃という行為は複雑なのです」とグレゴリーは言う。「どうすれば安全に、倫理的に、そして効果的に目撃者となることを支援できるのでしょうか?」。これは何かを撮影する人だけに関係する質問ではなく、それを見て、シェアする人々も考えなければならないことなのだ。

ダイアモンド・ラビッシュ・レイノルズは、ミネソタ州知事公邸の前に立つ記者団に対し、「口コミが広がって、皆が注目するように、私はそれをフェイスブックに投稿しました。なので誰でも見ることができます」と述べた。「誰が正しくて、誰がまちがっているのか、みなさんに判断してもらいたかったのです。そしてみなさんに、証人になってもらいたかったのです。みなさんが自分の目で見たはずです。見ていないのは、彼が撃たれた瞬間です。もし撃たれたときに私が動いていたら、私も（警察官に）撃たれていたでしょう」。彼女はその2日前、ボーイフレンドのフィランド・カスティールが警察官のジェロニモ・ヤネズに銃で撃たれ、そのまま死に至る様子を生中継していた。カスティールが財布に

04
Philando Castile Shooting Livestream Video [GRAPHIC CONTENT]
ABC NEWS

手を伸ばしたところ、ヤネズが発砲したのだった。レイノルズが公開した映像は、ボーイフレンドが車内の隣の席で出血している状況を、彼女が驚くほどの冷静さでナレーションするという内容で、全米に激しい怒りを巻き起こした▣04。

それはまちがいなく、2016年において最も重要な動画の一本だった。しかし同時に、このように人の生死が関わる深刻な状況を、撮影してシェアすることの倫理性について多くの疑問の声が寄せられた。何の編集もされていないコミュニケーションが瞬時に行われる世界において、私たちはお互いにどのような責任があるのだろうか?

大部分の人々は、危機的場面におけるウェブ動画の使い方がどのような偶発的影響をもたらすのか、立ち止まって考えてみようとはしない。しかし私たちはいま、メディアテクノロジーを責任ある形で使うことを、若い世代の誰もが学ばなければならない時代に入ろうとしている。何らかの不正を撮影したと思われる動画を、シェアしたりそれにコメントしたりする前に、それについて熟考することはないかもしれない。しかしそうした行為が別の倫理的問題を引き起こす場合もある。グレゴリーはその例として、2013年にロシアで起きた、ネオナチの男性集団がティーンエイジャーの少年を取り囲み、同性愛に対する嫌がらせとして20分間も彼を口汚く罵るという事件を挙げた。その映像は加害者側によってロシアのソーシャルメディアにアップされ、さらに他のヘイトスピーチ系サイトへと拡散していった。しかしそれは、LGBT活動家や国際的メディアもシェアし、別のサイトにアップされた。彼らは一般の人々に対し、ロシア社会でLGBTに対する嫌がらせ行為が常態化していることを知らせる手段として、この動画に注目するよう呼びかけたのである。グレゴリーは私に、「この動画をどう扱うべきだったでしょうか」と問いかけた。「多くの人々にそれを見てもらいたいと思うかもしれませんが、そうすることで、この動画を作成した人々の目的を後押しすることになります。つまり犠牲者を再び犠牲にすることになるのです」

私たちの多くは、善意による介入が、状況を改善するよりも悪化させるという体験をしたことがあるはずだ。ウェブ上に広がる、何の規制も行われていないメディア環境は、同じことをはるかに大きなスケールで起こしてしまいかねない。メディアの責任ある利用は、かつて大学の教室や企業の役員室で議論されていたが、いまや私たち全員に課せられた義務なのだ。

毎日のように、誰かがどこかで、悲劇や苦痛、悲嘆といった私たちの注目や共感に値するものを撮影し、ネットにアップロードしている。ウィットネスのような団体が、人々がそうした瞬間を撮影する際に責任を持って行うよう教育している一方で、残りの私たちが、その肯定的もしくは否定的影響が増幅するような形で動画に反応してしまうことも多い。私たちの反応には力がある。それを正しく行うことは、この新しい表現の時代における、私たちの最も重要な責任のひとつかもしれない。それがもたらす結果は、決して小さくない。

政府は彼らが権力を行使する人々に対して、ウェブ動画が劇的な影響をおよぼす力を持っていることを知っている。市民による反政府活動が行われている期間に、ＹｏｕＴｕｂｅへのアクセスを遮断しよ

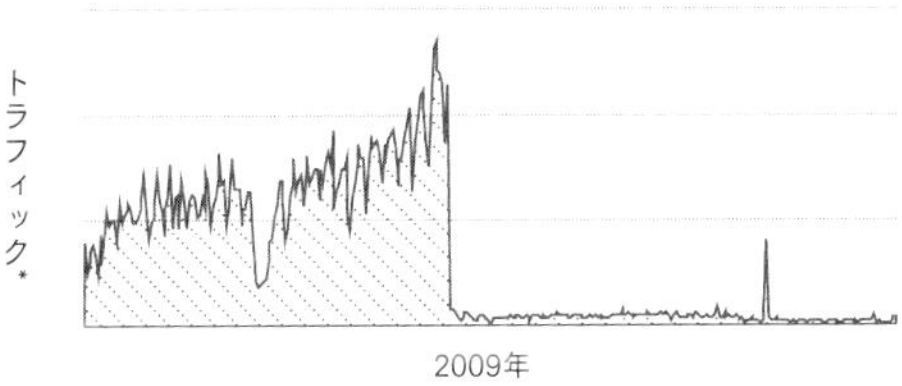

イラン 2009年

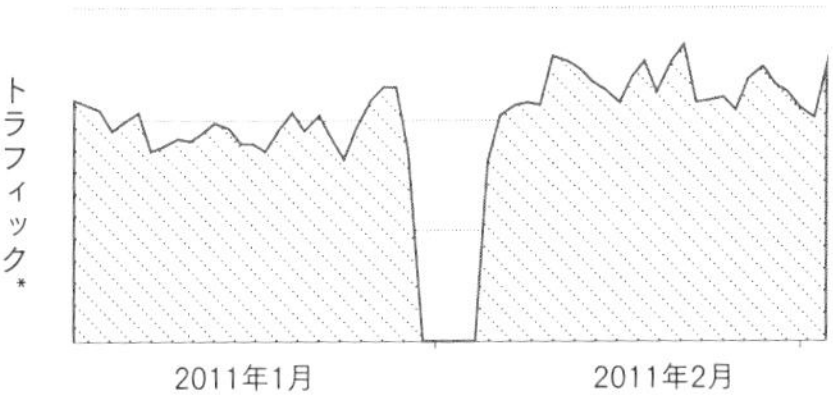

エジプト 2011年1月〜2月

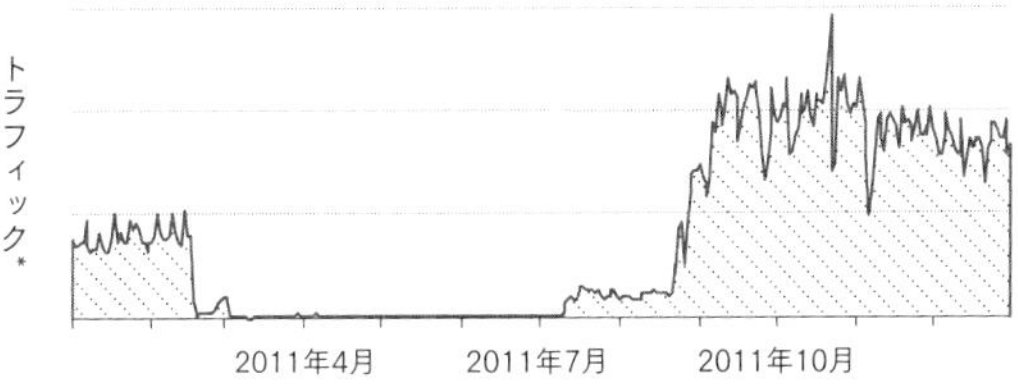

リビア 2011年

* 世界全体からのトラフィックと比較した際の、当該国からのYouTubeへのトラフィック（1日単位で正規化および平均化）[太平洋時間]

うとする、直接的かつ具体的な行動が当該国の政府によって取られたことが、トラフィックデータの推移から推測できる。

極端に言ってしまえば、独裁者は自国の人々が何かを見ることを恐れているのではない。彼らが恐れているのは、彼らがそれを見て何らかのアクションをすることだ。国際的な圧力であろうと、街中のデモ隊であろうと、あるいは権威の弱体化であろうと、彼らは「白日の下にさらされる」ことが自分にとって何を意味するのかを知っているのである。

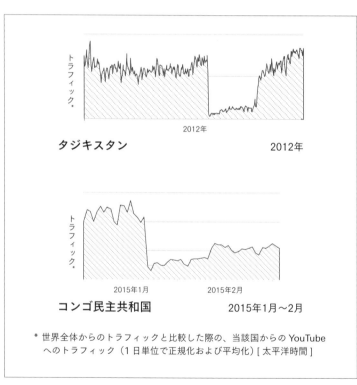

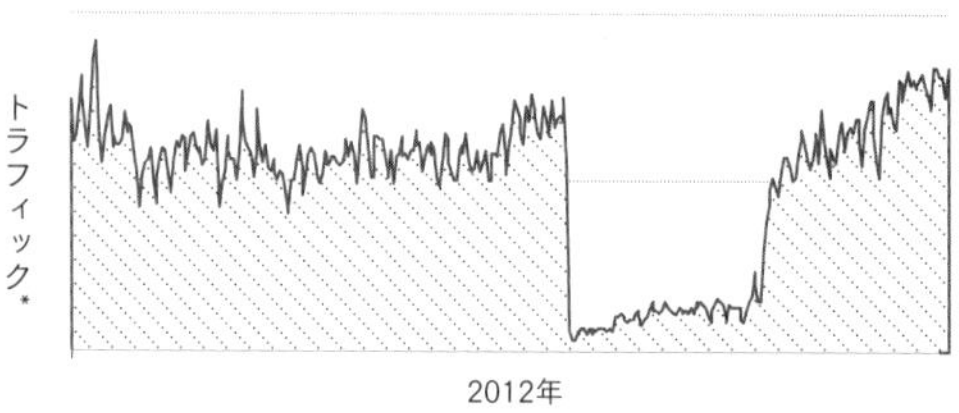

タジキスタン 2012年

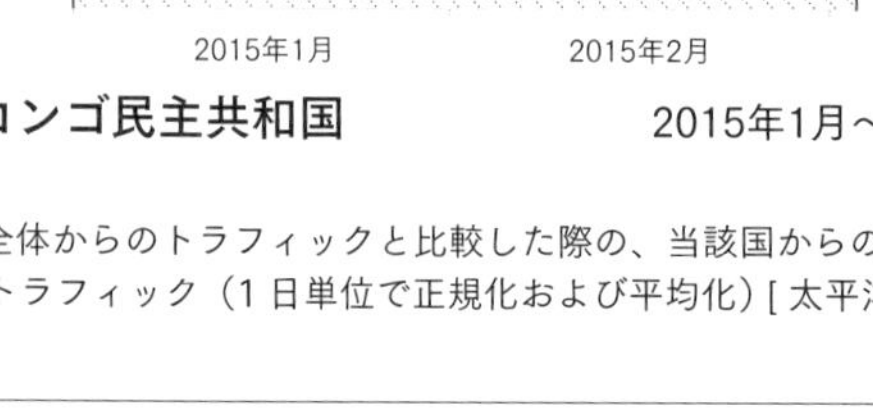

コンゴ民主共和国 2015年1月〜2月

* 世界全体からのトラフィックと比較した際の、当該国からの YouTube へのトラフィック（1 日単位で正規化および平均化）[太平洋時間]

YouTubeが記録動画を支援したり、何らかの強い責任を負ったり、権力の乱用の証拠を残したり、あるいは大自然の猛威を記録したりすることは、直接的には想定されていなかった。サーバが立ち上げられたとき、ネダやウォルター・スコット、ハイチの大地震などが私たちの頭に浮かんでいたわけではないのである。しかしいまや、それがYouTubeの使われ方になった。開設されてからほんの数年のうちに（そしてお笑い動画やメイクアップ入門、ダンス動画といったさまざまなジャンルの登場を経た上で）、個人によって撮影され、アップされた動画が、政治家を糾弾し、人々を自然災害の被害者たちとつなげ、革命を先導するようになった。

事件の証言者になるというのは、常に意味のある行為だ。そしてそれは、良いものも悪いものも含め、多くの結果をもたらす。人々にトラウマを与えることもあれば、畏敬の念を抱かせたり、度肝を抜いたり、激怒させたりすることもある。ケネディ大統領暗殺やロドニー・キング事件のような、重要な瞬間を捉えた「ホームビデオ」がたびたび世間の注目を集めてきたが、本当の意味で記録動画の共感促進力を実現し、またほとんどコストをかけずに、限りなく大勢の人々に直接的な関係者になってもらうことを可能にしたのは、今世紀に入ってからのテクノロジーだ。これから何十年もかけて、それがもたらす影響を目にすることになるだろう。

カメラはますます改良されていく。新しい視覚的メディアは、怒りや悲しみといった感情、そして行動を触発する瞬間を増幅するだろう。仮想現実（VR）デバイスや360度カメラは、私たちが経験したことの感情面をより正確に記録・再現することを可能にし、その効力をさらに高めるはずだ。モバイルデバイスからのライブストリーミング（実用化されるまでに何年もかかった技術だ）は、出来事の記録とその配信の間にあったタイムラグを、ミリ秒単位まで縮めてくれる。あらゆる重要な出来事は、誰かが記録していてくれる、そんな期待ができる時代が到来している。

このテクノロジーが持つ力の源泉には、その記録能力だけでなく、人々をつなげる能力も含まれている。フェイディン・サンタナはNBCに対し、ウォルター・スコットとマイケル・スレーガーの争いを撮影しようとしたことについて、「動画を撮ったのは、誰かがいると彼が感じてくれるのではないかと思ったからです」と語った。「何が起きているのかわからなかったので、彼に自分はひとりではないと、そう思ってほしかったのです」。お互いに目撃者になることは、究極的に、お互いに力を与え合うことを意味する。サム・グレゴリーはそれを「道徳的義務」という言葉で私に表現した。彼によれば、その理由は、何かを目にしても行動しなければ、それを目撃したことにはならないからだ。

7 ＹｏｕＴｕｂｅでお勉強

ネクタイを結ぶとき、コブラをつかむとき

22歳のベン・ビューイは、末日聖徒イエス・キリスト教会（ＬＤＳ）〔通称モルモン教会〕のために、韓国で布教活動を行っていた。そのとき彼は、街で安いネクタイが売られているのを見つけた。「ネクタイの値段が本当に安くて、しかも大量に売られていたので、これはビジネスになるぞと直感しました」と彼は語っている。ビューイはネクタイについてよく知らなかったが（宣教師としてネクタイをつける機会が多かったというくらいだ）、２０００本のネクタイを仕入れてユタ州の自宅に帰ると、その訪問販売を始める。こうして「マイ・ナイス・タイ［MyNiceTie］」が生まれた。彼はその後ネクタイをネットで売ることにし、ビジネスを後押しするため、２００８年の初めにＹｏｕＴｕｂｅに動画を掲載することにした。その内容は、一般的なネクタイの結び方で、さまざまな種類のタイで通用する、ダブル・ウィンザー・ノットの方法をレクチャーするというものだった（彼はそれ以外の結び方を知らなかった）。

彼はクローゼットで撮影を行った。ビューイがネクタイについてよく知らなかったとすれば、動画の撮影についてはもっと知らなかった。「知識がまったくない状態から動画編集するところまでいかなければならなかったので、最初の動画を完成させるまでに、丸一週間はかかりました」とビューイは言っ

01
How to Tie a Tie: The BEST Video to Tie a Double Windsor Knot (slow=beginner)
MyNiceTie

た。「投稿が終わったときは、『やれやれ……これは誰も見ないな』という感じでした」

ビューイは動画作成を失敗と評したが、時間が経つにつれ、視聴回数が上昇し始める。投稿されてから2年後、この動画は視聴回数75万回を突破し、2年後には450万回に達していた。現在、「ネクタイの結び方：ダブル・ウィンザー・ノットの一番わかりやすい解説ビデオ 01」は、3000万回以上再生されており、さらにその数は増え続けている。1日に4万回再生されることもあるほどだ。公開されてから何年も経過しているハウツー動画としては、悪くない数字だ。

「ネクタイの結び方」は、YouTube上で最も一般的な「ハウツー」検索のひとつで、ビューイの動画が記録している再生回数の半分以上が、検索経由で行われたものである。検索によって、YouTube上では週に数十億回の動画視聴が生まれており、多くの便利な動画が発見されている。「ネクタイの結び方」という問いに答える動画は無数にあるが、ビューイの動画は何年経っても視聴されている。それにはビューイの功績が大きい。彼が結び方をゆっくり実演してくれるので、視聴者は何度も巻き返して見る必要がなく、1回ですぐに成功できるからだ（もう一度やり方を思い出したいという人のために、早く実演するバージョンもつくっている）。その後彼は、トリニティ・ノットのようにあまりポピュラーでないものも含めて、自分が新たに学んだ結び方もハウツー動画をつくってアップロードした。

「マイ・ナイス・タイ」はNPO機関のキヴァが行うマイクロファイナンス・プロジェクトに、売上の20パーセントを寄付している。これはビューイがブリガムヤング大学のビジネスの授業に出席している間に思いついたものだ。このフィランソロピーは、ビジネスが空虚なものにならないようにしてくれていると、彼は私に話してくれた。それは彼が自分の仕事のなかで、最も誇りに思っている部分である。私たちが会話した時点で、世界中の国々で、600以上の融資を行っていた。服の着方を覚えるのが苦手な人は多いのだから、彼らのような中小企業があって当然だろうと考えるのは、乱暴というものだ。

なぜ多くの人々が、ネクタイを結ぶのに苦労しているのだろうか？「それはちょっと複雑ですし、あまりネクタイをしないと、締めようとするたびに思い出さなければいけませんから」とビューイは説明する。かつてネクタイは仕事の際に誰もが着用したものだが、2007年までに、毎日もしくはほぼ毎日仕事でネクタイを締めるという人は、男性の10パーセント以下になっている。[i] しかしいまでも、特別な機会にネクタイは着用されている。米国内で「ネクタイの結び方」という検索は、毎年5月になると数が増え（高校の卒業ダンスパーティー「プロム」のシーズンだから だ）、また一般的には大晦日に動画の視聴回数が上がる。[01]

助けが必要なときにはいつでも、あるいはどうやればいいかを誰かに実演してほしいときにはいつでも、ビューイの動画のような、YouTubeにある何千万本というハウツービデオが頼りになる。オンライン動画は娯楽と結びつけられることが多いが、それとは対照的に、それはインターネットのもうひとつの側面を表している。その側面とは、私たちの好奇心や切迫したニーズ、あるいは未来への希望を満たしてくれるものだ。

01｜正装を求められる行事と、「ネクタイの結び方」動画の視聴回数の間には、ほぼ完璧な相関関係があるのではないかと私は考えている。

1961年、当時ケネディ大統領によって連邦通信委員会（FCC）の委員長に任命されたニュートン・N・ミノーは、全米放送事業者協会でスピーチを行い、言葉によるジャブをお見舞いした。「みなさんのテレビ局が放送を行っている間、みなさんにテレビの前で一日中座っておいてほしいと思います」と、彼はテレビ業界のリーダーたちに言った。「放送が終わるまで、ずっと画面を見続けていてください。そこでみなさんが目にするのは、一望の荒野であることを、私は保証します[ii]」。ミノーは彼が「空虚な娯楽プログラム」と感じたものに過度に依存している現状に対し、問題を提起したのである（テレビドラマ「ガンスモーク」と「幌馬車隊」が、そのシーズンの人気番組トップ2だった）。テレビにも私たちを教育し、情報を伝え、視野を広げるためにできることがあるのではないか？「私もウェスタンは好きです。しかし国全体に決まったジャンルの番組しか放送しないというのは、明らかに公益に反しています」と彼は述べ、メディア業界の人々からの受けを良くするために、西部劇番組への愛を公言した。「私たちはみな、人々は情報や示唆よりも娯楽のほうを好むことが多いと知っています。しかし人気だけで放送するものを選んでいるのでは、みなさんの義務は果たされません。みなさんはショービジネスのためだけにいるのではないのです。リラクゼーションを提供するように、さまざまなアイデアを伝えてもよいのです」スピーチの最後には、ミノーは「公益に貢献する」ために努力しない事業者には、FCCが放送免許の更新を認めない可能性があるという脅しまで行った。そして教育的なテレビを後押しするために、できることは何でもすると誓った。視聴率などくそくらえ、だ！

まったく新しいメディアであるYouTubeには、世界中の何百万人というユーザーが開設したチャンネルが無数に存在し、それらはミノーが言ったような義務を負っていない。それは真の意味での、バラエティの自由市場だ。有益で、さまざまな情報を提供してくれるプログラムが不人気なのであれば、それはYouTube上にほとんど存在しないだろう。みんなが猫の動画に心を奪われているのであれば、教育目的の動画が占める割合は縮小するはずだ。

しかし現実は異なる。私は誰かにこの話をする瞬間が好きなのだが、実は私たちが「教育」カテゴリーの動画を視聴するのに費やす時間は、「ペットと動物」カテゴリーに費やす時間の10倍に達している。[02] そう、10倍だ。私はこの事実が気に入っている。それを伝えると誰もが驚くので、以前はよくインタビューやプレゼンの際に紹介していた。いまでもこの点は、驚かれることが多い。「有益な」コンテンツの視聴にこれほど多くの時間が割かれていることは、ほとんどの大人には合理的に理解してもらえるだろう。たとえば何らかのソフトの使い方や、料理の作り方といった動画を、誰もが見た経験があるはずだ。しかし同時に、それは多くの人々がオンライン上で見ているような、バカバカしいコンテンツとは相容れな

02｜少し物事を単純化しすぎていることは認めよう。たとえば「教育」カテゴリーには子供や家族向けの動画が多数存在し、一部の親は、それを繰り返し子供に見せようとする。また「教育」カテゴリーからは、私たちが「カジュアル」教育コンテンツと呼ぶもの（たとえば「シンクの直し方」や「アドビ・フォトショップ入門編37」など）が除外されている。それはこうした動画が、教育カテゴリーではなく「ハウツー」や「科学とテクノロジー」などのカテゴリーに登録されているためだ。いずれにせよ、人々がYouTube上の動画から学びを得る時間は、バカな犬の動画を見て笑っている時間よりも多いと私は自信を持って言える。

いものでもある。

ではいったい、人々は何を見ているのだろうか？　家庭内での修理から宿題に至るまで、基本的な情報や繰り返し必要となる情報を教えてくれる、有益な動画。中毒性のある、カジュアルな教育コンテンツ。さらには多くの人は「教育的」だとか有益であるとは思わないものの、適切な人々にとっては欠かせない情報、などといった具合だ。

多くの人々にとって、ベン・ビューイが言ったように「ＹｏｕＴｕｂｅは新しい知識の習得と同義語になった」のである。ＹｏｕＴｕｂｅはこうした目的のために設計されたものではなかったが、人々はみな情熱的で、好奇心を持っている。そしてこれまでも述べてきたように、ＹｏｕＴｕｂｅというプラットフォームは、人々の使い方に自らを合わせてきた。私たちが生まれながらに持つ探求心によって、わずか数年の間に、ＹｏｕＴｕｂｅは人々が知識を得る場として有力な存在になった。

そしてそれは、初めから多くの果実をもたらしてくれた。

答えを求めて

私がＹｏｕＴｕｂｅに参加して間もないころの思い出のひとつが、「マンゴーの切り方」という一本のハウツービデオだ。マンゴーを切ろうとしたことがある人ならわかると思うが、おかしな形をしているのできちんと立てるのが難しく、穴が開いていて、皮はカットするには十分薄いものの、そのまま食べるのには厚すぎる。いったいマンゴーってのは何なんだ？　しかし私が見た動画では、1人の父親が登場し、キッチンテーブルで熟れたマンゴーを切り分けていた。21世紀のいま、それは普通のこととして受け取られるようになっているが、たったひとりの男が私の人生を変えてしまうというのは、本当に信じられないことだ。

米国だけでも毎日、「〜の仕方（how to）」という言葉を含む検索が、文字通り数百万回行われている。そのなかで、世界的に最もよく行われているものを並べてみよう。[03]

「絵の描き方（how to draw）」
「作り方（how to make）」
「ネクタイの結び方（how to tie a tie）」
「キスの仕方（how to kiss）」
「3分間でシックスパックになる方法（how to get a six pack in 3 minutes）」
「ケーキの作り方（how to make a cake）」
「笑顔の作り方（how to make slime）」
「ルービックキューブの解き方（how to solve a rubik's cube）」

03｜注：2015年のデータに基づく結果。ここからは、不完全な検索ワードや、「ハウ・トゥ・ラブ（How to Love、リル・ウェインの曲）」や「ハウ・トゥ・ベーシック（HowToBasic、有益なコンテンツでいっぱいのように思えるかもしれないが、実は男が物を壊したり卵を投げつけたりしているだけのチャンネル——非常におすすめなのだが）」など、特定の動画やチャンネルを探すものを除いている。

「バラの描き方（how to draw a rose）」
「アイスクリームの作り方（how to make ice cream）」
「紙飛行機の作り方（how to make a paper airplane）」
「すぐに体重を落とす方法（how to lose weight fast）」
「マンガの描き方（how to draw cartoons）」
「トゥワークの仕方（how to twerk）」
「ヘアアイロンで髪をカールする方法（how to curl your hair with a straightener）」

こうした検索はおそらく、これまでで最も具体的な形で、人間の好奇心を表したものといえるだろう。そしてそれは、私たちを集団として描き出してくれる——みんなが規範に合うよう努力し、自己表現の場を模索し、そして割れた腹筋を求める社会だ。

「ハウツー」検索は、流行に沿った形で行われることも多い。たとえば「レインボールーム」（輪ゴムを編んでブレスレットなどをつくる機械で、数種類の色がついた輪ゴムを使用することから「レインボー」の名がつけられている）に関する検索は、ある期間「ハウツー」トピックのなかで最も数が多かった。しかし次のグラフでわかるように、その波はしばらくして引いている。

流行のなかには、比較的長続きするものがある。「トゥワークの仕方」が一例だ（とはいえずっとは続かないだろうが）。またルービックキューブのように、登場後何十年経っても、検索され続けているものもある。「ハウツー」検索にはさまざまな派生形があり、それもまた、多くのことを伝えてくれる。

■02
How to make Balloon Chocolate Bowls 風船チョコレートお椀
MosoGourmet 妄想グルメ

たとえば私たちは、よく物を壊す。ＹｏｕＴｕｂｅ上で最も「なおし方」を検索されている物はなんだろうか？　例を挙げてみよう。ランキングの上位にあるのが、傷ついたビデオゲームのディスクや割れたスマホの画面などで、それに片方だけ聞こえなくなったヘッドホン、ファスナー、水漏れする蛇口、壁の穴、ひび割れたフロントガラス、割れた爪などが続く。

それでは「作り方」や「料理の仕方」を検索されているメニューはなんだろうか？　デザートを除くと、ランキングの上位にあるのはパンケーキ、ピザ、寿司、ラザニア、チキンである。こうしたデータから何かわかるとすれば、それは私たちが甘党ということだ。最もよく見られている「ハウツー」動画は、常にデザート関連のものなのである。たとえば日本のＹｏｕＴｕｂｅチャンネル「妄想グルメ[MosoGourmet 妄想グルメ]」が投稿した「風船チョコレートお椀の作り方▣02」は、食べられるチョコレート製のお椀の作り方（風船を溶けたチョコレートに浸すというものだ）を教えてくれるのだが、私が確認したときの再生回数は１億３３００万回に達していた。かき氷、ゼリー製のペロペロキャンディ、アイスクリームカップケーキ……こう

YouTube上での「レインボールーム」関連トピックに関する検索の頻度

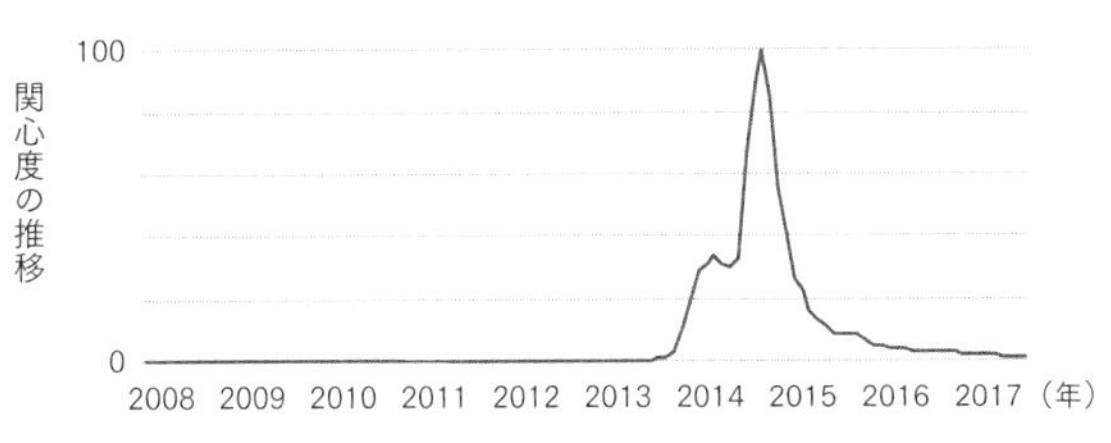

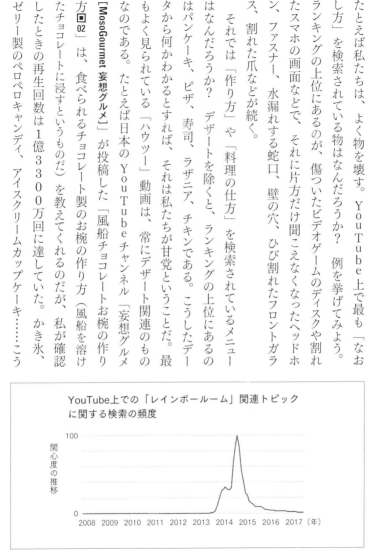

した動画は大人気だが、それは自分でつくるのが楽しいからだけでなく、子供や親、そしてカロリーの少ないデザートを楽しむ人々にとっても、サムネイル画像が魅力的だからだ。

「入門」という言葉で行われる検索において、最も一般的なのが化粧や整髪で、それにピアノ、フォトショップ、ギター、ヒジャブが続く。新しい趣味を始めるために、そうした学習用動画を探す人もいるかもしれない……あるいは国際戦場記者として働くために。2011年、CBSニュースの特派員で、その活躍で有名なジャーナリストのクラリッサ・ワードが、YouTubeを使ってヒジャブのつけ方を学んだことを記している。彼女はそうやってヒジャブで金髪を隠し、シリアに潜入したのだ。[iii]

2015年には、料理動画の視聴に毎日300万時間以上が、また自己学習用の動画の視聴には毎日600万時間以上が費やされている。どちらも控えめに見積もった数字だ。そこで求められている内容は時間とともに変化しているが、この視聴時間の長さを見れば、ウェブ動画を通じて何かを学ぶという行動が、日常生活の多くの側面に影響するようになっていることは明らかだろう。

私たちの多くにとって、こうした動画は、非常に具体的で差し迫ったニーズを解決してくれる。何かやり方を知りたいことがあった場合、検索すれば、誰か知らない人が出てきてそれを教えてくれる。以上。ただし一部の賢明な人々は、まったく違った独創的なやり方で、同じ人間の好奇心に応えようとしている。

知らずにいられない

　私が先ほど紹介した数字を覚えているだろうか？　「ペットと動物」カテゴリーの視聴時間に比べて、「教育」カテゴリーの視聴時間は何倍だっただろうか？　ただしこの数字が、昔から変わらなかったわけではない。次に示すグラフは、世界全体での月間の「ペットと動物」カテゴリー視聴回数と、「教育」「科学とテクノロジー」「ハウツーとスタイル」カテゴリーそれぞれの視聴回数の推移である。

　グラフからわかるように、「ペットと動物」以外のカテゴリーは、2011～12年ころから視聴回数の伸び幅が大きくなっている。それには多くの理由があるが、そのひとつは、この種の情報を求めてYouTubeを検索することが、真新しい行動から毎日の習慣として定着していったという点だ。市場調査会社のイプソスが2016年に行った調査では、オンラインにアクセスしているジェネレーションX（米国において世代を示す表現のひとつで、1960～70年代にかけて生まれた

各カテゴリーの視聴者数の推移

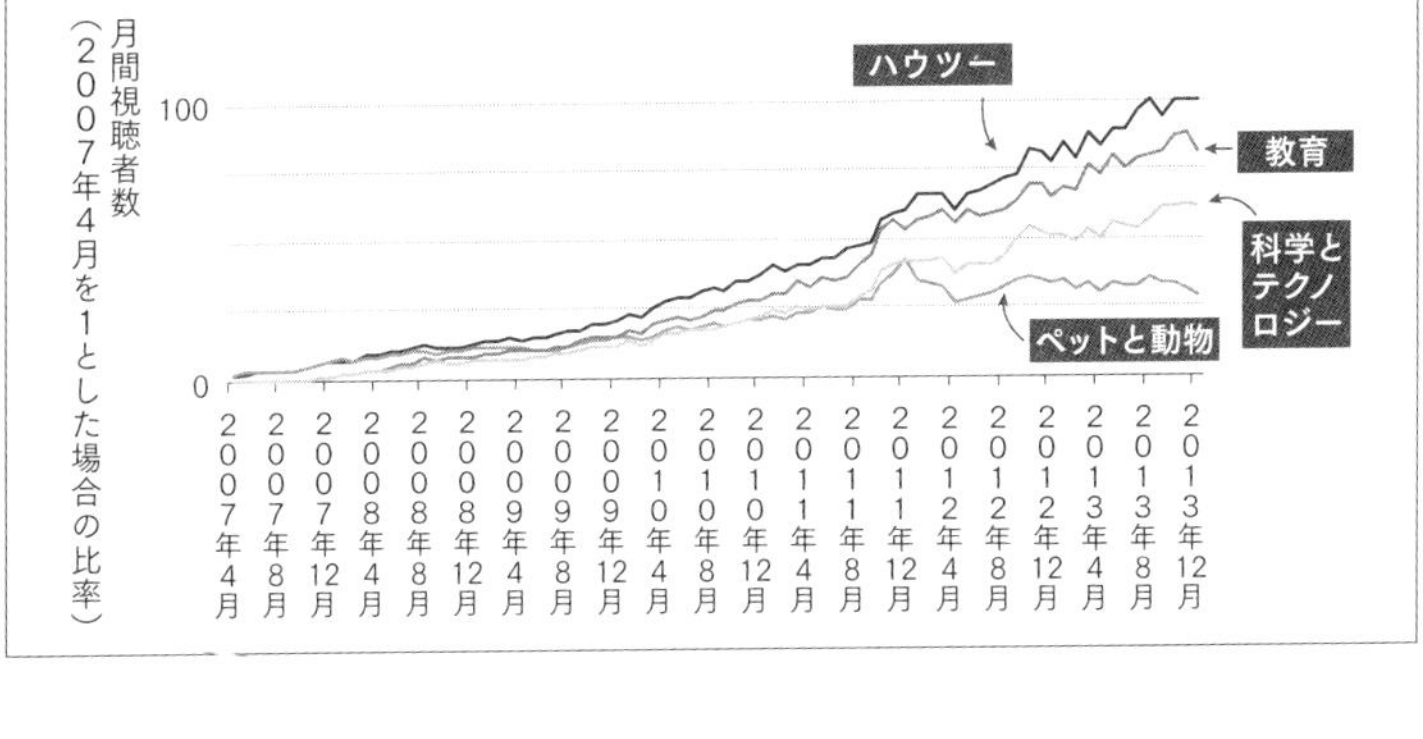

人々を指す〕の73パーセントが、少なくとも月に1回は、何かをする方法を学ぶためにYouTubeの動画を見ることが確認された。それとほぼ同時期に、こうしたニーズに応える数多くのチャンネルがYouTube上に登場した。それを開設したのは、エネルギッシュで魅力的な人々……つまり「オタク」たちである。

ブイログブラザーズのハンクとジョン・グリーンは、「クラッシュコース〔Crash Course〕」と「サイショー〔SciShow〕」という2つのチャンネルを立ち上げた。どちらも楽しく教育的な内容を目指したチャンネルである。ジョンは立ち上げの際、「私たちの目標は、『クラッシュコース』を最も楽しい学びの場とすることです」と宣言した。またデレク・ミュラーは、シドニー大学において物理学教育の博士号を取得した後、YouTube上に「ヴェリタジウム〔Veritasium〕」を立ち上げた。このチャンネルは、さまざまな興味深い実験や、科学者へのインタビュー、その他の彼がおもしろいと感じたトピックで構成されている。さらにそれ以前から存在していたチャンネル（たとえばヴィクトリア・ハート、別名ヴィ・ハートが運営するものなど）も、視聴者を増やした。

そしてこうしたチャンネルの成功は、さらに同じようなチャンネルの増加をもたらした。

グレゴリー・ブラウンとミッチェル・モフィットは、トロント郊外にあるゲルフ大学で、生物科学専攻の学部生として出会った。彼らは一緒に勉強するようになって、互いに科学に対する情熱を抱いていることを知り、そして必然的に、デートするようになった。生物科学という専攻にもかかわらず、彼らは2人ともクリエイティブな性格だった。ブラウンはアートを学んでおり、モフィットは動画制作に夢中だった。卒業後、ブラウンは教師に、モフィットは映像編集者になった。

大学を卒業したグレッグとミッチェルには、科学への興味を向ける場所がほとんどなくなってしまった。あなたがもし彼らとひと晩過ごしたとしたら、彼らは自身の魅力的な科学的知識を披露せずにいられないだろう。「私たちは2人とも、学校で行うような教育が大好きなのだと思います。あれこれ試しながら、『あなたが二日酔いになる理由』や『あなたが酔っ払ってしまう理由』といった話をつくるのです」とモフィットは語った。「そうそう、僕らが酔っ払ったときにね」とブラウンが合いの手を入れる。彼らはこうした、飲み会の席で始める即席の授業のような話が非常に上手で、友人たちの間では「サイエンス・ガイ」として知られていた。そんなときブラウンは、中高生の間で、YouTubeが影響力を持つようになっていることを感じ始めていた。彼らはヴェリタジウムのようなチャンネルの動画を見て授業に出てくるのである。その一方で、モフィットは映像編集者として、YouTubeを活用するクリエイターたちに会っていた。「私たちにも、同じことができるかもしれない」と2人は考えた。

2012年、彼らは「アサップサイエンス［AsapSCIENCE］」を立ち上げる。「あなたに1週間分の娯楽とおもしろい科学を」がキャッチフレーズだった。当時まだ23歳だった彼らは、週に1回動画を投稿するのを1年間続けてみて、どうなるか見てみようと決めた。「ホワイトボード上のアニメーション風にすることで、多くの人々にとって難しくて身構えてしまうようなトピックも、子供っぽく見せることができました」とモフィットは解説する。「落書きのようなかわいいマンガが、人々の恐怖心を取り除いてくれたのです」。2人のうちどちらも、アニメーションに関する知識はなかったが、ブラウンは美術学校で黒板での絵の描き方を学んだことがあり、モフィットにはナレーションや音楽、編集といった知識があった。彼らはまず、すでに友人たちに解説したことのあるトピックから始めた。「ビッグバンを見たり聞いたりする方法（How to SEE or HEAR the Big Bang）」というタイトルの動画が投稿され、その後すぐに「なぜコーヒーやアルコールを飲むとおしっこがいっぱい出るのか？（Why do coffee and alcohol make you PEE more?）」も公開された。そして彼らは、友人や視聴者に興味を持っている疑問をシェアしてもらうよう呼びかけ、寄せられた疑問の中から良いものを選び出した。ブラウンの母親は、特にそうしたトピックを数多く提供してくれた。

そして彼らの投稿した動画「二日酔いの科学的な治し方（The Scientific Hangover Cure）」が大ヒットを収め、科学系の人気サイトにも取り上げられて、視聴回数が数十万回に達した。「私たちの動画のなかで、最初に本当にシェアされたといえるのは、『昼寝の科学的な力』▣03です」とグレッグは笑う。「この動画は、私たちがやろうとしていたことをすべて織り込むことができた、最初の完璧な一本だと思います。制作には4週間かかりました」。1年も経たないうちに、28本の動画が視聴回数百万回に達した。ブラウンは教師を続けていたが、モフィットは彼に、これをフルタイムの仕事にしないかと提案した。私が彼らと話した２０１６年の時点で、彼らは動画制作を事業化し、チャンネルの管理にフルタイムで取り組んでいる。視聴回数は5億回に達し、チャンネルの登録者も５００万

▣03
The Scientific Power of Naps
AsapSCIENCE

人を突破している。彼らの目標は、常に科学を日常生活と交差させることだ。教科書の内容を解説するようなものではない。「私たちが取り上げるのは、すでに人々が日常生活のなかで経験していることです」とモフィットは言う。「睡眠やコーヒー、アルコール。心理学、お金……人々が毎日考えているようなもの、そしてそれが、科学に関係するとは思わないものです」。ブラウンとモフィットが制作した動画のなかで、最も人気があるもののなかには、「眠らないとどうなる？（What if You Stop Sleeping?）」や「寒いと病気になるの？（Does Being Cold Make You Sick?）」、「小惑星を止めることはできる？（Could We Stop An Asteroid?）」（この動画には科学者のビル・ナイが登場する）などがある。[04]

こうした動画のなかには、公開されるとすぐに人気を博するものもあったが、より長い時間をかけて、より多く視聴された動画も存在している。私たちが会話したとき、彼らの動画のなかで最も人気だったのは「このドレスは何色？（What Colour is this Dress?）」である。これは2015年にネット上で大きな話題となった、有名な「黒と青VS白と金」論争〔ある写真に写ったドレスが、黒と青のようにも、白と金のようにも見えるとして注目を集めたもの〕を科学的に説明したものだ。これは公開後1週間かそこらで、視聴回数が2000万回を突破した。その一方、彼らの動画のなかで2番目に人気（しかし本書をみなさんが読んでいるころには、こちらのほうが先ほどのドレス動画よりも視聴回数が多くなっているだろう）なのが、「ニワトリとタマゴ、どちらが先？（Which Came First-The Chicken or the Egg?）」である。この動画は投稿されてから3年が経過しているにもかかわらず、いまだに毎週2万5000回視聴され

04｜おもしろいことに、この時期ビル・ナイやニール・ドグラース・タイソンのような科学教育者たちは急速に人気を集め、ソーシャルメディアでもアイドル的な扱いを受けるようになっている。

ている。ブラウンとモフィットは、投稿する動画のトピックを基に、その動画がどのくらい視聴されるかを正確に予測できるのだが、たまに外れることもある。彼らの「おならから逃げ切れるか？（Could You Outrun a Fart?）」という動画は、特に予測が外れた一本だ。「これは答えを出すのが本当に難しい問題でした」とブラウンは言う。「ええ、本当に」とモフィット。「臭いのダイナミクスというのは、とても難しくて、興味深いものだから」

多くの意味で、飲み屋で「サイエンス・ガイ」として振る舞うというのは、後の「科学コミュニケーター」という彼らの仕事を考えると良いトレーニングになったといえるだろう。「友人たちが科学に興味がなかったというのは、私たちにとって幸運でした」とブラウンは解説する。「興味がない人々を前にしているので、『ちょっと待った、科学的な知識がまったくない人々に、これをどう説明したらいいんだろう』と考えざるを得なかったのです」。彼らが選ぶポピュラーなトピックのなかには、学校の授業ではできないようなもの――マスターベーションだとか、アンダーヘアだとかの日々の現実にまつわる色々――もある。しかしそれは、酒が1～2杯入れば、好奇心のほうが勝ってしまうような内容だ。そして彼らが磨き上げたスタイルは、注意力が散漫になっている場合も想定している。彼らの動画はすべて数分であり、ペースが速く、視覚的な刺激も盛り込まれている。

アサップサイエンスが注目されるようになったころ、動画制作における「エクスプレイナー（Explainer）」形式が定着し始めた。これは何らかのトピックや疑問について、「説明（エクスプレイン、Explain）」する動画なのだが、通常はアニメーションなどの視覚的な補助資料を使いながら、短い時

▣04
Daylight Saving Time Explained
CGP Grey

間で解説を行う。そうした中で人気の動画は、一般的に誤解されている概念を訂正したり、人々の頭に毎日のように浮かんでいるような疑問について解説を行ったりする。クリエイターのＣＧＰグレイ**[CGP Grey]**は、このエクスプレイナー動画の名人のひとりであり、「連合王国、グレートブリテン、イギリスを説明する（The Difference between the United Kingdom, Great Britain and England Explained）」や「夏時間を説明する▣04」といった初期のヒット作を生み出したのも彼だ。ＴＥＤが２０１２年に、「シェアする価値のある授業をつくる」というコンセプトの「TED-Ed」チャンネルを開設した際、彼らは教育者とアニメーターを組み合わせて同じような効果を生み出すことを狙った。

ＹｏｕＴｕｂｅの教育および科学関連カテゴリーにおいて、最も登録者数の多いチャンネル（そのなかにはアサップサイエンスも含まれる）は、１か月で合計視聴時間が数百万時間にも達している。ではなぜ、アサップサイエンスのようなチャンネルはこれほど成功できたのだろうか？　なぜ「エクスプレイナー」動画は、ＹｏｕＴｕｂｅにフィットしているのだろうか？

アサップサイエンスの２人は、うまいタイトルを考えるのがきわめて重要であることに、早くから気づいていた。たとえば平叙文ではなく疑問文をタイトルにした動画のほうが、より人気を集めていた。「要は人々の好奇心を刺激するのです」とブラウンは言う。モフィットは、彼らが初期に交わした議論を教えてくれた。「私たちはビタミンＤに関する動画をつくろうとしていました。それはビタミンのなかで一番クールで、多くの驚くような形で人体に影響するからです。ビタミンＤには太陽が深く関わっているのですが、私たちはずっと、『ビタミンＤの科学』や『サンシャイン・ビタミン』のようなタイトルの動画では誰も見ようとしないだろうと考えていました。そこで何か良いタイトルはないだろうか、と悩んでいたのです。最終的に、『もし外に出なくなったらどうなるか？（What If You Stopped Going Outside?）』というタイトルにすることで落ち着きました」そしてこの動画は、600万回以上再生されることになった。この発見が教えてくれるのは、疑問文のタイトルはクリックされやすいということよりも、人々は自分に関する動画に興味を持ちやすいということだろう。ブラウンとモフィットは、動画が解説するコンセプトそのものではなく、それを視聴する人々に関係したものになるように、その内容を再構成する必要があった。「誰もが科学を経験しているのです」と彼らは言う。「これが自分たちのことに関する動画なのだと、人々に知らせなければなりません」

「エクスプレイナー」動画が成功したのは、それが私たちの好奇心に基づいた内容になっているからだ。疑問文のタイトルがつけられた動画は、「パブロフの犬」に近い反応を私たちに引き起こす。モフィットが解説しているように、インターネット時代には、「いちど疑問を突きつけられてしまったら、その答えを知らずに生きることはできないのです」。言い換えれば、私たちは疑問にすぐ答えが得られる環境に慣れてしまったために、何か疑問が提示されると、その答えをすぐに知りたくなってしまうのである。しかしアサップサイエンスの2人は、彼らが制作した中で最も成功した動画は、私たちに実際の体験をもたらすものであることを発見した。彼らは人々が、手品や視覚・聴覚に関するテストを好むだけでなく、ポップカルチャーに関する出来事のような、他人と話題にできるトピック（前述のドレスの色に関する議論など）や、友人とシェアしたくなるような驚くべき事実などに関する動画も大好きなことがわかったのだ。

私たちは単に、動画を見て終わるわけではない。それをシェアすることも頻繁に行っている。「プールに落として水浸しになったアイフォーンを乾かす方法」のような、（願わくば）一生のうちで一度しか検索しないような動画とは異なり、購読者として登録して、自分のソーシャルメディアでもそこに掲載された動画をシェアするようなチャンネルも存在する。それは私たちの日常生活の一部となるのだ。それではこうしたチャンネルは、現代の新しい教育者になるのだろうか？「私たちは教育者の代わりではありません」とモフィットは強調する。「私たちが提供しているのは、何か興味深いことについてゆるく語る、3分間の動画です。本当に何かを学ばなければならないときは、それを本当に理解するために、まとまった時間を費やさなければなりません」

その一方で、ブラウンとモフィットは優れた教師が与えてくれるのと同じものを実現した。彼らは基礎的な抽象概念を学ぶことを、魅力的で楽しいものにしてくれたのである。彼らの動画から私たちが得る経験は、インタラクティブなものだ。コメントしたり、シェアしたりするのは、それに気づいているかどうかにかかわらず、私たちが積極的な議論を行っていることを意味する。そしてそういった議論は、情報を保持し、解釈する上で私たちを助けてくれるものだ。ブラウンとモフィットが行っていることの多くは、私たちがこれまで、長年にわたって知識を処理してきたやり方をうまく活用しているのである。

変化したのは、私たちが学びを得るものを発見し、それと関わる方法だ。私たちが動画を見たり、シェアしたり、検索したり、それにコメントしたりする行動は、そうした動画やそれを制作する人々に新たな情報を与え、その数が増えることを後押しする。「インターネットが魔法のように、人々が学ぶ方法を変えてしまったのかどうかはわかりません」とモフィットは私に話してくれた。「ただ私は、インターネットを通じた教育の改革が実現されたのは、アクセスのおかげだと思います」

知識へのアクセス

1800。これはYouTubeで、1日に「ジャベリン（競技用の投げ槍）」が検索される回数だ。YouTubeでの全体の検索規模からすれば、決して大きい数字ではないが、大きな影響を与えるのに膨大な視聴回数は必要ない。時として、ある動画が世界に影響を与えるか否かは、誰もがそれを同じ形で利用するかどうかよりも、それを見た個人が、自分自身のニーズに合わせてそれを利用できるかどうかによって決まる。

ジュリアス・イエゴはケニア中西部で育った。彼はスポーツの世界で成功することを夢見ていたが、走るのがずば抜けて速いというわけではなかった(それはケニアでは不利になる)。そして同国のなかで、オリンピックの陸上競技でメダルを獲得した約百人の選手の中に、トラック種目以外の選手はいなかった。しかし彼の腕は強く、柔軟で、弾力があった。そして年齢を重ねるうちに、彼はやり投げに夢中になる。イエゴの父親は、彼がいずれ飽きてしまうだろうと考えていたが、彼は独学でやり投げを学んでいった。

彼にはコーチはいなかった。その代わりイエゴは、地元のネットカフェに行き、ヤン・ゼレズニー（オリンピックで3回金メダルを獲得したやり投げ選手で、世界記録を保持している）のような有名選手の動画を見ていた。彼はそれを通じて、やりを投げる際の動作と、トレーニング方法を学んだのである。彼はのちに、ＣＮＮに対して「こうした人々が行っているトレーニング方法で、自分の成績を上げられるとわかりました」と語っている。[iv]「そしてトレーニング方法を変えていきました。ジムでの練習や、柔軟性を上げるための運動。すべてを変えたのです。飛距離はどんどん伸びていきました。私のコーチは、自分とＹｏｕＴｕｂｅの動画です」。イエゴは２０１５年の世界選手権で金メダルを獲得し、当時のやり投げ世界記録で第８位となる飛距離を達成した。地元に帰ると、彼は「ミスター・ＹｏｕＴｕｂｅマン」として有名になった。そして２０１６年のリオデジャネイロ・オリンピックで、イエゴは陸上競技のフィールド種目で初めてメダルを獲得したケニア人となった。

もうおわかりのように、ＹｏｕＴｕｂｅには非常に珍しく、特殊な目的を持つ動画も大量に投稿されていて、それは誰もが見るような動画と同じくらいの潜在力を秘めている。そしてインターネット上にあるニッチなコンテンツが価値を持つのは、それがあらゆる人々にアクセス可能になったときなのだ。

私たちの多くにとって、ほとんどの場合、ＹｏｕＴｕｂｅの教育的な動画は単なる便利な存在だ。しかし適切な知識が、適切な人々に、適切なタイミングで渡るようになったとき、それは大きな変革をもたらす可能性がある。

ノースラスベガスに住む8歳の少女、ローレン・ラレイ・コリンズは、彼女の親友の姉妹がガンの治療を受けると聞いて悲しくなった。彼女は地元紙に「そのとき、同じような女の子たちが、髪の毛を失ってしまったことを知りました」と話している。「その子たちが、女の子らしく感じることができるように、助けてあげたいと思います」。彼女は父親に、ウィッグ（かつら）づくりを始めるつもりだと話した。父親は、彼女が真剣なのかどうかわからなかった。これまでにウィッグをつくったことなど、一度もなかったからである。しかしローレンは、ＹｏｕＴｕｂｅで作り方を説明する動画を見て、作業に取りかかった。「最初のウィッグを、あの子は楽々と作り上げました」と彼女の母親は言う。そしてすぐにコリンズ家のテーブルには、ローレンがつくったプロ並みの出来栄えのウィッグが並び、彼女はそれを患者たちに配り始めた。ノースラスベガス市長は、２０１６年5月14日を「ローレン・ラレイ・コリンズ・デー」にすることを決定した。

南アフリカ生まれのＣＪ・スタンダーは、ラグビーのアイルランド代表チームに選出された際、アイルランド国歌に使われているゲール語を学ぶために、ＹｏｕＴｕｂｅを使ったことを告白している。彼を非難することはできない。なにしろこんな歌詞だからだ。"Le gunna screach faoi lamhach na bpilear, Seo libh canaidh amhran na bhfiann"——とても歌いやすいとはいえないだろう。

私たちの周囲にある、一見意味不明に思える膨大な知識の使い道は、すぐには明らかにはならないかもしれない。たとえばタイのランター島の地元当局は、ある女性の自宅の軒先にあったベンチの下で発見された、70ポンド（約30キログラム）近いコブラにどう対処したものかと悩んでいた。すると56歳のウォラウット・ロンガサンが、彼がウェブ動画から学んだというテクニックを使って、棒とロープでこの巨大なヘビを捕まえた。世界のどこかでは、ヘビを捕まえるテクニックが標準的な技術として受け取られているのかもしれない。しかしロンガサンが「コブラを捕まえるテクニック」とでも題された動画を見ていたとき、それがどれほど役に立つものになるかは、彼自身もわかっていなかっただろう。

信じられないほど膨大で、しかも増え続けている教育的コンテンツが、私たちの指先に存在している。そうしたコンテンツへのアクセスが、あらゆる人々に提供されたことで、誰もが学びの機会を得られるようになった。その可能性は無限大であり、そうした巨大な知識が将来何をもたらすのかという点も、私たちの想像できるレベルを超えている。

さらに言えば、こうした好奇心のエンジンがどれほどの価値を持つのか、人間には理解できない。２０１５年、スタンフォード大学とコーネル大学のコンピューター科学者から成る研究チームが、人間が生み出す教育コンテンツは基本的なパターンに沿う傾向があることを把握した。彼らは大量のＹｏｕＴｕｂｅ動画を読み込み、そのタイトルだけでなく視覚的な情報まで分析できる、「ロボウォッチ」と名付けられたアルゴリズムを開発した。彼らはこのロボウォッチに、「ハウツー」検索から得られる教育系動画を与え、その内容を中に登場するステップごとに分解するよう訓練してみた。オムレツの作り方、チキンブレストの焼き方、ジェロ・ショットの作り方……コンピューターは複雑な作業の個々のステップを把握できただけでなく、それぞれのアクティビティを記述することもできた。アルゴリズムがさまざまな作業のステップを理解できるのであれば、実生活のなかでそうした作業を実行してくれるロボットを実現できる日もそう遠くないだろう。

その通り。YouTubeにある、教育系コンテンツの巨大なアーカイブは、私たちの生活を豊かにしてくれるだけでなく、人工知能を搭載したマシン（それはすぐにあらゆる場所に普及するだろう）の性能を上げる上でも役立つ可能性があるのだ。すごい？　それとも怖い？　決めるのはみなさんだ。人工知能が学ぶのが、ジェロ・ショットの作り方だけであることを願おう。

人々がYouTubeの動画を学習に利用しているのは、驚くべきことではない。何世紀も前から、私たちはそれを準備してきたのだ、と言うことすらできる。視覚的教材を使用する学習法は、他の学習法よりも前に登場しており、私たちの多くは1歳になるころから、視覚的イメージを正しく理解することができる。[vi] 著名な教育心理学者であるリアド・S・アイサミは、2014年の研究において、「視覚的教材を使った学習法に関する研究結果は、脳が言葉を処理する装置ではなく、主に画像を処理する装置（私たちの感覚皮質の大部分は視覚の処理に割り当てられている）であると考えると筋が通る」と記している。「事実、脳内で言葉を処理する領域は、視覚的イメージを処理する領域に比べて非常に小さい」[vii]。さらに映像を見ている最中、そうした視覚的イメージを操作する（停止、再生、速度調整など）ことができると、その教材により深く集中できることが証明されている[viii]。言い換えれば、猫動画を繰り返し見るのに最適化されているプラットフォームは、奇妙なことに、脳が情報を処理し、維持するのを助けるようにも最適化されているということだ。

何百万というカテゴリーに関する、何百万本という動画が閲覧できることは、プロムでキングを務める生徒からオリンピックの金メダリストに至るまで、あらゆる人々の日常生活を変えようとしている。それは些細な形の場合もあれば、劇的な場合もある。私たちの文化は、たとえ一部だったとしても、人々が知識を獲得し共有する方法によって定義されており、ウェブ動画は私たちに、そうした知識に関するより公平でパーソナライズされたアクセスを提供している。

私たちはYouTube上の動画を自由に制御できるが、そのなかで最も重要なのは、そもそもどの動画を見るのか選べるという点だ。ますます多くの人々が、オンライン上で情報を探したり提供したりするようになるにつれ、YouTubeは巨大な図書館のような存在になりつつある。私たちの集団的好奇心が、その主題と創造的アプローチの両面で、そこにおかれるコンテンツを形成するようになっている。それでは私たちがする選択は、私たち自身について何を語るのだろうか？

それは私たちがどのくらいデザートが好きかを定量化してくれるだけでなく、私たちがもつ知的好奇心が集約されたときにもつ力を示している。インターネットに「子供たちを教育し、知識を与え、やる気を出させ、能力を引き出し、さらに能力を高める」余地があるか、また大人たちにも同じことが可能かを尋ねるのに、ニュートン・N・ミノーは必要ない。私たちはこうした種類のメディアが登場する余地をつくり出しただけでなく、そこに集い、新しいメディアを形作って、それをすみずみまで行き渡らせた。かつてミノーが対峙した放送業界関係者たちは、番組編成の内容を擁護するのに視聴率を持ち出し、一方でミノーは、視聴率が教育的コンテンツへの視聴者の興味や関心を正確に反映するものではないと訴えたのだが、どうやらミノーは正しかったようだ。しかし公平を期して言えば、テレビのような放送プラットフォームは、大勢の人々の関心やニーズを満たす番組を提供しなければならないため、学習ツールとしての動画が持つ力を十分に発揮させることはできない。

一方YouTubeでは、そこで提供される番組を推進するのは視聴者の好奇心である。コンテンツの価値を決めるのは、視聴者のニーズなのだ。やり投げのトレーニング方法を教えてくれる動画や、ウィッグの作り方を教えてくれる動画は、私たちの多くにとって価値はない。しかし常にそうだというわけでもない。私たちの中の誰かひとりが、その動画を必要としたとき、それが利用可能な状態になっていればよい。そうなることで、ニッチな知識のアーカイブは誰かの人生を変える力を手にする。そしてYouTubeの無数のニッチなコンテンツは、その隠された価値を明らかにしつつある。

8 ニッチこそが主流

マイクラ、モクバン、エレベーター

ジョーダン・マロンにロサンゼルスの街角で出会ったとしたら、この24歳の男性が、ハリウッドの有名人だとは思わないだろう。おもちゃ屋で彼のぬいぐるみやフィギュアを見つけられるとは夢にも思わないはずだ。しかしそう、それは本当に売っている。[01] そして彼の有名な、アニメーションによるミュージックビデオは、ハリウッドのスタジオと同じような形で制作されている。彼はすべての撮影内容を、事前にストーリーボードに書き出すことから始める。すべてのフレームの内容を事前に決めておく必要があるためだ。次にデジタル空間の中にセットが用意され、準備された「世界」がアニメーションソフトに再現される。「それからアニメーションを動かして、エフェクトを加え、レンダリングし、音楽を加えるっていうわけさ」と彼はいう。ただし、伝統的なエンターテイメント業界と似ているのはここまでだ。

マロンと彼のチームがつくる「世界」は、3Dのブロックを自由に配置していくゲーム「マインクラフト」の中に存在する（彼らがつくる歌もマインクラフトに関するものだ）。彼はYouTube上では、「キャプテン・スパークルズ［CaptainSparklez］」という名前で知られている。彼が制作する動画のなかで最も有名なのがミュージックビデオだが、彼がYouTube上に投稿している動画には、他の有名ゲーマ

01
"Dragonhearted" - A Minecraft Original Music Video
CaptainSparklez

ーが投稿しているような「ゲーム実況」に近い内容のものもある。この一見ニッチなテーマにおいて彼が見出した視聴者たちは、ほんの数年のうちに、彼を化学工学の学生から21世紀におけるエンターテイメント界の大物へと転身させた。

彼いわく「目立ちたかった」という理由で、マロンは自分がゲームで達成した成績をＹｏｕＴｕｂｅにアップすることを始めたのだが、次第に一人前のエンターテイナーへと成長していった。彼のチャンネルには１０００万人の登録者がおり、世界中の多くのゲーマーにとって、彼は誰もが知る有名人だ。彼は自分のフィギュアを発売しただけでなく、２０１５年には自身のゲームスタジオ「ＸＲＥＡＬ」を立ち上げ、翌年にはフォーブスの「30アンダー30」〔フォーブス誌が３０歳未満の要注目人物を３０人選出したリスト〕に選ばれた。

彼はまず、一人称視点シューティングゲーム「コール・オブ・デューティ」のゲーム実況から始め、さらにあらゆる種類のゲームを網羅していったのだが、他の人々と同様、マロンに大成功をもたらしたのはマインクラフトに関する動画だった。このゲームに詳しくない方々のために解説しておくと、マインクラフトは自らを「ブロックを置いて冒険に出かけるゲーム」と称していて、いくつかのプレイモードが用意されている。プレイヤーはゲーム内の世界を探検したり、敵と戦ったり、立方体を積み重ねて自ら世界をつくったりすることができる。このインディーズゲーム（スウェーデン人のマルクス・〝ノッチ〟・ペルソンによって開発され、その後２０１４年に25億ドルでマイクロソフトに売却された）は、口コミでデジタル世界全体に広がった。たとえばマロンも、友人を通じてマインクラフトを知った。「ある日の晩に友人とゲームをしていたとき、彼が『おい、こんなゲームを見つけたんだけど、ブロックをパンチしたり、チキンをパンチしたりできて、とにかくこれまでのゲームのなかで一番おもしろいんだ』と言い出しました」とマロンは回想する。「今までで一番奇妙な売り込みでした。でも確かに、それをやってみようという気になったのです」

マインクラフトは、本当はビデオゲームではないというゲーマーもいる。それはデジタル世界におけるレゴブロックなのだ。[02] マインクラフトにおいて最も一般的な遊び方が、自分のつくった作品を他のプレイヤーとシェアするというものだった。手をかけてつくり上げた精巧な作品を動画で披露するということも行われるようになり、たとえば２０１０年後半には、『スタートレック』に登場する宇宙船エンタープライズ号を原寸大でつくった作品の動画が、ＹｏｕＴｕｂｅ上で大人気になった。時間とともに、マインクラフトはさらに大きな存在になっていく。たとえば「ゲイルキン王国」という作品があるが、これはファンタジー世界を再現した巨大なもので、制作には実に4年以上が費やされた。作者の「リナード」は、1日に8時間以上それに取り組むこともあったそうだ。彼は２０１６年、ＰＣゲーマー誌に対し、「これを完成させることに病みつきになってしまいました」と語っている。「私の目標は、マインクラフト内で最大の、そして最も精巧につくられたマップを実現することです[ii]」。彼が作り上げたこの広大な中世世界を、誰でもダウンロードすることがで

01 | 大きさも３種類あって、彼の剣まで売られている。

02 | かつてレゴの重役に、なぜレゴはデジタル世界のレゴブロックを生み出せなかったのかと聞いたことがある（実は彼らは、同じようにプレイヤーが自由にブロックを組み立てられるソフトを2010年に発表していた）。彼らは既存のブランドを守る必要があり、あるプレイヤーが自分の作った作品をコミュニティとシェアする前に、すべてを手動でチェックしていた。彼らはレゴで性器が作られるのを最も心配していて、それを自動的に検知するソフトまで作ろうとしたが、うまくいかなかった。

きる。しかし彼がしたかったのは、ＹｏｕＴｕｂｅの動画でそれを紹介することだろう。私はマインクラフトをプレイしたことはないが、リナードの作品が持つ驚異的なディティールと情熱には圧倒されざるを得ない。時が経つにつれ、マインクラフトは単なるゲームから、ＹｏｕＴｕｂｅでひとつのエンターテイメント系ジャンルを形成する存在にまで成長した。そしてファンとクリエイターが参加するコミュニティがつくられ、マインクラフトに関する動画をアップし、視聴し、ディスカッションするようになったのである。「私に言わせれば、それはいくつもの、非常にたくさんのサブコミュニティから成るコミュニティです」とマロンは言う。サブコミュニティは特定のクリエイターや遊び方、あるいは動画の種類などを中心に形成され、そこから生まれる動画の内容も、ロールプレイング（シナリオあり・なしの両方）やアニメーション、遊び方のアドバイス、デモ、時事問題を議論するポッドキャストのような動画に至るまでさまざまだ。

２０１０年にはほとんど知られていなかったマインクラフトだったが、それから1年も経たないうちに、ＹｏｕＴｕｂｅで最も話題のトピックのひとつになった。２０１３年には「マインクラフト」が検索キーワード全体のなかで2位となった（1位は「音楽」だった）。２０１６年、マインクラフト関連動画の合計視聴時間は、1日あたり２５００万時間近くにまで達している。他のゲームは、どれもこの数字の半分にすら達していない。まさにエンターテイメント界のモンスターだ。マインクラフトの動画はあらゆる世代の視聴者を惹きつけていたが（同ゲームの平均プレイヤーは28～29歳だった）、特に若い世代にとって、こうした動画は土曜の朝のアニメ番組と同じような存在になった。「ザ・ダイヤモンド・マインクラフト」や「スカイ・ダズ・マインクラフト」といったチャンネルは、毎日数百万回視聴されていた（マロンと同様、それぞれのチャンネルの運営者であるダン・ミドルトンとアダム・ダールバーグは、自身のフィギュアを発売している）。２０１６年前半になると、マインクラフト関連チャンネルが投稿した動画の合計視聴時間は、米国のスポーツ団体のＮＢＡ・ＮＨＬ・ＮＦＬ・ＭＬＢが投稿した動画をすべて合わせた場合の視聴時間よりも長くなった。そうしたマインクラフト関連動画の多くは、制作者自身がこのゲームをプレイし、ナレーションを入れるという内容だった。これだと制作にかかる手間が最小限で抑えられるため、この種の動画を手がけるクリエイターたちは、何本もの作品を生み出した。マロンは自身のチャンネル「キャプテン・スパークルズ」に、１日に少なくとも２本の動画を投稿している（その大部分がマインクラフト関連のものだ[03]）。

しかしマロンの動画のなかで数多く視聴されているのは、アニメを使ったパロディソングやオリジナル曲の動画だ。たとえば「ドラゴンハーテッド 01」は、アップビートのＥＤＭ（エレクトロニック・ダンス・ミュージック）で、動画のなかではヒーローたちが悪役に立ち向かう。そうしたアニメをつくるのには面倒な作業が必要であり、完成まで数か月かかる。私が彼と話したときは、彼の最新動画にはスタッフとして７人が関わっていた。モデリングとアニメーションの大部分の制作については、「ブートストラッ

03｜マロンはこの「キャプテン・スパークルズ」という、20代前半のゲーマーには不釣り合いな名前を、彼が有名になる前に付けた。それが彼の頭に浮かんだのは、彼の以前のユーザー名「プロズ・ドント・トーク・シット」（そのチャンネルが有名になることはなかった）が適切でないのではと考えたときだった。「もしある日、何か奇跡でも起きて、自分のチャンネルが記事やインタビューで紹介されることがあったらどうなるだろうか？と考えました」と彼は言う。「名前に『シット（くそ）』なんて言葉が入ってたらマズいでしょう」。それは賢い判断だったことが証明されたわけだ。

プ・バッカルー」として知られるアニメーターが先頭に立ち、ボーカルは「ビデオゲーム・シンガー」イゴール・ゴルジェンコ（またの名をトライハードニンジャ）が担当した。マロンは最近、音楽制作にもっと自分だけで取り組むことに興味があると述べているが、現在の動画はチームで制作されているものだ。過去数年間、マロンのミュージックビデオ（パロディもオリジナル曲も）は、合計5億回以上再生されており、彼を新しい種類のエンターテイナー（彼らはどのような動画を制作するかではなく、どのようなジャンルやコミュニティを探求するかによって定義される）のひとりとした。私はマインクラフトでエンタープライズ号を制作する人を目にしたとき、何かユニークなコミュニティが生まれつつあることに気づいたのだが、マインクラフトがひとつのエンターテイメントのジャンルとして独立し得ると実感させられたのは、マロンの作品が生み出した価値と、それを称賛する大勢の観客の存在によってだった。しかし私の意見は重要ではない。コミュニティの外側にいる人々が何を感じようが、それはたいしたことではないのだ。

私たちの多くと違い、マロンはマインクラフトがYouTube上であり得ないほどの成功を収めたことに、それほど驚いていなかった。世界中でビデオゲームをプレイしている人の数を考えれば、マインクラフトのプレイヤーたちが集い、マロンが見たり制作したりしているような動画が登場するのは時間の問題だったと彼はいう。エンターテイメントが人々の興味に応じて生まれてくる世界においては、動画のジャンルとしてマインクラフトが浮上してくるのは、決して異常ではなく必然だったのである。

1991年のこと、ロサンゼルスタイムズは「少し前まで、メディアの未来学者たちは、テレビのダイヤルがビデオ版のニューススタンド〔街角で新聞や雑誌を並べて販売しているキオスク〕になると信じていた」と記した。「ケーブルテレビによって無数のチャンネルが提供されるようになったことで、視聴者は雑誌と同じくらい、多くのプログラムの中から選択できるようになった」。しかし同紙は、「ケーブルネットワークの数は、1980年の27社から昨年は69社にまで急増した」[04]（そう、〝急増〟という表現を使っている）と指摘したにもかかわらず、市場や広告主をめぐる争いを避けるために、テレビのチャンネルは統合されていくだろうと予想した。[iii] 確かに同紙の言うように、チャンネル数は多いように見えたが、それでも市場の力によって、その数はかなり制限されていたのである。

ディスカバリー・コミュニケーションズは2010年にオプラ・ウィンフリーとOWN（オプラ・ウィンフリー・ネットワーク）を立ち上げたとき、それを軌道に乗せるために1億ドルを初期投資として投じた。[iv] それは十分な額とはいえないが、ケーブルネットワークを立ち上げる際に本当に難しい部分は、設備や番組制作ではない。それはネットワークを配信してくれる、ケーブルプロバイダーを見つけることだ。テレビ画面に表示される番組表にいくつものチャンネルが並んでいるのを見ていると、その考えが馬鹿げたもののように感じられるかもしれないが、コ

04｜念のために記しておくと、米国の平均的な家庭では、2014年にはテレビで189のチャンネルを見ることができた。あくまで「平均的な家庭」においてである。（私はもうケーブルテレビとは契約していないが、そのうち70チャンネルくらいはESPNだろうという自信がある。）

ムキャスト〔米国のケーブルプロバイダー〕のラインナップに追加してもらうのは、グリーンベイ・パッカーズ〔米ウィスコンシン州グリーンベイに拠点をおくNFLのチーム〕のチケットを手に入れるようなものだ――死を覚悟するか、あるいは途方もない額の金を積むしかない。それこそ、他のどのような理由にも増して、新しいテレビチャンネルが古いチャンネルの屍から現れる理由だ。

ひとつ明らかなのは、書籍や雑誌、レコード、映画、そしてテレビのチャンネルが、数多くの需要と供給の関係の中から生まれてくることだ。残念ながら、まだ存在しないフォーマットやジャンルに対する潜在的需要を把握するための市場調査には金がかかり、結果は一貫せず、めったに行われない。[05]新しく、既存ジャンルからの派生ではない観客のために何かをつくることは、簡単ではないのである。しかもその費用も安くない。

「マインクラフトテレビ」あるいは「マインクラフトチャンネル」という企画をテレビ局のインターン生が思いついたとしても、それが採用されることはなかっただろう。私たちは長年の間、YouTubeに出稿してくれそうな潜在的広告主や、メディア業界の関係者に対して、次のようなプレゼンを行っていた。ケーブルテレビ会社は多くても数チャンネルしか放送してくれず、しかもそうしたチャンネルは視聴者の関心に「近づく」くらいしかできない。しかしYouTubeであれば、いくつものチャンネルを用意して何時間でも番組を放送できる。さらにそうした番組は人々の関心を、それが大きいものだろうと小さいものだろうと、ど真ん中に捉えたものにでき、結果として巨大なロングテールを生み出せるのである。YouTube社員の多くは、こうしたケーブルテレビとの対比を、ニッチなテーマで番組を行うことの価値を明確にするものと考えていたが、私はこの比喩がYouTube上におけるニッチ体験の本当の価値を伝えていないと感じていた。

ビーガンの料理チャンネル

2011年から12年ころ、YouTubeの経営陣は、ビーガン〔絶対菜食主義（ビーガニズム）に基づいて行動する人々で、肉や魚に加え、タマゴや乳製品など動物由来の食品も口にしない〕料理にはまっていた。チームミーティングやメール、プレス向けインタビューのなかで誰かが「ビーガン料理チャンネル」に言及しない週はなかったほどだ。私はそのたびに、決して小さくはないボリュームで、不満の声をあげていた。まるで未来のテクノロジーが機械学習アルゴリズムではなく、グルテンミートのフライパン炒めの中にあるかのようだった。念のため言っておくが、私はビーガニズムや料理チャンネル、あるいはその組み合わせに反対しているわけではない。単にビジネスで何かが決まり文句のように繰り返されることに耐えられないだけだ。そしてビーガンは、私が卒倒してしまうほど何度も繰り返されていた。

ベジタリアンやビーガン料理に特化したチャンネルに言及することは、より大きな

05｜本物の雑誌コーナーを見たときに、その半分が同じもののように見えるのも同じ理由だ。たとえば私は十代のころ、レッドブック誌とレディース・ホーム・ジャーナルの違いがわからなかった。前者がセックスの存在を認めているように見えたことを除けば。

哲学を簡潔に表すものになった。その哲学とは、ＹｏｕＴｕｂｅは過去になかったほどの精度で、視聴者にとって（そしてもちろん、人々にリーチしたいと考えている広告主にとって）欠かすことができなくなるほどの個別性を、個々の番組に提供できるというものだ。この考え方はまちがっていなかった。しかし私は個人的に、ニッチな番組が提供されることの価値を最もよく理解できるのは、それが扱うジャンルやフォーマットが、伝統的な放送における視聴者たちがおもしろいと感じるものと真っ向から対立する場合ではないかと考えていた。

少なくとも毎週１つは、それを示す例を見つけることができた。しかもそうした例は、驚くべき内容であることが多かった。たとえば私はあるとき、ロビーという少年が運営していた「ザ・キング・オブ・クロウズ」というチャンネルを見つけたのだが、最終的に私のチームのメンバー全員が、彼のようなクレーンゲームの熱烈なファンたちの運営する人気チャンネルに夢中になった。おそらくその週は全員が、世界中でクレーンゲームを使って商品をゲットする人々の姿に見とれて、１時間は無駄にしたことだろう。（のちに調べたところ、２０１６年だけで、人々はクレーンゲームの動画を見るのに１日約20万時間費やしていたことがわかった。）

私の同僚のなかには、「モクバン（먹방）」にはまってしまった者もいる。これは２０１３年に韓国において、アフリカＴＶという動画サイトを通じて生まれた現象で、２０１５年には国際的な関心を集めるようになっていた。韓国語で「食べる」と「放送する」という意味の言葉を組み合わせたものであるモクバンは、登場した出演者（魅力的な若者であることが多い）が大量の食べ物を食べるという

▣02
【激辛】史上最強に辛い韓国のラーメン食べたら泣いた【木下ゆうか】
Yuka Kinoshita 木下ゆうか

ものである。1時間ほどの放送時間の間に、何キロという麺や餃子、フライドチキンなどを、クチャクチャと音を立てながら貪るのである。2015年には、夕食時、4万5000人以上の韓国人が同時にこうした番組の生中継を見ていた。さらにモクバンのトップスターは、1か月に自分たちのストリーミング放送だけで、1万ドルを稼ぐほどだった。モクバンの放送を行う「ブロードキャスト・ジョッキー（BJと略されている）」も、急速にYouTube上で人気になった。木下ゆうか **[Yuka Kinoshita 木下ゆうか]** は2014年に自身のYouTubeチャンネルを立ち上げ、2年間で登録者200万人以上、合計視聴回数5億回以上を達成している[06] 02。

モクバンが食事体験を代理で行う役割を果たしていると考える人もいる。平日の夜9時からストリーミングを配信しているレイチェル・アーンは、NPRに対し、「私のモクバンを見る視聴者は、ダイエットをしています」と語っている。「他人の体験を通じて、満足感を得ているのだといえるでしょう」。またこうした放送を見ることで、多くの文化にある「集団での食事」という伝統を再構築し、寂しさを紛らわせているのだという人もいる。理由はともあれ、この種の動画は2016年の終わりまでに、YouTube上で1日に約50万時間視聴されるようになった。

これらの奇妙なチャンネルについて、あまりよく知らない相手に対して語るというのは、友人の数を管理可能な程度に小さく抑えておくのに有効な手段だ。しかしそういった番組は、最初から万人受けを狙ってつくられたものではない。大衆向けのテレ

06 | 驚いた人々のために解説しておくと、モクバンのBJとして成功し、かつ死なずにすむためには多くのトレーニングを必要とする。YouTubeチャンネル登録者数100万人を超える、身長5.9フィート（約180センチメートル）のBJバンズは、1日に6～10時間運動すると語っている。

ビチャンネルと比較してしまうと、ポイントがずれてしまうだろう。ニッチなＹｏｕＴｕｂｅチャンネルは、そもそもジャンルという概念を超越しているからだ。

２０１０年、私たちが「ＹｏｕＴｕｂｅトレンド［YouTube Trends］」を立ち上げた直後にトレンドとして注目された現象のひとつが、フィラデルフィアにあったメイシーズの店舗で始まった。その年の10月、ナイト財団が「ランダム・アクト・オブ・カルチャー」と名付けられた実験的なプロジェクトを開始した。これはアートを人々の日常生活に持ち込もうとするものだった。彼らは千ものアクションを実行する計画を立てていて（そして実際にやり遂げた）、なかでも印象的だったのが、オペラ・フィラデルフィアと６５０人の合唱団をメイシーズに派遣し、正午きっかりにヘンデルの『メサイア』から「ハレルヤ・コーラス」を披露するというものだ▣03。買い物に来ていた客たちは唖然とした。多くの人々が、携帯電話で写真を撮った。感動で泣き出す人もいた。そしてもちろん、動画も大きな注目を集めた（２０１０年はフラッシュモブの年といえるかもしれない）。

２週間後、カナダ・オンタリオ州の撮影所に、地元の合唱団が集められた。ナイアガラの滝の近くにあるシーウェイ・モールで、同じような出し物をするためである。そのとき制作された映像は、その月に最も視聴された動画となり、そしてこのホリデーシーズンに流行した動画を象徴する一本となった▣04。突如として、アメリカ大陸各地のショッピングモールのフードコートが、組織化されたシンガーの集団が「ハレルヤ・コーラス」を歌い出すというイベントが、毎週のように開かれる場となったの

▣03
Opera Company of Philadelphia "Hallelujah!" Random Act of Culture
Opera Philadelphia

▣04
Christmas Food Court Flash Mob, Hallelujah Chorus - Must See!
Alphabet Photography Inc.

である。データで証明することはできないが、北米に住む母親であれば（特に教会に通っているタイプであれば）、誰もが一度はその関連動画を見ているはずだ。ランダム・アクト・オブ・カルチャーの主催者であるデニース・スクールは、ニューヨークタイムズに対して、「それこそウェブのすばらしい点です」と語っている。「地理的な制限にとらわれることなく、コミュニティの感覚を育むことができます[vi]」

それを撮影した動画が1日あたりのシェア回数ランキングに入るような、「ハレルヤ・コーラス」を合唱するフラッシュモブの多くが、教会の合唱団によって行われたものだった。この（実は即興ではない）即興コーラスは、地域の教会の間で大流行したのである（枝の主日（キリスト教の祝日のひとつで、イエス・キリストがエルサレムに入城した際、群衆が出迎えたとされる出来事に由来する）を「世界初のフラッシュモブ」と見なす牧師までいる）。

ショッピングモールにいる人々を、クリスマス・キャロルで驚かせる試みがこのように何件も行われたことは、いかにコミュニティ主導型のエンターテイメントが、オタクでない人々にも共鳴するかということを浮き彫りにしていた。私たちテクノロジー企業という異端者は認めようとしないことが多いが、宗教団体はネット上のコミュニケーションを最も優れた形で行っている。彼らが何世紀もかけて、自らのメッセージやストーリーを発信していることを考えれば、驚きではないだろう。

私たちは別に、適当にバイラル動画の例を挙げているわけではない。あまり知られてはいないが、年に数回、ＹｏｕＴｕｂｅ上でのライブストリーミングで最も視聴されている番組となるのが、ソルトレイクシティの末日聖徒イエス・キリスト教会カンファレンスセンターによるものである。この事実に眉をひそめる人もいるが、まったくもって論理的な結果だ。もしもあなたが多くのモルモン教徒のひとりで、しかしユタ州で行われる半年に一回の式典に参加したり、地元のテレビ局で中継を見ることができなかったりした場合、頼るのはＹｏｕＴｕｂｅになるだろう。どこまで明確に打ち出すかは別にして、多くのクリエイターたちが宗教をテーマとして大勢の観客を集めている。ジェファーソン・ベスク[Jefferson Bethke]（彼のＹｏｕＴｕｂｅチャンネルには60万人以上の登録者がいる）がブレイクしたのは、彼が視聴者に語りかけるという内容の動画「私は宗教が嫌いなのに、なぜキリストを愛するのか■05」だった。そしてこの動画が引き金となって、世界中の他の宗教家たちが、それに反応する動画の制作を始めた。突如として、イスラム教徒やキリスト教徒、あるいは無神論者たちが、まるで流行のダンス動画にでも反応するのと同じ形で、宗教観に関する動画を見て、シェアして、議論するようになったのである。しかし宗教系の動画やチャンネルは、こうしたトレンドの外でも一貫して視聴者を集めてきた。２０１６年、ＹｏｕＴｕｂｅで宗教系の動画を視聴するのに費やされた合計時間は、バスケットボール、野球、アイスホッケー関連動画をすべて合わせた視聴時間の3倍以上だった。[07]

宗教的なテーマは、ポップなエンターテイメントではそれほど頻繁には見られない（映画『エクソシスト』を除く）。それは意見が割れるテーマや、幅広い層にはアピールしないテーマについても同様だ。伝統的な番組においてすら、編み物や木工といった工芸をテーマとしたものを見つけることは難しい。しかしＹｏｕＴｕｂｅのデータを調べると、人々は自分の関心がある何かに関連する動画やチャンネルに集まっていることがわかる。２０１６年だけで、人々は編み物関連の動画を見るのに7億５０００万時間以上を費やしているのだ。

■05
Why I Hate Religion, But Love Jesus || Spoken Word
Jefferson Bethke

YouTube上には多様なコンテンツが集まっており、自分のアイデンティティや哲学、信仰、政治信条、あるいは情熱を傾けている趣味に訴えるものが数クリックするだけで視聴できる。しかし幅広い観客に見てもらわなければならないマスメディアにおいては、この種のテーマは阻害される可能性がある。ところがウェブの場合は、エンターテイメントが具体的で特定のターゲットに向けたものになるため、そうしたコンテンツのほうが逆に受けることが多いのだ。

念のために言っておくが、特定の観客に向けてコンテンツを用意することは、そうした観客の哲学や求めるものが敵対的であったり、何かを卑下するようなものであったりする場合、否定的な意見を煽る表現を生み出してしまう恐れもある。私はあまりにも多くのヘイトスピーチを見てきて、みなさんにも同意してもらえると信じているのだが、誰にでも発言する権利があるとしても、メガホンを与えるのに値しない発言もあるのだ。

私たちはそのような状態を放置するわけにはいかないが、最終的に人々に支持されるニッチな体験の多くは、誰かを排除するのではなく、誰もがそれを乗り越えることを支援するようなものになると信じている。例を挙げると、生まれたままの自然な髪を肯定するユーチューバーは、多くの若い黒人女性に自分のアイデンティティに対する自信を与えている。またトランスジェンダーのユーチューバーは、社会で最も誤解されているグループのひとつに対する人々の意識を変えようとしている。

こうしたニッチなコミュニティやジャンルを育て、普及させるのは、ビジネス戦略ではな

07｜サッカーは宗教の後を追いかけつつあるが、この世界で最もポピュラーな娯楽でさえ、明らかに神を打ち負かせそうにない（静かにマラドーナのほうを見る）。

く、皆の情熱と関心だ。私たちの熱意が、編み物チャンネルやモクバン、そしてそう、ビーガン料理チャンネルを生み出しているのである。その多くはニッチなままであることを運命づけられているが、中にはメインストリームにブレイクスルーするものもある。

ニッチがニッチをやめるとき

何千人ものファンが大歓声をあげる。私の前、数列先にいるひとりの男は、いま起きたことが信じられないという風に、自分の髪をつかむ。マディソン・スクエア・ガーデンの席は完売状態で、集まった人々は放心状態だ。一方で私は、何が起きているのかさっぱりわからなかった。

これは自分の目で見に行かなければならない、と決心してから数年後、私は同僚のジェフ・ルービンと共に、ついに「リーグ・オブ・レジェンド（League of Legends）」世界トーナメントのチケットを手にした。リーグ・オブ・レジェンズ、縮めてＬｏＬは、ＰＣ上でプレイされるマルチプレイヤーオンラインバトルアリーナ型のビデオゲームで、世界中にファンがいる。２０１６年10月、ワールド・セミファイナルのイベントが２夜にわたってニューヨークで開催された。そして韓国のチーム「ＳＫテレコムＴ１」と「ＲＯＸタイガーズ」が、ロサンゼルスのステイプルズ・センターで行われるサモナーズカップ戦への出場権を巡って対戦した。私は自分が何を期待しているのか、よくわかっていなかった。[08] アリーナの中央には10台のＰＣが、５台ずつ向き合うように並べられており、その上には４つの巨大なスクリーンが設置されていて、どこか別の場所にいるスタッフの制御で、巨大なファンタジー空間の戦場で繰り広げられるプレイが映し出されるようになっていた。そして米国のスポーツ史上における伝統の会場のひとつ（アリ対フレージャーの対戦など、数々の伝説に残る一戦が行われた場所である）で、痩せこけた10人のゲーマーたちが競い合うのを見るという奇妙な体験は、一瞬で私の心をつかんだ

　プロによるビデオゲームの試合、すなわちeスポーツは、１９９０年代後半から２０００年にかけては真剣に受け取られてこなかった（揶揄すらされることもあった）。試合はテレビで放送されることもあったが（たとえばすぐ終わってしまったが「ワールド・シリーズ・オブ・ビデオゲームズ」など）、多くの人々に受け入れられていたというほどではなかった。しかし２０１０年代に入ると、テクノロジーが進化し、世界中でプロやアマの試合をライブで配信することが安定して行えるようになる。２０１２年から１６年にかけてＹｏｕＴｕｂｅ上におけるこうしたイベントの視聴数も劇的に増加し、ライアットゲームズが運営するＬｏＬやバルブ・コーポレーションによる同様のイベント「ドータ・ツー（Dota 2）」が代表的な存在として浮上してきた。

　ＬｏＬでは、参加チームのゴールは相手チームの基地を破壊することなのだが、それではアメリカンフットボールのゴールを、ボールがラインを越えるように動かすことと説明してしまうようなものだ。それは身体的なスキル（ボタンを押すための鋭い反射神経とタイミング）と精神的なスキル（多くの統計的戦略の遂行）の両方が要求されるゲ

08 | これは嘘だ。私は自分の期待しているものが、はっきりわかっていた。それは1989年の映画『スウィート・ロード』で、フレッド・サベージが賞金５万ドルをめぐって「スーパーマリオブラザーズ３」をプレイするようなシーンだった。ちなみに2016年のLoLサモナーズカップの優勝賞金は670万ドルだった。

ームである。さらに、いちどルールが呑み込めてしまえば、試合を観戦するのは非常に楽しくなる。このゲームの真髄を理解しようと決心した私は、応援するチーム（ＳＫテレコムＴ１）とプレイヤー（「フェイカー」、本名イ・サンヒョク）を選んだ。ＥＳＰＡが「史上最高のプレイヤーであることに議論の余地はない」と評し、さらには「不死身のデーモン・キング」とまで呼ぶプレイヤーのことを、応援せずにいられるだろうか？　モハメド・アリですら、そんなすばらしい称号は与えられていなかった。eスポーツは、多くの点で伝統的なスポーツにおけるドラマ性を踏襲している。負け犬の逆襲、ドラマティックな復活、ライバルの対決といった具合だ。観客たちも熱狂的に盛り上がる。私の後ろに座っていた男性は、今回のマジソン・スクウェア・ガーデンにおける対戦のシーンは、前回ソウルで行われた決勝戦で見たシーンと比べものにならないほどすばらしい、と解説してくれた。

アリーナで働いていたバーテンダーは、彼女がこれまで見てきた中で、まちがいなく最も奇妙なイベントだと語っていた。しかし観客は期待以上にアルコールを買ってくれるため、満足しているそうだ。ゲームをしない人は、こうしたビデオゲームのトーナメントに子供たちが山のように押しかけているのだろうと思うかもしれないが、子供はひとりも見かけなかった。トイレの前にできた長蛇の、しかし整然とした列から判断すると、観客の90パーセントは20代後半の男性だと思われた。

ＬｏＬは（少なくとも私にとっては）非常に複雑だが、まちがいなく、eスポーツの試合のなかで最も主流派に属するものといえるだろう。人気スポーツの多くでも、ルールを理解するのが難しいときがあるが、少なくとも何が起きているのかを感じることは、マニュアルを読まなくてもできるはずだ。[09] しかしＬｏＬの場合、理解しなければならないことが何層にも重なっている。非常にゲームに詳しく、ＬｏＬを少なくとも百時間はプレイしているジェフですら、何が起きたのかわからず困惑してしまうことが多かった。プレイヤーの間で小競り合いが起きると、スローモーションにしても把握することが難しい事態が生じる。さらにゲーム中、画面上には七十もの異なる数値インジケーターが表示されている。このゲームのクリエイターのひとりであるブランドン・ベックは、その起源に関するインタビューのなかで、「それは非常に激しく競い合うことが要求され、妥協することなくスキルを磨いていかなくてはなりません」と語っている。「このゲームから楽しさや価値を感じるためには、本当に没頭しなければならないのです[vii]」。それもこのゲームの魅力なのだろう。なにしろどこまで深く追求しても、底まで届くということがないのだから。試合では、一方のチームが観客を味方につけたとアナウンサーが解説していた。それは彼らが観客に親近感を覚えさせたからだというのだが、私は笑ってしまった。私の席からは10人のプレイヤーたちが、1セット45分間が5セット繰り返される試合中ずっと、無表情のまま戦っているように見えたからである。

　5時間後、フェイカーと「ＳＫテレコムＴ１」のチームメイトたちは劇的な形で最後のゲームを終わらせ、これからファンたちによって何日もかけて分析されるであろう試合を完了させた。応援しているチームの勝利が確定すると、私は思わず

09｜とは書いたものの、私はこんな経験をしたことがある。あるとき、大学生チームによるアメリカンフットボールの試合を、それまでアメフトを見たことがなかったスウェーデン人の友人と一緒に観戦した。するとその試合の第４クオーターで、攻撃側のチームが４回目の攻撃でフィールドゴールを蹴った。しかし守備側のチームがオフサイドの位置でジャンプしたため、彼らはファーストダウンのペナルティを受け入れた。何が起きたのかを完全に理解するためには、大きな精神力が必要になり、２人とも卒倒してしまう危険性がある。私は説明を諦め、お互いのために、何も見なかったことにしようと友人に告げた。

ガッツポーズしていた。しかし少しすると、自分がいま、よくわからないゲームで適当に選んだチームが勝利したのを喜んでいることを思い出した（かまうもんか。ＳＫテレコムばんざーーーーい！）。ＹｏｕＴｕｂｅのライブストリーミング番組をチェックしてみると、世界中から20万人以上の人々がこのエキサイティングな試合を観戦していた。その１週間後、ＳＫテレコムはサムスン・ギャラクシーを打ち破って優勝をおさめた（昨年に続く優勝だった）。この試合を観戦した視聴者は、４３００万人以上に達した。こうした世界チャンピオンシップ選手権の中継は、この年のＹｏｕＴｕｂｅで、最も視聴されたライブストリーミングとなった。

　ゲームエンターテイメントは過去十年間に爆発的に成長した。ニールセンが発表したレポートによると、米国の人口の約３分の２が、何らかの端末上でビデオゲームを遊んでいる。[viii] ２０１６年、ＹｏｕＴｕｂｅ上で最も登録者数の多いチャンネル・トップ１００のクリエイターのうち、４分の１がゲーマーだった。それは巨大なビジネスになりつつある。２０１４年、アマゾンはゲームのライブストリーミング用プラットフォーム「Twitch（ツイッチ）」を約十億ドルで買収した。要はゲームが、私たちの目の前で、エンターテイメントの主要なジャンルのひとつとして確立されたのである。そしてこのジャンルは、大きな多様性を抱えている。２０１６年、関連動画の視聴時間が百万時間を超えたゲームの数は、１３００種類を超えた。従来のエンターテイメント・プラットフォームでは、これほど多様な観客を惹きつけるコンテンツをつくるのは難しかった。しかしウェブだけが持つ、広範な種類の内容を提供できるという性質により、ゲームエンターテイメントが爆発的に成長することが可能になった。

▣06
¡TOUR POR MI CUARTO! ❤ - Yuya
Yuya

狭い範囲にしかうけないサブジャンルと思われていたものが、実は巨大な需要を持ち、多くのクリエイティブなチャンスを提供してくれる存在であることが明らかになったのである。

ＹｏｕＴｕｂｅのチャート上で、ゲームに続いて人気のジャンルなのが、美容とファッションである。２０１６年、ＹｏｕＴｕｂｅ上で最も登録者数の多かった女性は、マリアンド・カストレホン・カスタネーダという23歳のメキシコ人だ（彼女より登録者数が多かったのは、リアーナやテイラー・スウィフトといったポップスターだけである）。この本名よりも、ユヤ［Yuya］という名前のほうがよく知られている。ユヤのスペイン語によるライフスタイル動画は、ネイルケアのアドバイスから料理、家の飾りつけに至るまでさまざまな内容であり、ユヤはラテンアメリカじゅうで知られる存在となっている。１５００万人以上の人々が、彼女の投稿する動画をチェックしており、その視聴回数はすぐに数百万回に達する▣06。これほどの規模の観客を集めるライフスタイル関連のクリエイターを見つけるのは、どんなプラットフォーム上でも難しいだろう。英語版ユヤとも言うべきベサニー・モータ［Bethany Mota］は、ホールビデオ〔自分で購入したり、試したりした商品を紹介し、感想を語るというスタイルの動画〕の普及に貢献した人物のひとりで、彼女も大勢のファンを獲得している。その結果、彼女は20歳になるまでに、自身の服やデコレーション品ブランドを立ち上げたり、歌手デビューしたり、テレビ番組『ダンシング・ウィズ・ザ・スターズ』に出演したり、大統領にインタビューしたり、ＹｏｕＴｕｂｅが制作したテレビ広告や看板に登場したりするまでに至っている。

「ファッションと美容」カテゴリーは、長年にわたり、ウェブ動画界の最大のスターたちを生み出している。そこにいるのは女性だけではない。ニューヨークのティーンエイジャー、ジェームス・チャールズは、美容入門の動画をＹｏｕＴｕｂｅ上で何年も見続けた後で、自分の写真をインスタグラムに投稿するようになった。それはプロムのシーズンに始めた、自身のメーキャップサービスを宣伝するためだったが、すぐに大勢の人々が彼をフォローするようになる。そこで彼は、これも大勢の人々から注目されるようになるＹｏｕＴｕｂｅチャンネルを立ち上げ、彼のすばらしい化粧を再現する方法を教えるようになった。２０１６年、17歳のとき、チャールズはカバーガール誌の表紙を飾ることになった。それは同誌初の「カバーボーイ」だった。

ウェブはニッチなコンテンツのクリエイターに、自分たちの興味のある分野を探求し、さまざまな実験をしてみる機会を提供する。そして「ファッションと美容」カテゴリーのクリエイターたちが示しているように、そうしたニッチだったはずの分野にあっという間に人が集まって、狭い関心が大勢の人々に共有されるようになることもある。ＹｏｕＴｕｂｅ上では、ニッチとしてスタートしたものが、まるで雪だるまのように大きくなって、独自のスターやトレンドなどを生み出す１つの主要な分野になるということが起きている。そうして生まれた多くのコンテンツは、マスメディア並みに広い注目を集め、メインストリームの人々の意識を急速に変えつつある。

２０１０年、コラムニストのダン・サヴェージは、インディアナ州でいじめで自殺した15歳の少年について、感情に訴える印象的な文章を書いた。そして彼の読者のひとりが、この少年に向け、次のようなコメントを残した。「あなたの経験した痛みと苦しみを思うと、胸が張り裂けそうです……いつか事態は良くなる、とあなたに言うことができたら良かったのに」。この読書の思いは、サヴェージにある考えを抱かせた。彼と、彼の夫〔サヴェージは男性の同性愛者〕は子供のころさまざまな苦難を経験してきたが、それでも事態は良い方向へ向かっていった。しかし苦難の中にいる若者たちは、そうしたハッピーエンドを聞く機会がほとんどない。サヴェージは同性愛に対するヘイトや不寛容について、大学で定期的に講演していたが、高校や中学から依頼が来ることはなかった。この国では、それは親や宗教団体からの圧力を受けて中止になることが多いのである。子供に対してゲイとしての人生を語ることは、ある種の洗脳を行う行為だとのレッテルを貼られているのではないか、と彼は感じていた。それは若者向けポップカルチャーの主流からこぼれ落ちてしまっている話題であり、ティーンエイジャーがその日々を過ごす組織は、それを一切無視しているかのように思えた。

「私はジョン・F・ケネディ空港へと向かう電車のなかで、取る必要のない許可を待っていたことに気づいた」とサヴェージは記している。「ソーシャルメディアの時代、YouTubeやツイッター、フェイスブックの世界では、LGBTの子供たちに直接話しかけることができる。それもいますぐに。親からの許可も、学校からの依頼も必要ない。カメラに向かい、自分の体験をシェアして、自分の事態は好転したこと、そして彼らの事態もいつか好転することを、LGBTの子供たちに知らせるのである。彼らに希望を与えるのだ」[ix]。サヴェージは「イッツ・ゲッツ・ベター（いつか良くなる）・プロジェクト［It Gets Better Project］」を立ち上げ、百人の人々に、つらかった子供時代がいかに良い方向に向かっていったかを語る動画を投稿してもらうことを目標に掲げた。結果として投稿された動画は、5万本を超えた。投稿した人々の性別、人種、性的指向は多岐にわたっていた。多くのセレブも参加した。グーグルやフェイスブック、アップルといった大手テクノロジー企業のスタッフも参加した。最も有名になった動画の中の一本は、オバマ大統領から投稿された。

イッツ・ゲッツ・ベターが大きな運動へと成長したことは、ＬＧＢＴの子供たちに対して、５万人以上の人々があなたたちを支持しているのだという、ポジティブなメッセージを送ることとなった。また投稿された動画の多様性も、このプロジェクトの成功に寄与した。ティーンエイジャーはポップシンガーや人気のユーチューバーから投稿された動画に反応し、一方で親たちは政治家の動画に注目する、という状態が生まれたのである。幅広い層から動画が集まったことで、正統派のユダヤ教徒から、テクノロジーオタク、警察官に至るまで、社会の中のあらゆるグループがこのプロジェクトとの接点を見出すこととなった。

イッツ・ゲッツ・ベターは、デジタルメディアにおけるより大きな流れの一部だ。デジタルメディアでは、同性婚や人種差別、性のアイデンティティといった社会問題に対するマイノリティの意見が、マスメディアの助けを借りずにメインストリームにも影響を与えることができる。ユーチューバーのタイラー・オークリーは、ＬＧＢＴの若者たちを自殺から救う取り組み「トレバー・プロジェクト」に対する彼の支援に関するテレグラフ紙のインタビューで、「インターネットはＬＧＢＴ+の人々の意識に変化をもたらしました」と語っている。「そしていまや、若い世代と話をしていると、未来は明るいと感じさせられます。それはインターネットが後押ししてきたオープンさと機会のおかげです。そうした若い世代は、社会問題に対する意識が高く、情熱を持ってさまざまなことに取り組んでいます。……彼らにとって、それは『いまさら何言ってるの?』というような話で、当然のことなんです。古い世代では、平等と権利について多くの議論が行われてきました。でも彼らはいま、いろんなロールモデルやディスカッションに自由に触れられるようになったことで、同性愛者の権利や同性愛者であることは特性のひとつであり、日常の一部として捉えるようになりました」

エレベーターの話じゃない

私はサンアントニオに行ったことはないのだが、奇妙なことに、ホテル「グランドハイアット・サンアントニオ」でエレベーターに乗り、24階に行くのがどのようなものかをよく知っている。ディーゼルデューシーというＹｏｕＴｕｂｅチャンネルに投稿された、一人称視点で撮影された動画を見ていたからだ。

この動画には、１人の興奮した様子の男性が登場し、撮影しながらところどころでナレーションを加える。エレベーターに乗り込みながら、「見てくれよ、オーチス製だ！」と指摘する、といった具合である。そして24階に着くと、「これは高速エレベーターなんだ」と説明する。またエレベーターの天井を撮影しながら「このＬＥＤライトを見てくれ」と言い、さらに操作盤に向かい「このボタンが好きなんだよね、見てくれ」と付け加える。彼が指し示しているものは、少なくとも私にとっては、平凡なエレベーターのボタンにしか見えないのだが。しかし彼は「こいつはカッコいいな」と言う。

私がこの動画を見たとき▣07、再生回数はすでに27万９１１９回に達していた。ディーゼルデューシー【DieselDucy】、あるいはバージニア州ロアノークのアンドリュー・リームズは、他にもエレベーター動画を大量に投稿していて、このグランドハイアット・サンアントニオの動画以上に再生されている作品もある（それは「Beautiful Otis Scenic Traction elevator @2 Eaton Harbour Centre Hampton VA」というタイトルで投稿された、５分34秒間の動画だ）。ディーゼルデューシーがアップしている動画は、合計で８０００万回以上視聴されている。そう、８０００万回以上だ。

アスペルガー症候群の39歳の男性であるリームズは、「小さな子供のころから、私はエレベーターが大好きでした」と私に語ってくれた。彼は最初にエレベーターに乗ったときのことを、いまでもよく覚えている。２歳のとき、母親に連れられてミズーリ州デイ・ペレのデパート「フェイマス・バー」（現在では取り壊されてしまっている）に行き、そこで乗ったのである。「私は『怖いよ、なかに入りたくないよ』という感じでした。すると母が、『これは魔法よ。ドアが閉まって、もう一度開くと、別の場所にいるんだよ』と言ってくれたのです。そこで私はなかに入りました。母が抱きかかえてくれたので、私はボタンを押しました。ドアが閉まり、１分後に再び開きました。私は『わぁ、なんておもしろいんだろう。もう一回乗りたい』と感じました。それ以来、私はすっかりエレベーターに魅了されてしまっているのです」と彼は言った。「みんなは花の写真を撮りますよね。私はその代わりに、エレベーターの写真を撮るのです」。彼の父親も、リームズを公園に連れて行って遊ばせる代わりに、オフィスビルに連れて行ってエレベーターに乗せていたほどだ。

５年生のある日、彼は学校でＶＨＳカメラを見つけた。そのとき彼は、ちょうど雑誌である記事

■07
Hotel Mini Tour: Hyatt San Antonio with elevator ride
DieselDucy

■08
Otis Traction elevator @ Marriott Marquis Hotel Atlanta GA
DieselDucy

を読んだばかりだったのだが、そこには記事で取り上げている人物が、アトランタのホテル「マリオット・マーキス」のエレベーターの前に立っている写真が掲載されていた。「僕もここに行って、ビデオを撮影しなきゃ」と彼は思った。それから数年後の１９９３年、リームズが15歳のとき、彼の父親の秘書が妹のハンディカムを彼に貸してくれた。そしてリームズをマリオット・マーキスに連れて行き、彼の心をつかんで離さなかったエレベーターに案内してくれたのである。「まるで天国にいるようでした」とリームズは言う。「そして撮影したＶＨＳのテープを、擦り切れるほど何度も何度も見ました」。そのうちリームズは自分自身のカメラを手に入れたが、単にホームムービーを撮影しているだけでは楽しくないことに気づいた。「他人とシェアできないのなら、ビデオを撮影する意味なんてあるだろうか？」と彼は考えたのである。２００６年、彼は友人から、ＹｏｕＴｕｂｅという新しい動画サイトを試してみてはどうかと勧められた。そこで彼は自分のチャンネルをつくり、さまざまな種類の短い映像を投稿し始めた。回る鍵、離陸する飛行機、信号無視をする建設車両、といった具合である。そして仕事の研修でアトランタを訪れる機会があり、彼にとって念願の瞬間がやってきた。マリオット・マーキスの「魔法の」エレベーターの撮影である。エレベーターに乗る様子を撮影した彼は、その動画を自分のチャンネルにアップした▣08。

　しばらくして、チャンネルの様子を見に戻ってきたとき、彼は「目の玉が飛び出るかと思いました」。すでに数百回再生されていて、コメントがどんどん増えていたのである。「こんなどうしようもない動画、誰が見てるんだ？」と彼は思った。その瞬間まで、リームズはエレベーターに取りつかれているのが自分だけだと思い込んでいた。しかしそこには、他のエレベーターの動画も求めるコメントが殺到していたのだ。リームズはすぐに、町中のエレベーターを撮影して回った。ビルに勝手に忍び込むことも多く、撮影中に出会う周囲の人々は困惑した。数年後、彼は他のエレベーターマニアたちが開設するチャンネルが増えてきていることに気づく。エレベーター動画のコミュニティがネット上に生まれ、私たちの多くが毎日のように使うが、深くは考えないものに関する動画を投稿し、視聴し、それをめぐって議論するようになっていたのである。現在では、フランスやイタリア、スウェーデン、ノルウェー、デンマーク、ポーランド、インドネシア、イスラエル、オランダなど、世界各国に数百ものエレベーター専用チャンネルが登場している。

メンテナンスの行き届いたティッセンクルップ社製のエレベーター「シナジー」の映像を見て楽しく感じる人は、自分の他にもいるとわかったことが、リームズは嬉しかった。そしてすぐに、他の発見も生まれた。「私の動画を見てくれる視聴者の70パーセントから80パーセントが、自閉症だと思います」とリームズは語っている。自閉症の若者が、エレベーターマニアの多数を占めており、この傾向は動画の視聴者にも制作者にも共通している。リームズはエレベーターに乗ることが「複数の感覚に訴える体験なんです」と話す。「視覚や聴覚、触覚などといった感覚が刺激されて、ある程度までそれを制御することもできます」（セラピストは、複数の感覚が関わる活動をすることで、自閉症の子供の心を落ち着かせることができるとアドバイスしている）。「こうした子供たちの多くは、カメラの前で私そっくりに振る舞います」と彼は言う。「それは楽しい体験なんです」

この10年間、リームズはノーフォーク・サザン鉄道で貨物列車の車掌をしながら、自身のチャンネルに２７５０本を超える動画を投稿してきた。その多くはエレベーターとは関係ないが、それはリームズが言うところの「エレベツアーズ【elevaTOURS】」である。このチャンネルは、それはエレベーター製造の世界でリームズを有名人にした。毎年数回、彼はエレベーター業界に招かれ、最新の製品の紹介を受ける。ワン・ワールド・トレード・センター（そしてその自慢の高速エレベーター）が一般公開される前に、機械室に案内されたことすらあるほどだ。

初めてエレベーター動画を見たとき、私はそれを見る人がいるとは信じられなかった。そうした動画を中心に形成されたコミュニティについても、またそれと自閉症との関係についても何も知らなかったのである。こうしたサブコミュニティが生まれるというのが、私がＹｏｕＴｕｂｅのようなプラットフォームの好きなところである。それは特定の趣味やトピックを中心に人々を引き寄せるが、彼らにとってそれは、単に興味があるという程度の存在ではない。自分のアイデンティティや、所属意識をもたらしてくれるものなのだ。

そうした情熱を、ＹｏｕＴｕｂｅ上の超ニッチな愛好家コミュニティにおいて見ることができる。たとえばアメリカン・ガールの人形で制作するストップモーション動画（#AGSM）に特化したチャンネルは、この人形を使って複雑で手の込んだ映像を生み出しており、「ＬＰＳチューブ」というチャンネルは、リトレスト・ペットショップの人形で動画を撮影している。多くのサブコミュニティは、それほど風変わりではない。アウトドア愛好家であれば、ベースジャンピングのコミュニティに参加しているかもしれないし、好奇心旺盛な読書家であれば、本をテーマにしたＹｏｕＴｕｂｅチャンネル（ブックチューブ）を登録しているだろう。ブックチューブはごく小さなコミュニティとしてスタートしたが、近年では大きく成長しており、そうしたチャンネルを開設する「ブックチューバー」たちは多くの視聴者を集め、さらに多くの出版社の広報担当者から注目されている。ＹｏｕＴｕｂｅを利用する母親たちは、毎年「ＹｏｕＴｕｂｅマミーミートアップ」を開催している。

２０１３年、リームズはＹｏｕＴｕｂｅを止めようかと考えていた。楽しんではいたが、同じことの繰り返しのように感じていた。しかし彼は、あることを悟った。「別にエレベーターの話をしてるんじゃないんだ」と気づいたのである。「エレベーターは単に、他の人々とつながるための手段だったんです」当初リームズと彼のエレベーター仲間は、ＹｏｕＴｕｂｅのコメントやメッセージだけで交流していた。しかし最終的に、彼らは実際に集まるようになり、時には一緒にエレベーターを撮影するということも始めた。「ザ・エレベーター・チャンネル」を運営するジェイコブ・バシュタとリームズは、すっかり意気投合した。バシュタはセントルイスに住んでいるため、彼らは年に2回ほどしか会うことができないが、2日に1回ほどは会話している。「彼は私のベストフレンドだと思います。しかしＹｏｕＴｕｂｅを使っていなかったら、彼の存在にも気づいていなかったでしょう」とリームズは言った。

また彼は、自閉症についてのカンファレンスやセミナーで講演をするようになり、自閉症の子供を持つ親たちに対して、彼らの息子や娘が魅了されているものをどう扱うかについてアドバイスしている。

また年に10回ほど、ファンが彼を訪ねにロアノークまでやって来ることもある。リームズは私に、ある若いファンの母親が、自分の子供にとってはリームズに会いに来ることが、ディズニーワールドに行ってミッキーマウスに会うようなものなのだと語ったことを教えてくれた。アスペルガーの39歳の男性が、一部の子供たちに対して、メディア史上において最も有名なアニメキャラクターと同じほどの文化的影響力を持つに至るという不思議な出来事が、21世紀には起きている。YouTube登場前までは、想像すらできなかっただろう。

対立を煽るメディアが乱立し、執拗に自己アピールが行われる世界では、孤独を感じるのはごく簡単だ。しかしサブコミュニティは人々を引き離すのではなく、ひとつにまとめ、自分自身や世界に対する認識を変えてくれる。疎外感を覚えることの多い人々にとって、それは非常に強力な存在になり得る。

「幼いころ、エレベーターが好きだなんて、自分は変なやつだと思っていました」とリームズは回想する。「他にそんな人は誰もいなかったので、そのことは隠していました。しかしいまではコミュニティがあって、子供たちが殻から出て、自分に対する恥ずかしいという意識を捨てることができるようになりました。自分らしく生きることを、もう恐れなくていいのです」

◀◀

伝統的なエンターテイメントは、多くの人々に受けとめられることを念頭においてデザインされている。特定の層に向けられたものであっても、メインストリームのコンテンツでは、初心者にも基本的に理解してもらえるような仕組みが組み込まれている。プロットは繰り返され、標準的なフォーマットを使用し、なじみのジャンルのストーリーが何度も語られる。しかしYouTubeのクリエイターたちは、すでに大勢の観客がいると証明されているコンテンツにこだわる必要はない。YouTubeでは、あるテーマに特化したコンテンツ、それ自体が観客を惹きつけるのだ。

YouTubeのニッチコンテンツは、ニッチな観客と、彼らがそのトピックに精通していることを前提に最適化されている。結果としてその内容は、コミュニティの外にいる人々には受け入れにくく、困惑するようなものになることが多い。しかしあなたがマインクラフトの動画をつくるとしたら、マインクラフトのファンでない人がその動画を見てくれるかどうかなど気にしないだろう。それにファンたちは、外部の人々におもねるような内容の動画を、むしろ拒絶するものだ。

ウェブ動画のチャンネルを考える際に、テレビのチャンネルをアナロジーにしてみる人々にとって、YouTubeは「もしテレビが無限の番組を提供できたらどうなるか」を考えるテストケースとなった。配信にかかるコストを無視し、番組制作にかかるコストもゼロに等しいと考えた場合、試すことのできるコンテンツの幅広さに制限はなくなる。そこから得られる価値は明らかだ。エンターテイメントのロングテールによって、あらゆる種類の視聴者を惹きつけることが可能になる。

しかしテレビのチャンネルは、それが提供する番組が趣味に合う（とチャンネル側が考える）潜在的視聴者に向けてデザインされている。一方YouTubeでは、クリエイターと同じくらい、視聴者も番組内容を左右する。私たちが観客として示す反応が、より直接的に、エンターテイメントの中身をつくるのだ。ニッチなジャンルは、ある特定の関心に合うものとして登場する。しかしそれは進化し、成長して、「ニッチ」だったはずのものが大勢の視聴者を集める場合がある。これまで注目度が低かったり、まったく知られていなかったりしたジャンルをカバーしていたチャンネル（ジョーダン・マロンのゲーム動画チャンネルやユヤのライフスタイル・ビデオブログなど）でも、私が子供のころから知っているような、メインストリームの有力なメディアと肩を並べるほどのブランド力や観客数を獲得するものが登場している。

しかしマインクラフトやeスポーツ、そして美容コンテンツの大きな盛り上がりは、ニッチコンテンツが私たちにもたらしてくれるもののすべてを語っているわけではない。実際に証明されているように、トピックの幅が狭くなればなるほど、そしてそれを中心としたコミュニティのつながりが密接になればなるほど、それに関する動画やチャンネルは、私たちが持つ「他の人々とつながりたい」「自分たち個人を超えた存在に属しているという感覚を得たい」という欲求をより満たしてくれるようになる。そうした欲求は、私たちが常に抱いてきたものだが、21世紀のエンターテイメント・テクノロジーが（これまでの雑誌やテレビ番組とは対照的に）ようやく満たしてくれるようになったものだ。人々の生活を本当に変えることのできるエンターテイメントとは、ごく狭い範囲の人々にしかアピールしないエンターテイメントであることが多いのだ。

9 隠された欲求をみたす ― 耳かき、ささやき、開封動画

YouTubeが可能にした「エンターテイメントのニッチ化」の効果は、新しいコミュニティを生み出し、新しいコンテンツのジャンルを成功させただけではない。様々なチャンネルや動画を好きなだけ見られるようになったことで、人々の意識をより深く、より幅広く刺激するコンテンツにも可能性を開いた。新しい種類のコンテンツは、エンターテイメントの定義を広げており、私たちが以前から抱いていたものの気づいていなかった欲求を、うまく利用している。それは、メディア産業だけでなく、私たち自身が思ってもみないようなものだったりする。

「こんばんは、またお会いしましたね、マリアです」と、大きなフープイヤリングをつけたブロンドの美しい女性がささやく。「この動画は、あなたのリラクゼーションに捧げられています」。動画の説明文には、この女性が「あなたにいくつかの刺激を与えてうずかせ――願わくば――癒しとくつろぎをご提供します」と書かれている。

私は高性能のノイズキャンセリングヘッドホンをつけているので、彼女が口にする言葉の一字一句を聞き取れる。ただし、重要なのは彼女が何を言ったかではなく、どう言ったかだ。彼女はとてもソフト

■01
* Oh such a good 3D-sound ASMR video *
Gentle Whispering ASMR

な声で、静かにささやくので、彼女の唇が立てる軽い音や、舌が口のなかで立てる音、吐息が歯の間を過ぎる音まで聞くことができる。彼女はヘアブラシを拾い、それを自分の指で撫で、軽く叩いてから、ブロンドの巻き毛をとかす。

10分後、マリアは自分の顔に羽毛を走らせている（この動画は16分間の長さがあるのだ）。彼女のアクセントがどこのものかは判別できない。東欧出身だろうか？「何も心配しないで」と彼女が優しくつぶやく。「すべてうまくいくわ」。私は彼女の言葉に耳を傾け、その言葉が私の脊椎に刺激を走らせるのを待った。

私がYouTubeの動画でASMR（Autonomous Sensory Meridian Response）を試してみたのは、これが初めてではない。こうした動画は人気があるので、みなさんも試してみたことがあるかもしれない。

ASMRとは何だろうか？医学研究者のニティン・K・アフジャは、この現象について記した初の（そして数少ない）学術論文のなかで、「愛好家たちはこの感覚を、他人から受ける特定の刺激への反応によって生まれる、軽度の確実な高揚感で、頭部と脊椎に独特な『うずき』を伴うと描写する[i]」と解説している。正確には把握されていないが、人口のうちの何割かは、このASMRを何らかの形で体験しており、私もそのひとりかどうか確認したかったのである。ASMRに対してはさまざまな説明が行われているが、科学的に調査する方法はほとんどない。ただ、ASMRのファンが何かを感じていることはまちがいない。マリアの動画に対して投稿されたコメントのひとつには、こう書かれている。「これを見ていると、何度も体がぴくぴくと動きました。……けいれんとうずきのコンビネーションによって、私は自分の体をコントロールできなくなったように感じました。それは激しいものでした」。これを読んで、自分でも試してみようと思わない人などいるだろうか?

ＡＳＭＲという言葉は２０１０年に生まれ、２０１１年に一般の人々に知られるようになると、そこから急速に関心が高まった。

マリアは登録者が80万人を超える「ジェントル・ウィスパリング**[Gentle Whispering ASMR]**」チャンネルのスターだ。彼女の動画は2億５千万回以上視聴されており、私が見たのは「すばらしい３ＤサウンドのＡＳＭＲビデオ▣01」というタイトルの一本だ。これは彼女の動画のなかで最も視聴されており、その回数は１７００万回を超える。彼女の動画は２５０本を超えていて、タイトルも「折りたたまれたフワフワで気持ちいいタオル（~Relaxing Fluffy Towels Folds~）」から「ニューヨークタイムズの記事をささやく（Whisper* NY Times newspaper article reading）」までさ

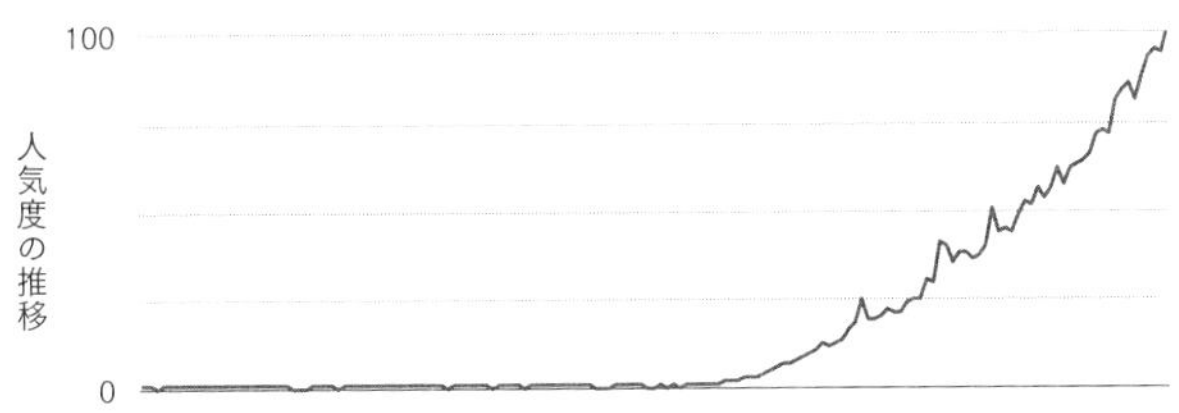

図：グーグルにおける「ASMR」という検索ワードの人気度の推移（2004〜2016年）

まざまだ。ジェントル・ウィスパリングはASMR関連で最も人気のチャンネルだが、決して唯一の存在というわけではない。他にも数多くの「ASMRティスト」がおり、たとえば「ヘザー・フェザーASMR」や、「マッサージASMR」、「コズミック・ティングルASMR」といったチャンネルが存在する（それぞれの登録者数は10万人を超えている）。

「起きたばかりなんです。私の声が、期待していた通りでなかったらごめんなさい」とマリアは言った。それは彼女と初めて話したときのことで、彼女はボルティモアの自宅にいて、私が電話をかけたのだった。彼女は声の調子を維持するために、歌ったり、特別なお茶を飲んだり、リンゴやハチミツを食べたりするのだが、そうした準備をする前だったのである。しかし彼女の心配に反して、その声は私が期待していた通りであり、彼女との会話はこれまで行ってきたインタビューのなかで最もスムーズなものだった。

マリアが最初にASMRを体験したのは、子供のころ、ロシアのリペツクに住んでいたときのことだった。彼女は友人と「先生と生徒」という遊びをしていた（マリアが生徒役だった）。するとそのとき、友人の話し方と本のページをめくるしぐさの何かが、彼女の中に妙な感覚をもたらした。「そのときは、まるでシャンパンの泡が体の中を飛び回っているかのようでした」と彼女は回想する。「それが何か、はっきりとわかりませんでしたが、それは圧倒するようなものでありながら、心地よい感覚でした」。その後成長するなかで、この感覚は何度も彼女に訪れた。「そのほとんどは、誰かがとても優しい声でささやきながら、ゆっくりと、悠然とした素振りで体を動かすときに生まれました」

マリアは19歳のときに米国に移住した。そして２００９年、自分が離婚から受けた精神的苦痛に苦しんでいることを自覚する。彼女は不安を和らげるため、ＹｏｕＴｕｂｅにアップされていた瞑想用の動画を見るようになり、ある日「関連動画」欄に表示されていた「ささやき動画」を見つけた。この動画は「ウィスパーフラワー」と名乗る女性が、英語とロシア語でささやくというものだった。

「彼女の声を聞いたとき、まるでレンガの壁にぶつかったような感覚を覚えました。まさにそうです。それほど強い感覚だったのです」。それはこうした感覚を覚えるのが自分ひとりではないと、マリアが気づいた瞬間だった。「コメントを読み始めると、大勢の人々が、私が覚えたのとまったく同じ感覚を抱いていることがわかりました」。翌年、マリアはこうした動画を定期的に見るようになっていた。それが自分の不安を克服することを可能にしてくれると感じたからである。

「それからしばらく、こうした『ささやき動画』を見たのですが、大勢の人々が集まっていたものの、私が見たいと思うものを誰も提供してくれていないことに気づきました」と彼女は言った。そこで２０１１年に、彼女は自分のチャンネル「ジェントル・ウィスパリング」を立ち上げた。当時マリアは、医療用品店で受付として働いていた。チャンネルを始めたころ、視聴者数はごく少なかったが、およそ2年後には10万人もの登録者を獲得していた。そして２０１５年、彼女は受付の仕事を辞め、自身のチャンネルに専念して生計を立てることにした。

ＡＳＭＲのリサーチを通じて会話した人々のなかで、この現象について詳しく知らない人のほぼ全員が、ほとんど同じ反応を示した——「それって奇妙なフェチだね！」である。私もそれが第一印象であったことを、白状しなければならない。そしてＡＳＭＲ愛好家によるオンラインフォーラムで、それに反対する主張が繰り返されているにもかかわらず、私はＡＳＭＲが新しい性的倒錯なのではないかとしばらく疑っていた。ＡＳＭＲ関連チャンネルのスターの多くが、魅力的な若い女性である。さらにあからさまにエロティックなＡＳＭＲ音声も、ウェブ上で簡単に見つかる。「ロールプレイング」しているものもごく一般的だ。それを考えると、ＡＳＭＲをフェチの一種と見なしてしまいたくなるが、実際はそうではない。

　マリアのチャンネルの視聴者は、男女がほぼ均等に分かれている（正確に言うと、女性の割合のほうが若干高い）。さらに男性の「ＡＳＭＲティスト」も多い。ただこうした事実は、あなたの想像を覆すものにはなるかもしれないが、ＡＳＭＲがセクシャルな現象ではないという証明にはならない。事実、私の友人のひとり（彼女は本書で引用されることを非常に喜んでいたが、この文脈で使われると知って気分を害してしまった）は、「羽毛やささやき声を使うというのは、まさに女性の視聴者を興奮させる可能性のあるもの」と指摘している。インターネットを使っていると、「ウェブ上にある理解不能なものは、変態がやっていることだ」と考えたくなるものだろう。しかし２０１５年、英国の研究者２人が、ＡＳＭＲのフォーラムやグループに参加している人々を匿名で調査した結果を発表した。それによると、「性的興奮を得るためにＡＳＭＲのコンテンツを使用していると回答したのは、全体のごくわずか（５パーセント）であり、大部分（84パーセント）はこの認識を否定している」[ii]そうである。そして回答者の多くは、眠るためや、ストレスに対処するためにこれを活用している。

女性のＡＳＭＲクリエイターの割合が大きいことに関する理論のひとつは、多くの女性が持つ柔らかい声が、ＡＳＭＲに適している可能性があるというものだ。マリアはそれに加え、より深い心理学的なメリットもあると考えている。「女性は本質的に、子供を育てる生き物ですから、相手により優しく接し、労わることができるのでしょう」と彼女は語っている。

私がマリアの話を聞いたとき、彼女の動画は１日に25万回以上見られるようになっており、その数は増え続けていた。平均視聴時間は約11分間で、より長い動画になると20分間近くなる。これはウェブ動画にしてはかなり長い時間だ。またこうした数字は、彼女のチャンネルを熱心に視聴する人々の間ではさらに大きくなった。彼女によれば、そのなかには幅広いバックグラウンドや職業の人々が含まれているが、特に多いのは高いストレスを感じる仕事をしている人々、たとえば救命士や消防士、教師、弁護士などであるとのことだった。彼女のファンの多くは、長年にわたって彼女と交流している。「さまざまなプラットフォームを通じて、毎日数百件のメールやコメント、メッセージをいただきます」と彼女は言った。マリアにメッセージを送ってくるのは、長距離のフライトを終えた休憩中に、眠りにつくために彼女の動画を使っているパイロットや[01]、悪夢を見るのを避けるために動画を使っている、ＰＴＳＤに苦しむ退役軍人、赤ちゃんや小さい子供と一緒に動画を見ている親などといった人々だ。「そのような形で誰かの人生に関わっているのだと思うと、本当にすばらしいことです」と彼女は語ってく

01｜私はこの話を聞いてから、国際線のフライト中にトイレを利用した際、ヘッドホンをしているパイロットを見かけたら、全員がマリアの動画「-⋈-ASMR Gentlemen's Suit Fitting Session-⋈-（ASMR男性用スーツの仕立て場面）」を見ているのだと考えるようになっている。

れた。

　こうした珍しい動画が、人々の人生において深く有意義な役割を果たせるというのは、すごくおもしろいことだ。ＡＳＭＲの成功は、エンターテイメントが視聴者のごく個人の反応や必要性に応えたときに、どんなことが起きるかを教えてくれる。「私たちは医者ではないですし、学位も持っていません」とマリアは笑いながら言った。「しかし実際には、インターネットを通じて誰かを癒しているのは、他の普通の人々なのです……それはすばらしいことだと思います」

　1966年11月、ニューヨーク市のWPIX（11チャンネル）のゼネラルマネージャーだったフレッド・M・スロワーは、この独立系テレビ局のクリスマスイブ向け番組のアイデアを記したメモを送った。そのアイデアとは、暖炉の様子を3時間放送するというものだった。ニューヨークタイムズは次のように報じている。「これはテレビ業界初の『番組を流さない』実験になる……午後9時30分から午前0時30分にかけて、画面上にはパチパチと音を立てる炎しか映らない。しかもエレクトロニクスの驚異のおかげで、灰や煙はコマーシャルとともに排除される」[iii]。このノスタルジックで、安らぎを与えてくれるユールログ〔クリスマスイブに薪を燃やす伝統行事〕放送は、その年のクリスマスイブ、多くのニューヨーカーが心の底で抱いていた願いを叶えることになった。その願いは、誰もが必ずしもはっきり口にしたことのないものだった。そしてこの放送は非常に好評を得て、それは米国全土で毎年恒例の行事になるほどだった。

それからおよそ50年後、NRK（ノルウェー版BBCのような放送局）が同じように奇妙な決断を下した。2011年の夏、同局は134時間連続で、ノルウェー沿岸の都市ベルゲンからキルケネスまでの船旅の様子を放送することにしたのである。いわゆる「スローテレビ（なんの変哲もない出来事や行動の様子を、長時間にわたって放送する番組）」と呼ばれるジャンルは、この番組「フッティルーテン　一分一秒を追う」が初めてではないが[02]、この試みはそのなかでも最も大胆なものといえるだろう。放送時間中のある時点では、ノルウェーの人口約500万人のうち半数以上が同番組にチャンネルを合わせ、船がベステローデンのトロルフィヨルドに入港する様子は、約70万人が同時に視聴した[iv]。その後、数多くの船旅と鉄道旅の放送が行われた。そして18時間のサーモン釣りの様子と、12時間の編み物の様子も。NRKのプロデューサーであるルネ・マクレバストは、タイム誌に対し、「スローテレビは、正直なところ私も含めて、あらゆるテレビ関係者が常に『テレビとはこう制作されるべきだ』と考えていた方法とは非常に異なっています」と語っている。「大部分のテレビ番組が、対象やテーマを変えるだけで、それ以外は同じ方法で制作されています。スローテレビはそれとは異なるストーリーテリングの方法です。従来より奇妙な方法ですが、まちがっていると思われれば思われるほど、正しい方向に向かっているのです[v]」

ユールログもスローテレビも、従来の考え方に反する奇妙な実験として始まった。ところ

02｜その2年前に放送された番組「ベルゲン線」では、オスロからベルゲンまでの鉄道旅が9時間にわたって流され、これがNRKにとって最初のスローテレビとなった。

が意外なことに、最初は見る人たちを困惑させたとしても、最終的には彼らを非常に満足させる結果となった。ニューヨーカー誌のネイサン・ヘラーはスローテレビについて、「それはエンターテイメントとしては逆行するものだ。まるで自らの心の中に視聴者を取り込んでいるかのようである」と記している。これらの「実験」が合理的でないように思えるのには、2つの理由がある。第1に、テレビは一方通行のコミュニケーション・メディアであり、視聴者に再びチャンネルを合わせてもらうために、「番組が何を提供してくれるか」という期待を明確なものにする必要がある。5日間もの船旅を数百万人の家庭に向けて放送することは、そうした期待を混乱させてしまい、多くの人々を困惑させると考えられる。第2に、それはコストがかかる。ユールログの場合、1966年のWPIXの収入を4000ドル（2016年でいえば約3万ドルに相当する）減少させたと報じられている。

多くの場合、ウェブ動画はこのどちらの問題も持っていないため、動画制作者はプロ・アマを問わず、従来の考え方に反するような内容でも自由に実験することができる。そしてそれを通じて、さまざまな心理的ニーズをより深く探求し、エンターテイメントと呼ばれるものの限界を押し広げ、私たちの脳に特定の反応を引き起こす新たなジャンルをもたらすことができる。驚くほどシンプルな動画と音声が、私たちの中に複雑な反応を引き起こし、自分自身でもはっきりと表すことが難しいようなニーズを満たすことができるのだ。そしてこうした経験は非常に個人的な（あるいは珍しい）ものであるために、私たちはそれについてほとんど話すことはない。その存在は主に、オンラインフォーラムや偶然してしまったクリック、曖昧な検索、あるいは友人との会話などを通じてのみ知ることができる。またそれは、それを探している人々のみによって発見され、理解されるようにデザインされていることが多い。

あるいは、そもそもまったく理解されようとしていない場合もある。その重要性を生み出すのは、私たちが覚える「くすぐったい」という感覚や、くすぐられた部分ではなく、「くすぐる」という行為自体がもたらす興奮なのだ。それはYouTubeのようなテクノロジーによって可能になったもので、ポップカルチャーの中に登場しつつある、新たな側面を象徴する存在である。その側面とは、自分の中にある無意識（あるいは他人に語ることのない意識）への反応として生まれようとしている。

乾いたスポンジが濡れていく感覚が最高だって思うのは私だけですか？

2014年まで、私は自分が、YouTubeで話題になっていることは何でも詳しく知っていると考えていた。そのため、ある日突然、最も視聴されているチャンネルについて文字通り何も知らないと気づいたとき非常に驚いた。ディズニー・コレクターBR［DisneyCollectorBR］というチャンネルなのだが、それは人気のチャンネルの法則を無視しているかのようだった。そこで公開される動画には、音楽は含まれていない。カリスマのある人物が登場するわけでもない。ビデオゲームとも関係がない。ディズニー・コレクターBRは、子供用のオモチャで遊ぶ大人の女性のチャンネルだ。この女性は手以外をカメラに映さず、箱を開封したり、プレイ・ドー〔粘土のブランド〕で遊んだり、オモチャや飴玉が入っているプラスチック製のタマゴを開けたりする。女性はラテンアメリカ系のアクセントで、一連の動作をナレーションする。彼女のチャンネルは２０１１年に立ち上げられ、たった数年で、ＹｏｕＴｕｂｅで最も視聴されるチャンネルのトップ５に入った。２０１６年までに、ディズニー・コレクターＢＲの動画は１００億回以上視聴され、これはジャスティン・ビーバーのチャンネル（！）よりも人気だ。動画のなかには非常に長いものもある。たとえば「アリエル、アナ、エルサのマジッククリップ人形をプレイ・ドーで着せ替え■02」は、このチャンネルで最も人気の一本であり、５億回近く視聴されている。

ディズニー・コレクターＢＲ[03]以外にも、オモチャをテーマにしたチャンネルは無数にある。「サプライズ・トイ[SurpriseToys]」やＤＣＴＣ[The Amy jo how-DCTC]といったチャンネルは、それぞれ累計視聴回数が数十億回に達している。

作家のミレイユ・シルコフは、２０１４年の興味深いエッセイのなかで、「文化的なステータスのあるものを身につけることで自尊心をぎりぎり保とうとする40代の親を傷つけるものとして、自分の２歳の娘が見ている動画を見て、心底困惑させられるという体験を上回るものなどほとんど思い浮かばない[vi]」と述べている。彼女がこれを書いたのは、ほかの多くの人々と同様に、自分の娘を通じてそうした動画の存在を知った後だった。「この動画に娘が取り憑かれたように夢中になっている様子から、

■02
Play Doh Sparkle Princess Ariel Elsa Anna Disney Frozen MagiClip Glitter Glider Dolls
FunToys Collector Disney Toys Review

私は、彼女の深いところで神経学的なマッサージが行われているような印象を受けた。まるで彼女の発達中の脳に開けられるのを待っている鍵穴があって、それを開けられるのは、南米アクセントで話しながら明るいマニキュアの指でプレイドーを箱から取り出す、正体不明のこの女性だけなのではないかしらと」

こうした動画があまりに流行したために、それが子供たちの心に悪い影響を与えるのではないかとパニックになる記事も無数に登場した。

私たちは従順な羊という新しい世代の消費者を、安っぽい販促プロパガンダの絶え間ない流れに彼らをさらすことで、洗脳してしまっているのだろうか？　パニックにかられた記事のひとつにおいて、ある心理学者は、「これらはテレビで見るような、子供に商品を売るための30秒のコマーシャルではありません。10分から15分続く、記事広告のようなものなのです」と語っている。[vii] しかし私が子供のころに覚えているテレビ番組の半分は、実際にはオモチャをベースにしたものであり、私はまだ「ガミー・ベアの冒険〔ディズニー・ピクチャーズ制作のテレビアニメ〕」のテーマソングの歌詞を暗唱できる。そうした番組には確かにストーリーがあって、ある種の肯定的なメッセージを子供に与える内容ではあるが、いま思うとかなりよくないものだった気がする。確かにオモチャを開封し、遊んでいる人々の動画は、子供たちを興奮させて「自分でもオモチャを買ってもらって遊びたい」という気分にさせるもののように見える。しかし私はこうした動画につい

03｜報道機関から多くの問合せを受けているにもかかわらず、ディズニー・コレクターBRを運営する人々は匿名を守っている。ただその中の何名かは、同チャンネルのスターと「Blue Toys」という関連チャンネルの男性スターを「暴露」しようとし、米国に住むブラジル人カップルだと主張している。

て調べれば調べるほど、何かもっと複雑な要因が、その人気をもたらしていると確信するようになった。ミレイユ・シルコフも同様の結論に達している。「おそらくその魅力は……消費主義とは実質的な関係はなく、その満足感は、謎めいた形で、私たちの感情面での反応システムに織り込まれているのだと私は考えるようになった」

　これに似た体験として多くの人たちが指摘しているのが、子供がクリスマスや誕生日でプレゼントの包みを開ける行為である。『現代の親のためのガイド』（*Modern Parent's Guide*）シリーズ（未翻訳）の著者であるスコット・スタインバーグは、テレグラフ紙に対し、「何か新しいものを手に入れるというスリルは興奮するものであり、小さな子供たちが参加する誕生パーティーを見たことがある人ならば、彼らはプレゼントをもらうのが自分たちではないとわかっていても、友人がそれを開けるところを見て本当に楽しそうにすることを知っているはずだ[viii]」と語っている。またシェフィールド大学の研究者ジャッキー・マーシュは、２０１５年に発表した「オモチャ動画現象」をテーマとした論文において、「子供は大人と同様に、スリルとサスペンスを楽しむのである。特にそれが安全で、結果が予測可能な文脈における体験の場合は」と記している。[ix]「それはもちろん、なかにオモチャが入っているタマゴを開けるような、嬉しいサプライズについても当てはまる。したがってこうした、オモチャの箱を開封するシーンのある動画は、ミステリー小説のような人気のジャンルにも共通する、構造的要素が含まれているのだ[04]」

　こうした熱狂を見ると、私はお気に入りのＴＥＤトークを思い出す。それは映画監督のＪ・Ｊ・

03
J・J・エイブラムスの謎の箱
TED

エイブラムスが２００７年に行った、「私のミステリーボックス▣03」というタイトルの講演だ。そのなかで彼は、ストーリーテリングのための装置をたとえるものとして、彼が何年も前に買った手品用グッズが入った未開封の箱を使った。エイブラムスにとって、彼を魅了しているのはその箱の中身ではなかった。それはその手品用品が入れられた箱が持つ、ミステリーと謎だったのである。この講演が行われたのは、彼が映画界に進出してヒット作を何本も生み出すようになる前、ちょうどテレビシリーズ『ＬＯＳＴ』を手がけていたころだった。『ＬＯＳＴ』は大人気のドラマで、私もそれを楽しみにする一方で、嫌ってもいた。飛行機の不時着で謎の孤島にやってきた人々を中心に据えた『ＬＯＳＴ』は、その次々に視聴者へと提示される謎の連続に、信じられないほどの中毒性があった（そしてイライラさせられる）。この島は何なのか？　あのモンスターは何だ？　シャワーもなく蒸し暑いジャングルにずっといて、なんであんなに美しくいられるんだ？　そして番組内でさまざまな謎に答えが提示されるたびに、新たな謎が現れる。エイブラムスは講演のなかで、「ミステリーが想像力を掻き立てるのだということに気づきました」と語っている。そしてこの「ミステリーボックス」というコンセプトが、彼の作品のなかでどう表れているかを示す。「ミステリーが知識よりも重要になる場合もあるかもしれない、とすら考えるよう

04｜これは子供に特有の話に聞こえるかもしれないが、同じような心理が私たち大人にもあるだろう。事実、YouTubeが最初にメインストリームからの注目を集めたきっかけは、大人が何かの梱包を開封する動画の流行だった。いまや大人が１日に「開封動画」を見る時間の累計は、数百万時間にも達している（その目的は製品レビューを見るためであり、何らかの感覚的体験を得るためではないだろうが）。私は最近、YouTube上にアップされている開封動画の対象となっていない物を自宅で見つけようとしたのだが、失敗した。自宅にあるブランドと同じフライパンを対象とした開封動画すらあった。私たちは未来に生きているのだ！

になりました」。開封動画を見るときに子供たちが体験しているのも、私が『ＬＯＳＴ』の新しいエピソードを見るときに体験しているのと同じ感覚なのだろう。オモチャの入ったプラスチック製のタマゴは、小さなミステリーボックスなのだ。

しかしメディアの概念を通じてこの現象を理解しようとしているのは、私だけかもしれない。子供たちがこれらの動画を喜んで見ている理由は、もっと複雑なものだと考える人もいる。マーシュは自身の研究のなかで、「こうした動画の多くには、箱を開ける手や指のクローズアップも登場するが、そうした手の動きが子供たちにとっては興味をそそられるものなのかもしれない」と解説している。「さらに動画には、タマゴを開けるときに立てる音や、開封する際にオモチャのプラスチックが立てる音などもついている」。つまりこうした楽しい体験や、動画が引き起こす心地よい感情的反応が、開封動画の人気の源泉になっている可能性があると彼女は指摘している。

ＹｏｕＴｕｂｅにはこのような、多くの視聴回数を誇る多彩なチャンネルが存在しているが、そのなかには私たちが気づかない人々の心を惹いたり、既存メディアの中に似たものを見つけることができなかったりするものも含まれている。あらゆる年代の人々が、さまざまな感覚を刺激してくれる、驚くようなコンテンツを探し求めている。

ある日のこと、私はＹｏｕＴｕｂｅのオフィスにあるカフェに座っていた。そのとき同僚の肩ごしに、まるでクッキーに何らかの医療処置を施しているかのような動画が目に入った。青いゴム手袋をつけた

04
Cookie Reassignment Surgery
The Food Surgeon

人物が、外科用のメスとピンセットを使い、ペパリッジファームのオートミール・レーズン・クッキー（ソフトタイプ）からすべてのレーズンをゆっくりと取り出して、そこにトールハウスのチョコレートチップを埋め込んでいく。私はその光景から目をそらすことができなかった。その細心の手さばきにすっかり魅了され、そして奇妙なことに、心がリラックスするのを感じたのである。「クッキー転換手術▣04」というタイトルがつけられたこの動画は、「食べ物外科医［The Food Surgeon］」という名で知られる男性が制作したものだ。一本の動画制作に6～8時間をかけている。彼はアドウィークに対し、正体を明かさないままでいるつもりだと語っている。「私は食べ物、音、映像にフォーカスしています。このまま続けていきたいのです[05]」。彼の動画、たとえば「リーズのピーナッツバター切除とオレオクリーム移植」や「トゥイックスの添え木によるバターフィンガーの骨折修復」などは、私たちの感情を揺り動かす、感覚的な体験を提供している。そうして生まれる感情的な反応は好ましいものだが、私たちがそれを完全に理解しているとは限らない。

こうした反応については、人々が「妙に満足感が得られる（Oddly Satisfying）」と表現する動画でも見ることができる。これは「エンターテイメントとしての動画コンテンツはこうあるべき」という、既存の概念をすっかり打ち砕いてしまうような動画カテゴリーだ。汚れた道路が高圧の放水で

05｜この男性のことについては何も知らないが、同じ質問に対する答えの内容からして、非常に興味深い人物のようだ。その答えとは、次のようなものである。「手術のことを考えると、食べ物は解剖に適していなければなりません。四角いファッジは美味しいですが、中身がずっと一緒なので、手術しても退屈なはずです。私の動画のなかで人気があるのは、キャンディー関連のものですが、私はキャンディー外科医ではないので、多様性が重要です」。彼と友人になれないだろうか？

きれいになる様子を撮影したタイムラプス動画。鋭利なナイフで薄く、かつ完璧にスライスされるブドウ。ほぼ同じ直径の段ボール筒の中を滑り落ちていくホッケーのパック。心理学者のジリアン・ローパーは、アトランティック誌に対して、「私たちが生きているこの時代は、あまりに多くの物があふれているので、あらゆる種類の物事があらゆる方向から飛んでくる世界では、必ずしも一緒にされる必要のない物事を整理できたり、ピタリとフィットさせることができたりすると、ある種の心地よさを感じるのではないかと思います[xi]」と語っている。私たちは生まれつき、物事に秩序をもたらしたいという欲求を持っているようだ。

それこそ私が、「濡れていくスポンジ▣05」というタイトルの動画を見たとき、驚かなかった理由である。これは水の入った長方形の容器に乾いたスポンジを入れ、それに水がしみていく様子を撮影したもので、5万9000回視聴されている。この動画を紹介するReddit（レディット）〔ニュース記事を共有し、コメントできるウェブサービス〕の投稿には、「これは僕が圧縮されたスポンジを水に浸すところだ」というシンプルな解説がつけられており、88件のコメントが寄せられている。たとえば「乾いたスポンジが濡れていく感覚が最高だって思うのは、私だけですか?」や「スポンジが容器ぴったりに膨らむのを期待してる自分がいる……あと少しなのに[xii]」といった具合だ。

スポンジが水に濡れていく動画に88件ものコメントがついたことを脇においたとしても、「妙に満足感が得られる」動画には、心を落ち着かせるような楽しさがあることを認めざるを得ない。一見すると退屈なように思えるものが、これほどまでに観客を引き寄せる場所は、ウェブという環境をおいて

▣05
Sponge being hydrated
ThePeatoire

他にないだろう。しかしそれは、価値を生み出す源泉となるのが、私たちが「こうあるべき」と公に考えている概念ではなく、私たちのプライベートな体験だからである。マスをターゲットとしたエンターテイメントの世界では、情報を伝えるための帯域に上限があり、投資に対するリターンが厳密に管理される。そうしたなかで何らかのコンテンツを提供するために、非常に多くの利害関係者、予算、エゴが関係してくる。私の子供時代の大部分において、主要メディアから提供されてきた番組が、良くも悪くも一定のパターンから逸脱することがなかったのは、それが理由だ。しかし「濡れていくスポンジ」も「食べ物外科医」も、それを制作する前に、ヒットするかどうかを誰にも証明する必要はなかった。私たち視聴者がそれに価値があるかどうかを判断し、そして実際に価値を引き出すのである。そしてプライベートで楽しむコンテンツの場合、個人がどのような反応を示すかがすべてであり、従来のエンターテイメントでは考えられなかったような結果が生まれるのだ。

耳かきをテーマにした動画には、少なくとも2つのジャンルがあると知ったら、みなさんは驚くかもしれない。もう一度言っておこう。耳かきの動画には2つのジャンルがあるのだ。そのひとつはASMRの要素を持つロールプレイング形式の動画で、視聴者は耳かきをしてもらう人物の役を演じることになる。たとえば「ASMR耳かき——耳かき担当者とスパのロールプレイ（男女共用）（ASMR Ear (Cleaning) Groomers & Spa Roleplay ? (unisex))」というタイトルの動画は、心地よくささやく女性が耳かきをしてくれるという内容で、私が確認した際には視聴回数が80万回を突破していた。そしてもうひとつのジャンルだが、こちらは日常生活における会話のなかで持ち出すのが難しいものだ（私はそれを同僚とのランチでやってしまい、実感させられた）。それは実際に、耳垢を取り除く過程を解説するという内容である。そう、数回キーボードを叩くだけで、耳垢を除去するためのテクニックを学べるのである。「たった1回で巨大な耳垢を取り除く（Hard ImpacTED Huge Ear Wax removal in one stroke）」という動画は、インドの医師が内視鏡カメラを使って撮影したもので、ブライアン・イーノ風ＢＧＭの流れる中、金属の器具を使ってある女性から巨大な耳垢を除去する様子を収めている。「最もおもしろい耳かき（FUNNIEST EAR WAX EXTRACTION）」と題された動画では、ジャスティンとアリソンというビデオブロガーのカップルが、ジャスティンが病院で外耳の洗浄を受ける様子を記録している（それは特におもしろい内容ではないと思うのだが、私の評価は厳しすぎるだろうか？）。

こうした動画のなかで、私が見つけた最悪のものは、「こびりついた耳垢を除去する▣06」という控えめなタイトルがつけられた一本だ。ピンセットを使って、信じられないほど巨大な耳垢を取り除くという内容である。私はこの動画を目にするまでに、すでに同様の動画を気分が悪くなるほど見ていたのだが、それを見るのを楽しんだことを認めざるを得ない。私がこの動画の存在を知ったブログ「メディカル・デイリー」は、「粘着性のある耳垢をピンセットで取り除く様子を見るというのは、不快感を覚えるのだが、同時に達成感を味わえるものだ。彼の耳はいま、さぞかしすっきりしているだろう！[xiii]」と解説している。またコスモポリタン誌も同様の反応を示している。「それは不快なのだが、耳垢を取り終わると、すばらしい満足感を覚えるのである[xiv]」。要はこの動画からは、安堵感が得られるのだ。

▣06
Biggest Zit Cyst Pop Ever {Gross Pimple Popping}
Kris Honey

▣07
A Goldmine of Blackhead & Whitehead Extractions
Dr. Sandra Lee (aka Dr. Pimple Popper)

　耳かき動画が耐えられないというなら、こんなのはどうだろうか。ＹｏｕＴｕｂｅで耳かきよりも人気なのが、ニキビつぶし動画である。「これまでで最大のニキビつぶし（Biggest Zit Cyst Pop Ever）」と名付けられた動画には、ミセス・バンタンと名乗るユーザーが、「奇妙な満足感が得られる」とコメントしている。私が確認したとき、この動画の再生回数は１２７０万回に達していたのだが、白状すると私はこの動画を見る気になれなかった。「ニキビ／黒ずみ動画」の合計視聴回数は、耳かき動画のそれの5倍以上に達している。サンドラ・リー博士**［Dr.Sandra Lee(aka Dr.Pimple Popper)］**（「ニキビつぶし博士」として知られている）は、インスタグラムを始めてＹｏｕＴｕｂｅ上に自分のチャンネルを立ち上げたのだが、その登録者は２００万人以上に達している。「黒ずみ・皮脂除去の金鉱▣07」や「ニキビつぶし博士が選ぶ２０１５年の最も驚くべきニキビつぶしトップ5（Dr Pimple Popper's 'Top 5 Most Amazing 'Pops' of 2015)」といった人気の動画は、すべてカリフォルニア州アップランドで彼女が営んでいる皮膚科で撮影されたものだ。彼女はチャンネルの紹介文において、自分の目標は視聴者に皮膚の病気とケアに関する知識を提供することだと解説している。しかし「その過程で、お望みのものをご覧いただけるでしょう。それはニキビつぶしや黒ずみの除去、いぼの切除など、私の『本業』ともいえる映像です」と認めている。

　ニキビつぶし動画や、同じように「グロいけれど見てしまう」黒ずみ除去動画は、視聴者に満足感をもたらすようだ。そうした動画は以前から一定の人気があったのだが、２０１６年になると、それを見たり、シェアしたりすることを楽しむ人々（「ニキビつぶしマニア」として知られる）のコミュニティがメインストリームのメディアの注目を集め、リー博士はまるでセレブのような扱いを受けるようになった。

なぜ人々はこうした動画が好きなのだろうか？　私たちの天性の好奇心が、ＹｏｕＴｕｂｅという安全な環境のなかで、危険や不快なものを求めてしまうのかもしれない。あるいは共感覚が影響しているのかもしれない。これはある刺激が別の感覚を引き起こしてしまうという現象で、たとえば音に色を感じたり、図形に味を感じたり、音楽に手触りを感じたりといった具合である（３００人に１人がこうした経験をしているといわれる）[xv]。誰かの耳がきれいになるのを見るだけでも、自分自身が耳かきによる満足感を得られるのだろうか？　まだはっきりとしていない。

オモチャ入りのタマゴを開ける動画や、「妙に満足感が得られる動画」、そして耳かき動画は、表面的にはそれほどおもしろくないように思える。そのため私は、それらが大勢の視聴者を集めていることを知り、なぜそれほどまでに人気なのかすっかり解明したいと感じていた。しかし「なぜ人々がこうした動画を楽しむのかはっきりわからない」という点こそ、まさに核心を突いているのではないだろうか。「なぜか」は重要ではない。誰もがほぼ何でもアップでき、視聴できるＹｏｕＴｕｂｅでは、成功したチャンネルのジャンルはいずれも、「なぜそれが存在するのかという理由が明らかにされているかどうか」とはまったく関係なく存在しているのである。

最も重要なのは、文字通り、このミステリアスな心理的・精神的刺激を受けた私たちの脳の奥で、何が起きているのかということなのだ。

■08
GoPro - Full wash cycle in a dishwasher
Bito

日常に潜むミステリー

「思ったより水の量が多いとも言えるし、少ないとも言えるな」というのが、私がその動画を見た際の感想だった。「ゴープロ――食器洗い機内での洗浄の様子▣08」というタイトルがつけられた、この4分35秒の動画は、そのタイトルが示す通りの内容である。この動画の制作者である「ビト［Bito］」は、「食器洗い機の蓋を閉めた後で何が起きるのか、ずっと知りたいと思っていました」と書いている。「私が見た他の動画の多くは、照明がひどかったり、アングルが悪かったりしていました」と彼は続け、食器洗い機の内部を写すことには基本的な撮影技術は必要ないという誤解を否定した。この動画に私が惹かれたのは、おそらくビトがこの動画を撮影したいと思った理由と同じだろう。それは私が子供のころから疑問に思っていたことに答えを出してくれているのである。すべての幼児たち（あるいは子犬や子猫、小鳥たち）は、たとえ一瞬だったとしても、「このなかで何が起きているんだろう？」と考えるものだ。大人になって、こうした考え方から卒業する人もいる。その一方で、大人になってＹｏｕＴｕｂｅの本を書き、こうした考え方を捨てきれないでいる人もいる。しかし「ゴープロ」を見たときに、私はひとりではないと感じた。しかもこの動画は、８００万回視聴されており、さらに少し検索しただけでも、同様の動画が数百本存在する。時間をかけて調べてみたところ、３６０度カメラで撮影したものまであることがわかった。「食器洗い機の内側動画」は、バーチャルリアリティの領域にまで踏み込んでいるのである。

「ゴープロ」は８００万回視聴されているが、その主な理由は、この動画が普遍的な好奇心に真正面から応えているからだ（この文章を読んで、食器洗い機のなかで何が起きているのかに、ますます興味が湧いてきたのではないだろうか？）。

単純な好奇心が持つ、人間の行動を促すという力は、これまで詳しい研究が行われてきた領域だ。人間はたとえ悪い結果が予想される場合でも、不確実性が現れた場合には、それを解決しようとせずにいられないことを証明した研究者もいる。これは発達中の子供についても、またテレビドラマ『ロー＆オーダー』の次回が気になって仕方ない大人についてもいえることだ。そしてＹｏｕＴｕｂｅは不確実性を解決する行為を、粗削りなエンターテイメントに変えた。そこに登場したのが、新しい種類のクリエイターたちである（その多くが無意識のうちにだったが）。彼らはＹｏｕＴｕｂｅ上で、私たちが日々抱いている好奇心を、平凡なように見えて非常に興味をそそられてしまう娯楽へと変化させる技術を磨いていった。

II

「私はずっと、人々が『修理屋』と呼ぶような人物として生きてきました」。27歳のマット・ノイランドは、「カーズアンドウォーター［carsandwater］」と名付けられたチャンネルを立ち上げた人物だ。そして多くの点において、彼は典型的な人気ユーチューバーとは正反対の存在である。「電話で十分ですよ、私は話すのがうまくないですから」と彼は言った。「自分の言葉で話をしようとすると、少し緊張するんです」。セキュリティ分野で働くノイランドは基本的に、ＹｏｕＴｕｂｅのコメント機能以外、外部のファンとつながるためにソーシャルメディアを使うということはしていない。彼は自分の動画にほとんど登場せず、声が聞けるとも限らない。しかしそれは重要ではない。約百万人が彼のチャンネルを登録しており、その動画は2億回以上再生されている。

ノイランドが動画制作を始めたのは、彼の最初の子供が生まれたとき、兄弟にビデオカメラをプレゼントしてもらってからである。「ＹｏｕＴｕｂｅを始めたもともとの目的は、家族の動画をアップすることでした。しかししばらくして、ＤＩＹの動画を始めたのです」と彼は語った。そうしたＤＩＹ動画は、ステンドグラスの窓からプールのヒーターに至るまで、さまざまなものを対象にしていた。動画に視聴者が集まってくるようになると、彼はさらに実験的な試みを行った。「『レッド・ホット・ニッケル・ボール』のような動画を撮影したのも、そんな時でした」と彼は語っている。ある日ノイランドは、手作りの「電気分解トーチ」（水分子を酸素ガスと水素ガスに分解して火をつけるというもの）を使って、手のひらサイズのニッケルの球を熱した。ノイランドは私に、それは「ちょっとふざけただけだ」と説明した。つまり私たちはレクリエーションでケガをする場合の許容範囲を、ずっと引き上げなければならないということだ。

彼はレンチで熱せられたニッケル球を取り上げ、水の中に落としてみた。「するとライデンフロスト効果[06 vii]が起きたのですが、私はそれを見て、きっと人々が『その熱い金属の球をこれに落としたらどうなるの？　あれならどう？』って聞いてくるぞって思いました」と彼は言う。「そこで私は、人々の好奇心を満たそうとしたのです」。とはいえこの動画が人気になるまで、ノイランドはニッケル球に観客を呼ぶ力があるとは本当には思っていなかった。[07] しかし彼の予想は外れた。そこで彼は「ＲＨＮＢ（Red Hot Nickel Ball）」をブランド化することにし、ＲＨＮＢすなわち熱したニッケル球を百以上の物質の上に載せてみたのである。彼のガレージで行われた実験をおさめた動画には、「ＲＨＮＢをドライアイスに 09」や「ＲＨＮＢをジェロに」、「ＲＨＮＢをノキア３３１０に」など、挑発的なタイトルがつけられた。「ＲＨＮＢを積み重ねたＣＤの上に」は超クールだ。「ＲＨＮＢをベルビータ〔米クラフトフーズが発売しているチーズのブランド〕の塊に」は気持ち悪い結果になっている。「ＲＨＮＢをホッケーパック〔アイスホッケーのボールに相当するもの〕に」では何も起きないが、１７０万回も再生されている。

彼自身が認めているように、マット・ノイランドはおしゃべり好きな人物ではない。たとえば彼に自分の動画のフォーマットを読者に解説してくれるようお願いしたとき、ノイランドは私にこう答えた。「本当にシンプルですよ。まずイントロ。次に、えーっと、真ん中の部分はなんて呼ぶんですっけ？　何にせよそれです。そしてアウトロ。それだけです」。ありがとう、マット。

しかし実際にノイランドの動画には、複雑なところがまったくないことを認めなければならない。「それはそれなんです」と彼は語った。「『なんだこの動画?!』のようなコメントをいくつも見かけます。すると誰かが、『タイトルを読めよ、熱したニッケル球を氷の上においてるんだよ』というような答えを返します。まさにその通り、それ以上でも以下でもありません」。彼の動画は非常に短いが、人気

09
RHNB-Dry Ice
carsandwater

作品の平均視聴時間は2分を超えている。

ノイランドは視聴者に、彼の熱したニッケル球で破壊される（彼はそれを「ＲＨＮＢされる」と表現している）物のアイデアを投稿するよう呼びかけている。寄せられるアイデアの数は、ノイランドが数えきれないほどだ。そうした投稿から、ノイランドの動画のなかで最も視聴されている作品のいくつかが生まれている。そのひとつ「ＲＨＮＢをフローラルフォーム〔生け花用のスポンジ〕に」は、長方形の緑色のスポンジが崩壊していくなかでカラフルな連鎖反応が起きるというもので、１５００万回以上再生されている（平均的な視聴者は、この動画の3分の2を見ている）。いまやノイランドは、世界中にファンがいる。視聴者のうち米国在住者は半分以下で、２０１５年には、彼の動画は台湾やポーランド、トルコ、マレーシアなど世界各国で視聴された。

フィンランド人の陽気な紳士（そして重量挙げの選手でもある）、ラウリ・ブエヘンシルタが運営する「ハイドロリック・プレス・チャンネル［Hydraulic Press Channel］」は、ノイランドの動画と似たものを配信している。この名前からすでに想像しているかもしれないが、液圧プレス機を使ってさまざまな物をつぶしてみるという内容だ。ブエヘンシルタはそうした動画を、水力発電所用の設備をつくる工場で撮影している。彼はＹｏｕＴｕｂｅ上に開設されている、家庭内にあるさまざまな物を壊し

06｜ウィキペディア（xvi）ではこう解説されている。「ライデンフロスト効果とは、ある液体が、その液体の沸点よりもずっと高い温度の物質と接触したときに起きる物理現象で、液体が急速に沸騰することを防ぐ蒸気の断熱層が形成される」。解説を聞くより実物を見た方がずっと素晴らしいだろう。

07｜ここで素晴らしい「位置エネルギー」ジョークを言えるかもしれないが、私はそれができるほど物理学を勉強してこなかった。このチャンスを台無しにしてしまったことについて、パパニコウ氏に謝りたい。

てみるというチャンネル（そのなかにはもちろんＲＨＮＢも含まれている）[xvii]からインスピレーションを得た。ブエヘンシルタのチャンネルの説明文には、そのことがまちがいようのないほどはっきりと書かれている。「液圧プレスで物がつぶされるところを見たいですか？　ここはそんなあなたにぴったりのチャンネルです」（彼は人々が持つ、物を壊す場面に参加してみたいという欲求を満たしているのではないか、と思うかもしれない。ＲＨＮＢの場合、ホッケーパックのように太刀打ちできないものもあるが、液圧プレスはそれも粉々につぶしてしまった）。私がブエヘンシルタと話したとき、「ハイドロリック・プレス・チャンネル」はたった数週間で登録者数約50万人というチャンネルに成長していた。彼はすでにそれを知っていて、喜んでいた。「頭に浮かぶ物をなんでもプレス機の下に置くなんて、わくわくしませんか？」と彼は私に尋ねた。確かにその通りだ。

　このシンプルで、それでありながら好奇心を刺激するチャンネルのジャンルにはまだ名前がついていないが、数多くの候補を見つけることができる。たとえばこれは本章で解説してきた内容に近いが、ＹｏｕＴｕｂｅ上で最も人気のある動画のひとつに、「中に何がある？」▣10［What's Inside?］というチャンネルにアップされた「ガラガラヘビのガラガラのなかには何がある？」というものがある。ユタ州ケイズビルに住む、ダニエルとリンカーンのマーカム親子による動画だ。このチャンネルはもともと、リンカーンが小学校2年生のときに学校の課題として行った、「スポーツで使うボールの中に何が入っているのかを調べる」という取り組みとして始められた。その2年後、チャンネルの登録者数は２００万人を超え、彼らがいろいろな物を半分にカットするのを見守ってきた。ダニエル・マーカムは地元のニュー

▣10
What's Inside?

スで、「それは小さな科学プロジェクトとして始まりました。そして想像していたよりもずっと大きなものに成長したのです」[xviii]と語っている。

私は当初、こうした動画がうける理由は、「妙に満足感が得られる」動画をネットユーザーが大好きなのと一緒で、感覚的な魅力によるものと考えていた。実際にノイランドと私は、RHNBが何かに穴を開けていくところを見るのがこの上なく楽しいと感じていた。しかし動画の人気は、何かが壊れるところを見る満足感だけから生まれているのではない。ノイランド、ブエヘンシルタ、そしてマーカム親子が取り組んでいるのは、「こんなことしたらどうなるだろう（What If）」動画なのだ。それは私たちの心にある、最も単純な反応に合わせて生み出されたエンターテイメントである。アサップサイエンスの場合と同様に、彼らは答えが気になる質問を提示するが、彼らは知識を探求するのではなく、経験を探求するのである。彼らは本能的な衝動を引き出し、そしてすぐさま視聴覚的な満足感を提供する。

ノイランド自身の好奇心、そして「未知なるものを探求したい」という彼のアマチュア科学者／修理屋としての熱意が、たとえスクリーン上には映っていなかったとしても、彼のチャンネルの根幹にあるのだ。「なんとかして動画をおもしろく、また私個人の物の見方が反映されたものにしたいと考えています」と彼は言い、チャンネルを続けているのは彼自身がそれにのめり込んでいるからだと認めた。「それに視聴者のために、燃やさなければならない物が引き出しにいっぱいありますからね」

私たちが日常のなかで起きるちょっとしたサスペンスが好きなことは、マット・ノイランドのようなクリエイターが開設しているチャンネルが人気であることからも明らかだが、私たち視聴者は自分自身でもこの種のドラマを生み出そうとする傾向がある。誰も立ち入ったことのない領域においてさえそうだ。ＹｏｕＴｕｂｅは無数のミステリーが集う場所になっているが、そうしたミステリーは、動画のコメント欄で行われる議論を通じて拡散し、激しさを増す。その原因となるものはいくつかあり、たとえばファンコミュニティにおける過剰な理論化や、計算しつくされたゲリラマーケティング、そしてこれは私の好みなのだが、２０１４年の「ウェブドライバー・トルソー」事件のように、単なる偶然の産物などが挙げられる。

　この年の夏、たった2〜3週の間に、「ウェブドライバー・トルソー【Webdriver Torso】」と名付けられたチャンネルにおよそ８０００本もの動画がアップロードされた（その後に50万本以上が続くことになる）。その動画の内容はまったく意味をなさないもので、奇妙な幾何学模様と音で構成されていた。たとえば「tmpdKHvbS▣11」と題された作品は、画面にさまざまなサイズの赤い長方形と青い長方形の静止画像が表示され、そこに高音がかぶせられるという内容である。こうした動画が、何十万件と投稿されているのだ。唯一の例外は「０００１４」と題された動画で、エッフェル塔が映る映像が6秒間続く。動画の長さはほとんどが11秒だが、「tmp 1DXWQ」という作品だけは25分間も続く。こうした動画の大部分は数回しか再生されていないが、なかには数万回視聴されているものもある。たとえば「tmpdKHvbS」という作品は50万回以上視聴されているが、そのほとんどは、このチャンネルを発見した誰かが「いったい全体これは何なんだ?」と議論しようと、別の人に紹介す

▣11
tmpdKHvbS
Webdriver Torso

ることによって生まれたものである。

そしてこのチャンネルは、多くのニュースサイトで取り上げられた。たとえばデイリー・ドットは「このミステリアスなＹｏｕＴｕｂｅチャンネルは、エイリアンと交信しようとしているのだろうか？」、Ａ・Ｖ・クラブは「ウェブドライバー・トルソーはきわめて邪悪な存在か、あるいはまったくなんの意味もないかのどちらかだ」、デイリー・メールは「フランスのスパイがこのミステリアスなＹｏｕＴｕｂｅ動画を制作しているのか？」といった具合である。映画『インディペンデンス・デイ』を何度も見た人であれば、ウェブドライバー・トルソーが地球外生命体とのコンタクトを目的としたものでないことを確信していたかもしれない。[08] しかし残念ながら、他の多くの場合と同様に、真実はこうした陰謀論よりずっとつまらないものだった。

ウェブドライバー・トルソーとはいったい何だったのか？　実は、動画圧縮技術をテストするためのチャンネルだった。運営していたのは「ＹｏｕＴｕｂｅアップロード」というチームに属していた私の同僚のひとりで、誰かがこの動画を探し出すなど予想もしていなかった。とはいえ結果的に、ウェブドライバー・トルソーはオタクたちにとっての「オモチャ入りのタマゴ」と同じ存在になったのである。その中に隠れていたのは、オモチャでもチョコレートでもなく、ＹｏｕＴｕｂｅのチューリッヒオフィスで働くエカテリーナという名のロシア人エンジニアが実施していた、複雑なインフラテストだった。[09] しかしそれはミステリーボックスであり、ＲＨＮＢで燃やされる、あるいは液圧プレス機でつぶされる何かと同じ存在だ

08｜公平を期して言えば、もしエイリアンもYouTubeを見ているのだとすれば、彼らは一部のビデオブロガーの成功に貢献しているだろう。

ったのだ。このチャンネルは、ドラマにおける古典的な原則（ゴールよりもそこに至る道筋のほうがおもしろい）と、何か変わったものを見つけたいという私たちの欲求を、同時に満たしていた。そしてテクノロジーによって新たな探求や議論、分析が可能になっていたことで、この結末がもたらされたのだった。

「このなかで何が起きているのだろう?」「あれをぺしゃんこにしたら、燃やしたら、半分に切ったらどうなるのだろう?」「この『ちょっと不思議だけどなんの説明もされていないもの』が本当に怪しい存在だったらどうしよう?」。私たちは常に、こうした疑問を抱いている。しかしこれまでそれは、個人の胸の中だけで問われていた。そしてＹｏｕＴｕｂｅが、そうした非常に個人的な経験を、コミュニティとして行う行為と変えた。それは私たちが日常生活のなかで抱く好奇心をエンターテイメントへと変え、皆で楽しめるものにした。

少し馬鹿っぽい話に聞こえたかもしれない。しかし人間の心にある基本的な衝動に応え、思いきり楽しませてくれるコンテンツは、大きな結果をもたらしうる。ウェブドライバー・トルソーを地味なインフラテストから、世界中が注目する謎の存在へと変えたのは、根拠のない陰謀論を補強し、拡散してしまうのと同じ心理状態である。ＲＨＮＢのように、即座に好奇心を満たしてくれるものがリターンを得るプラットフォームは、クリックを促すような煽り文句だけが並ぶ、空虚な空間を生み出してしまう危険性がある。単純な動画が日常生活をサスペンスの場に変えるという状況は、それが食器洗い機やホッケーパックの話である限り害はない。しかし動画のなかには、より深く、より感情的に複雑な形で、人々に刺激を与えるものもある。

誰もが時には小さな復讐を考える

私はYouTubeで働き始めたとき、泣くことが多かった。それは別に、社員たちが参加するプロジェクトにつけるおかしなコードネームを覚えられずにいるのを、ずっと恥ずかしく感じていたからではない（私はいまだに、チャンネルページのデザイン変更プロジェクトに「宇宙パンダ」というコードネームをつけることは完全に不要だと主張している）。そうではなく、私の涙はまったく違うものに反応したものだ。私は自分を感情的な人物と呼ぶべきかどうかわからない。しかしオフィスでフロアが一緒だった、グーグルマップチームの社員たちは、私が頻繁にヒステリーを起こしているように見えたことだろう。新しい動画を見ているうちに、突然涙があふれてしまうということがあったのだ。中でも私の涙腺を崩壊させたのは、「兵士の帰還（Soldiers Coming Home）」動画である。

妹の結婚式で、彼女を驚かす兄。理科の授業で息子を驚かす母親。野球の試合で妻を驚かせる夫。そして（これは過去最悪、いや最高の動画なのだが）庭でヒステリックに鳴いている犬を驚かす仏頂面の海兵隊員――。こうした例について考えるだけで、私の目には涙が浮かんでくる。実際にはこんなシーンを見たこともないのに。私がこうした動画に涙してしまうと言っても、みなさんは驚かないだろう。

09｜どうしてこんなことになったのかという話も、エカテリーナにとって興味をそそられるミステリーとなった。「何が起きたのかを探るのは楽しい反面、怖さも感じます」と彼女は私に話してくれた。「次に何が起きると予想すべきか、まったくわかりませんでした。家を出たら新聞社が待ち構えていて、取材を受けるかもしれない、などという想像もしていたほどです！」

しかし興味深いのは、私がこの種の動画を繰り返し見てしまうという点だ。

そうしてしまうのは私だけではない。「卒業式に米海兵隊員の兄が妹を驚かす（U. S. Marine Surprises His Sister During College Graduation Ceremony）」と題された動画は、公開されてから4年が経過しているにもかかわらず、毎週2万５０００回視聴されている。結局のところ、こうした動画がうけている理由は、それがいつでもどこでも感情を解放させる満足感を与えてくれるからだ。オンデマンドで得られるカタルシス、というわけである。

２０１１年、生まれつき聴覚障害を持つ29歳の女性サラ・チャーマンは、テキサス州の病院で人工内耳を移植する手術を受けた。彼女の夫スローンは、プライベートな出来事を撮影するのには消極的だったが、母親に促されてそうすることにした。25秒間の映像のなかで、チャーマンは涙を浮かべる。この映像を見るすべての人々が、同じように涙を浮かべるだろう。これは「初めて音を聞く▣12」という動画カテゴリーのなかで最も視聴されている一本であり、再生回数は３０００万回に達する。ＹｏｕＴｕｂｅでも、何年にもわたってこの作品をマーケティングに活用している。動画が初めて注目されたとき、チャーマン一家はネット上で一躍有名になり、いくつものテレビ番組に招かれた。公開から数年が経過したいまも、1か月間の平均視聴回数は10万回を超えている。こうしたプライベートで感動的な場面をとらえた動画は、それを見る私たちにとってもプライベートで感動的な瞬間となり、賞味期限がどんどん延長していくのである。

ある種の映像は、オキシトシンの分泌を促す場合があることが知られている。研究者たちは、この

▣12
29 years old and hearing myself for the 1st time!
Sloan Churman

ホルモンが体中でどこまでの役割を演じているのかを完全には把握していないが、いくつかの研究では、オキシトシンの増加が私たちの気分を落ち着かせるのに役立つことが証明されている。２００７年の北米神経化学学会で行われた発表において、３人の研究者が、隔離された環境でストレスやパニックを感じた相手にオキシトシンを投与すると、彼らが「うつや不安、あるいは心臓ストレスの兆候を示さなくなる」[xix]ことを実証したと発表した。ただここで、この実験の対象となったのは、人間ではなくプレーリー・ハタネズミだったことを指摘しておかなければならない。つまりそういうことだ。ただ結局のところ、実験室でストレスを受けるネズミと、たとえば税務署に提出する書類を作成するような行為との間の違いは、おそらくそれほど大きくない。私は神経化学の専門家ではないが（それは「大量のＹｏｕＴｕｂｅ動画を見ている」というだけでは語る資格のない専門分野だと理解はしている）、こうした感情的なカタルシスを与える動画が、神経化学的に満たされた感覚を視聴者に生み出し、それが彼らを定期的に引き寄せているのだと確信している。

著書『揺らめく光——映画を見ているときのあなたの脳』（未邦訳）のなかで、神経学者ジェフリー・Ｍ・ザックスは、「私たちの脳は、映画を見るようには進化していない。映画のほうが、私たちが持つ脳を利用するように進化したのである。映画に物理的に反応したくなる傾向が、そのことを示している」[xx]と解説している。彼は「鏡のルール」と呼ばれるものを指摘し、なぜ私たちがスクリーン上の刺激に反応することがあるのかを説明する。「要するに、私たちの行動はしばしば、『鏡のルール』にしたがって行われるのです。それは何らかの行動が行われるのを見ると、私たちは自分でもその行動を取ってしまう傾向があるというものです」。そしてこう続けている。「鏡のルールは、私たちが適切な行動を迅速に行い、一連の行動を学習し、他人の精神状態を彼らの行動からおしはかることを助けます」。言い換えれば、私の脳はトリックを使って、私が動画のなかで目にした人々の感情や行動を自分の中に「鏡のように」映し出し、私をオフィスのデスクでバカみたいに号泣させ、最終的に動画の中の人々と同じような感情を爆発させるに至った可能性がある、ということである。

より深く、より暗い欲望を満たすことで悪名高い動画もある。誰かが他人から辱めを受けている様子を見ることで、不安感や劣等感を解消してくれるという動画だ。このなかで一般的なのが、社会的地位の高い人々を取り上げた動画である。

「ニュースキャスター」という検索キーワードの関連ワードとして提案されるもののなかで、最も一般的な言葉は、実は「レポート」や「放送」ではなく「失敗（fail）」だ。それに僅差で続くのが「放送事故（bloopers）」である。テレビ番組の出演者が焦って大失敗したり、恥ずかしい思いをしている様子を見るのは、確かにどこかしら楽しさがあるものだ。私たちの多くが、少なくとも無意識のうちに、他人が失敗する様子を見て喜びや満足感を覚えてしまうものである。そうした一般的な経験を、ニュースキャスターが持つ社会的地位と権威が増幅させるのだ。社会的比較理論における下方比較の概念によれば[xxi]、人生において何かしらマイナスの体験をした人々は、自分自身をより不幸な人々と比較することで、自分の幸福感を向上させることができる。この原則は喜劇の世界において、何世紀にもわたって「スラップスティック・コメディ（どたばた喜劇）」という形で利用されてきた。同様にウェブ動画では、私たちがマイナスの出来事を目にしたとしても、それがもたらす影響とは無縁でいられる。そのためそうした動画がもたらす楽しさの要素を、より受け入れやすくなるのである。

ウェブ上で最も有名な「失敗」動画を決めようとしたら、長い候補リストができるだろう。しかしそれはおそらく、２００７年のテレビ放送で起きた、多面的なカタルシスを与えてくれる瞬間だ。美人コンテスト「ミス・ティーンＵＳＡ」の最終予選で、サウスカロライナ州代表のケイトリン・アプトンは、こんな質問をされた。「最近の世論調査によると、米国人の５人に１人が、世界地図の上で米国の位置を示すことができなかったそうです。これはなぜだと思いますか？」。それに対してブロンドの美女が返した答えは、彼女の人生を変えるものとなった。そしてそれは、良い方向にではなかった。「個人的な考えですが、米国人がそれをできないのは、私たちの国の住民の中に、地図を持っていない人がいるからではないでしょうか」と、彼女は答え始める。「そして私たちの教育、たとえば南アフリカやイラクなど、あらゆる場所において、たとえば、えっと、それからここ米国における教育が、米国人を助けるものであるか、あるいは南アフリカを助けるものであるか、イラクやアジア諸国を助けるものであるべきだと思います。そうすれば、私たちは未来を築くことができるでしょう。子供たちのために」

アプトンの答えは最初の週だけで何百万回と視聴され、シェアされた。そして何週間経っても、１日あたりの視聴回数が数万回に達するほどだった。動画への反響は残酷なもので、時には過度に攻撃的な内容だった（アプトンは数年後、「私の人生は真っ暗になり、自殺すら考えました」とニューヨーク誌に語っている。[xxii]「本当にひどいありさまで、2年にわたって、毎日そんな状態でした」)。多くの人々は、アプトンを公の場で辱める行為に積極的には参加していなかったが、美人コンテストに参加したかわいい女の子が恥ずかしい答えをしてしまったという光景(それは私たちが内心でそうではないかと信じていた、彼女があまり賢くないということを証明するものだった)は、戸惑いを覚えるほどの満足感を与えてくれるものだった。

少なくともそれは、私のための動画だったと認めざるを得ない。大学1年生の後の夏休み、私はミスフロリダUSA美人コンテストの制作アシスタント兼インターンをしていた。ケーブルを片付けたり、クーラーボックスやその他の備品を運んだり、大きなレフ板を持って参加者に光を当てたりしていたのだ。それは十代の少年にとって夢の仕事のように思えるかもしれないが、実際は違った。コンテストに参加した女性たちはほとんどが横柄で、上から目線で接してきた(ご想像の通りだ)。そしてレフ板を持つ作業のせいで、私は不快な日焼けをしなければならなかった。コンテスト当日、私が配置された部屋は、選考から脱落した女性たちが母親と一緒に座り込んで泣き叫ぶ場所だった。私は本当に彼女たちを気の毒に感じていたのだが、同時にその光景を見ることに満足感を覚えていた(私はこの感情を抱いたことを何年経っても認めようとしなかった)。そしてそれは、不運なケイトリン・アプトンが「たとえば、えっと」と答える姿を目にしたときに、私が抱いた感情と基本的に同じものだったはずだ。この動画は私(そしておそらく大勢の人々)に、人間が心の奥底に抱いている感情にふけることを可能にしたのである。

私たちがこうした動画を楽しんでしまうのは、列車事故のような大事故ですら、人間は楽しむ傾向があるからという証拠もある。「悲劇の目撃者は、自分が恵まれていることを神に感謝する――フイクション作品による気分の落ち込みは、実生活における気分の高ぶりにつながる」と題された研究において、研究者らが被験者（念のために明確にしておくが、全員人間だった）に悲劇的なシーンを集めた30分間の映像を見せ、その反応を調べたところ、私たちが他人の苦境を見て感じる悲しみは、「自分の人生について熟考することを促してくれるために、価値があり楽しいと感じられるもの」になる可能性があり、さらにそれが「個人的な生活における幸福感を向上させる効果がある」[xxiii]ことが証明された。基本的に、私たちはみなひどい奴らなのだ。

こうした動画を見たりシェアしたりする意図について、私たちは決してオープンには認めようとしないだろう。あるいはそれを意識しようとすらしないかもしれない。しかし私たちは、引き続きそれを探し求めている。そしてウェブは、広がり続けるコンテンツと、ニッチ化を続けるアルゴリズムとプラットフォームを通じて、そうした需要に対する供給をますます増やしている。

動画から得る暗い喜びが織りなす、興味深い小宇宙は、ますますニッチ化の進むレディット上のコミュニティにおいても見つけることができる。それが「ジャスティスポルノ（r／JusticePorn）」と名付けられたサブレディット〔レディット上で特定のテーマを議論することを目的に設置されるグループ〕である。２０１１年に設置されたジャスティスポルノは、すぐにサブレディットのトップ１００の仲間入りを果たし、数十万人のフォロワーを集めた。その説明文によれば、ジャスティスポルノは「いじめっ子が天罰を受ける場所」だった。「ポルノ」という名前が入っているものの、実際にはポルノ映像が集まる場所ではなく、ここにあるのは犯罪者やいじめの加担者、自己中心的な人物、意地悪な人物が「当然の報い」を受ける動画や文章、動画ＧＩＦ、写真である。たとえば「ロード・レージ〔自動車の運転手が、運転中の行為などを理由に激情し、他の運転手や歩行者に暴力を働く行為〕のドライバーがモーターサイクリストを襲うが、逆襲される」というタイトルがつけられた投稿には、２０００件以上のコメント（その大部分が肯定的な内容だ）がつけられている。多くの動画はＹｏｕＴｕｂｅにホストされたものではない（いったんアップされたが削除されたものもある）。ＹｏｕＴｕｂｅのポリシーが認めていない内容だからだ。私がジャスティスポルノを知っていたのは、本書のためにリサーチをしたからでも、動画トレンドの専門家としての能力によるものでもない。私自身、深夜にジャスティスポルノに投稿された動画を見ていることがよくあるからだ。

ジャスティスポルノの開設者であり、モデレーターを務めているのが、35歳のジェフ・ジャスティスである。そう、彼の苗字はジャスティスなのだ。信じられないほどよくできた話だろう。ジャスティスは日中、南フロリダで複合住宅を設計する建築家として働いている。[10] そして夜になると、彼はいじめっ子に復讐するコンテンツの専門家となる。彼はいじめっ子が滅多打ちにされる動画を見て、ジャスティスポルノを立ち上げることを思いついた。そしてサブレディットを設置するとすぐ、レディット上で最も人気のあるセクションのひとつで、誰かがジャスティスポルノへのリンクを貼ったのである。「一晩で20万人の購読者を獲得しました」と彼は言った。

ジャスティスはモデレーターとして、認められるものと認められないものの基準を定めている。たとえば、「私たちが設置しているルールのひとつは、死は許可しないというものです」。それは良い判断だ。

ジャスティスポルノはその人気に比べて、投稿数はそれほど多くない。それはジャスティスとその他のモデレーターたちが、「何がジャスティス（正義を見せる）ポルノか」という点について、厳しい基準を設けているからだ。「この場所のコンテンツとしてふさわしくないものは、すべて取り除きます」と彼は説明している。「たとえば誰かが店に押し入って、監視カメラに撮られ、逮捕されるといった事件を投稿するかもしれません。私たちにとって、それはジャスティスポルノではありません。それは正義かもしれませんが、すぐに満足感が得られるものではないのです」この「すぐに満足感が得られるもの」というのがカギのひとつだ。

「それはインスタント・カルマ〔短い時間で生まれる因果応報〕です。これが最も適切な定義でしょう。それこそ、私たちが本当に追求しているものです」。では、他のカギは？「明白な正義がなければいけません。誰かが殴られているだけではだめなのです。その人物が何かをしでかしていて、それが明らかであることが必要です」

ジャスティスポルノ上の動画の多くは、何らかの物理的な対立を描いている。他人を押しのけて地下鉄の改札口に入った女性が、他の通勤客に転ばされてしまう。露天商を脅している酔った男が、パンチ一発で撃退される、といった具合である。ジャスティスは驚くほどまじめな顔で、「ジャスティスポルノに来ると、うまい表現がないのでこう言ってしまいますが、『きれいな暴力』を得ることができます」と語った。「暴力は健全なものになることができるのです。それは暴力的

10｜ジェフは私が生まれてから18年間を暮らした家から、ほんの数マイルしか離れていない場所で生活しているそうだ。これは私にジャスティスポルノの生い立ちについて語る資格を与えてくれる、という程度にしか関係のない話なのだが。#OfCourseFlorida

ですらありません」。確かにそうかもしれない。その最も有名な証拠のひとつが、ロシアの若者による運動「СтопХам or StopHam（ストップハム、あるいは『嫌な奴になるのをやめよう』と訳される）」である。これはモスクワで交通ルールにしたがおうとしないドライバーに若者が立ち向かうというもので、特に歩道に車を停車したり、二重駐車したりといった自己中心的な行為をターゲットにしている。ストップハムの自警団員たちは、フロントガラスに巨大なステッカーを貼るなど、時にはユニークな手段に訴えることもある。ただジャスティスは、「暴力は正義を遂行するのに望ましい手段のようだ」と説明する。

私の中にある、カトリック校の平和主義な子供の心は、ジャスティスポルノに100パーセント反対している。争いを解決する手段としての暴力の使用を認めていないのだ。しかし私の原始的な人間としての反応が、こうした動画に対する野獣のような興奮を生み出している。「興奮して、幸福感を覚えますよね。邪魔になっているのはどちらでしょうか」とジャスティスは言う。「誰かに同情するという感情的な反応には明らかに反するものですが、とにかくそれを楽しむことができるのです」

なぜ私たちは、こうしたコンテンツを求めてしまうのだろうか？　なぜ私はジャスティスポルノが見たいのか？　いじめっ子が「当然の報いを受ける」のを見るのが楽しいのは、万人に共通する現象であり、私たちの大部分は違法駐車している車に巨大なステッカーを貼りつけることはないものの、それを夢見ずにはいられないものだとジャスティスは考えている。「誰もが時には小さな復讐を考えるのです」とジャスティスは言う。ハリウッドは人々がそうした復讐の妄想を持っていることを証明してきた。映画『デス・ウィッシュ』や『許されざる者』『オールド・ボーイ』、そしてすべてのクエンティン・

タランティーノ作品を思い出そう。しかしジャスティスポルノは、ジャスティスが言うように、復讐の「応急処置」であり、ジャスティスポルノが持つ、短い投稿がオンデマンド型で行われるという性質は、それが非常に便利なアドレナリン源として機能することを可能にしている。

ジャスティスポルノの楽しさの一部は、自分自身が侮辱されたと感じた直後から、何日経った後でも抱いている復讐の妄想を、誰かの行為を代理として見ることで満たすことができるという人間の能力から生まれると私は考えている。しかしその力を実現しているのは、私たちが必要とするコンテンツに、非常に高い精度で自在にアクセスする能力だ。

私たちは常に、何らかの欲求を満たしてくれるメディアを求めている。笑いたい、リラックスしたい、学びたい、知的好奇心を刺激したい、といった具合である。しかしエンターテイメントが満たすことのできるニーズは他にもある。そのニーズは、あまりにあからさまなものであるか、まったく意識していないものであるために、私たちはオープンには認識していない。多くの人々は、こうした非伝統的なモチベーション（もしくはそれが満たしていた特定の個人的ニーズ）をずっと無視していた。たとえば『キル・ビル』3部作を批評する際、誰かの復讐を見てカタルシスを得るという観点からではなく、タランティーノが示したマカロニ・ウェスタンに対する芸術的オマージュの観点から語られることが多かったのである。あるいは映画『きみに読む物語』が、オキシトシンの分泌を促してくれるから好きだ、などという人に会ったことがない。多くの人々が、米国人の画家で、テレビ番組のホスト役を務めたことでも有名なボブ・ロスを、ASMRコミュニティの本家だと考えている。しかし当然ながら、ボブ・ロスが表明していた番組の狙いは、視聴者に絵の描き方を教えることだった。

私たちの意識的な、そして無意識の欲求に直接触れるエンターテイメントが盛んになってきたのは、つい最近のことである。そしてYouTubeは、伝統的なメディアの文脈では説明できなかったり、あるいは正当化できなかったりする種類の動画が集まる場所になっている。一種の自然淘汰のようなプロセスを経て、視聴者の反応に基づき、新しいタイプの動画が次第に洗練されてきており、私たちが特定の感覚や欲求にふけることをまちがいなく可能にする動画ばかりを集めたサブジャンルが形成されようとしている。しかしクレイジーなことに、そうした動画を求めていることをはっきりと意識して、それを探している人はほとんどいない。私たちはどうすればよいのだろうか？

こうした欲求を表現する言葉がない状態で、自分が何を探しているのかをどう意識すればよいというのだろう。マリアはささやき動画を偶然見つけたとき、自分が何を欲しているのかを表現することができなかった。しかし数年後には、ASMRという言葉を軸にコミュニティが生まれていたのである。あるいは「妙に満足感が得られる」動画はどうか？　インスタント・カルマは？　こうした言葉は、これまでずっと存在していたものの、きちんと探求されることのなかった感覚や欲求に直接触れる、新しい種類のコンテンツに構造を与えるために生み出されたものだ。

私たちは皆が力を合わせて、少しずつクラウドソース型の「コンテンツ検索エンジン」を作り上げてきたといえるだろう。このエンジンは人間の神経化学と心理学に最適化されている。私たちの社会は（まだそこまで至っていなかったとしたら）、テクノロジープラットフォームが私たちに下すさまざまな選択に基づいて、人間の心の動きを簡単に、しかも過去何百年間にもわたる科学的研究によって明らかにされた内容よりも詳しく推察してしまうレベルにまで、急速に達しようとしている。私たちの潜在意識は、プログラミングに影響を与えるようになった。近い将来、エンターテイメントは現在のように伝統的な理論に忠実な存在ではなく、より満足感を与えるものになることはまちがいないだろう。

私が目にした多くのＡＳＭＲファンは、最初のうちは自分たちが感じた感覚を恥じたり、戸惑ったりしていた。こうした偏見は、この感覚にふけることに気まずさを感じさせるようになり、人々はそれを隠してしまうようになる。そして日曜日の新聞の解説記事でネタにされ、「このクレイジーな流行を見て下さい」と揶揄され、登場する人々は顔の見えない奇妙な集団としてひとまとめにされてしまう。しかしこの種の動画が多くの視聴者を獲得しているという事実は、この従来とは異なる、感覚的で認知的な経験を正確に再現できれば、実在の視聴者が集まるのだということを示している。そうした視聴者にとって、ＹｏｕＴｕｂｅは社会的な分別や慣習といったものから解き放たれ、奇妙な感覚を探求し、それを通じて自分が思っていたほど特殊ではないのだということを確認できる場所なのだ。

10　バイラル動画をつくるには

13歳のレベッカ・レニー・ブラック［rebecca］は、子供のころミュージシャンになりたかった。そんな子供を持つ他の母親と同様に、レベッカの母親も、音楽業界におけるキャリアがいかに厳しいものか、娘はきちんと理解していないのだと感じていた。しかし彼女は、他の母親たちとは違った。レベッカが自分の曲とミュージックビデオをつくれるよう、娘へのプレゼントに、小さな音楽スタジオにお金を払ったのだ。彼女は４０００ドルの料金を一度に払えなかったので、[i] そのスタジオ「アーク・ミュージック・ファクトリー」にお願いして、分割払いにしてもらうことにした。これでレベッカは、レコーディングができるプロのミュージシャンとして活動するのに、どれだけの労力とコストが必要かわかってくれるだろう——母親はそう考えた。

ナイジェリア生まれのアークのプロデューサー、パトリス・ウィルソンは、ブラックのために一夜で曲をつくったと語っている。[ii] ブラックはその曲をレコーディングし、友人たちに出演してもらって、ミュージックビデオを撮影した。そして２０１１年２月10日、アークは完成したビデオを、同社のＹｏｕＴｕｂｅチャンネルにアップした▣01。まだブラック自身にも中身を見せていなかったのだが、彼

▣01
Rebecca Black - Friday
rebecca

女の祖父母や友人たちがシェアできるようにという配慮からだった。彼らはみな、ビデオの内容をかわいいと感じていた。ブラックは学芸会に出演したぐらいの経験しかなかったので、自分のミュージックビデオが完成したことに、心の底から興奮していた。

　アークのチャンネル上で公開されていた他の動画は、どれも再生回数が数千回を超えないものばかりだった。しかしその翌月、ブラックは学校から自宅に戻る車のなかで、動画についての友人からのメッセージを続々と受け取っていた。突如として、この動画は1日に数百万回再生されるようになり、ツイッターのトレンドにまでなっていたのである。ただネットユーザーたちは、それを「過去最低の曲」と酷評していた。そうした意見は少し厳しすぎるとはいえ、オートチューンで制作されたレベッカの曲「フライデー（金曜日）」は、野暮ったい歌詞で詩的な要素は感じられなかった。しかしウィルソンは詩を書こうとしていたわけではない。彼は２０１４年のインタビューで、「（ある曲の）人気が出るかどうかのカギを握るのは、それをシンプルにして、歌詞のなかで言葉を繰り返すことです」と語っている。「あまり言葉が多いと覚えづらくなります。言葉が少なければ、いちど聞いただけでも、翌日も覚えているでしょう。別に単純で馬鹿馬鹿しい曲をつくろうとしているわけではありません。それが私の作曲スタイルなのです。……『最低な曲を書いた奴』として世界に知られるようになったとしても、少なくとも知ってもらえたということに違いはありません」[iii]。いずれにせよ、「フライデー」はその月にウェブ上で最も有名な動画となり、興味深いパラドックスを示すことになった――この動画が人気になったのは、それが嫌われたからだったのである。従来の文脈で考えた場合、それはまったく理にかなっていない。[01]

私が初めてブラックに会ったのは、ビデオが公開されてから7か月後に、彼女がYouTubeのオフィスを訪れたときだった（ちなみにその日は金曜日だった）。彼女はYouTube本社前で開催された、ステージ上でのインタビューに参加したのである。私がインタビューの担当だったのだが、私はそれをためらっていた。彼女へのインタビューは、十代の女の子に対する集団いじめを肯定することになるのではないか？　しかしステージに上がる前、周囲の人々は明らかに興奮していた。そして皆が（半分は皮肉を、しかしもう半分は熱意を込めて）「フライデー」の一節（「フロントシートに乗ろうかな、バックシートに座ろうかな……」）を歌うと、会場は笑いに包まれた。それを見ているうちに、ふと私は、ブラックが「これって許せる？　許せない？」という議論を乗り越えているのではないかという気分になった。彼女はもはや、ティーンエイジャーが持つ特権を具現化する存在ではなかったが、代わりに「フライデー」という曲を通じて私たちが共有した社会的体験を象徴する存在になっていた。その特異な拡散の仕方から、「フライデー」という曲とそれに対する私たちの態度は、切っても切り離せない存在になっていた。人々は曲を揶揄したり、友人と一緒に笑ったり、皮肉を込めて歌ったりすることを楽しんでいた。その日もそうやって会場は盛り上がったのである。

彼女の最初の返事を聞いているうちに、私は彼女が、ポップスターに憧れる単

01｜「フライデー」の動画や、あるいはこの曲やブラックに関連する動画に対して、「低い評価」ボタンを押すのが2011年に大流行した。その年の12月、私は「YouTubeリワインド」用のオリジナル動画上で、ブラックに出演してもらった。上司に対して、なぜこの動画がこれほど低評価なのか、またどうしてこの現象が、人々が動画そのものを憎んでいるという意味ではないのかを説明するのは、非常に難しかった。

なる「ワナビー〔セレブやスターになりたいと憧れる若者を揶揄する表現〕」ではないことに気づいた。ブラックはどんな学校にでもいそうな、普通の14歳の少女だったのである。大きなヘイトを浴びていたにもかかわらず、彼女は驚くほど陽気だった。彼女によれば、最初の一か月はとにかく落ち込んだが、最終的にはコメントを読むのを一切やめることにしたそうだ。寄せられた意地の悪いコメントについて語るときも、ブラックは微笑み、クスクスと笑いながらそれを跳ね返そうとしていた。彼女は家にいるときも心が休まることはなく、12歳の弟が、自分で見つけた最新のパロディ版を再生して彼女をあざ笑うのだった。なぜこの動画が流行していると思うか、彼女に理由を尋ねたところ、彼女は少し考えて「わかりません……みんな『フライデー』が好きだから? なんでだろーーーー!」と答えた。彼女の言葉に、会場全体が爆笑に包まれた。正直でかわいらしいと誰もが感じたのである。しかし彼女の答えはある意味で正解といえるかもしれない。「フライデー」のミュージックビデオは、金曜日になると再生回数が倍以上になるのである。次のグラフは、この動画の再生回数を、曜日ごとの割合で示したものだ。さらに参考のため、ネコ動画全体の再生回数の割合も載せている（比較にうってつけだろう?）。

結局この年、「フライデー」ミュージックビデオは、YouTubeで最も流行した動画となった（2位とは大差がついている）。ジャスティン・ビーバーのどんな動画よりも早く、再生回数1億回を突破したのである（ブラックはビーバーの大ファンで、彼が「フライデー」動画をツイートで紹介したとき、大騒ぎして家中の家族を起こしてしまうほどだった。「彼になら怒られてもいいって思いました。だって世界で一番クールなことなんだから」と彼女は満足げにため息をつきながら私に語った）。ブラックのアイポッドには、彼女が気に入った「フライデー」のリミックス版が入っていて、そのなかにはテレビドラマ『グリー』で歌われたカバー版も含まれていた。彼女はケイティ・ペリーの大ヒットしたミュージックビデオ「ラスト・フライデー・ナイト（T. G. I. F.）」にカメオ出演までしている。

一年後、私は感謝祭の夕食の席で、七面鳥が乾燥しすぎだとか、オーブンの中にクロワッサンが入っているのを忘れていただとか、そんな話をしていた。そのとき私の母が甲高い声で「それで、ケヴィン、あなた今年もテレビでYouTubeの動画について話すの？」と質問してきた。前の年、私はいくつかのテレビ番組から取材を受け、現在は「リワインド」として毎年開催している、その年の人気動画を発表する企画を行っていたのだった。特に『グッドモーニング・アメリカ』に出演したことで、私の母は近所のジムでちょっとした有名人になっていた。「ああ、そう思うよ」と私は食べ物をほおばりながら答えた。「今年の1位は何になるんだろうね？」と母が言う。「PSYっていう韓国人歌手の『江南スタイル』でま

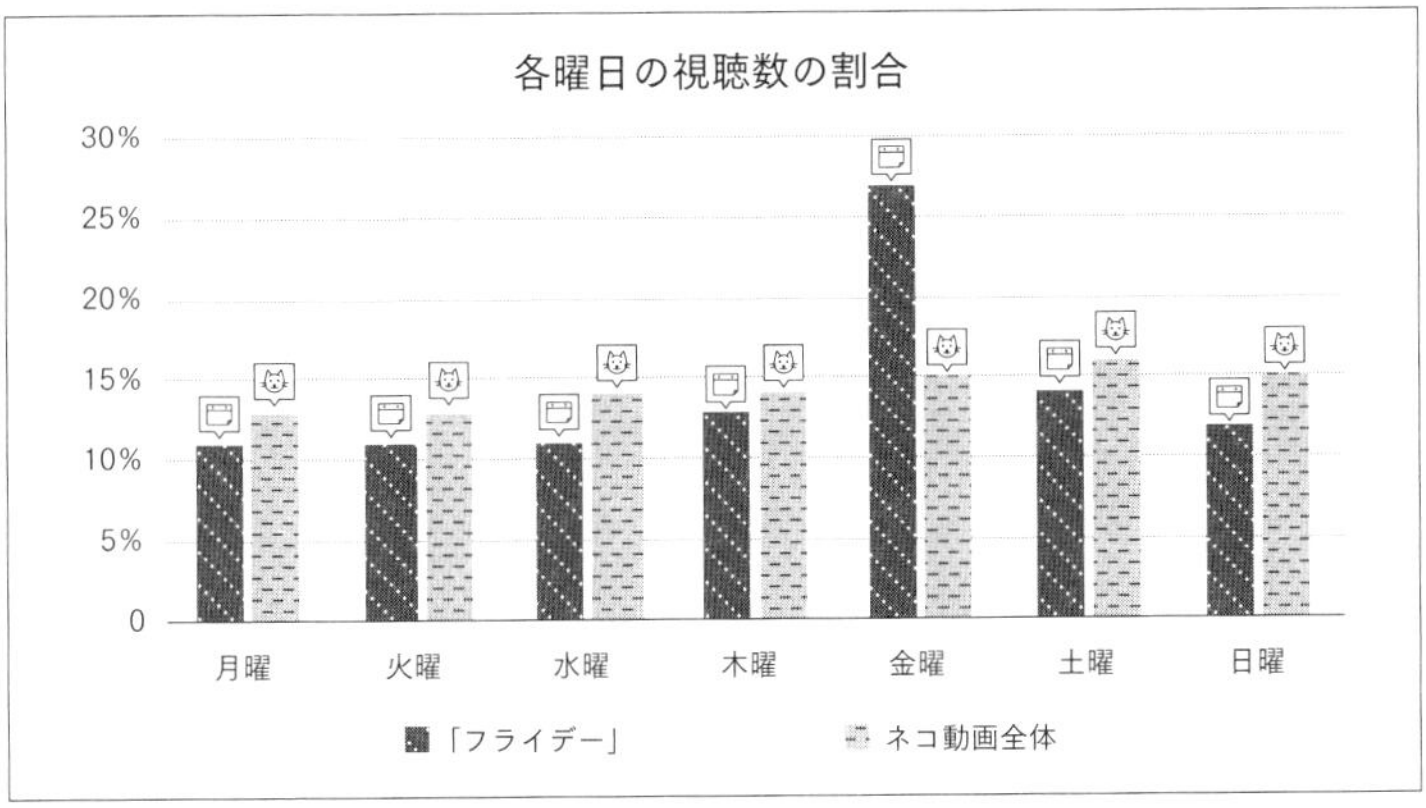

ちがいないよ」と私は答えた。母は「ああそうね」と少し知っている風に返事をする。そこでようやく私の父が、マッシュポテトに目を向けたまま、こんなことを言った。「あのレベッカ・ブラックって女の子の歌がもう流れてこなければね」

まだお気づきでないかもしれないが、私は何が、どうして、どうやって「バイラルになって大ヒットするか」（特にYouTube上で）に非常に興味を持っている。そのため私は、世界で初めてバイラル動画が生まれたのは、私が5歳のころ（ほとんどの人々がインターネットへのアクセスを持っていない時代）だったと知ったときショックを受けた。

1988年、米アイオワ州に拠点をおくウィネベーゴ・インダストリーズは、同社の新しいキャンピングカーのCMタレントとして、セールスマンでニュースキャスター出身のジャック・レブニーを採用した。ところが撮影が行われたのは暑い日で、しかも撮影が難航したため、短気なレブニーは何度も口汚い罵り言葉を漏らした。レブニーは自分自身にも汚い言葉を吐いた。「もう一度セリフを言わなきゃな、今朝の俺の心はクソったれだから」。撮影スタッフにも。「お前のクソったれの頭をぶっ潰してやりたい!」。そしてあたりを飛び回る虫たちにも。「ちくしょう、あっちにいけ、このクソったれのハエども!」。彼の態度に嫌気がさした撮影チームは、うっぷんをはらそうとレブニーの暴言を

4分間の映像にまとめた。こうして生まれた動画「ウィネベーゴ・マン（Winnebago Man）」（またの名を「世界で最も怒れる男」）は、伝説的な一本となり、特にレアなVHSを集める奇妙なコミュニティの間で大人気となった。レブニーの罵りを集めたこのテープは、ビデオカセットの複製が安価になるのに合わせて、人から人へと拡散していった。映画監督のスパイク・ジョーンズが百本のコピーをつくり、クリスマスプレゼントとして皆に配ったという噂まである。そしてウェブ動画の登場後、この映像には第2の人生が待っていた。ハフィントンポストのオフィスでそれを目にしたときのことを、私は決して忘れないだろう。当時の上司であったジェイソン・ライヒ（長年にわたり「ザ・デイリー・ショー」の脚本家を務め、完璧なコメディのセンスを持ち合わせた人物だ）は、私にそれを見るように強く勧めてきた。その後何週間も、あちこちでレブニーの暴言が引用されるのを耳にしたものだ。「今日はもうクソったれなんて言葉は聞きたくない。誰からもだ。自分自身からもな」

「ウィネベーゴ・マン」の裏話を聞いてから数年後、もう何年にもわたって、人々があらゆる手段を通じてさまざまなメディアを共有したり、拡散したりしてきたのだと私は気づいた。ノースイースタン大学の「バイラルテキスト」プロジェクトの研究者は、1800年代に発行されていた500の新聞から270万ページ分もの情報を集めて分析し、数百件のニュース記事がさまざまな新聞上で50回以上再掲載されていたことを発見した。[iv] 当時、新聞と雑誌の記事は知的所有権で保護されておらず、ニュース記事や短いフィクション作品、詩などが広く拡散し、何度も再掲載されていたのである。編集者たちは町の外で発行されている新聞や雑誌を集め、ハサミを使ってコンテンツを切り抜き、次の号で利用した。今日、バイラルを生み出すのに印刷機もビデオテープも必要ない。実際、私たちはバイラルに参加するのに慣れてしまっており、気づかずに拡散してしまっていることもあるほどだ。しかし情報やエンターテイメントがウェブ上で拡散するスピードと範囲は、私たちのメディア体験に関するこの百年間で最大の変化かもしれない。

どうやってバイラルは起きるのかと、私はいつも人に聞かれる。バイラル動画やミームに、多くの人々が憧れを抱いている。それは民主的で、力を与えてくれるものなのだ。そして共通の夢が拡散し、理解されるという希望を与えてくれる。そして何よりも、私たちはバイラルになったものが大好きだ。自分たちがそれを起こしたからである。これまで数十年間、私たちが何を楽しむかを決め、それを私たちに知らせてきたのは、マスメディア企業だった。そんな時代が終わり、人々の交流がヒットを生み出す力を持つことを、バイラル動画が示しているのである。

「バイラルの生み出し方」に答える前に、まずは「バイラル（ウイルス性の、ウイルスのように伝播する）」という言葉の定義から始めた方がよいと思うのだが、いかがだろうか？

「バイラル」とは何を意味するのか

２００６年から２００７年にかけて、メインストリームの外にありながら、大勢の人々が消費し、ポップカルチャーの一部になったエンターテイメントを表すものとして、「バイラル動画」という言葉が定着し始めた。ネット用語の世界では、「バイラルになる」という表現が実質的に何を意味するかは、人によってバラつきがある。[02] 私にとって「バイラル」とはきわめて単純で、「主に相互作用を通じて拡散するという属性がある」ことを意味する。つまり何かがバイラルであるとは、その視聴回数が急上昇していることではなく、むしろ人々がそれに次々と感染していることを示しているのである。

2007年のある日の午後、アダムと友人のウィルは2人で暇を持て余していた。アダムの生後1年8か月の娘であるパールは、言われたことをオウム返しにする時期に差しかかっていた。そこで彼らはパールを呼ぶと、カメラをつかんで即興劇を撮影した。ウィルが家賃を滞納している賃借人で、パールが口の汚い大家という設定だった。普通であればくだらない動画が撮れて終わりなのだが、アダム・マッケイとウィル・フェレル〔米国の映画監督で、米人気番組『サタデー・ナイト・ライブ』の脚本家として活動していた経験を持つ〕は違った。「20分間撮影しました」と、後にマッケイはラジオのインタビューで回想している。「何も考えてはいなかったのですが……ただ妻からは後でこっぴどく叱られました」

「大家 the Landlord(censored)」というタイトルがつけられたこの映像は最初、マッケイとフェレルの新しいコメディ動画サイト「ファニー・オア・ダイ〔Funny Or Die〕」で公開され、当時最も視聴された動画のひとつになった。「何もしていないのに、爆発的に話題になったのです」とマッケイは言う。「(ファニー・オア・ダイは) この動画をアップするのにちょうどいい場所だろうと思っていたのですが、実際にはすべてのサーバがダウンしてしまいました」。当時は

02｜医学の世界であれば、この言葉の定義に関する議論はないだろう。

セレブがウェブ用にコンテンツをつくるということが珍しかったので、人気絶頂だったフェレルが動画を撮ったということが、「ファニー・オア・ダイ」に人々が集まるのを後押ししたのではないかと彼は指摘した。おそらくより重要だったのは、「大家」がインターネットオタク以外の人々にも、バイラル動画がどれほどの存在になり得るかを示した点だろう。普段はYouTubeの動画をシェアするなどということはせず、単に「バイラル」という単語を聞いたことがあるだけという何百万人もの人々が、この動画をシェアしたのである。

何かがバイラルになるのを私が初めて見たのは、ボストンカレッジの新入生のころだった。学生寮で下の階に住んでいた学生のひとりが、「ツナが僕の自制心を失わせた（Tuna Lowers My Inhibitions）」と題された短い動画を制作した。これはビールの缶とツナ缶をすり替えるという、学生たちの冗談を描いたものだった（くだらないって？　これが19歳の学生にウケるギャグというものだ）。数週間のうちに、学生寮に住んでいた学生はおろか、新入生のほぼ全員がこの動画を見るようになっていた。これはソーシャルメディアや動画サイトが流行する前の時代の話であり、「ツナ・ムービー」は当初、メールに添付されたウィンドウズ・メディア・ビデオ（.wmv）形式のファイルとして拡散し、やがて当時の米国人大学生の間で大流行していたウェブコミュニケーションツールであった、AOLインスタントメッセンジャーを通じて拡散していった。またこの動画は、学生たちの友人ネットワークを通じてボストンカレッジ以外の大学にも拡散していき、最終的には「カレッジユーモア」というサイト（初期のフラッシュビデオプレイヤーで動画を公開していた）で取り上げられるまでに至った。

それから15年過ぎたが、まだこの馬鹿馬鹿しい動画について耳にすることがある。当時注目を集めたい一心のティーンエイジャーで、この動画を制作した2人の人物、トムとレッドと私は親友になり、彼らも大学卒業後にメディア企業で働くためニューヨークに越してきた。私たちの友人の間では、「ツナ・ムービー」こそ最初のバイラル動画なのだ。この動画は当時としては大規模といえる人々の間に拡散したが（ただ改めて思い返してみると、この動画を見た人々の数は、時間と共に尾ひれがついて伝えられるようになっているように思われる）、人気の規模はバイラル動画には関係ない。ある動画がバイラルと呼べるかどうかは、それがどう拡散したかによるのである。

しかし一般的には、多くの人々が「バイラル」という単語を使うとき、それは「非常に人気がある」とか、より正確に言えば「ネット上で非常に人気がある」といった意味だ。ただ多少の違いはあっても、私のより具体的な「バイラル」の定義に基づいて言えば、YouTube上で人気の動画の多くは実質的にはバイラル動画ではない。たとえばあるクリエイターが自身のYouTubeチャンネル上で数百万人の登録者を抱えていて、動画を投稿した瞬間に彼らがそれを視聴したとしても、この動画はバイラルではない。[03] あるいはハウツー動画が投稿され、「蝶ネクタイの結び方」のようなキーワードで検索されて1年かけて視聴回数百万回を達成したとしたら、それもバイラルではない。同じことが、すでに大量に販売されている人気ゲームの拡張パックや、人気歌手のニューシングルについても言える。バイラル動画とは、単なる人気動画を指すのではない。それは一時的に形成された、秩序のないネットワークを通

03｜ただそうした登録者の多くが即座に動画をシェアしたとしたら、話は違ってくる。

じて、急速な勢いで人気になるような動画を指すのだ（もう少しこの議論にお付き合いいただきたい）。

「ビヨンセが新しいアルバムをリリースしたとしても、それはバイラルではない」とケニヤッタ・チーズは語った。「それがヒットするのは、最初から大規模に流通されているからなんだ」。チーズは人類史上最高の苗字を持つだけでなく、私を含む多くの人々から、インターネットの文化現象に関する専門家のひとりとして認識されている人物だ。チーズはビデオシリーズ「ノウ・ユア・ミーム（汝のミームを知れ）」（これは最終的にミームのオンラインデータベースへと発展した）と、ソーシャル戦略とファンコミュニティに関するコンサルティング会社の「エブリバディ・アット・ワンス」を共同で立ち上げた経験を持つ。彼はバイラル動画に見られる特徴のひとつとして、ひとつのグループを超えて、別のグループへと浸透していくことを挙げている。バイラルへと至るプロセスは、シェアという行為が鎖のようにつながったものであり、それはいくつもの異なるコミュニティを通じて行われるというのだ。たとえばあなたがどこかのフォーラムや、YouTubeのサブコミュニティの一員だとして、あまりに印象的でどこか別の場所に投稿したくなるような感情を引き起こすコンテンツに出会ったとしよう。「それを実行に移したとき、つまりそのコンテンツを別の場所で紹介したとき、あなたはその拡散を後押ししたことになる」とチーズは言う。そうして生まれた拡散の勢いが十分であるとき、またコンテンツがシェアされる割合が急激に上昇するとき、まるでそのコンテンツがあらゆる場所で取り上げられているような印象を与える「バイラルの拡散」状態が起きるのである。

YouTube上でバイラルになるのは、個々の動画だけではない。動画のミーム、つまり時間とともに成熟し、進化するような概念やアイデアもバイラルになり得る。[04]「ハーレムシェイク」や「ニャンキャット」など、すでに本書でもそうした例をいくつも取り上げた。それらは視聴者からの積極的な関与によって拡散が進んだ。「ハーレムシェイク」の場合には、その中核となる動画すらなかった。同じ動画を見ていなくても、「ハーレムシェイク」の流行がどんなものかを私たち各自が理解していたのである。「ニャンキャット」は少し事情が異なる。確かにサラ・レイハニのオリジナル動画が（伝染病の発生源となる）「患者第1号」的な存在であり、「ニャンキャット」が持つ性質の多くを規定するものだったが、このミームを構成していた動画は他にも何千と存在する。そうしたパロディ版や二次創作物も、動画やその他のポップカルチャーをトレンドへと変える手助けをし、単なる一本の動画以上の存在へと押し上げるのである。ちょうどグレゴリー・ブラザーズの「ベッド・イントルーダー」によって、アントワン・ドッドソンのオリジナル動画がバイラルになったように。

「バイラル」すなわち「ウイルス性の、ウイルスのように伝播する」という言葉が何を意味するかについては依然として意見の相違がある一方で、この概念はポップカルチャーのなかで見られる目新しい現象から、多くの人々が自分自身にも起きるかもしれないと予期するものへと変わった。YouTubeが広告モデルを作り上げ、人気の動画を投稿したユーザーがお金を稼げるようになると、誰もが

04｜イメージ・マクロ（画像に印象的なキャプションをつけたコンテンツ）とミームの間には違いがあることに注意してほしい（これらを分けずに使う人もいるが）。

05｜個人的な会話に基づく意見である。

スマホを使って「これはバイラルになるだろう」と感じられるような動画を撮影するようになった。[05] 私の友人たちも、ペットがダンスするところや、姪っ子や甥っ子がいたずらするところを撮影して、ネットに投稿している。彼らはある程度まで、そうしたバカげた動画が誰かに発見され、拡散されるのを期待しているのである。彼らにとって、それは願望ではなく必然だ。「自分は本質的にバイラル性を持つ何かをつくることができるのだ」という誤解を人々は抱いてしまうとチーズは私に語った。しかしバイラル性がどのように機能するのかを本当に理解したければ、コンテンツではなくネットワークについて学ぶ必要がある。

バイラルが拡散するネットワーク（もしくはワ・パ・パ・パ・パ・パ・パウ！）

ヴェーガル・イルヴィソーケルとボード・イルヴィソーケルは、ノルウェー人の兄弟である。彼らは深夜の人気コメディ番組に出演していたため、母国では有名人だったが、国際的には無名の存在だった。2013年、ニューヨークに拠点をおくノルウェーの音楽プロダクションチーム「スターゲイト」が彼らにコンタクトを取り、計画中の誕生日パーティーのビデオを制作してくれないかと持ちかけた。ヴェーガルとボードは承諾したが、その際にひとつ条件を出した。それは自分たちのために歌をつくること、というもので、2人はどうせ認められないだろうと高を括っていた。[06] しかしスターゲイトの答えは「イエス」だった。そこで冗談好きなヴェーガルとボードは、スターゲイトにランキング1位を獲るよう

▣02
Ylvis - The Fox (What Does The Fox Say?) [Official music video HD]
TVNorge

な曲をつくらせるのではなく、絶対にヒットしないような馬鹿馬鹿しい曲をリクエストして、このチャンスを無駄遣いしてしまうことにした。しかしこの目論見は、まったく裏目に出た。

イルヴィス（兄弟のユニット名）が完成した曲「ザ・フォックス▣02」をリリースし、彼らの深夜コメディ番組の宣伝に使ったとき、2人はこの曲がノルウェーで騒ぎを引き起こすだろうと考えていた。そして実際にそうなったのだが、それは彼らが予想していたものとは違った。この動画は狂ったように拡散し、何か月にもわたって視聴回数が毎日数百万回に達し、最終的にはこの年のYouTubeで最も人気の動画となったのである。ビルボード誌の記者がボードに対し、こうなることを予想していたかと尋ねると、彼は「いいえ」と答えた。「最も驚いたのは、一番最初のころについたコメントでも、『これはバイラルになるだろう』や『新しい〝江南スタイルだ〟』といった指摘がすでになされていたことです。皆がバイラル性があると語っていたのです。普通の動画だと、中にはヒットしてコメントが付くものもあるのですが、それはコンテンツの中身について語っていることがほとんどです。しかしこの曲に付いたコメントはバイラル現象について指摘するものばかりで、本当に奇妙でした。その視聴回数が10万回に達していたとしても、です」

何かに「バイラル性がある」かどうかを確実に判断するのは、単に再生回数のカウンターを見ているだけでは不可能だ。しかし私たちは、何かにバイラ

06｜スターゲイトはプロデューサーと作曲家がいるだけの、ただのチームではない。彼らはヒット曲を量産している2人組で、21世紀初頭を代表するほどメジャーな曲のいくつかは、彼らの手によるものである。全米1位を獲得した曲をいくつか挙げると、ニーヨの「ソー・シック」、ケイティ・ペリーの「ファイアーワーク」、ビヨンセの「イリプレイサブル」、そしてリアーナの「ルード・ボーイ」「ホワッツ・マイ・ネーム？」「S&M」といった具合だ。

ル性がいつ、どのようにして備わるかを感知する本能を発達させたようである。コンテンツのシェアに使われるプラットフォームは無数に存在するため、一本の動画が拡散する経路を追うことも難しい。ただ多くのバイラル動画を調べるなかで、いくつかのパターンが見えてきている。

長期的に観察すると、バイラル動画の中にも「一発屋」で終わるものと、何年とまではいかなくても、何か月にもわたって視聴され続けるものがあるのがわかる。次のグラフは「ザ・フォックス」と、オラウータンにマジックを見せるというおもしろい動画■03の1日単位の視聴回数について、投稿されてからの1か月間で比較したものだ。

ご覧の通り、最初の動きはほぼ同じなのだが、一方は勢いが持続しているのに対し、もう一方はすぐに失速している（次のセクションにおいて、どのような要因がこうした結果に影響を与えているのかを考える）。視聴回数という単純な尺度を使うことで、この2つの動画が最初は非常に似た動きをすることがわかる。しかし

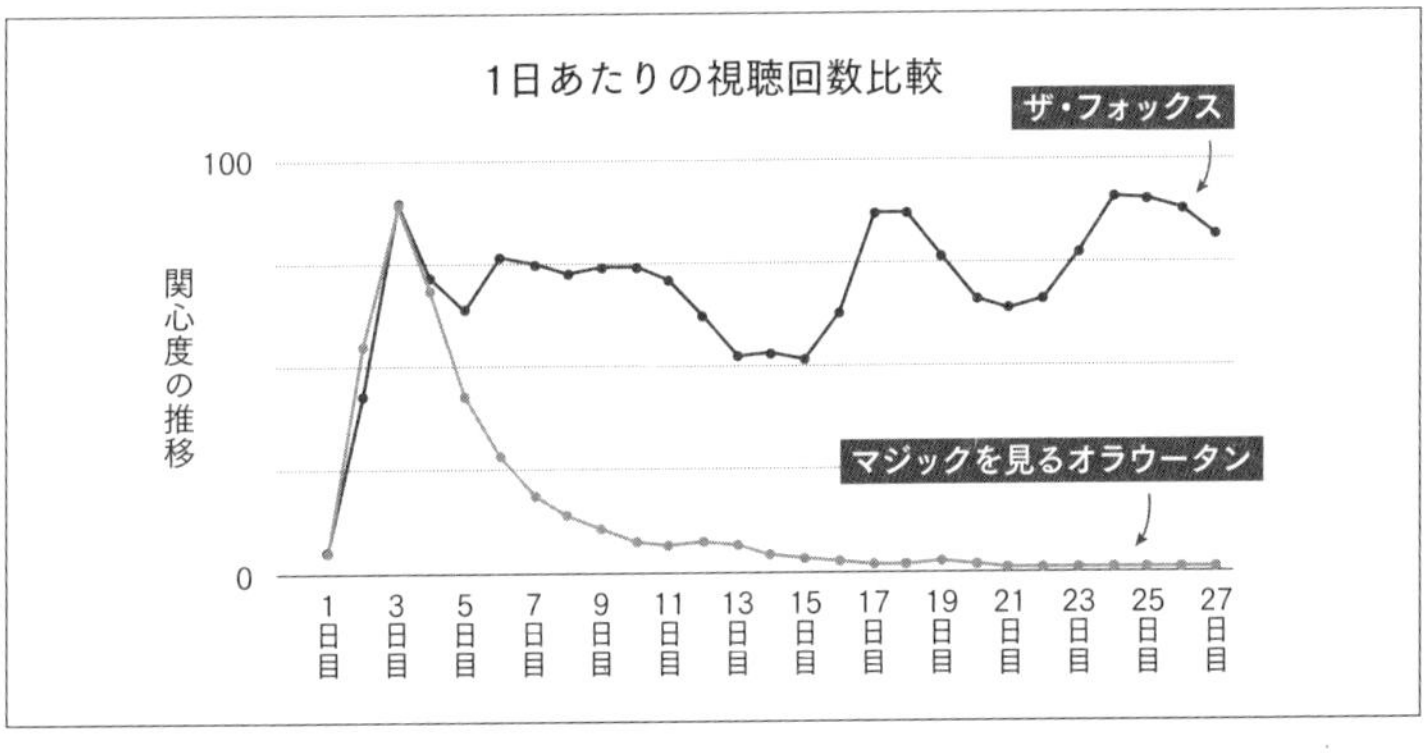

■03
Monkey Sees A Magic Trick
Dan Zaleski

YouTubeが持つさらに詳細なデータを見ると、たとえば視聴回数の爆発的な増加がシェアによるものなのか、あるいは外部サイトに埋め込まれたプレイヤーによるものなのかといったことまで把握できる。こうしたソースが視聴回数を後押ししている場合には、人々の会話や交流が動画の人気を生み出していることがわかるだろう。

このように、視聴回数に影響をおよぼすさまざまな行動が、いつどこで行われたのかまで精査することで、バイラルが生み出される過程にはいくつかの種類があることがわかる。

「ザ・フォックス」の場合、イルヴィスのファンがこの動画をレディットに投稿し、同サイトのコミュニティ内で急速にシェアされた。一方オラウータン動画は、人気ウェブサイト「ワールドスター・ヒップホップ」を通じて多くの人々に視聴された。こうした「場」で動画が共有されたことは、その視聴回数を増やすことに貢献したが、それ以上に重要だったのは、各々のサイトに非常にアクティブなユーザーコミュニティが存在し、彼らが他のサイトでも動画をシェアしたことだ。その結果、他のコミュニティへと動画が越境していき、別のネットワーク内でも拡散することになったのである。[07]

「ネットワーク」とは本当に人々が集まってできているものであり、共通の関心事や目的のためにつながり合った人々のコミュニティである。それこそ、ケニヤッタ・チーズがしている仕事の秘密を解くカギだ。彼の仕事は、ファンコミュニティを中心

07｜チーズは私に、ウェブサイト「ノウ・ユア・ミーム」のチームはよく、「何かが大ヒットするか判断したかったら、それがボディビルのフォーラムに投稿されるかどうか見れば良い」と冗談を言っていたと語った。彼によると、「理由はよくわからないが、ネットの片隅で発見され、やがてあらゆる場所に拡散していくものはすべて、このフォーラムでシェアされるんだ」そうである。

に展開されることが多い。彼はコンサルティングを行っている人々に対し、バイラルになるものを意図的につくるというのは、さまざまなグループに向けて最適化を行うことを意味するとアドバイスしている。「彼らの心に響かせる方法を考えなければなりません」と彼は語った。「彼らはどんなものをシェアしているか？　どうやってシェアしているか？　何に価値を見出しているか？　何を重視しているか？　逆に重要でないものは？　あるいはデザインの観点から、どんなフォントを使っているか？　これまでにシェアされている動画の長さは？　どのような要素を気にしているのか――登場人物のキャラクターか、関係性か、それともストーリーか？　それぞれのネットワーク向けにコンテンツを調整する前に、そのネットワークについて十分理解しておく必要があるのです」

もちろん何かがバイラルになる経緯、言い換えれば「私たちと動画とのやり取りがその人気を高める仕組み」は、時間とともに変化する。テクノロジーが進化するなかで、人々は特定のサイトを使わなくなったり、これまでとは違った行動を取ったりするようになる。ブログはソーシャルメディアに置き換えられた。ウェブサイトはアプリに置き換えられた。そして新しいシェアのツールが次々に登場している。こうした絶え間ない進化は、何かが拡散する仕組みや速度など、さまざまな要素を変えつつある。しかし自分が見て反応した動画を共有したいという願望は、個々のテクノロジーの違いに優先する。何かをバイラルに変えるというのは、いまや私たちのデジタルライフの一部となっているからだ。

オーケー。それではフォックス対オラウータンのグラフに戻ろう。[08]　これら2本の動画が大きく異なっているのはどこだろうか？

シェアによるトラフィックと、埋め込みプレイヤーによるトラフィックは、ほとんど一致しない。動画がネット上で拡散する様子をウイルスでたとえるのは、あまり適切ではないだろう。ウイルスでたとえてしまうと、何かにさらされたとき、さらされた人全員が「キャリア」になってそれを別の人にうつすことになる。しかし現実には、簡単にシェアできる動画であっても、それに触れた人々のほんの数パーセントしか実際にシェアしない。ソーシャルプラットフォームの大部分で、エンゲージメント率（インプレッション数に対する「いいね」やシェアなどの割合）は非常に低い（1パーセント未満ということがほとんどだ）。

トラフィックそのものに目を向けよう。視聴がずっと続くようになる要因は何なのだろうか？ 動画のなかには、次々と別のコミュニティに波及し、そのネットワーク内で拡散することでシェアが続くものもある。世界的な現象となった「ザ・フォックス」は、当初ノルウェーで多くの視聴者を獲得したが、一か月後にはフィリピンでブレイクしていた。さらにポーランドに飛び火し、数日後にはハンガリーも続いた。こうした波及は地理的に異なる場所の間で起きる場合もあれば、異なる世代間や、社会集団間で起きる場合もある。しかし多くの動画では、視聴を生み出すのは次第に検索エンジンや、YouTube内の推薦エンジンへと移っていく。人々は自分の探しているものが何かわかっていると、つまり以前に見た動画をもう一度見ようとしていたり、何かおもしろい動画があると耳にしていたりすると、それを検索して見つけようとすることが多いからだ。

これこそ、「ザ・フォックス」のような動画が、ちょっとしたヒットから大流行へと変わり、

08｜このセンテンスは、これまでどんな本にも書かれていないものだと賭けてもいい。

やがてノスタルジーを感じさせることになるくらい長続きするエンターテイメントへと変化していくメカニズムである。それは私たちのポップカルチャーを織りなす一部となっているのだ。

バイラルを構成する要素

それでは、バイラル動画にはどのような特徴があるのだろうか？　私はこの現象を数年間研究してきたが、それを通じて知ったバイラル動画のほぼすべてに、これから紹介する3つの要素が見られた。さまざまなミームやトレンドを見ていると、これ以外にも重要な特徴を見つけるかもしれないが、ここで挙げる3つの要素は、ショッキングな目撃系動画から、「サメのコスチュームを着た猫がルンバに乗ってアヒルを追いかける」▣04のような有名なおもしろ映像まで、あらゆる動画に当てはまるのだ。

1　人々の参加

ウェブ動画は受動的というより能動的なメディアであるため、視聴者の積極的な参加に最適化されたコンテンツが最も成功しやすい。アイス・バケツ・チャレンジを例に挙げよう。その正確な起源がどれかを特定するのは難しい。２０１４年の前半に、少数のグループがチャリティの名目で、氷水が入ったバケツを頭からかぶるというチャレンジを始めたことはわかっている。その後、何人ものプロゴルファーがそれに参加し、マット・ラウアーは「ザ・トゥデイ・ショー」で氷水をかぶった。しかしこのチ

▣04
Cat In A Shark Costume Chases A Duck While Riding A Roomba
TexasGirly1979

ャンレンジが本格的に流行し始めたのは、7月下旬にピート・フレーツが動画を自分のフェイスブックページに投稿したときだった(多くの人々がフレーツをこの流行のきっかけをつくった人物として認めている)。

私はフレーツに会ったことはないが、彼は同じ大学の一年後輩で、専攻も一緒であり、彼は野球でセンターとしてプレイしていた。ボストンカレッジは小さい大学のため、フレーツが27歳という若さでＡＬＳ(筋萎縮性側索硬化症)と診断されたとき、その噂はあっという間に広がった。フレーツは診断を受けた日の夜、家族と共に座っていた。そしてこの病気について、もっと多くの人々に知ってもらうことを誓った。フレーツの母親は、彼が「僕はこの我慢ならないＡＬＳの状況を変えてやる」と言ったのを覚えている。「変化を起こすんだ。ビル・ゲイツのような慈善家の目の前でそれを起こそう」[vi]。イエズス会が経営する大学であるボストンカレッジは、地域社会への奉仕を掲げている。そのため多くの同窓生たちが、フレーツの信念に賛同して、その後何か月も彼の行動を支援した。

フレーツが自身のアイス・バケツ・チャレンジ動画を投稿すると、彼の友人たちが同チャレンジに参加した。そしてそれからたった一週間で、私のボストンカレッジの同窓生たちは、誰もが頭からバケツいっぱいの氷水をかぶるようになっていた。このトレンドが席巻していたのは、私のソーシャルメディア上だけではないと気づくのに少し時間がかかった。それはボストンカレッジだけのものではなく、米国のネット界全体に拡散していたのである[05]。

8月になると、何百万というアイス・バケツ・チャレンジ動画がＹｏｕＴｕｂｅなどのプラットフォームに投稿され、視聴回数は数十億回に達した。それは「ハーレムシェイク」のような、以前の流行現象が小さく見えるほどだった。おもしろいことに、最も視聴されたアイス・バケツ・チャレンジ動画は、ビル・ゲイツが投稿したものだ▣06。２０１４年の８週間で、人々は１億１５００万ドルもの寄付を行った。２０１６年、新しいＡＬＳ遺伝子を発見した研究グループは、その発見がアイス・バケツ・チャレンジを通じて得られた資金によってもたらされたものだと宣言した。[vii]

　ここでも、流行を大きくしたのはセレブではなかった。誰もが参加できたことが、それに貢献したのである。アイス・バケツ・チャレンジ動画は簡単につくることができ、その構造自体が、他の人々をうまく引き込めるようになっていた。私の父でさえ、フロリダにある自宅の裏庭で出来損ないの動画を作成したほどである。おそらく撮影したのは、私の短気な母だ。これほど現場が見たかったと思う動画はない。アイス・バケツ・チャレンジが成功したのは、参加のハードルを下げ、誰でもそれをできるようにしたところにある。そしてそんな低いハードルすら乗り越えるのをためらう人々に

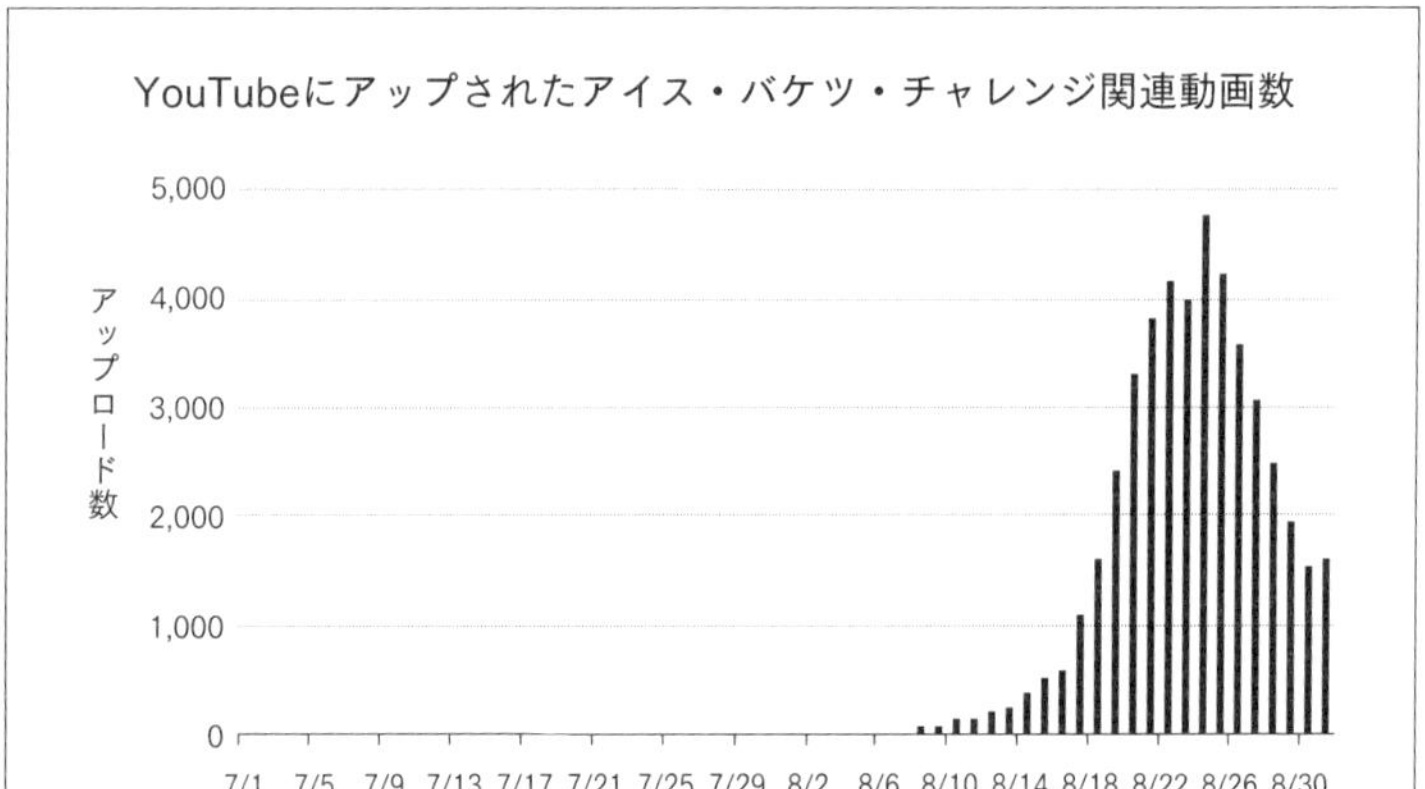

▣06
Bill Gates ALS Ice Bucket Challenge
Bill Gates

▣05
Former baseball player's fight against ALS leads to Ice Bucket Challenge: Part 1 | ABC News
ABC News

は、罪悪感を覚えさせるようになっていた。

この参加が促されるという点は、流行現象やバイラル動画の多くで見ることができる。時にそれは、口にして真似しやすいフレーズという形で現れる（「おいおい、ダニエル！ また白いヴァンズを履いてきたのか！」〔ジョシュという高校生が、ヴァンズ好きの友人ダニエルをからかう様子を撮影した動画で、２０１６年２月に投稿され瞬く間に拡散した〕などのように）。「江南スタイル」の場合は、ホースダンスをするだけでこの流行に参加できた。しかし最も騒ぎになった現象のいくつかは、模倣ではなく反応から生まれている。２０１５年、ＹｏｕＴｕｂｅコメディアンのニコール・アーバーは、「ディア・ファット・ピープル（デブな人々へ）」と題された動画を投稿した。このなかで彼女は、６分にわたって太った人々を揶揄した。「肥満は病気？ そうよ、買い物中毒と同じようにね。買い物と違って駐車券はもらえないけど」と彼女は言い、「太ってる恥ずかしさといったらお話にならないわ」と宣言する。予想通り、この動画に対しては猛烈な反発が起きた。後に彼女はテレビ番組『ザ・ビュー』に登場し、「この動画は、最初から人々を怒らせることが目的でした。私の他の動画と同じように」と語って、自分の動画を擁護した。この戦略はむしろ人々の気持ちを逆なでするものだったが、それが功を奏したのである。何百万という人々がアーバーのジョークと視点を嫌っていたにもかかわらず、それは暗黙のうちに、自分の意見を述べるという形で人々の参加を促すものであったため、この動画は広く拡散することになった。感情を刺激するというのは、人々の参加を促進するうえで非常に効果的なのだ。アイス・バケツ・チャレンジが成功したのは、それが本質的に持つ善意のためであり、「デブな人々へ」のような動画が成功したのは、それらが本質的に持つ悪意のためだ。

「メディアとソーシャルメディアの間には違いがあるんだよ」とチーズは私に語った。「それはタマゴ（egg）とナス（eggplant）ぐらい違う。同じ単語が登場するけど、まったく違うものなんだ。前者の中心となるのはコンテンツ、後者は会話。バイラル性について理解したいなら、〝会話〟を理解しなければならないんだ」

動画そのものよりも、その動画について私たちがどう思うかのほうが重要――この概念を飲み込むのに、ほとんどの人々は苦労する。これまで私たちは、伝統的なエンターテイメント作品に関して、人気が出るのはよく作り込まれているからだとか、幅広い層が楽しめるようになっているからだとか考えてきた。しかしウェブ動画はこのモデルを逆転させ、視聴者個人の体験と、視聴者とアート作品との間の相互作用を、アートそのものより重要なものとして位置付けた。動画そのものがバイラルになるのではない。それから得られる体験がバイラルになるのである。

これが、２０１１年にブラックと「フライデー」が間接的に提示した、「なぜ人々に好かれないものが世界で一番人気になるのか？」という逆説的な問いに対する私たちの答えである。

2 意外性

指先ひとつで何百万という動画を視聴できる状況のもとでは、驚きと独自性が非常に大きな価値をもたらす。１９８３年にジョン・ランディスが監督した、マイケル・ジャクソンの「スリラー」向けの映像は、これまで最も大きな影響を与えたミュージックビデオといえるだろう。長い間、人々は「ス

▣07
"Thriller" (original upload)
byronfgarcia

リラー」のダンスをリメイクしてきたが、そのなかで一本の作品が非常に有名になった。２００７年、フィリピンのセブ州にある矯正拘置施設で所長を務めていたバイロン・ガルシアは、同施設の中庭で毎日1時間行われる運動の時間に囚人たちの参加を促そうと、音楽とダンスを取り入れることにした。ピンク・フロイドからヴィレッジ・ピープルに至るまで、さまざまな曲が使われた。次第にダンスの振付は凝ったものになり、ガルシアはその様子を撮影して、ＹｏｕＴｕｂｅでシェアするようになった。「スリラー」を踊った際の動画▣07には、１５００人もの囚人が参加しており、初めて見たとき、私はその光景に圧倒されてしまった。その動画の背景にどんなストーリーがあるのか知らなかったし、私にとって何の意味もなかったのだが、ひとつだけ確かなことがあった。これを誰かにシェアしなくては、と感じたのだ。そして他の数百万人の人々が、同じように感じたのである。

ソーシャルメディアやエンターテイメントのコンテンツが津波のように押し寄せてくる時代には、ユニークであることが欠かせない。大量の動画が見られるため、これまでに見たこともないものに触れられる機会は増えている。人気が出るコンテンツのハードルが上がっているのだ。ＹｏｕＴｕｂｅで働くようになってから、何年もバイラル動画を見てきたが、その種類は千差万別だった。しかしそこには、一貫したパターンが存在する。それぞれのコンテンツには、少なくとも1つ、私たちが慣れ親しんでいるものから差別化する何かが含まれているのだ。ショックを与えられたり、何か新しいものを見せてくれたり、普段から抱いていた疑問に答えを与えてくれたり、といった具合だ。たとえば「ザ・フォックス」には大きな驚きを与えられる。「キツネはなんて鳴くの？」という歌詞が、予想もしないサビをもたらし、さらにそれが一緒に歌いたくなるようなフレーズになっている（ハティ・ハティ・ハティ・ホー！）。しかしこの曲の最大の意外性は、それがスターゲイトから生み出されたという点かもしれない。ラジオから流れてくるポップ・ミュージックと同じようなキャッチーな曲になっているという点が、馬鹿馬鹿しいジョークになっているのである。

私たちは自然と、驚かされるものに引き寄せられる。ｆＭＲＩを使った研究によれば、本当に新しい刺激を受けると、脳の「新規性を司る中心」である黒質／腹側被蓋野（ＳＮ／ＶＴＡ）が活性化され、ドーパミンが放出される。[viii] 私たちの脳は、予期せぬ創造性に喜びを感じるように配線されているのだ。[09][ix] 驚きはユーモアやマーケティング、心理学など多くの理論の中心にあり、驚きをもたらす動画は私たちの関心を瞬時に奪い、好奇心を掻き立て、認識を変え、そしてその体験を他人とシェアしようとさせる。驚きは私たちの脳に余計な負担をかける。自分が経験した普通ではないことを処理するのに、認知上の負荷がかかってしまい、そしてそれを本能的に減らそうとする。タニア・ルナとリーアン・レニンガーは、著書『驚き――予測できないものを受け入れ、予期せぬものを設計する』（未邦訳）のなかで、「私たち人間は、他人と共有することでこの負担を軽くしている」と述べている。「私たちは、自分が経験したほぼすべての感情的体験を口にし、自分だけの秘密にするのはその中の10パーセントしかない。何かに対する驚きが大きければ大きいほど、より短い時間で、より何度もそれを他人と共有しようとする」。[x] バイラル動画の場合で言えば、たとえば「サメのコスチュームを着た猫がルンバに乗ってアヒルを追いかける」を見て瞬間的に楽しいと感じ、それを自分のソーシャルメディアに投稿して、友人たちとその体験を共有したいという衝動にかられるというわけだ。

話をまとめておこう。なぜバイラル動画は常に変わったものなのだろうか？　それは、そもそも「変わっている」という要素こそ、何かをバイラルにする要因だからである。

3　アクセラレーター

バイラル的に広がった流行をどれでも詳しく見てみれば、その中に、対象となるものをより大きなコミュニティに紹介することで、拡散を急速に加速させる人物や出版物、その他のメカニズム（アクセラレーター）が発見できるだろう。

２００８年の米大統領選挙において、私は政治風刺をする動画を作成したが、そうしたのは私ひとりだけではなかった。たとえば「ベアリー・ポリティカル」という名前のチームが、「オバマに夢中〔124頁■18参〕」と名付けられたパロディソングの動画を制作している。これはモデルのアンバー・リー・エッティンガーが、オバマの大ファンというキャラクター「オバマガール」を演じるという内容だった。[10] この映像は、ケーブルネットワークや政治ニュー

09｜同じ研究では、なじみ深いものには同じ効果は認められないと結論付けている。研究者のひとりは、次のように説明している。「よく知らない情報は、既に学習済みのよく知られた情報とミックスされると、重要だと認識され、完全に新しい情報と同じ強度で中脳を刺激すると私たちは考えていた。しかしそれは誤りだった。中脳を強く刺激するのは、完全に新しい情報だけだったのである」。これはなぜセブの囚人たちが、彼らの「スリラー」の成功を繰り返し再現することができなかったのかの理由となるものだ。

10｜リミックスの章で紹介した、「ゼンガ・ゼンガ」の制作者ノイ・アルーシェを覚えているだろうか。彼は「オバマガール」を彷彿とさせる「リヴニボーイ」という名前のキャラクターで、最初のバイラルヒットを生み出している。

スウェブサイトなど、選挙を報じるあらゆるメディアで取り上げられた。ニューヨークタイムズの論説コーナーでさえ紹介したほどだ。続編として制作された動画は、「オバマガール」をウェブ動画初期のスターへと押し上げ、ニューズウィークはそれを「この10年間における第2位のインターネット・ミーム」と呼んだ。

「ベアリー・ポリティカル」の創設者（そして私のＹｏｕＴｕｂｅでの同僚）ベン・レルズは、「なぜオバマガールがこの時代に受け入れられたのかといえば、私はそれが、その時の大統領選の2つの大きなストーリーに関係するものだったからだと思う」と私に語った。「そのひとつは、若者たちがバラクに夢中になっていたということ、そしてもうひとつは、人々が政治に関わるスタイルをＹｏｕＴｕｂｅが変えたということです」。そもそもこの動画は、どのように拡散したのだろうか。それは最初にいくつかの小さな政治系ブログが取り上げ、次に当時ＡＢＣニュースでトップの政治特派員だったジェイク・タッパーが、ＡＢＣのサイト上でそれを紹介した。タッパーは当時の選挙で最も有力な記者のひとりで、彼のこの行動によって、メインストリームのメディアも「オバマガール」に注目するようになった。その結果ベアリー・ポリティカルは、この選挙戦を通じて、次々と制作された「オバマガール」シリーズの視聴者を獲得することができたのだ。

私はお気に入りのバイラル動画の「患者第1号」、つまり最初にその動画に注目した人物を見つけようと長い時間を費やすのだが、いつも失敗する。代わりに私が見つけるのは「ノード」だ。つまり急速な拡散を生み出す、多くのつながりが集中したポイントである。レルズのケースでは、ジェイク・

タッパーとＡＢＣニュースが最も重要なノードとなった。誰かが非常に伝染力の高いウイルスに感染していると想像してほしい。もし彼が友人の家に行って、その友人にウイルスをうつし、さらにその友人が別の友人の家に行って……ということが繰り返されたとしたら、全員がウイルスに感染するのには長い時間がかかるだろう。しかしもし感染した人物がショッピングモールへ行ったとしたら、その週の終わりには町中の人々が感染しているはずだ。同じことが動画やミームについても言える。人々がさまざまな形でゆるやかにつながるデジタル環境のなかでは、多くのものがショッピングモールの役割を果たすのだ。

レベッカ・ブラックの場合、「フライデー」の拡散を加速させたのはトッシュ・Ｏのブログ（彼も別のブログ「デイリー・ホワット」から彼女の動画について知り、「デイリー・ホワット」も読者からの投稿を受けてこの動画を紹介していた）や、ＭＳＴ３Ｋのマイケル・Ｊ・ネルソンといったコメディアンたちだった。「ザ・フォックス」の場合、イルヴィスはそれをテレビ番組で放送した。番組はノルウェーでしか流れなかったのだが、動画の視聴者数は、国境を超えて急速に拡散するのに十分な数に達した。そこから他のノードへと拡散していくのは必至だったのである。本書ですでに紹介したコミュニティの多くも、効果的なノードだ。２００８年の政治ブログ界隈では、誰もが新鮮なコンテンツを渇望していて、「オバマガール」がその渇きを満たす完璧な存在になったのである。またノードも変化する。「ブロゴスフィア〔ブログによって形成される言論空間を指す言葉〕」にはかつてのような影響力はなく、それに代わって新たなノードが浮上している。いまやプラットフォームそのものがノードになり得る。多くの人気バイラル広告が、ＹｏｕＴｕｂｅの広告システムによって、人々への最初の接触を得るようになっているのだ。
ノードとして機能するのは第三者だけではない。ＹｏｕＴｕｂｅのクリエイターたち自身が影響力を持つようになっており、いまや彼らのチャンネルの登録者と、そこから生まれる動画の視聴者が、最初のノードとなってシェアを促すようになっている。これまで私たちは、２００８年の大統領選におけるジェイク・タッパーのような「流行を生み出す人々」が、何かをバイラルにして急速な拡散が生まれる上で欠かせないと考えていた。しかし最近では、オンライン上でコンテンツを公開する人々自身が、自分が抱える多くの視聴者を梃子にして、自ら流行を生み出すようになっている。

ＰＳＹがかつて、１日におけるＹｏｕＴｕｂｅ動画再生回数のトップ記録を保持していたと聞いても驚かないだろう。[11] しかしその記録を達成した曲は「江南スタイル」ではなく、その次に発表されたシングル曲「ジェントルマン」であると聞いたら驚くに違いない。ただその理由は簡単だ。「江南スタイル」は複数の異なるコミュニティや、地理的な壁を超えて伝わっていくのに時間がか

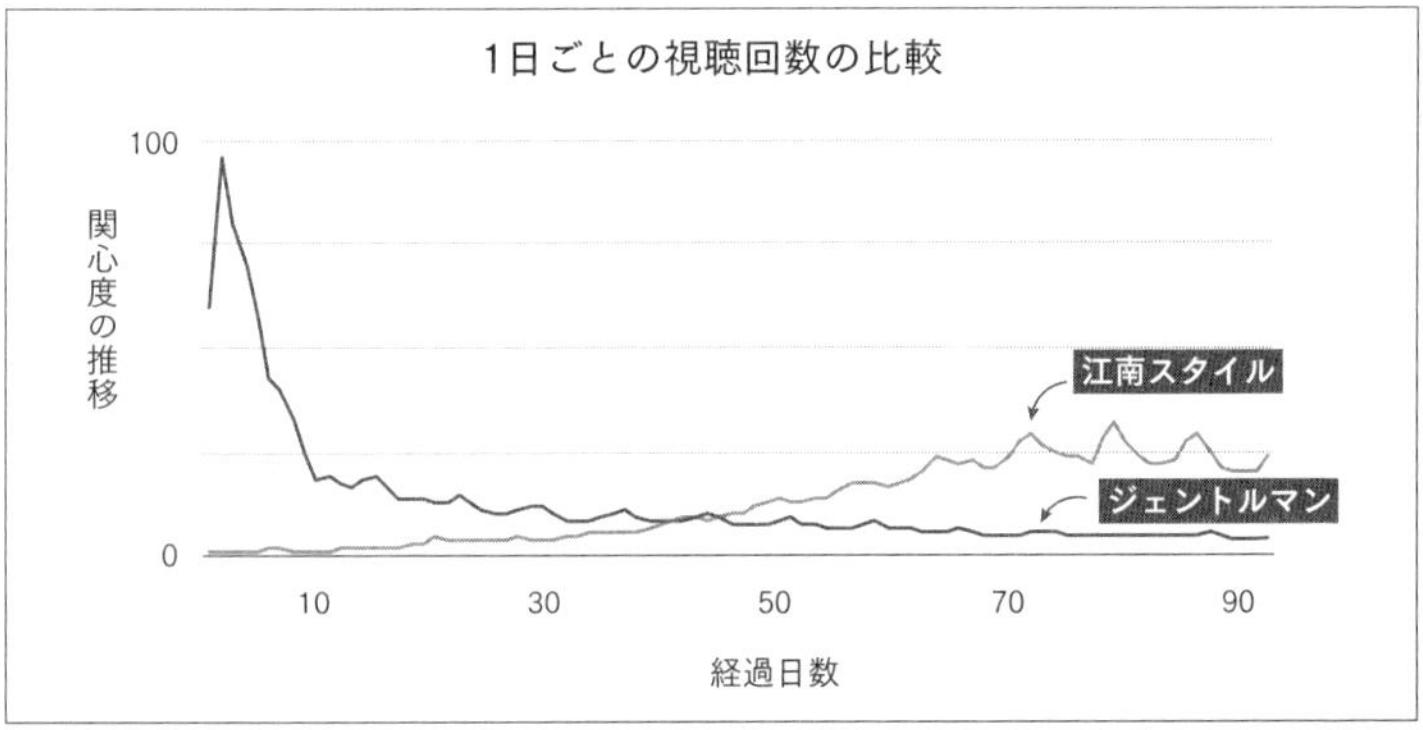

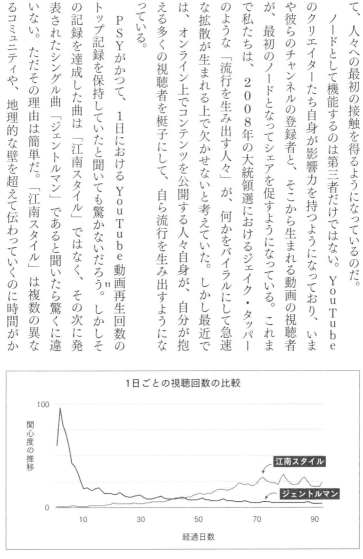

かったが、「ジェントルマン」が発表されるころには、ＰＳＹは韓国の外にまで、より多くのファンを獲得していた。つまり数が多く、構成も多種多様なファンたちがすでに待ち構えていて、ビデオが発表されるとすぐに自分のコミュニティ内でシェアしたことで、バイラルの旋風が吹いたのである。

人々の参加、意外性、そしてアクセラレーターの３つが、私が有名なバイラル動画の間に共通して見出した要素である。しかしそれを知ったところで、何かをバイラルにすることなどできるのだろうか？　それは難しい話だ。コンテンツを適切なノードに埋め込むための、十分な資金と賢い戦略があれば、バイラル動画に非常に近いもの、つまりインターネットで多くの注目を集めるコンテンツをつくり出すことができるだろう。「大勢のインフルエンサーにお金を払って、あるコンテンツをプロモーションしてくれとお願いし、同時に適切なタイミングでそれをマスメディアに露出させ、さらにマーケティングに多額の投資を行って、誰もがその存在を知るようにできれば、何か大流行しているかのように感じられるものを生み出せると思う」とチーズは私に語った。「でもその人気が自然発生した行動によって生まれたものでなければ、それを持続させることは難しいだろうね」

人々への露出を最大限に高めることも重要なのだが、結局のところ、何かに参加するよう人々を促せるかどうかはまったく別の問題だ。人々がクリックしてシェアしてくれるかどうかではなく、そもそも人々が反応し、参加しようとする価値は何なのかを考える方が重要なのだ。

11｜この記録は2017年に、テイラー・スウィフトがミュージックビデオ「ルック・ホワット・ユー・メイド・ミー・ドゥー」（意味深な歌詞が満載で、スウィフトがゾンビ姿で復讐を口にするという内容）をリリースして、ソーシャルメディアを大騒ぎさせるまで破られることがなかった。

力の移行

ある1月の寒い日のことだ。私たちはワシントンD・Cで、ホワイトハウスのディプロマティック・レセプションルームで開催された、「YouTube・インタビュー・ウィズ・プレジデント・オバマ2011」を閉会しようとしていた。私はその1時間ほど前、誤ってホワイトハウスから締め出されてしまっていた。マックブック用のディスプレイ・アダプターを忘れてしまい、取りに戻っていたのである。ごく初歩的なミスで、私は自分の馬鹿さ加減に呆れてしまった（それ以来、私は文字通り、どこに行くにもVGA／HDMIアダプターをカバンの中に入れている）。インタビューの後、オバマ大統領は少しの間、テクノロジーとメディアについて雑談することを快く引き受けてくれた。私たちは大統領に、これまでどんなYouTube動画を見たか尋ねてみた。すると彼は、「ユニコーンが山に行く動画を見たことはある？」と逆に質問してきた。「それって『ユニコーンのチャーリー、キャンディー・マウンテンに行く▣08』じゃないですか!?」と私たちは同時に口にした。まったく信じられない思いだった。どうやら大統領の娘たちが彼にそのアニメ動画を見せ、それが彼の心に残っていたようだ。その結果、アメリカ合衆国大統領が「ユニコーンのチャーリー」のストーリーを詳しく解説して、周囲のスタッフたちが当惑するという、私の人生のなかで最もシュールな瞬間が生まれたのだった。

「ユニコーンのチャーリー」はおよそ4分間のアニメ動画で、2005年にジェイソン・スティールとい

▣08
Charlie the Unicorn
FilmCow

う名の20歳の映画制作者が作成した。落ち込んでいたユニコーンのチャーリーが、2頭の友人に促されて「キャンディー・マウンテン」と呼ばれる場所への旅に加わるという内容である。その道中、チャーリーと仲間たちは、いくつもの奇妙な光景を目にする。そしてキャンディー・マウンテンに到着すると、チャーリーは気絶してしまう。そして目を覚ましたときには、誰かに肝臓を盗まれてしまっているのである。このようにブラックで風刺のきいた内容の「ユニコーンのチャーリー」は、私たちのような甘ったるい子供番組を見て育った人々の間で、カルト的な人気を博すことになった。この動画と3本の動画は、合計で1億5000万回以上視聴され、スティールと彼のスタジオ「フィルムカウ［Film Cow］」の名を一躍有名にした。ひねくれたユーモアのセンスを持つ人々が、この動画の不謹慎な内容に惹きつけられ、友人たちとシェアしたのだ。それはメインストリームのエンターテイメントとはほど遠く、それが拡散したプロセスも普通とは違っていた。2016年、スティールはクラウドファンディングサイト「キックスターター」上で、「ユニコーンのチャーリー」シリーズの最終話となる30分の作品を制作するための予算を寄付してくれるよう呼びかけた。目標額は5万ドルだったが、ファンたちからの寄付は、合計で20万ドル以上に達した。

私はずっと、スティールが深夜で（そしてドラッグでも飲んで）ハイになっていたときにこの動画を思いついたのだろうと勝手に想像していたのだが、「ユニコーンのチャーリー」の起源は、それよりずっと個人的で胸を打つものであることを後に知った。スティールは2016年に行われた質疑応答の際に、「ハリケーン・カトリーナがニューオーリンズを襲ったときに、私は仕事から何からすべてを失ってしまいました」と説明している。「母の誕生日が近づいていたのですが、まったくお金がありませんでした。しかしそれでも、彼女に何か贈りたかったのです。それを知った母は、ギフトの代わりに、ユニコーンが登場するマンガをつくってくれと言いました。そこで『ユニコーンのチャーリー』をつくったのです。あれから10年以上経っていますが、彼女はいまだに、私の誕生日プレゼントがあなたのキャリアをもたらしたのよと言っています」[12 xi]。その後に生まれた無数の小さな交流（メールやブログ記事、フォーラムへの書き込み、ソーシャルメディアへの投稿など）が、母親への誕生日プレゼントを、いつまでも記憶に残るインターネット上の財産へと変えたのである。

こうした例は、インターネット技術の普遍性が副作用的に生み出した、さほど重要ではない例外的な話だと思われるかもしれない。しかしバイラル動画の拡散の根底にある基本的な原則は、いまや人々のつながり方の一部となっており、そうした関係性から新たなエンターテイメントの形が生まれている。意識していようがいまいが、また年齢や経験の大小に関係なく、私たち一人ひとりが、ポップカルチャーにおいてより大きな役割を演じるようになっているのだ。

ウェブ上の一時的な流行が持つ多様性と予測不能性は、伝統的な支配のメカニズムの外で生まれつつある文化を反映している。私はバイラル動画が、特定の年齢層や地域に特有なものではないことを発見した。バイラル的な共有パターンは、あらゆるものを対象として、あらゆる人々の間で、そしてあらゆる言語で発生している。

バイラルコンテンツを共有することで、コミュニティや利益集団は、伝統的なメディアでは不可能だった形でお互いのつながりを深めることができる。そしてそれは中毒性があるものだ。こうしたネットが可能にするつながりは、現代の私たちにとってきわめて重要であるため、テクノロジーにまったく精通していない人々ですら、時代遅れの技術を使ってもこの目的を果たす方法を見つけている。「僕の母は中国人で、彼女からメールが転送されてくることがあるんだけど」とチーズは私に語った。「ほら、パワーポイントの重いファイルが添付されているでしょう！　ミームを伝えたいからって、メールで10メガバイトのパワーポイント・ファイルを送ってくるなんて。何かをシェアするのに、これ以上悪い方法はないよね。でも、コンテンツを誰かとシェアしたいという気持ちは、それほど強い感情だってことなんだよ」

私のお気に入りのバイラル動画のひとつには、（データの観点から見て）意外なスターが登場する。それはケン・クレイグという、米オクラホマで育った85歳の男性で、彼は義理の娘に向かって、トウモロコシの皮とひげを取り除く技（少し電子レンジで温め、下の部分を切り、トウモロコシを揺らして皮を取るというもの）を披露する。彼女はそれを録画していたので、当時韓国で英語を教えていた娘も見られるよう、動画をYouTubeにアップした。[xii]　電子メールのアカウントすら持っていないクレイグは、その動画が50回ぐらい見られれば良い方だろうと考えていた。[xiii]　しかし実際の視聴回数は、1千万回近くにまで達した。私がこの動画「トウモロコシの皮む

12｜この動画が贈り物？と思った人のために追記しておこう。スティールによれば、当時この動画を見た母親はそれほど感銘を受けていなかったそうだが、それでも彼が自分のためにそれをつくってくれたことを喜んでいたそうである。

き（Shucking Corn Clean Ears Every time）」に最初に気づいたのは、私たちの「トレンド・ダッシュボード」のトップに現れたときだった。この映像は数日間にわたり、ＹｏｕＴｕｂｅの55歳以上ユーザーの間で最も人気の動画となった。しかしその視聴の大部分は、フェイスブックやツイッター経由ではなく、ヤフーメール経由で行われていた。バイラル動画は若者に限られた現象ではない。私たち全員にとって価値があるのだ。

個人間のやり取りを通じて拡散する動画は、あらゆる年齢層において、人々が新しい情報や視点を発見し、それに関わる方法を根本的に変える可能性がある。そしてそれにより、あらゆる種類のメディアが、ケーブルテレビの貴重な番組枠やラジオの周波数、人気アプリの広告枠といった手段を通じて獲得する、既存のファンやネットワークを必要とすることなく、多くの視聴者を獲得する可能性を持つようになっている。エンターテイメント業界では、人々の注目を集めるのに「列に並んで待つ」必要がなくなった。一夜にしてセレブになって、特定の商品の売上を急上昇させることもできる（２０１５年にはバランススクーターが狂ったように大流行した）。バイラル現象の大部分は、その大元をつくった人々に何の持続的な価値ももたらさない。確かに宝くじに大当たりするような状況になる場合もある。たとえばデビッド・ドゥボア・ジュニアは、歯医者の帰りに車の後部座席に座っていたとき、麻酔でうまくしゃべれない様子を彼の父親に撮影されていた。そして生まれたのが、あの伝説の動画である▣09。その動画はデビッドに、将来大学に通うための学費を十分払えるほどのお金をもたらし

▣09
David After Dentist
booba1234

た。しかしバイラル動画が社会に対して持続的に与える影響とは、一夜にして大金持ちになれる仕組みでも画期的なビジネスモデルでもなく、世界に対する私たちの視点を急激に変える可能性だ。

チーズは私に、メディアとテクノロジーに対する彼の考え方に影響を与えた体験について語ってくれた。1999年にシアトルで開催されたWTO（世界貿易機関）閣僚会議への抗議活動をしていたとき、彼は現場の人たちが撮影した動画をすぐ拡散できるように動画のエンコードを手助けしていた。そうした動画は抗議活動に関する会話の流れを左右したため、警察は動画の配信を妨害しようとテープを運びだす役目の人々を標的にし始めた。そこでチーズは、動画をウェブにライブストリーミングするバックパックを開発することを思いついた。P to P（ピア・ツー・ピア）で配信される情報とコンテンツがもつ人々に力を与える性質は、変革を即座にもたらすもののように感じられた。

「メインストリームの人たちが無視しようとするものに注目を集めようとする社会運動の裏方をやっていた人間として、このことは、すごくすごく、やばいくらい嬉しいことなんだよね」とチーズは語ったが、さらにこうも付け加えた。「でも、それによって新しい課題も生まれてる。自分たちにとって何が重要か、コントロールするとは何を意味するのか、そして注目を集めることに責任を負うとはどういうことなのか、改めて考えることを迫られているんだ」

バイラル型の共有は私たちに、ごく短時間で大勢の人々に対して自分自身をアピールするための新しい手段をもたらした。私たちは自分が何を創造するのか、何をシェアするのかを慎重に選ばなければならない。私たち個人の小さな行動が、これまでであれば大きな組織が一丸となって動かなければ到達できなかったのと同じ規模に影響を与え得るのである。しかしそうした力には、当然ながら責任が伴う。ちょっと怖い話だろう。しかしそれは、数百万人が参加することで、無一文になったアニメーターが母親の誕生日に贈ったプレゼントを、アメリカ合衆国大統領がチェックするほどの人気作品へと押し上げる力でもあるのだ。

2016年までに、レベッカ・ブラックは別の種類のスターへと変身を遂げた。彼女の名声が消え去ることを期待していた人もいたかもしれないが、そうはならなかった。何よりもあの曲「フライデー」は、時間が経過しても忘れられなかったのである。あれから何年も経っているが、フライデーは毎週金曜日になると、視聴回数が跳ね上がる。人々は本当に「フライデー」を愛しているのだ。私が最後に彼女と会ったのは、2011年のYouTubeオフィスで行われたイベントの際だった。そのとき彼女は、14歳の少女にしかできない様子でエキサイトして、私たちが彼女にちなんで名付けた会議室のプラカードに夢見心地でサインしていった。その5年後、私は彼女を遠くから見かける機会があった。彼女はウェブ動画に関する大きなコンベンションの会場で、ファンと一緒に写真を撮っていた。「フライデー」のファンではなく、ユーチューバーとしてのレベッカ・ブラックのファンとである。「フライデー」の一件の後、彼女は自分のチャンネル「rebecca」に百万人を超える登録者を獲得し、古典的な「ソーシャルメディア・インフルエンサー」になって、デジタルコンテンツ制作会社のオウサムネスTVと契約し、以前よりも悪くないミュージックビデオをリリースし、メーキャップや悩み相談などを行うビデオブログを毎週更新するようになっていた。記者のレジー・ウグが、「フライデー」現象のその後の4年間を詳細に追跡取材しているのだが、そのなかで彼は「ブラックの場合、彼女の『ビフォア』ストーリーのように惨めな状態に追い込まれた中高生たちが、彼女をそうした苦境を乗り越えたロールモデルとして捉えるようになっている。ソーシャルメディアの悪夢から脱し、それに屈することなく立ち上がることに成功した人物としてだ[xiv]」と記している。クリエイターとしてのレベッカ・ブラックが、意図せずバイラル現象のスターとなったレベッカ・ブラックを超える存在となったのだ。

2012年頃から、ビジネスの視点から見た場合の「バイラル動画」の価値は減少し始めた。そしてブラックが「フライデー」を通じて得た視聴者のように、バイラル現象の後も持続して存在する視聴者に注目が集まった。動画を常にバイラル化させるようなビジネスをつくることはできない。それはクリエイターや広告主、プラットフォームにとっても同様だ。YouTubeの戦略はチャンネルを中心に再構成されており、依然として個々の動画が急に有名になることはあるものの、YouTubeは単なるバイラル動画の寄せ集めではなく、さまざまなショーやパーソナリティのネットワークとなるように進化した。

しかし文化的には、バイラル動画は依然として残っている。そしてそれは今後何年にもわたって、人々が自分自身を楽しませ、知識を共有する手段の重要な一部であり続けるだろう。それはバイラルという現象が、特定のテクノロジーに結びついた、あるいはそれによって生み出される行動ではないからである。実際はその逆なのだ。かつて新聞の切り抜きが行われていたように、私たちは何世紀にもわたって「バイラル」を生み出してきたのである。しかし今日のテクノロジーは、それを巨大な規模に増幅することを可能にしており、既存のメディア業界以上に、一般の人々に素早く文化的影響を与えることができるようになっている。

確かにインターネットは成熟した。ネットフリックスやアマゾン、Hulu（フールー）、そしてYouTubeなどが提供するオリジナル番組を見ていると、間もなくウェブを支配するようになるクリエイティブなコンテンツは、これまでと同様に、企業が統制するスタジオの審査（それはかつてメディア上で拡散されるものをコントロールしていた）を経たものになるのではないかという予感を抱かせる。しかしバイラル動画の存在は、ウェブの一部はこれまでと同様に、奇妙ですばらしいものであり続けるのではないかという希望を与えてくれる。バイラル動画は、インターネットがエキセントリックで楽しい存在であることを、多かれ少なかれ保証してくれるのだ。それはバイラル動画が、物事がどのように拡散するかを決めるチャンスを私たち全員に与えてくれるからである。企業がいくら莫大なマーケティング予算を抱えていようと、それは力の抑制と均衡を図り、人々が現代のポップカルチャーに対する影響力を行使することを可能にするメカニズムとして機能する。

いまや世界は、何かが多額の資金を投入されたから拡散するというわけではない（アートとしての品質が高いから拡散するというわけでもない)。動画や才能豊かな人々が、私たちに独自の価値をもたらしてくれるがゆえに、成功するようになっているのである。

11 動画は私たちに何をもたらすか

ジェイソン・ラッセルは12歳のとき、すばらしいアイデアを思いついた。「数百万人の人たちにいっせいにストーリーを伝えて、みんなで一斉にそれを楽しめたらどうなるんだろう?」

ラッセルは劇場で育った。１９８０年代初頭、彼の両親はクリスチャン・ユース・シアターという劇団を創設した（現在同劇団は、米国最大のユース・シアター組織となっている）。しかしステージを通じてでは、数百万人の人々にストーリーを伝えるには何十年もかかってしまうことを、ラッセルは理解していた。そこで彼は、映画制作の道に目を向けた。南カリフォルニア大学の名門映画学校を卒業した後、ラッセルはミュージカル作品をドリームワークスに売り込み、大スクリーン向けの映画制作に取り組むことになった。しかし彼は、最初にアフリカに行って、ダルフールでの戦争の様子を記録することを決意する。写真ジャーナリストのダン・エルドン（１９９０年代にロイター通信向けにソマリアでの取材を行っていたが、１９９３年に殺害される）に触発されたラッセルは、スーダンへと向かった。

「それは私にとって、本当に大きな変化でした」とラッセルは私に語った。「世界は必ずしも新しいハリウッド映画やミュージカルを必要としていないのではないか、と感じたのです。自分の一生の中の１

01
KONY 2012
Invisible Children

年を、人々を解放し、救済するかもしれない映画に捧げることが、大学を出た後に自分ができる最も重要なことだと考えるようになりました。

ウガンダの北部、現在南スーダンとなっている地域のすぐ南に、グルという町がある。そこに滞在していたとき、ラッセルは「ナイトコミューター（夜間避難児）」の存在を知り、衝撃を受けた。彼らは夜間に町の中心部に移動してくる子供たちである。誘拐され、17年も続く内戦の少年兵になることを強いられるのを避けるため、避難してきているのだった。ラッセルはボビー・ベイリー、ラレン・プールという他の2人の大学生と共に、最初の映画撮影に取り組んだ。そのなかでラッセルは、「(私たちは）自分をうぶな愚か者として描いているが、実際そうであった」と語っている。しかし彼らが語ったストーリーは、内戦の終結を求める運動の基礎を築くことになった。

ラッセルと彼が設立した組織「インビジブル・チルドレン **[Invisible Children]**」は、何年もかけて政府関係者に働きかけ、影響力のあるリーダーと接触して、米国中の高校を回って啓もう活動を行い、映画の上映会を開いて若者たちの署名を集めた。

そしておよそ10年後（そして11本の映画を撮影した後）、「インビジブル・チルドレン」は新しい映画の制作に乗り出した。それはオンライン配信用の作品で、ラッセルはそれを「皆の注目を集めるための土壇場の努力」と表現した。彼らはターゲットを絞ることにし、「郊外の自宅で寝室にいる14歳の白人の少女」という視聴者のイメージを描いて、29分59秒の動画へと編集した。それが長い動画であることを、彼らは理解していた。「制作中ずっと、『30分のＹｏｕＴｕｂｅ動画なんて誰も見やしないよ』と言っていました」とラッセルは回想している。それでも彼らは、非常に大胆な目標を定めた。その年の終わりまでに、視聴回数50万回を達成しようと決めたのである。そして制作した動画を、2012年3月5日月曜日にYouTubeに公開した[01]。

ラッセルはこの動画のなかで、「率直に言おう。この映画は2012年12月31日に期限切れとなる。そしてその唯一の目的は、反政府組織の神の抵抗軍(LRA)と、彼らの指導者であるジョゼフ・コニーを止めることだ」というナレーションを入れている。「そしてそれをどうやって達成しようとしているのか、これから話していこう」

みなさんもこれまでに「コニー2012」を見たことがあるか、少なくとも耳にしたことがあるだろう[01]。

ラッセルのドキュメンタリーは、その年を通じて2番目に流行した動画となった。それより視聴されたのは、あの「江南スタイル」だけだった。それは世界的な現象となり、ラッセルのチームが掲げていた目標視聴回数を数時間でクリアしてしまった。2日後、「コニー2012」は一本の動画が1日に視聴された回数の記録を塗り替えた。その水曜日だけで3100万回視聴されたのである[02]。そして数日間にわたって、YouTube上では「コニー」が最も検索された単語になり、グーグルはそれが、この年に米国内で最も検索された単語のトップ10にランクインしたことを宣言した。「コニー2012」は

01｜簡単に整理しておくと、それはラッセルがウガンダの内戦について5歳の息子に説明し、さらにLRAについて、彼がアフリカで出会った人々の視点を通じて解説するという動画である。そこに登場する一人であるジェイコブは、LRAから逃れてきた人物で、ラッセルの十年来の友人だ。

02｜この記録を1年後に破ったのが、PSYの「ジェントルマン」である。

ウェブ上で最も視聴される非営利／社会運動系動画となり、その状態が何年も続いた。視聴者たちも、単にクリックしてすぐ立ち去るということをしていたわけではなかった。この動画の平均視聴時間は9分を超えていた（当時の他の平均的な動画の4倍以上だった）。また視聴のうち10パーセント以上で、30分全体が一気に見られていた。

これほどの勢いは、当時は考えられないものだった。「動画を公開したら、何が起きると考えていましたか？」と私はラッセルに尋ねてみた。「これほどの反応があるとは思っていませんでした」と彼は答えた。「つまり、こんな反応を経験したことがなかったので、誰も予想していなかったのです」

その数年前、ハフィントンポストのために私自身がバイラル動画を制作していたとき、私たちのチームでは3つのルールを定めていた。それは①おもしろくする、②ワンセンテンスで説明可能な内容にする、③短くする、である（かつて私は、動画の長さが1分59秒に収めるように編集を行っていた。バイラル動画が集まる「値引きセール」用のカゴに入れようとしていたのだ）。「コニー２０１２」

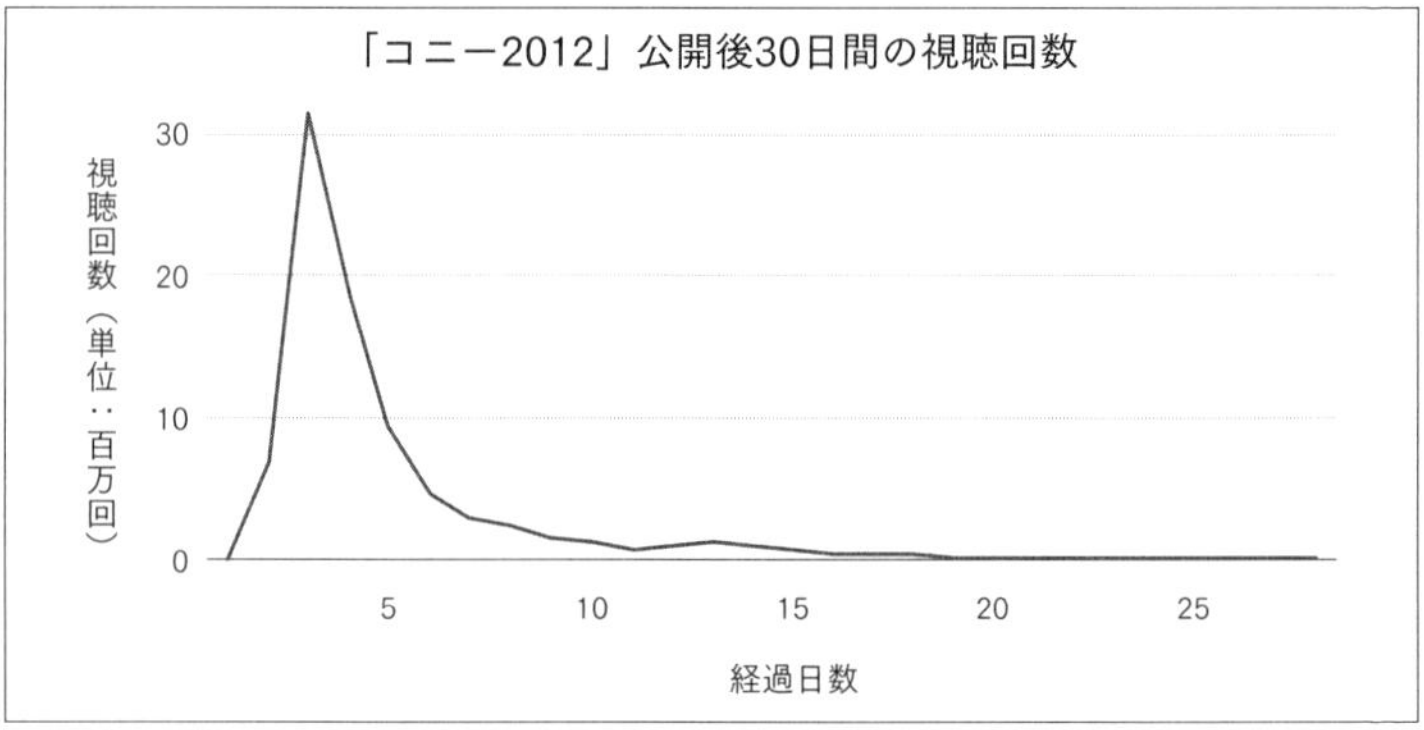

はこの3つのルールすべてに違反している。いったいラッセルと彼のチームは何をしたのだろうか？

インビジブル・チルドレンのチームは始めに、プロパガンダの歴史を研究するところから始め、そこで学んだことを毎日のように、たったひとつの目標を達成するために当てはめていった。その目標とは「ジョゼフ・コニーを有名にすること」である。ラッセルはこの目標への集中を「形勢を大逆転させるための戦術」だったと説明している。そしてこの姿勢は、動画自体にも表れている。「具体的であること、そしてシンプルであることは、ストーリーを語る上で最も強力な手段なのです」とラッセルは語った。編集上の観点から、彼らはこの動画の「オンライン力」、つまり「ネット上のユーザーに視聴を続けさせることに成功しているかどうか」を6秒ごとに計測した。しかし動画の制作スタイルは、「コニー2012」がこれほど急速に拡散した理由のひとつにすぎない。

「14歳の少女が寝室から行動を始めるという、草の根的な活動に訴えたことがすべてでした」とラッセルは語った。動画は「あなたがいますぐできる3つのこと」をしようと呼びかける。署名に参加すること、「アクションキット」と呼ばれるキャンペーングッズ（ブレスレットなど）を購入すること、1か月単位で行われる少額の寄付に参加することの3つである。続けて画面上には、「そしてそれ以上に、この映画をネットでシェアしてほしい」というメッセージが現れる。「シェアは無料だ」。動画をシェアすることは、この活動に賛同して参加することを意味するのだと、インビジブル・チルドレンは明確に宣言していた。この点は「コニー2012」の成功に寄与したカギのひとつなのだが、同時にこのキャンペーンにおいて、最も議論を呼び広く批判されている点でもある。「クリックティビズムとスラックティビズム〔いずれも、インターネット上でクリックなどの簡単な行為をするだけで、社会に貢献した気分になってしまうことを指す言葉〕は何の役にも立たない、と人々は言います」とラッセルは私に語った。「しかしご存知のように、それはメッセージを社会の中に強力に拡散させることができます」。彼は人々の意識に焦点を当てることが、彼らの感情や考え方を変える上で大きな役割を果たした例として、同性婚とトランスジェンダーの権利を挙げた。「こうした概念を理解し、共感するにはかつては数十年かかりましたが、いまでは数か月から数年しかかかりません」と彼は言った。「『他人』を理解し、誰かの立場になって考えてみることができるという点で、現代は私にとって、非常にエキサイティングな時代なのです」

十代の若者が抱く理想主義を悪く言ってはいけないし、私はそれが大好きで、時には嫉妬すら覚えるのだが、この場合には少し話が異なる。私の心の中にいる皮肉屋は、「コニー２０１２」がこれほどまでに拡散したのは、何よりもそれが視聴者にもたらしたものに理由があると確信している。それは「世界中の出来事に関心がある人物として自分を示す機会」だ。それは私たちに対し、自分が所属する社会集団のなかで、それを中心にして他の人々と関わりを持つことができるトピックを提供したのである。それは「自分自身について何かを語る手段」として、この現象の傍観者ではなく、参加者として関わることを可能にした。ラッセルは明確に、自分は世界に対して影響を与えられるのだという考え方を受け入れるよう、人々に呼びかけた。「人々が支援してくれたのは、このキャンペーンが彼らに『自分は誰かを助けているのだ』という心地よさを与えると共に、『自分は何か自分よりも大きな存在の一部になっているのだ』という気持ちを与えたからだと、私は強く信じています。そうした気持ちは、誰もが願うものです」とラッセルは語った。「コニー２０１２」は、そのトピックと同じくらい、観客が重要な要素だったのである。

この10年間、インビジブル・チルドレンはリアルでの上映会やイベントを開催して、多くの学生たちに接触してきた。動画が発表される前から、活動に喜んで参加するという若者はおよそ５００万人存在していたと、ラッセルは推測している。その一方でインビジブル・チルドレンは、一方的な期限を定めて、視聴者に対して各自20名の「カルチャー・メーカー」と接触し、この運動に巻き込むよう促すことで、動画の拡散を加速させることに成功した。彼らは「セレブに人々の意識を高めてもらうように依頼する」という、一般的な戦略の逆を行ったのだ。ラッセルに言わせれば、そうしたセレブ頼りの戦略は大失敗に終わりがちなものだった。彼らのキャンペーンではセレブにフォーカスしていなかったが、それでもセレブたちは、この動画の「アクセラレーター」として重要な役割を果たした。ツイッター上でフォロワー数の多いアカウントトップ15のうち、５つのアカウントが、発表から数時間でこの動画をシェアしたのである。この活動を長年支援してきたオラフも動画についてツイートし、即座に人々の意識を高めた。

こうしたシェアが行われたことで、この動画をめぐる真剣な議論が一気に巻き起こり、臨界点に達した。発表された週、この動画から逃れることはできなかった。ターゲットとなった14歳の少女の一群が率いる、巨大な草の根運動へと発展したのである。その週の終わりまでに、ホワイトハウスの報道官ジェイ・カーニーに対してこの件に関する質問が投げられるようになり、すべての主要紙や雑誌で何らかの言及がなされた。U2のボノは、「コニー2012」にオスカーを与えるべきだと主張した。[i] しかしこれらは、ほんの始まりにすぎなかった。

「発表する準備が整っていたクールなコンテンツが山のようにあったのですが、こうした熱狂状態が10日間続いたので、なかなか発表できないほどでした」とラッセルは語った。

私は本書を書くにあたって、「コニー2012」の物語について、当初のヒューマニズムに基づく一致団結した怒りから、懐疑的な意見や冷笑へと急速に移っていったことを忘れていた。しかし多くの人々と同様に、最終的に起きた出来事は忘れていなかった。

「コニー2012」がウェブ上で大ヒットしてから2日後、19歳の大学生がタンブラー上で「ビジブル・チルドレン」と題された詳細な批判記事を公開した。そのなかでこの大学生は、「『コニー2012』に関わる人々が尊い意図を持っていることも、ジョゼフ・コニーが邪悪な人物であることも、一切疑っていません。それでも私は、この運動に強く反対します」と訴えた。この記事が問題視していたのは、運動の戦術と財務、そしてミッションだった。「ビジブル・チルドレン」は数百万回クリックされたが、同じ日に投稿されたビデオブログも同様に注目を集めた。そのブロガーは両親がウガンダ出身の10代の少女で、コニーはすでに死亡していると主張していた。そして批判は、他の活動家や専門家からも行われるようになり、彼らの主張が小さなブログや、時にはメインストリームの有力紙にまで掲載されるようになった。その内容は、問題を過度に単純化していると非難するものから、情報の誤りを指摘するもの、人々の感情を操作していると訴えるもの、そして運動が「『白人の救世主』産業複合体〔白人がアフリカ人を助けているように見えて、実際には彼らを見下し、自分が「救世主」であると勘違いして自己満足しているだけだという批判〕」だと主張するものまでさまざまだった。（この数年後、私はアクティビストたちに対してスピーチをする機会があり、「コニー２０１２」をオンラインでの情報発信の成功例として取り上げたのだが、名前を出しただけで、この運動の賛否に関する激しい論争へと話が脱線してしまった。）

動画はラッセルをこの運動の顔へと変え、こうした批判によって世界的な注目を集めることになったのだが、彼にはその準備ができていなかった。そして動画が投稿されてからたった10日後の3月15日、ラッセルの精神は崩壊し、彼はサンディエゴの路上を全裸で歩きまわって大声で怒鳴り散らしたり、訳のわからないことをわめいたりしてしまった。この出来事は誰かによって撮影されて、ＴＭＺというサイトに投稿された。ラッセルにとって不幸なことに、この動画もまた、バイラルになった。「もう完全におしまいだ、みんなを大混乱させてしまうぞ、と思いました」とラッセルは告白した。「つまりリーダーが精神衰弱を起こして、裸でうろついてる姿がＴＭＺで公開されたら、『悪いけど、もう信用できない』と言うしかないってことです」。

ラッセルはこの出来事について、驚くほどオープンに語ってくれた。「あの精神衰弱は本当に恥ずかしいことで、私自身と家族のトラウマになっているのですが、それからしばらくして、信じられないほど多くの人々から『ありがとう、残念な終わり方になってしまったけど、（同じような精神衰弱が）私の妹にも起きたよ』とか『友人も同じような状態になった』などと言ってもらえました」と彼は言った。「それは常に私の物語の一部としてついて回ることになると思いますが、それだけが私の物語なのではありません。長い目で考えなければならないのです」

最近ラッセルは、「ブルームスティック・エンジン」という小さなクリエイティブ・エージェンシーを運営し、さまざまな理念を掲げる活動団体のためのキャンペーンを手がけている。私が話を聞いたとき、彼らは非営利団体の「チャリティ・ウォーター」向けに映画を制作しているところだった。また彼は、拡張現実感（ＡＲ）技術を使ったゲームを通じて、世界最大の人道的運動を生み出すという長期的な計画も抱いていた。彼はこの取り組みが、今後数年間における、自分の「ビッグアイデア」になると考えている。

「コニー２０１２」は成功したといえるのだろうか？　これはラッセルにとってすら、答えるのが難しい質問だ。この動画が発表されてから４年以上が経過したが、ジョゼフ・コニーはまだ捕まっておらず、ＬＲＡも勢力が大きく衰えたとはいえ、いまだに活動を続けている〔２０１７年５月には米軍によるジョゼフ・コニーの探索作戦が終了したと報じられている〕。「人道主義的な姿勢は、世界のなかで正義が行われていない場所にも、正義をもたらしたいと願うものです。私たち全員が、そうした姿勢のすばらしさを感じられたと信じています」とラッセルは言った。彼はインビジブル・チルドレンの夢を達成できずに終わってしまったことや、映画に対する批判が多くの混乱を生んだこと、そしてそれに伴って発生した出来事が彼の人生をめちゃくちゃにしてしまった（一時的にではあっても）ことを認めている。「しかし仮にこの体験にレビューを投稿できるとしたら、星５つ中４つを付けるでしょう」と彼は笑顔で言った。「それは挑戦するだけの価値があったと思います。すばらしい体験でした」

「コニー２０１２」がひとつの目標を達成したことは否定できない。それはジョゼフ・コニーの名を世に知らしめた。そしてそれは、抽象的な人道主義のメッセージを、動画から得られる個人的な価値に結びつることによって達成された。またそれは、適切な動画を適切なタイミングで提供することが、何らかの信念を達成するためにどれだけ役に立つかを示したのである。

伝統的なメディアを通じて、何年にもわたって条件付けをさせられてきたせいで、私たちは「なぜある動画が有名になったか」を語るとき、視聴体験に焦点を当ててしまいがちになる。その動画はおもしろかったか？　有益だったか？　何らかのアート性が感じられたか？　これらはエンターテイメントを評価するためには合理的な質問だが、「実際に人気が出たもの」には何の関係もない。日常生活のなかで、最も視聴されている、あるいはシェアされている、コメントが付いている動画を見るとき、こうした質問の大部分は無関係だからである。

私はYouTubeに入社して半年で、動画を人々の心に響くようにさせる性質が、私がそれまで考えていたものとは少し違っていることを学んだ。ある動画の人気を促進するのは、他の何よりも、その動画を「見た後」に起きることなのである。それを明らかにしてくれたのは、13歳の少女レベッカ・ブラックだった。あの「フライデー」騒動のさなか、動画の内容そのものよりも、その動画に私たちがどう反応するかのほうが重要であることに私は気づいた。そしてあるクリエイターや動画の存在により、人々の間の交流がやりやすくなるという点が、他のクリエイティブ面での判断や要素よりも重要であるということにも。「フライデー」は一日の（あるいは一週間の？）終わりのブラックを歌った曲である以上に、私たち自身に関するものなのである。それは「コニー2012」についても同様だ。

本質的に、私たちが個人的に、また社会としてメディアの価値を評価する際に使う基準は、以前に比べて大きく変化した。現代人のテクノロジーの使い方は、芸術的な価値よりも、ある動画や流行が自分の生活においてどのような潜在的役割を果たし得るか、という点により重きをおくようになっている。私たちがそれらから究極の満足感を得るようになっているかもしれないという点は、必ずしも驚くべきことではないが、そうした満足感を提供するコンテンツの幅広さには驚かされるだろう。価値は動画そのものの中にあるのではなく、むしろそれらが生み出し、促進する人々のつながりのほうにあるのだ。

あらゆるソーシャルメディアにおける最も強力な推進力

２０１５年、ある日曜日の深夜。コメディアンのマット・リトルは、ニューヨークのイーストヴィレッ

02
New York City rat taking pizza home on the subway (Pizza Rat)
Matt Little

ジにあるＵＣＢシアターでの仕事をすませ、地下鉄のＬ線に乗り、ブルックリンにある自宅に帰ろうとしていた。そのとき、彼の目に何かが飛び込んできた。彼は自分の目が信じられなかった。リトルは一緒にいた友人のパットに向かって、「オーケー、やっぱり見まちがえじゃなかった」と言った。「へえ、何が?」とパットが答える。[ii] リトルは電話をぬぐうと、撮影を始めた。いま見ているものを友人に描写するよりも、深夜3時のファーストアベニュー駅で起きている、信じられない光景を実際に見せてしまう方が効果的だと思ったのである。

リトルが撮影していたのは、ネズミだった。ネズミがピザひと切れを引っ張って、階段の下に運ぼうとしていたのである。

その週、リトルの14秒間の動画▣02は、ありとあらゆる場所で取り上げられた。視聴回数は2日間で400万回を超え、しかもさまざまなコピー版が出回ったために、正確に何人がこの動画を目にしたのか計測することは不可能だった。この動画に付けられたハッシュタグ「#PizzaRat」は、ツイッターのトレンドになった。さらにブログや深夜番組など、誰もがこの動画について語った。そしてその年の10月、米国内でのハロウィン用の仮装に関するグーグル検索で、「ピザ・ラット」は第2位になった（ちなみに1位は「エル・チャポ〔メキシコの麻薬王ホアキン・グズマンの愛称〕だった」。

この動画はごく短く、内容にも創造性や有益な情報、劇的なメリットといったものは含まれていなかった。ではなぜ、これほどまで拡散したのだろうか?

当時私は、ニューヨークに住み始めて10年が経とうとしているころだったのだが、「ピザ・ラット」

はそれまでに私が見たなかで、最もニューヨーク的なものだった。ニューヨークの最も象徴的な動物が、ニューヨークの最も象徴的な食べ物に出会う――大勢の人々にとって、「ピザ・ラット」は完璧な象徴になったのである。リトルはインタビューのなかで、この動画が新しい「自由の女神」になるかもしれない、とすら言うほどだった。クイーンズの住民であるウィリアム・スクールは、デイリーニューズの取材に対し、「考えれば考えるほど、ピザを階段の下に運ぼうとするこの小さなネズミに、自分を重ね合わせていたのです」と語った。それは彼が、右のふくらはぎに「ピザ・ラット」の刺青を入れた後だった。仕事を持たずにニューヨークに移ってきたひとりとして、私もこの小さな生き物が、巨大な都市で文字通り自分よりも大きなものを食べてやろうとする姿に自分を重ね合わせていた。「ピザ・ラット」をシェアすることで、何よりも自分自身を表現する機会を得られたのである。

「『ピザ・ラット』、それはニューヨークの心なのです」と、バズフィードのバイスプレジデント、スコット・ラムは笑いながら私に話してくれた。「打ちのめされ、薄汚れたニューヨークの心です」。ラムは伝統的なジャーナリストとして活動した後、2007年にバズフィードに参加して、同サイト初の編集長として長年活躍した。[03] 彼が同社に入って間もないころ、ラムはインターネット上で何が流行っているのかを把握しようとしている専門家たちの、非常に小さなコミュニティの一員だった。「彼らをひとつの部屋に押し込むことも可能なぐらいでした」と彼は言った。「いまでは絶対に不可能な規模になりましたが」

インターネット上での自己表現は、後に大きく成長してポップカルチャーを促進する重要な要素になったが、かつてそれを追っていた人々は、早い段階からいくつかの重要な教訓を学んでいた。ラムの最大の発見は、人々はバズフィード上の画像や記事、動画を使って他人とつながり、自己表現しているというものだ。この知見は彼の仕事に影響を与え、多くの企業の取り組みにおける中心概念となった（そのなかにはゼ・フランクの実験的な動画も含まれる）。「そのときまで、私は主に消費のことを考えていました。何かをつくり、それを多くの人々が、読んだり見たりしてくれるというのが最高だと思っていたのです」と彼は語った。「しかしなぜ人々が何かを共有するのかという点についてもっと考えるようになると、単に消費という側面だけで考えていてはだめだということはわかりました。人々は、（何かを共有した相手が）それを消費することだけでなく、彼らと自分とをつないでくれるような経験をすることも望んでいるのです」

すべてがひとつの概念へとたどり着く。その概念とは「アイデンティティ」だ。「アイデンティティは、あらゆるソーシャルメディアにおける最も強力な推進力だと思います」とラムは説明する。「動画において最もすばらしいことのひとつは、人々が自分のアイデンティティを表現したり、他人のアイデンティティについて質問をしたりすることが、即時にできるようになる点です」

２０１５年、私の同僚であり友人のボニーが、「イタリア人のおばあちゃんがオリ

03｜ラムの功績のひとつは、バズフィードの悪名高い「リスティクル（まとめ記事）」を立ち上げた点である。この記事形式はありとあらゆる場所で見られるまで有名になった。また情報開示をしておくと、ラムは2013年に短期間バズフィードを離れ、私が「YouTubeネーション」を立ち上げるのを手伝ってくれた。

ーブ・ガーデン〔米国のイタリアンレストランのチェーン〕に初挑戦▣03」というタイトルのバズフィード動画を送ってきた。私がそれを気に入るとわかっていたのだ。「オリーブ・ガーデン」は私のイタリア系米国人家族の（食べ物にうるさくて意固地な高齢のイタリア人女性がたくさんいる）なかで、激しい議論の種となっていた（念のために言っておくと、私は「あれは最悪」派である）。私は動画を見終わる前から、家族へのメールを書き始めていた。〝件名：これを見て〟。もちろん「オリーブ・ガーデン」という店は、イタリア系米国人家族のなかで、何というか……特別な位置を占めている。なのでこの反応は、私だけが特別というわけではないだろう。いま米国には、１７００万人以上のイタリア系米国人がいる。バズフィードは「○○が○○に初挑戦」というフォーマットで百以上の動画を制作しており、「米国人がきわめて英国的なスナックに挑戦」や「韓国人が南部のＢＢＱに挑戦」、「中国人がフォーチュンクッキーに初挑戦」といったタイトルが15億回以上視聴されている。

　バズフィードはアイデンティティに焦点を当ててコンテンツを制作するという戦略を、大規模に展開することに成功した最初の組織や企業のひとつだが、彼らが活用した原則は多くのトレンドや人気動画に見ることができる。

　２０１１年、作家のグレイドン・シェパードとカイル・ハンフリーは、２人共同でツイッターのアカウントを設置した。それは２人のうちの片方が、女性のようにソフトな声で「その毛布を取ってくれる?」と言ったときに思いついたものだった。彼らはそんな、女性が言うようなあるあるネタを投稿していったのである。このアカウント「@ShitGirlsSay」の人気が高まると、セレブたちまでフォロー

▣03
Italian Grandmas Try Olive Garden For The First Time
As/Is

▣04
Shit Girls Say - Episode 1
Shit Girls Say

するようになった。そのひとりだったジュリエット・ルイスに、シェパードとハンフリーは思いつきでコンタクトを取り、彼らのジョークに基づく動画にカメオ出演してもらう約束を取りつけた。試行錯誤を繰り返したうえで、シェパードは自らかつらとヒールを使い、女性役で自分たちのネタを演じることを決めた。

「あぁ、よく寝たー！」
「このメール、聞いてよ！」
「双子コーデ！」

この動画の「女の子が言いがちなくだらないこと▣04」は大ヒットし、シェパードとハンフリーは続編を3本制作して、2012年の最初のトレンドとなった。そして人々は、ありとあらゆる職業や人種、社会集団に関する「○○が言いがちなくだらないこと（Shit_Say）」を投稿し始めた。最初の月だけで500本を超える関連動画が投稿され、その数は増加する一方だった。いくつか人気を博したものを挙げてみると、「南部の女性が言いがちなくだらないこと」（「ハーイみんなー！」「ヘアスプレーなしでどうしろっていうの？」）や、「アジア系のお父さんが言いがちなくだらないこと」（「年長者を敬いなさい！」「なぜ医者にならないんだ？」）、「女の子がゲイの男性に言いがちなくだらないこと」（「あなたってほとんど女の子に見えるから好き」「着ていくもの選ぶの手伝って！」）、「白人がインド人に言いがちなくだらないこと」（「『調子どう？』ってインド語でどう言うの？」「なんでターバン巻いてないの？」）「白人の女の子が黒人の女の子に言いがちなくだらないこと」（「あなたたちの髪っていろんなことできるよね」「人種差別的なこと言うつもりじゃないけど、でも」）、「白人の女の子がアラブ系の女の子に言いがちなくだらないこと」（「ベリーダンスする？」「あなたってジャスミンみたいって言われたことない？」）、「誰も言いそうにないこと」（「ファックスが恋しいよ」「彼が引越しを手伝ってって言ってくれればいいのに」）、そしてもちろん「『言いがちなくだらないこと』動画に対して人々が言いそうなくだらないこと」（「これってほんとその通りだよな」「あぁ、私もこれ言った」「これってもっと短くていいよね」）といった具合である。なかには固定概念を並べ立てただけのものもあるが、いくつかは優れた社会描写になっている。

誰もが自分に関係する「言いがちなくだらないこと」動画を見つけることができたが、このフォーマットが流行した主な理由は、人々が自分のアイデンティティに関するコメントとしてこの動画をシェアするという行為が、何度も繰り返された（相手がそれを楽しんだかどうかに関係なく）ところにある。

私がラムと会話したのは、彼が日本、ブラジル、ドイツなどの国々でバズフィードの編集拠点を立ち上げようとしている時期だったのだが、彼は海外のネット文化を研究するという経験によって、アイデンティティが「シェアを促進する力」を持つという信念はさらに深まったと語った。「人々がメディアにこのような形で意味を見出すというのは、世界共通です」とラムは私に言った。「さらに一部の例では、思いもよらない形で文化の壁を超えています」。私はその例をインドのＹｏｕＴｕｂｅで体験している。「オール・インディア・バクチョ」や「ビーイング・インディアン」といったコメディチャンネルが、インド国内のさまざまな文化や伝統、言語を紹介する（そして揶揄する）動画で多くの注目を集めているのである。同様のチャンネルは、世界中で見ることができる。

アイデンティティが推進力になるメディアというのは、まったく新しい存在というわけではない（私は15歳のとき、フロリダの太陽の下ではパンテラ〔すでに解散した米国のヘヴィメタルバンド〕の黒いTシャツを着なかったのだが、それはそのTシャツが非常に実用的で、美的にも優れていたからだ）。しかしソーシャルメディア・プラットフォームが、私たちに自分のパーソナリティや視点を示して他人とつながるように求めてくる時代には、そうしたコミュニケーションを可能にするエンターテイメントが有益で欠かせないものになるのである。

アイデンティティを表明できるコンテンツの需要は、いまや非常に大きいものになっていて、人々がそれを満たすために、別の目的で制作された動画をハイジャックするということが頻繁に起きている。実際に、自分自身を最も良く表現してくれると感じられる動画は時として、まったく逆の目的でつくられているということすらある。その一例が、公の場で嫌いなものに関して口にすると、好きなものを口にした場合よりも、自分自身について語ってしまうというケースだ。

２００６年８月、マンハッタンにあるバンク・オブ・アメリカの役員であるジム・デボアとイーサン・チャンドラーは、ＭＢＮＡ（当時バンク・オブ・アメリカが買収した企業だ）の本社で行われるクレジットカード事業担当の役員とのミーティングにおいて、歌を作って披露するように依頼された。そして彼らは、いかにも銀行マンといういでたち――白いドレスシャツと明るい色のネクタイ――で、デラウェア州ウィルミントンのステージに立った。デボアはアコースティックギターを抱えて座った。その数メートル横で、チャンドラーがマイクの前に立っている。そして彼らは、U2の曲「ワン」の替え歌を歌った。タイトルは「ワン・バンク」だった。歌詞を抜粋しておこう。「良くなった？　それとも前と同じ？　2つの偉大な会社が一緒になった……いまやMBNAはバンク・オブ・アメリカだ。そしてひとつの銀行になった！　ワン・カード！　ひとつの名前で世界中に知れ渡る。ワン・スピリット。同じ精神を分かち合おう。より高みを目指して。オーオーオー！」。11月、この虫唾が走るパフォーマンスの動画がオンラインに流出し、かつて私たちが「社内回路」と呼んでいたもののなかを瞬時に駆け巡った。チャンドラーがU2のボーカル、ボノの真似を非常にうまくしていたという点が、彼らの姿をさらに痛々しいものにしていた。同じ月、モデスト・マウスの（そしてもちろん、ザ・スミスの）ギタリストであるジョニー・マーは、彼らのコンサートの最中に、この曲を披露した（ボーカルはコメディアンのデビッド・クロスが担当した）。観客は大熱狂し、一緒に歌う人までいた。ユニバーサル・ミュージック・グループはバンク・オブ・アメリカに対し、曲の利用を停止するよう求めた。デボアとチャンドラーが行ったパフォーマンスはたった5分間で、銀行業界や企業の文化といったものが、いかに現実から乖離したものであるかを示していたのだった。

動画が出回ったとき、私は大学を卒業してまだ5か月だった（それはツイッターやフェイスブックが登場する前の話で、動画は主にブログやフォーラム、メールを通じて共有されていた）。銀行幹部のちょっとした楽しみが私に示していたのは、私の仕事人生はこうはなりたくないという姿だった。だからこそ、それをシェアしようと思ったのである。

私は昔から、さまざまな動画をシェアするのが好きだった。ある意味で、最新のミームやトレンドを知っているということ自体がアイデンティティの一種だ。それは当時のような、ウェブ動画の黎明期について特に言うことができた。現代のように、トレンドがすぐメインストリームに達するという世界ではなかったからだ。「当時のデジタルメディアはまだニッチな存在だったため、自分にとって大きな意味を持つ何かを見つけた人は、その何かに対する所有権を感じることができたのです」とラムは語った。

ＹｏｕＴｕｂｅが登場する以前、今世紀に入ったばかりのころ、あるミームがウェブフォーラム上の小さな冗談としてスタートした。それは「ゼロウィング」というセガのビデオゲームから生まれたものなのだが、その稚拙な英訳が注目を集めたのである〔正確には、後述の誤訳が生まれるのは１９９２年にセガが欧州向けのメガドライブ版として発売したもののなかで、オリジナルの「ゼロウィング」は１９８９年に日本の東亜プランが発売したアーケードゲーム〕。そのイントロダクションの場面において、爆発が起きる。「何が起きたんだ？」とあるキャラクターが尋ねる（画面にテキストが表示されると同時に、ロボットのような機械音声でセリフがつぶやかれる）。「誰かが爆弾を仕かけた」と別のキャラクターが答える。するとこのゲームの敵役が登場し「ごきげんよう諸君」と話し出す。そしてこう言うのだ。「君たちの基地は、すべて我々がいただいた。君たちはこれから破壊される。（All your base are belong to us. You are on the way to destruction.）」〔ミームになったのは前半の文で、“belong”は動詞のため直前のｂｅ動詞との関係がおかしいなど、いくつかの文法上の誤りがある。シリアスな場面であるにもかかわらず片言の英語のため、英語を母語とする人にはインパクトのある誤植となっている〕

ワイアード誌が２００１年に次のように解説している。「この文が数千通のメールを生み出し、さらにウェブアーティストたちをインスパイアして、サイバー草原を襲う野火のように、あっという間に拡散するフラッシュムービーをつくらせることになった[iii] 05」。その年、「君たちの基地」ミーム（英語での頭文字を取って「ＡＹＢＡＢ２Ｕ」とも呼ばれている）は無数のパロディを生み出し、メールやネット掲示板を通じて非常に広範囲にまで拡散した。テクノロジー系記者たちも、賢明にそれをフォローした。Ｔシャツやマグカップまでつくられた。そしてこのミームは長年にわたって、ウェブ文化に興味がある人々の間での「秘密の握手」として使われるネタとなり、さらにはより幅広い人々にも知られる最初のネットジョークとなった。それがメインストリームのメディアにも取り上げられるようになると、次第に時代遅れと感じられるようになったが、その後もこのミームは、ゲーマーや「古き良きインターネット」の愛好家たちの間で、たびたび思い出される存在として残っている。その後こうしたトレンドはいくつも生まれ続けているが、それが機能するのは、あまりに不透明であったり複雑であったりして、簡単にメインストリームに取り込まれない場合のみである。（「リロイ・ジェンキンス（マルチプレイヤー型のオンラインゲームをプレイ中に、誤って他のチームメンバーに迷惑をかけてしまった人物が使っていたキャラクターの名前で、その様子を収めたＹｏｕＴｕｂｅ動画が拡散したことで有名になった）」と「トロロロ（ロシア人歌手エドワード・キルの歌声を表した擬声語で、１９７０年代に政治的理由から歌詞が歌えなかった歌に、彼が「トロロロ」という無意味な音を付けて歌っているところを示している。その姿を記録した映像が２００９年にＹｏｕＴｕｂｅ上にアップされ、話題を集めた）」はこの誇り高き伝統の例だ。）

インターネットは広大な「ニッチとコミュニティのネットワーク」を持ち、人々に対して常に参加を呼びかけている。そのため現在、単に「誰でもすぐにアクセスできるわけではない」というだけで、あるトレンドの価値が高まる場合がある。このことは、他のさまざまな要素と同様に、私たちが抱く「個人としての自分を表したい」という欲求と、「仮想世界と現実世界の両方で他人とつながりたい」という欲求をバランスさせるのに役立つだろう。２０１０年に「ＹｏｕＴｕｂｅトレンド」を立ち上げ

05
All Your Base Are Belong To Us (Original)
DEEKay004

たとき、私は3つの異なるスローガンでTシャツをつくった。そのなかで最も人気がなかったのは、ダントツで「All your base are belong to us」Tシャツで、この機会がなかったら私もそれを手に入れることはなかっただろう。

かけてやる言葉がありません

2007年5月、英バッキンガムシャーのITコンサルタント、ハワード・デイビス・カーは、かわいらしい息子たちの様子を米国に住む彼らの名付け親に見せるために、ビデオを録画してYouTubeにアップした。続く数か月の間、この動画の視聴回数は合計で300回ほどだった。しかし次第に他の人々がこの動画を見つけるようになり、9月になると、毎日数百回視聴されるようになった。その数百が数千となり、クリスマスになるころには、視聴回数が百万回に達していた。デイビス・カーはすっかり驚いてしまったが、実はそれは、ほんの始まりにすぎなかったのである。[iv] 実際にはそれまでに、百万人をはるかに超える数の人々がこの動画を視聴していた。この動画に登場する、次のシーンを見たことはないだろうか。

「痛い、チャーリー！　痛いよ！　チャーーーリーーーー！　本当に痛かった！　チャーリーが僕を噛んだよ」

この動画「チャーリーが僕の指を噛んだ▣06」は、出演したハリー・デイビス・カーとその弟のチャーリーを、思いがけず世界中から注目される存在へと変えることとなった。ハワードはYouTubeの動画から収入を得ただけでなく、Tシャツなど関連グッズの販売も始めた（彼は自分の子供たちがプリントされてるシャツを誰かが買うなんてあり得ないだろうと考えていたのだが、許可を得ずにそうしたグッズを販売する人々が、オンライン上で大量に現れるのを目にしたのである）。多くのウェブ上での流行とは異なり、「チャーリーが僕の指を噛んだ」の視聴回数は、あるタイミングで急上昇したというわけではなかった。むしろ週間の合計視聴回数が、次第に増加していったのである。2007年の視聴回数は7000万回で、その後しばらく安定した視聴回数を維持していた。YouTube上の音楽以外の動画カテゴリーにおいて、何年も最も視聴された動画にランクインしていたのだ。もちろんこの動画はかわいらしいのだが、多くの人々からこう聞かれる。なぜここまで大人気になったのか？

いくつかの可能性が考えられる。そのひとつは、タイミングが良かったというものだ。この動画がヒットしたのは、「ネット動画史」において、インターネットがそれほど断片化されていない、また騒々しくもない時代であり、ライバルで大混雑する前に立場を固めることができたのだろう。また普遍的な魅力があったという点も否定できない。データをざっと眺めただけでも、最近でも「チャーリーが僕の指を噛んだ」は、英国内と同じぐらいサウジアラビアやメキシコでも人気がある。私にとって、この動画は最初から気に入ることまちがいなしだった。それが映す光景は些細なものかもしれないが、誰にでも自分との関連性を感じられるような内容だったからである。いとこがいる人や、あるいは親

▣06
Charlie bit my finger - again !
HDCYT

なら誰でも、ハリーとチャーリーに何らかのつながりを感じずにはいられないだろう。[04]「チャーリーが僕の指を噛んだ」は、何百万という人々の心に訴えかける、なじみ深い子供時代の思い出を伝えてくれるのだ。

見たいと思ったらいつでもそれにアクセスできるという点も重要だ。安定した利用可能性（これはメディア史において比較的新しい概念だ）は、私たちがそうしたい気分になったとき、いつでも見たり、シェアできたりすることを意味する。データもこの点を示している。「チャーリーが僕の指を噛んだ」は、皆がそれを見たのではないかと思うほどヒットしてからおよそ10年が経過したが、現在でも毎月百万回以上視聴されているのである。時にはチャーリーとハリーが、私たちに時として必要になる笑いを、速やかに提供してくれる。またその感情を、誰かと分かち合うことも助けてくれる。ラムはウエブのあちこちで毎日起きているこの種の行動を、「社会的な情報やユーモアによって、誰かに贈る感情的なギフト」と表現している。

動画はよく、他の手段では表現することが難しい、複雑な感情を伝えることを手助けしてくれる。人々、友人や家族、フォロワーなどに対して動画をシェアするときに、実際にどんなフレーズを使っているかを考えてみれば、それがはっきりとわかるだろう。「シェアするときに、アイデンティティと絡めて伝える表現を数多く見ることができます。『この動画は自分で表現する以上に、僕のことをうまく表現

04｜私の妹はもう大人だが、まだ小さい頃、スーパーマーケットのパブリックスからの帰り道、クルマの後部座席で私にちょっかいを出すという習慣があった。こうやって脚注でそれを暴くことで、28年ぶりに復讐を果たせた。

してくれているよ』といったように」とラムは言う。「簡単に言えば、それこそまさに、何かを共有するときに起きることなのです」

2006年、11歳のエドガーといとこのフェルナンドは、メキシコにあるモンテレイという町の郊外を散歩していた。彼らは小川に出くわし、2本の木が橋の代わりに横倒しにされているところを渡ろうとした。フェルナンドが先に渡り、ぽっちゃりとしたエドガーが後に続いて、慎重に木の上を進む。するとフェルナンドが、木の一本を動かし始めた。冗談でエドガーのバランスを失わせようとしたのである。エドガーは「ヤ・ウェイ!」(スペイン語で「やめろよ、馬鹿!」の意味)と叫び、さらにスペイン語で罵る言葉を口にした。しかしフェルナンドがさらに木を引っ張ると、エドガーは足を滑らせ、小川の浅い水の中に落ちてずぶぬれになってしまう。彼は怒っていとこを罵り続けるのだが、この一連の様子を、おじのラウルが撮影していた。

動画「エドガーの転落▣07」は、YouTube黎明期におけるメキシコでの最大のバイラル動画となった。英語圏ではほとんど知られていないのだが、「エドガーの転落」はラテンアメリカ版「チャーリーが僕の指を噛んだ」といえる存在なのである(逆に後者のほうが前者の2年後に投稿されたことを考えると、「チャーリーが僕の指を噛んだ」が英国版「エドガーの転落」であるといえるかもしれない)。この動画は5億回以上視聴され、途切れることなくパロディ版がつくられた。エドガーはメキシコ大統領のために走っていたのだ、と主張するウェブサイトまで現れるほどだった。

「エドガーの転落」が有名になった理由は、単なるコメディ動画ということを超えたところにあると

▣07
La Caida de Edgar (el original)
kalosmail

私は考えている。このような優れた「転落」系動画は往々にしてそうだが、エドガーは私たち自身のように感じられる。私たちは誰でも、エドガーのように「やめろよ、馬鹿！」と叫びたくなるような目にあった経験を持っているものだ。このたった42秒間の動画のなかでエドガーは、他人の軽率な行動によって腹立たしい出来事に直面し、無力感を覚えるという、人生における真実のひとつを簡潔に示している。そうした敗北感を伝える必要があるときはいつでも、「エドガーの転落」に戻ってくることができるのだ。

私たちはこうした、人生をアートとして象徴してくれるコンテンツを懇願し、夢中になる。ラムは私に、単純さや、あるいは具体性がその拡散に欠かせないと説明した。つまり1つのメッセージを伝える短い動画や動画ＧＩＦが、最も効果的なのだ。「それは人々にとって、まっさらなキャンバスに近いかもしれません」とラムは言う。「その意味で、ハリウッド映画はまちがいなくまっさらなキャンバスではないのです」。こうしたプロの作品ではない、偶然撮られたような品質の動画は、まっさらなキャンバスとしての役割を果たすと同時に、私たちがシェアする際にコンテクストを追加することで、自分自身の経験をその上に投影する力を与えてくれるのだ。

「学校を休んで、ディズニーランドに行くべきだと思うんだけど、どうかしら？」。ケイティ・クレムは車の後部座席に座っている8歳の娘リリーに、そう問いかけた。「本気で言ってるの!?」。リリーは信じられないという風に目を大きく見開き、そう答えた。両親が本気で言っていて、その日は本当にディズニーランドに行くのだと確認すると、リリーは喜びのあまり泣き出してしまう。その幸せそうな姿は、見ているこちらまで笑顔になってしまうほどだ。実はその２年前、リリーが６歳のとき、彼女の母親は同様の場面を撮影していた。その動画「リリーのディズニーランド・サプライズ！▣08」と、そのなかでの彼女のリアクションは、数百万人の視聴者を集めた。今回の動画も、バイラルという金鉱脈を掘り当てることになるのだろうか？

「リリーのディズニーランド・サプライズ……再び！▣09」。には、喜びのあまり興奮して泣き叫ぶリリーの横にいる、２歳の妹クロエの姿も映っている。クロエはリリーを横目で見るのだが、何が起きているのか飲みこめず、冷めた顔をしている。クロエはまだ幼児だったが、その鋭い視線は「なにやってんの？」と言っているように見えるのだ。母親はＡＢＣニュースの取材に、「(リリーは) とても感情的で、心の内を率直に話すタイプです」と答えている。「でもクロエは、ちょっと危ない子です。彼女は『別になんでもいいよ』と言ってしまうようなタイプなのです。そう言われてしまうと、なにもかけてやる言葉がありません」

「流し目のクロエ」は、２０１３年に発生したミームのなかで、私のお気に入りのひとつになった。人々は動画の中からクロエのリアクションが映る部分を抜き出して、その瞬間を動画ＧＩＦにしたり、静止画に好きなテキストを重ね合わせたりして、それに「クラスの変な奴に話しかけられたときのあんたの表情」や「#あんたにはウンザリ」、「やめてもらえる？」などといったキャプションをつけて友人や家族に送るようになった。それは無数の文脈で使うことができたのである。２歳のクロエの表情

▣08
Lily's Disneyland Surprise!
Lily & Chloe Official

▣09
Lily's Disneyland Surprise ....AGAIN!
Lily & Chloe Official

がフォトショップで加工され、テイラー・スウィフトやラナ・デル・レイといった有名人たちの顔の画像に貼りつけられた。「タンブラーの守護神」などという称号まで与えられたほどだ。セブンティーン誌はクロエを、「歴史に残るセレブの流し目トップ10」のひとりに選んだ。

クロエのリリーに対する反応は、完璧な「まっさらなキャンバス」の例だ。私たちはその上に、最近の出来事やポップカルチャー、日常生活に対する自分自身のリアクションを載せて、他人に伝えることができる。私にとって、それは「なぜ私たちは動画をシェアするのが大好きなのか」を的確に示してくれるものだ。私たちは時として、クロエのこんな顔と同じ表情をしてしまうことを、誰も否定できないだろう。

本物で、非常にすばらしい出来

１９８０年代、英国の音楽プロデューサーで作曲家のピート・ウォーターマン、マイク・ストック、マット・エイトキンは、デッド・オア・アライヴやバナナラマといったバンドのためにヒット曲を量産して、のりにのっていた。ある日の夜、ウォーターマンはランカシャー出身の若い歌手を見つけた。彼はパワフルなバリトンボイスを持っていて、ソウルバンドで歌っていた。ウォーターマンはスタジオのアシスタントとして彼を雇い、何本かのデモを録音することを許可した。[vi] 彼は少年のような、大人しい外見をしていたため、

[Lily & Chloe Official]
Lily's Disneyland Surprise.... AGAIN! YouTube,2013.09.12

A&R〔アーティスト・アンド・レパートリーの略で、レコード会社においてアーティストの育成や楽曲の提供などを担当する〕の責任者たちはデモテープから流れてきた歌を聴いて、それが本当に彼の声であると信じられなかった。そのため目の前でパフォーマンスをして証明するように、と命じたほどである。[vii] 1986年のある日、彼とウォーターマンは、ウォーターマンのガールフレンドについて話をしていた。そのときその若い歌手は、「彼女を誰にも渡すつもりはないんですね、でしょう?」[viii] と問いかけた。このフレーズをインスピレーションとして生まれた曲は、当時21歳だった歌手リック・アストリーを国際的なスターへと変えた。この曲「ネバー・ゴナ・ギブ・ユー・アップ」▣10〔日本では「ギヴ・ユー・アップ」という邦題が付けられた〕は、世界中でチャートのトップ入りを果たし、英国ではその年に最も売れたシングルとなった。その後数曲のヒットを飛ばしたアストリーだが、1993年に音楽活動から引退する。しかし彼のキャリアはそこで終わらなかった。

2000年代の半ば、画像投稿掲示板の4chanは、ミームを生み出して拡散する、影響力のあるコミュニティとして一躍有名になった。この掲示板の匿名ユーザーたちは、ウェブ上におけるいくつかの有名なアート形式を生み出してきた歴史を持つ。たとえば「ロルキャット〔LoLcats、猫の画像におもしろい文章を貼りつけるというもので、画像の猫が話しているという想定であることから、文法的にまちがえた文章が付けられている〕」も4chan発の現象だ。当時、他のユーザーを騙して特定のリンクをクリックさせるという、いわゆる「釣り」のひとつが横行していた。それは「ダックロール」として知られるいたずらで、思わずクリックしたくなるような魅力的な文句を用意し、そこにリンクを貼るのだが、それをクリックしても表示されるのは車輪の付いたアヒルのオモチャの画像というものだった。2007年、ある4chanユーザーが、当時世界中が待望していたビデオゲーム「グランド・

▣10
Rick Astley - Never Gonna Give You Up (Video)
Official Rick Astley

セフト・オート４」の予告編を手に入れたと言い出した。しかしそのリンクをクリックした先にあったのは、「ダックロール（duckroll）」ではなくリック・アストリーの「ネバー・ゴナ・ギブ・ユー・アップ」のミュージックビデオだった。この小さなギャグはネットの歴史を変え、これまで最も有名なミームのひとつ「リックロール（Rickrolled）」を生み出した。

このいたずら「リックロール」は、それから数か月で、世界中のウェブ掲示板に拡散していった。リンクの参照元に関するデータを調べてみると、ＹｏｕＴｕｂｅの「リックロール」として一番早いのが、２００７年12月にレディットに貼られたものである。続く3月には、２万４０００回も「リックロールされる」人々を生み出したリンクが投稿される。その文章は「(リックロールで有名な) リック・アストリーがＹｏｕＴｕｂｅにビデオの削除を要求」というものだった。なんというメタなネタだろう！その年、レディット上だけで、「ネバー・ゴナ・ギブ・ユー・アップ」動画へと人々を導くリンクが百件以上投稿されている。エイプリルフールには、ＹｏｕＴｕｂｅ自体がホームページ上のすべてのリンク先をこの動画に変え、数百万人という人々を当惑させ、怒らせた。このトレンドのおかげで、アストリーは再び名前が知られるようになり、さまざまなファン投票で組織票を入れるターゲットになった。ニューヨーク・メッツが２００８年のシーズンに、試合の8回に観客全員で歌う歌を募集した際、この曲への投票が行われた。またその年の秋には、ＭＴＶヨーロッパの「ベスト・アクト・エバー」にアストリーが選ばれた（得票数はおよそ1億票だった）[ix]。２０１０年には、オレゴン州議会議員のジェファーソン・スミスが率いる超党派のグループが、1年以上かけて、この曲の歌詞の断片を議場における演説の中に混ぜていった。その際のルールは、「議題を変えることも、演説時間を延ばすこともなく、また演説に密接に関係したものにすること」だった。そして最終的に完成した動画は、あまりに楽しいものであったため多くの人々がフェイクではないかと疑うほどだった。しかしスミスはヤフーニュースに対し、「これは本物で、非常にすばらしい出来です……民主主義は輝かしいものなのです」と述べている。

２００８年、アストリーはこのミームについて初めて尋ねたロサンゼルス・タイムズのインタビューに対して、「何かがひとつ注目されて、人々がそれに合わせるようになるという、奇妙な現象のひとつだと思っています」と答えた。「しかしそれがインターネットのすばらしい点です」。アストリーはその年に開催された、メイシーズが毎年行っている感謝祭パレードにおいて、ライブで「リックロール」を披露した。彼は最初、何が起きているのかさっぱり理解できなかったが（２００７年に彼の友人の何人かが「リックロール」メールをアストリーに送り付けていたのだが、なぜ自分の曲へのリンクを彼らが送ってくるのかわからなかったそうだ）、最終的に

「ネバー・ゴナ・ギブ・ユー・アップ」が含まれる
動画の1日ごとの平均相対視聴数（2015-2016）

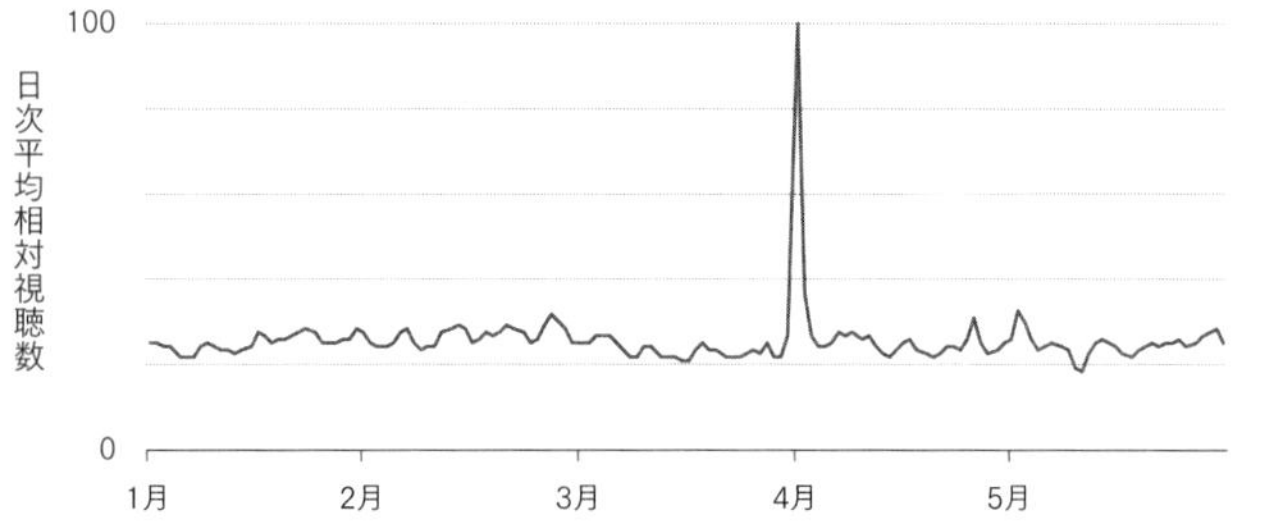

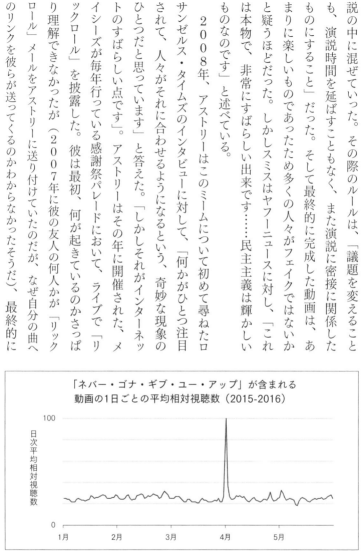

それを受け入れた（それを利用しようとすることなく）。彼は各地でツアーを行い、50歳の時に新しいアルバムをリリースして、それが英国のランキングで1位に輝いた。彼の最初のシングルがリリースされてから、実に30年後のことだった。

「リックロール」現象に関して普通ではないことのひとつは、多くのネット現象が短命で終わるのに対し、それが最初に行われてから何年も経過しているにもかかわらず、いまだに人気であるという点だ。レディット上での「リックロール」の数は増える傾向にあり（２０１５年には２千件近くの投稿があり、さらにコメント欄には20万件近くが書き込まれている）[05]、毎年のエイプリルフールになると、「ネバー・ゴナ・ギブ・ユー・アップ」の視聴回数が今でも急上昇する。

「リックロール」はＹｏｕＴｕｂｅ史上最も重要なミームと呼べるだろう。それは長続きしているからというだけでなく、私たちとエンターテイメント・メディアとの関係が変化していることを象徴しているからである。それはインターウェブ動画の特徴である「インタラクティブ性」の力を示す、完璧な例だ。「ネバー・ゴナ・ギブ・ユー・アップ」は１９８０年代半ばのポップソングとして書かれ、男性が恋人に対して献身的な愛を誓う曲になっている。それがいまや、ネットオタクの悪ふざけを象徴する曲になっているのだ。発表されてから何十年も後に、私たち視聴者がそれにまったく新しい、ま

05｜レディット史上最も有名な「リックロール」をいくつか紹介しておこう。「YouTubeはリック・アストリーの『ネバー・ゴナ・ギブ・ユー・アップ』のURLを公式に変更し、'gIveyouUP'という文言が含まれるようにする」（リックロール数17万５千回、2015年）「悲報――著作権侵害の申し立てにより、ついにオリジナルのリックロール動画がYouTubeから削除される」（リックロール数20万回、2014年）「ドン・マットリック、Xbox Oneが失敗作であり、顧客向け製品基準に達していないことを謝罪する」（リックロール数20万回、2013年）

ったく意図されていなかった意味を与えた。この曲、そしてアストリーのキャリアは、数千人が（あるいは数百万人か？）個人として貢献した「リックロール」現象のおかげで、私たちの文化において独自の位置を占めることとなった。

　悪ふざけの曲に「ネバー・ゴナ・ギブ・ユー・アップ」が選ばれたのも、まったく根拠はなかったとすら言えるかもしれない。アストリー自身、この点を認めている。彼は２０１６年にビルボード誌に対し、「奇妙なことですが、私は娘から『ほら、これが父さんとは何の関係もないんだって覚えていなくちゃ』と言われました。彼女の言う通りです。私とまったく関係のないところで、それ自体で話が進んだにすぎません」と語っている。「私が常にそこから学ぼうとしているのは、それは理由もなく起きたのであり、誰の曲でもよかったということです」。そう、いまここで、「ワム！」の「ウキウキ・ウェイク・ミー・アップ（Wake Me Up Before You Go-Go）」やデバージの「リズム・オブ・ザ・ナイト（Rhythm of the Night）」、スターシップの「シスコはロックシティ（We Built This City）」、あるいはフィル・コリンズの「ススーディオ（Sussudio）」について語っていたかもしれないのだ。
「ネバー・ゴナ・ギブ・ユー・アップ」に与えられた新しい役割は、ミームにどの曲が選ばれる可能性があったかという点より重要だ。この曲は私たちの生活のなかで、誰かと交流したり、あるいは誰かにいたずらしたりすることを可能にした。それこそ、私たちがこの曲を愛する理由だ。程度の差はあれ、同じことが他のさまざまなミームについてもいえる。それは私たちの間の相互の交流を促進するために存在するのだ。

なぜ私はシェアするのか、私がシェアしたものは自分にとって何の意味があるのか、と自分に問いかけるのを止めたのはいつだったのか、はっきりと覚えていない。2002年、インスタント・メッセンジャーのプロフィールに「YATTA!」(日本のテレビ番組「笑う犬の冒険」内でのコントから生まれた曲で、2001年にリリースされた後、ネットを通じて海外でも人気を博した)のリンクを載せていたころと、2009年に「コンビネーション・ピザハット・アンド・タコベル」(ヒップホップ・グループのダス・レイシストの曲で、ユーモラスな歌詞が繰り返される点がうけ、2008年ころからオンライン上で出回るようになった)の歌詞をツイートしていたころの間だったように感じている。つまりほとんどの人々と同じころだ。動画の共有による交流は人類の習性となり、短期的に流行しているものが、いかに私たちが自分のアイデンティティを表現したり、複雑な感情を示したり、他人とつながる機会を生み出したり、新しい社会体験に参加したりするのを手助けしてくれるのかを考えることはほとんど止めてしまっている。オンライン上で素早く拡散する動画や流行の多くは、こうした形で価値を提供してくれる(たとえ私たちがそれを認識していなかったとしても)。そしてこれは、進化によって生まれたものではない。それはYouTubeのようなプラットフォームがそうすることを容易にする前から、私たちが好んでいた行動なのだ。動画へのアクセス容易性と可搬性を活用して、そうした具体的な価値を引き出すことは、私たちが持つ本能ではないかとすら感じている。でなければ、それに素早く、かつ自然に対応することはできなかっただろう。

小川に落ちた少年、ピザを引っ張るネズミ、姉を横目で見つめる2歳の少女。これらはいずれも、クリエイティブ的に優れていたから拡散したのではない。それは新しいコミュニケーションのあり方を可能にしてくれたから拡散したのである。他人との個人的なやり取りや、アイデンティティの表明が、こうした動画やミームに新しい意味を与え、それがその普及を後押ししたのだ。一見すると些細なコンテンツであっても、それがインスパイアして生まれる交流によって、重要性が高まるのだ。

スコット・ラムは私に、私たちがコンテンツと交流する形が変化した結果、ウェブ動画と人々との関係は、映画やテレビ番組といった他のメディアでは不可能なほど複雑なものになっていることを指摘した。彼の言葉は正しい。こうした動画は私たち自身の視点や感情を示すために使えるため、私たちにとってより個人的な役割を果たすのである。この種のインタラクティブ性が、YouTubeをメディアのなかで独自の存在にしている大きな要因となっている。

そしてあらゆる新しいメディアにいえることだが、YouTubeにも独自のスターたちが登場した。彼らはこの世界を独自なものにする要素を理解し、私たちにとって価値のある交流を促進するファシリテートの力を身につけた人々である。彼らはこれまで紹介したような動画を成功させた要素を取り入れて、その上により大きなものを築き上げた。そして人々はそうした動画と同様に、映画スターやテレビタレントに対して感じる以上の深いつながりを、彼らに対して抱くようになっているのだ。

12 ユーチューバーだけじゃない

―視る人が社会をつくる

私が最初に参加したVidCon（ビドコン）01は、２０１１年の第2回開催だった。ビドコンは毎年行われるウェブ動画のファン交流会と業界見本市で、カリフォルニアで開催されている。第2回開催はロサンゼルスのハイアットリージェンシーで行われ、約２５００人が参加した。私はＹｏｕＴｕｂｅのキーノート講演で司会を務め、自社の経営陣のほか、ジョー・ペナ（「ミステリー・ギターマン」として覚えているかもしれない）や、スター・ビデオブロガーのシェイ・カール〔米国のユーチューバーで、２０００年代の終わりごろから有名になった、初期の成功者の一人〕、ビデオパーソナリティのチャールズ・トリッピー、ビデオブログ・シリーズ「CTFxC」のアリー・スピードといったゲストたちを紹介した。

その前夜、私たち全員でリハーサルを行ったのだが、それは奇妙な光景だった。まるで高校生がしている演劇のリハーサルのように混乱していたのだが、そこにいるのは演劇部員ではなく、ビデオブロガーや私、当時のＹｏｕＴｕｂｅのCEOサラ・カマンガー、2人のプロダクトマネジャー、多くの聴衆を前に緊張した面持ちのシニア・エグゼクティブといった面々で、私はこのまとまりのない人々を見ているだけで不安を感じた。私は当時ＹｏｕＴｕｂｅに入社して1年足らずで、このサイトが抱えるコミュニティ

01
YouTube OnStage at VidCon 2018 Highlights
VidCon

をどう考えたらよいのかまだわからなかった（それは社内の他の人々も同様だった）。私たちはみな、シェイ・カールのようなパーソナリティがますます多くの視聴者を集めていることを理解していたが、そうしたスターはセレブに近い存在になりつつあった。それはこれまでに見たこともない状況だった。心の底では、私たちのほとんどが、この状況を真剣に捉えることができずにいた。一般の人々も、バイラル動画の重要性に気づいたばかりであり、彼らのファンコミュニティや業界関係者以外の人たちは、急成長するクリエイターたちの存在を理解する術がなく、捉えどころのないブームと考えるのが精一杯だった。

その夜ハイアットで、私は自分のセレブやファンに対する狭い考え方が、古臭いものになりつつあることをようやく理解し始めた。さんざんな状態のリハーサルが終わり、退場のためにドアが開くと、お気に入りのスターたちがカンファレンスルームにいると聞きつけた興奮した十代の若者たちが私たちを取り囲み、サインをねだってきた。その瞬間、先ほどまでどうしようもない連中のように感じられた人たちが、まるでエンターテイメントのプロであるかのように見え始め、そして私たちYouTube関係者は、ただの邪魔な召使のような気分になった。27歳にして自分を古臭い人間のように感じるというのは、不安な経験でしかなかった。

その週末、あらゆる年代の人々（その大部分がティーンエイジャーだったが）が一堂に会して、この新しい種類のタレントたちの写真を撮り、動画を撮影した。そこにいたクリエイターたちは、ピープル誌に登場するセレブのようには感じられなかったが（彼らにはボディーガードも広報担当者もいなかった）、ファンたちから熱狂的な歓迎を受けていた。それはこれまでなら、プロのスポーツ選手や歌手のような人々に投げかけられる感情だった。私自身、バイラル動画の愛好家として、ベア・バスケス（「ダブルレインボー」の彼だ）や「チョコレート・レイン」のテイ・ゾンデイに対面できたときには、バカみたいにはしゃいでしまった。

時間が経つにつれ、ＹｏｕＴｕｂｅのクリエイター現象が爆発的に流行し、ビドコンも狂ったように規模が拡大していった。そのため会場も、ハイアットからアナハイム・コンベンション・センターへと移された。２０１５年、私はベニーとラフィのファイン兄弟に挟まれて業界関係者のパーティーを後にした。私たちは他のＹｏｕＴｕｂｅのスターたちと共に移動したのだが、ホテルの狭い廊下には、お気に入りのクリエイターたちを一目見ようと、熱狂的な高校生たちでいっぱいになっていた。それは恐怖すら覚える光景だった。

２０１６年には私はすっかりベテランのビドコン参加者になっていた。その年私は、この10年間ＹｏｕＴｕｂｅで活躍してきたクリエイターたちによるパネルディスカッションでモデレーターを務めた。その年のビドコンには2万5千人以上が訪れ、全員が同じ部屋に集まるというのは不可能だった。行列に並ぶ人々は、２０１１年にリハーサル会場の外で待っていた集団が、笑ってしまうほど小さく感じられる規模だった。

そのころまでには、より人気を博すようになったスターたち（そのなかには5年前のあの夜にハイアットで会った人々も含まれていた）は、ボディーガードを雇うようになっていた。さらにそのなかでもトップクラスのタレントになると、観客が殺到して危険な状態になることを避けるために、会場を出歩いたりファンと交流したりすることが禁止されるほどだった。私はこうした新世代のセレブたちと、彼らのインフルエンサーとしての文化的な影響力の大きさをよくよく知るようになっていたが、それでもその様子をビドコンで見ると、いつも驚かされてしまう。

私はこの進化が徐々に起きるのを、内側から見てきた。そこで起きていることは、職業として研究する義務のない大人にとって、びっくりするようなことに違いない。よく知らない人たちから見るとどんなにか奇妙で意味不明な世界に見えるだろう。私はこの訳のわからない事態を外側からフルに経験している人たちに会いにいく必要があった。

父親世代に会わなくては。

もし父親のすることに勲章が与えられる世界になったら、娘をビドコンに連れて行ってやるといい。すぐにすばらしい勲章を手に入れられるだろう。3日間続く悲鳴と金切り声、行列、自撮り棒の群れ、そして虹色の髪の毛。話を聞けそうな父親を見つけるのは、信じられないほど簡単だった。彼らのほとんどが、他の大人と会話したくてうずうずしていたのである。

51歳の父親であるタヒルは、「ここに来ると、観客がどういう人たちなのか理解できます」と私に言った。「それは単なる数じゃないって、よくわかりました[01]」

43歳のエリックは、「これがそんなに有名だったなんて、知りませんでした」と語ってくれた。「私の娘なんて泣き始めてしまって、いったい何が起きてるんだ⁉と思ってしまいました」。彼と別の父親で、このイベントのためにメキシコシティからやってきたファン・カルロスの娘たちがお目当てにしていたのは、21歳の女優メグ・デアンジェリスだった。彼女は人気急上昇中のパーソナリティで、ショートドラマからファッション、美容アドバイスに至るまで、あらゆるものをネットに投稿していた。父親たちは何の文句も口にしていなかったが、周囲のヒステリー状態に少し困惑している様子だった。

「誰かに説明してもらいたいです。私が子供のころは、ああいった人気が出るのはテレビの人でしたから」とファン・カルロスは言った。「これが新しい世代なのですね。ミレニアル世代〔米国の若者世代に関する区分のひとつで、1980年代半ばから2000年代初頭に生まれた人々を指す〕でもない、その次の世代というわけです。私にとっては難題です……ただ決めつけることはしたくないですね。娘はここで楽しんでいるのですから」[02]

多くの父親にとって、ビドコンは毎年の家族旅行の新たな目的地となった。47歳のウィルは、「娘から『これまでで最高のお休みになった！』と言われました」と語ってくれた。「最高の気分です。ハワイに行くほど高くないし、それにハワイに行っても退屈するだけでしょう。しかもここは室内ですしね」。まさに「#父親の理想の目的地」だ。

しかし他の父親たちにとって、それは子供たちがハマっている得体の知れないものを理解する機会となったようだ。こうした新しい種類のスターたちが、メインストリームでも受け入れられるようになっていることを示す最大の兆候

01 | エンジニアリングチームにいる私の友人のひとりは、ビドコンに行くと、まるで視聴回数が目の前の歩き回っているのを見ているかのような気分になると表現している。これはなかなかおもしろい言い回しだ。それは事実である一方で、絶叫をあげるティーンエイジャーでいっぱいのコンベンションセンターをそのように解釈するというのは、ステレオタイプなエンジニアの物の見方だからである。

02 | 私たちの会話は、金切り声をあげる群衆によって中断された。彼らの中心にいたのは、それほど有名ではない、私も名前を知らない動画スターだった。バックパックを背負った14歳の少女は、友人に向かって嬉しそうに「誰だかよくわからない！」と叫んだ。

とは、親の世代も彼らをメインストリームの存在として受け取り始めることかもしれない。

フェニックスからやってきた54歳の父親ジェフは、「目から鱗でした」と言った。私と話したときが彼にとって最初のビドコンであり、娘と共に朝7時に会場入りして、このイベントの創設者であるハンクとジョン・グリーンに会うために列に並んでいた。「１９７０年代はロックコンサートでした。ファンは熱狂的で、まさに狂乱状態でしたよ。走り回ってはシャツや髪をつかんだりしていました。彼らから何か奪い取ろうとしていたのです。いまはもっとオープンです。より社会的に受け入れられているということでしょう」。私が会った父親たちの多くは、子供たちが毎日使っているテクノロジーは自分たちが子供のころにあったものとはまったく異なり、子供たちとセレブの間にこれまでとは違った関係性を生み出していることに触れていた。モバイル端末を通じて即座にコミュニケーションできるというのは、秘密にしておけるものがほとんどないことを意味する。彼らはそれを不安に感じているが、そうしたアクセスがあることで、タレントとのつながりを感じやすくなり、ほかのファンとコミュニティでつながっている感覚も得やすくなる。しかしそうしたアクセスは、タレントとのつながりを感じ、さらに他のファンたちとコミュニティをつくり出しているという感覚を覚えることを容易にするのである。

52歳のダンは、「息子とはよく野球場に行っていました。しかし娘とはこれです。シェーン・ドーソンにダン&フィル」と語った。「それが親のすべきことです。疲れはしますが、子供たちと協力して何かをする、その機会を最大限に活かしています」。ダンはサイン会場の外で、ジャック&ディーン（20代前半の英国人コメディアンのデュオ）とのファンミーティングから15歳の娘が戻ってくるのを待っているところだった。彼はその日の早い時間にも、娘のために別のファンミーティングの列にならんでいた。彼は何の躊躇もなく、そのタレントたちの名前をスラスラと読み上げた——シモレリー、ソーヤー・ハートマン、グレース・ヘルビッグ。ダンはテレビのチャンネルが3つしかない時代に育ったのだが、何が起きているのかをちゃんとわかっていた。彼は一部のクリエイターたちが、注目を浴びようと無茶なことをしたり、汚い言葉を使ったりすることに不快感を覚えていたが、人気コメディアンで司会者でもあるヘルビッグのように、彼自身が本当に楽しめる人々もいた。しかし彼と娘がヘルビッグに会ったとき、ダンは冷静を装った。「52歳の男がグレースにファンだと伝えたら、変に思われるだろうと考えたんです」と彼は言った。彼のこの態度に、娘は感謝したことだろう。

こうしたクリエイターたちは「本物の」セレブではないという見方は、実態を理解したものではなかった。ビドコンの子供たちにとって、この意見は馬鹿げたものだ。いまや父親世代さえ、これが新しい「普通」なのだと考えるようになっている。

◀◀

ビドコンに登場するクリエイターたちは、YouTubeのようなプラットフォームを通じて表れてきた新しい種類のタレントたちの、ごく一部でしかない。たとえばリミックスのプロデューサー、液圧プレス機のオペレーター、ASMR愛好家などはサインしたりしないし、「ファンの集い」に参加することもあまりない。しかしグレース・ヘルビッグやダン&フィルといった大人気のYouTubeのスターが実現した、コミュニティが名声を生み出し、後押しするというダイナミクスは、セレブのミュージシャンやコメディアン、俳優、ジャーナリスト、アスリートたちに影響を与えている。

過去のスターたちは自らの名声を、放送メディアを通じて手に入れた。そうしたメディアではチャンネルの数が限られ、私たち全員がそれを共有していた。そこではスポットライトを浴びるのがより難しかったが、ひとたびそれを手に入れると、ノイズの量が比較的限定されていたことから、大きな名声への道が約束されたような状態になった。テレビのチャンネルが3つしかない世界で有名になれれば、それはかなり多くの人々に名を知られていることを意味する。しかしいま、誰もが同じコンテンツを見るのではなく、社会的エンターテイメントとコミュニケーションプラットフォームによって、一人ひとり見るものがパーソナライズされていることを考えると、今日の親たちは、自分から興味を持ちにいくことがない限り、子供たちが出会う顔や声に接することはまずあり得ない。

YouTubeのクリエイターたちは、きわめて現代的な現象なのだが、インターネット以前の時代にも似たものを見ることができる。今日のタレントは、私たちが子供だった時代のセレブよりも、米国のセレブの原点ともいえるベンジャミン・フランクリンとより多くの共通点を持つようになっている。フランクリンは歴史のなかで、米国の「建国の父」や発明家として位置付けられているが、子供のころは新聞社で働いていた。少年だった彼は、印刷工の見習いとして働き、英国の植民地における最初の独立系新聞を通じて、ちょっとした有名人になっていった（サイレンス・ドゥーグッドという名の、中年の未亡人コラムニストを装うことで）。22歳のとき、彼はペンシルベニア・ガゼット紙を買収し、自ら新聞の発行者となる。彼は同紙にエッセイや論説を掲載し、その名を一般に知られるようになっていった。フランクリンが何者かを一言で説明するのは難しく、彼は人生や最近の出来事に関する自分の考えをシェアすることで有名になっていったのだ。彼はどんなトピックをカバーするかを自分で決め、それを発信するチャンネルを自分で管理したのである。どこかで聞いた話ではないだろうか？

もちろん私は、有名なウェブ動画クリエイターたちが、建国の父たちと同じような歴史的人物になるだろうと言っているのではない。包み隠さずに頻繁な自己表現を行うことを通じて、文化的な面で有名になり影響力を持つという、定義するのが難しい人々は新しい概念ではない、ということだ。あるプロボクサーが、メディアを騒がすモハメド・アリになり、あるトークショーの司会が、皆から崇拝されるほどの大物オプラ・ウィンフリーになったことを思い出そう。

では何が新しいのか？　ひとつは、今日のタレントは人々とつながるために、自分の新聞やテレビ番組を持たなくても、あるいはプロのスポーツ選手にならなくても良いという点だ。彼らは新しく、これまでにない道を通じて有名になり、また従来の「タレント」の概念から大きく外れたスキルを持つことが多い。その結果、私たちと彼らとの関係も大きく異なるものになっている。ファンとしての私たちの役割が、これまでよりずっと活発なものになっているのだ。すべてを可能にしたのは、私たちの新しい交流のあり方と、私たちが視聴するものとのつながり方である。要するに、これまでとはまったく異なる、新しい世代のタレントが登場してきているのだ。

プロボに行けばスターに会える

YouTube初期のサクセスストーリーのなかで、私のお気に入りのひとつは、ウルグアイの首都モンテビデオで生まれたものである。[03] モンテビデオは映画人材の宝庫というわけではないのだが、31歳の映画監督フェデ・アルバレス［fedalvar］による短編作品『パニック・アタック！▣02』の舞台となった。突然エイリアンのロボットが現れ、この町を襲うという内容だ。この映画の制作予算はたった300ドルで、アルバレスは視覚効果を自分のコンピューターで処理した。アルバレスは今後もウルグアイで映画制作を続けようと考えていたのだが、2009年にこの動画が公開されてから数日で、彼のメールの受信ボックスは米国の大手映画会社やタレントエージェンシーからの問合せでいっぱいになった。この動画はハリウッドにまで届いていたのである。その大きな後押しをしたひとりが、カニエ・ウェストである。彼は当時影響力を持っていた自身のブログ上で、この映画をシェアしたのだ。アルバレスはロサンゼルスを訪問した後、米国の大手エージェンシーであるクリエイティブ・アー

▣02
Ataque de Pánico! (Panic Attack!) 2009
fedalvar

ティスツ・エージェンシーと契約し、さらに映画監督サム・ライミの制作会社とも契約を結んだ。その4年後、彼の最初の長編映画が公開された。それはサム・ライミ監督の『死霊のはらわた』のリメイク版で、アルバレスが脚本と監督を担当した。予算は1700万ドルだった。

2000年代後半まで、既存のエンターテイメント業界は新しい人材を求めて飢えているような状態であり、ウェブがハリウッドやニューヨークの役員室へのアクセスを持たない、新しい才能を提供する源になっていた。そうした新しいタレントたちは、ギャンブルの要素が少なかった。すでにウェブという、非常に競争が激しい世界で彼らのスキルを証明していたからである。YouTubeは主流派メディアのマイナーリーグのような存在になり、これまで多くの歌手や脚本家、俳優、コメディアンが「大ブレイク」を手にしてきた既存の人材発掘ルートを変えてしまった。ウェブ上では、堅実な才能を持つものは誰でも、自分自身をブレイクさせることができるのである。

このことで最も直接的な影響を受けたのは、みなさんがご記憶の通り、音楽業界だった。世界最大のポップスターのひとりであるジャスティン・ビーバーも、YouTube動画を通じてその才能を知られるようになった。グレイソン・チャンス、ファイヴ・セカンズ・オブ・サマー、ショーン・メンデス、アレッシア・カーラ……。ますます多くの若いパフォーマーたちが、ラジオの放送ではなくソーシャルメディア・プラットフォームを通じてブレイクを果たすようになっている。最初に伝統的なチャンネルを通じて露出した新人アーティストたちも、ウェブが持つインタラク

03｜この話にふさわしいことに、モンテビデオとは「ビデオ山」という意味である。（実際には、「モンテビデオ」という名前の語源は諸説あり、さらにそれを「ビデオ山」と訳す学者はいない。これは単なる噂話で、私が楽しいと思って覚えているだけだ）

ティブ性によって、驚くほど多くのファンを獲得できるのだ。たとえばテレビ番組の放送のなかで最も印象に残る瞬間を切り取り、それをオンライン上にアップして、普段はその番組を視聴していない何百万という人々が繰り返し視聴し、シェアし、再発見できるようにすることで、数日で新しいスターを生み出すことが可能になる（２００９年に「ブリテンズ・ゴット・タレント」で大ブレイクしたスーザン・ボイルを思い出そう〔「ブリテンズ・ゴット・タレント」は一般視聴者の中から優れたアーティストを発掘するというオーディション型番組で、スーザン・ボイルはそこに参加してすばらしいパフォーマンスを披露し、その様子がＹｏｕＴｕｂｅで流れたことから世界的な注目を集めた〕）。視聴者は突如として、「誰が成功するのか」を決めるうえで重要な役割を果たすようになったのである。

多くの面において、人々のネット上での行動によって注目されるようになったタレントたちは、メインストリームのメディア企業で働くスカウトたちが設けた、硬直したカテゴリー分けや経験則といったものを、見当はずれなものにしている。たとえばジェフ・ダナム［**Jeff Dunham**］は、長年にわたり一定の成功を収めてきたパフォーマーだが、彼が腹話術師だったという事実から、米国のテレビネットワーク「コメディ・セントラル」は彼に多額の投資を行うことを躊躇してきた。彼が生み出したキャラクター「死んだテロリストのアフメッド（Achmed the Dead Terrorist）」がネット上でセンセーションを巻き起こしたとき、彼はコメディの世界でトップの座までのぼりつめ、北米で最も稼ぐスタンダップ・コメディアンのひとりになった。リンジー・スターリング［**Lindsey Stirling**］は「ヒップホップ・バイオリニスト」と銘打って、「アメリカズ・ゴット・タレント」〔「ブリテンズ・ゴット・タレント」のフランチャイズとして米国で制作された番組で、英国版同様、一般人から才能を発掘するための視聴者参加型オーディション番組〕の準決勝に登場したとき、審査員からスターリングのショーを持つことはできないだろうといわれた。ダンス、電子音楽、バイオリンをミックスするという独自のスタイルには、市場性がないと判断されたの

■03
Crystallize - Lindsey Stirling (Dubstep Violin Original Song)
Lindsey Stirling

である。しかし彼女はチャートのトップに入るアルバムを数枚リリースし、そのウェブ動画の視聴回数は15億回に達した▣03。スターリングは自ら大勢のファンを獲得する力を持つ、独立系のアーティストを象徴するような人物なのだ。スターリングはあるインタビューにおいて、「私は以前、自分の音楽を世に届けようとさまざまなことを試していました。しかし企業には門番の役目をする人々があまりにも多く、誰も私が投資に値するとは考えていませんでした」と答えている。「ある人気ユーチューバーが私の動画を紹介してくれた後から、曲が売れるようになり、人々からのリクエストも増えていきました。そして私は、誰かが自分のことを信じてくれるのを待つ必要のない世界をついに見つけたのだ、と気づきました。私がするのは自分自身を信じること。そして決めるのは、業界のプロではなくファンたちなのです」

才能を持ちながら、メインストリームのエンターテイメントにおいてあらかじめ定められたカテゴリーに合っていなかったり、そもそも企業との契約を結びたくなかったりする人々に対し、YouTubeは新たな道を提供している。それはつまり、才能がある人は自ら成功を収めることができ、しかもニューヨークやロサンゼルス、ロンドン、東京、香港など、既存のプロダクションが集中している地域に住む必要もないことを意味する。

もうひとつ、思いもよらない場所がYouTubeのタレントのハブになっていることを紹介しておこう。その場所とは、ユタ州である。ユタ州のユーチューバー「UTuber」のコミュニティは、いくつかの有名なチャンネルを生み出しており、そのなかにはすでに触れたブレンドテックやリンジー・スターリングも含まれる。私が初めてＵＴｕｂｅｒに触れたのは、ブリガムヤング大学映画学科のとある元学生たちに目が留まったときだった。もしあなたが「ブリガムヤング大学の映画教育って、南カリフォルニア大学と同じぐらいウェブ動画の世界で影響力があるの？」と言い出したら、「サモアへの布教活動中にどんなキノコを食べたんだ？」と尋ねるところだろう。しかしブリガムヤング大学のキャンバスがあるユタ州プロボは、デビン・グラハム［**devinsupertramp**］のような人物も擁している。グラハムはジップラインやウォーター・ジェットパック、特大のロープスイングやウォータースライダーなどを使った、壮大で芸術的な冒険映像を制作することで知られている▣04。（彼の映像作品「フェスティバル・オブ・カラーズ」は、色の付いた粉を投げ合うインドのお祭り「ホーリー祭」の最中に撮影されたもので、数年にわたってＹｏｕＴｕｂｅのプロモーション用映像に使われた。）いまでは彼にちなんで名付けられたカメラのスタビライザー（グライドカム・デビン・グラハム・シグネチャー・シリーズ）まであるほどだ。彼はアドウィークに対し、「成功するにはロサンゼルスにいなくちゃならないって誰もが考えてるけど、それは違います」[ii]と語っている。実際に、一部の人々が「シリコン・スロープ〔ユタ州ワサッチ郡一帯を指す言葉で、近年テクノロジー系のスタートアップ企業が数多く誕生していることから、シリコンバレーに倣ってこう呼ばれている〕」と呼ぶ地域から、成功をおさめるチャンネルが数十も登場している。

　こうしたことは、動画がより幅広い視聴者に興味を持ってもらえるようになるうえで役に立つ。グラハムは自分の映像が言葉の壁を超えられるもので、また家族で楽しめるものになるように努力している。フィルタリングされていない、生のままのエンターテイメントの時代に、多くのユタ州発チャンネル

▣04
Festival of Colors - World's BIGGEST color party
devinsupertramp

では、全米の人々が楽しめてシェアもしやすく、ブランドが広告を出しても問題のない健全なコンテンツという別の選択肢を提示している。ユビソフトやディズニー、メルセデスベンツ、マウンテンデューといった大手広告主が、デビン・グラハムの動画に資金提供を行っている。企業はいたずら系の動画とコラボレーションするのには躊躇することが多いが、スチュアート・エッジのようなユタ州を拠点とするいたずら系チャンネルは、ホンダやトルコ航空といった企業がスポンサーになっている。ネット上で視聴者を集めるには無茶なことをしなければならない、と思う人もいるかもしれないが、UTuberたちはその逆も通用することを証明している。こうした健全性が生まれているのには、UTuberたちがモルモン教の信仰のなかで育ったことが大きく関係しているのかもしれない。私は以前、有名なモルモン教ビデオブロガーに「なぜ多くのユタ州民がユーチューバーとして成功しているのか」と尋ねたことがある。彼は勤勉なモルモン教徒たちが、YouTubeチャンネルの運営組織を成功させるのに必要な、起業家的な性質を持っているからではないかと指摘した。

人々の注目を集め、エンターテイナーとしてのキャリアをスタートさせるために、幸運やタイミング、さらには見た目よりも「勤勉であること」のほうがはるかに重要になるという状況を、YouTubeはもたらした。一部の人々にとって、YouTubeはプロとして活動する世界へと至る道だったが、他の人々にとっては、YouTubeそのものがチャンスであり、クリエイティブな活動を続けられるほど大勢の観客とつながれる場となったのである。

とはいえ、誰でも観客を見つけられるチャンスがあるといっても、誰もが彼らを獲得できるわけではない。そうした新しいスターたちの多くにとって、視聴者を得るためには、彼らとの関係をまったく新しい角度から考えることと、彼らと関わるためのまったく新しいスキルが必要になる。

何が必要なのか？

チャールズ・トリッピー **［CTFxC - charles and Allie］** は車の後部座席から、カメラに向かって「そんなわけでいまタラハシーにいるんだけど、このビデオブログってやつをどうすればいいのか、さっぱりわからないんだ」と言った。「やってくうちに、きっとうまくなるだろう。基本的に、これを毎日1本はやっていこうと思う……少なくとも1年間は」。彼はこれに「1日目」とタイトルを付けて、「インターネットがテレビを殺した（Internet Killed TV）」と題したシリーズの一本とした。それは2009年5月1日のことだった▣05。

2013年8月12日、トリッピーは1565日目の投稿を行い、毎日連続で続けられたビデオブログとして最長であることをギネス世界記録に認定された[04]。ロックバンド「ウィー・ザ・キングス」でベースを担当する人物でもあるトリッピーは、毎回およそ10分間の動画を通じて、彼の日常の風景を大量にシェアしている。934日目のときに、トリッピーはガールフレンドのアリー・スピードと結婚した（彼らの結婚式はツイッター上でトレンドになった）。1029日目、トリッピーは気絶した後に担ぎ込まれた、アイダホ州ボイシの救急救命室からビデオブログを投稿した。1030日目、彼は脳

▣05
Red Sox In Your Face
(5.1.09 - Day 1)
CTFxC - Charles and Allie

▣06
CTFxC - Charles and Allie

腫瘍と診断されたことを明らかにした。1041日目、彼は初めての手術に臨み、トリッピーの妻が付き添った。1601日目、脳腫瘍の再発後、外科医がトリッピーのビデオブログを許可した。彼が投稿したのは、自分の右前頭葉にある乏突起膠腫を切除する様子だった。1803日目、トリッピーはスピードとの離婚を発表する。視聴者はショックを受け、賛否両論が飛び交った。しかし彼の投稿のほとんどは、もっと平凡な風景がつづられている▣06。家事や用事、犬の散歩といった具合だ。

「インターネットがテレビを殺した」は一種のリアル版『トゥルーマン・ショー』であり、トリッピーは自身のビデオ日記を、自分を対象にしたリアリティ番組だと表現した。トリッピーは21世紀における動画作品クリエイターの極端な例であり、多くの過激な視聴者たちにとって、伝統的なエンターテイメントに替わるより魅力的な代替品となっている。ポップカルチャーを追う作家のキャロライン・シエードは、「こうしたビデオブロガーたちは、ディズニーチャンネルのような消毒済のエンターテイメントと、CWテレビジョンネットワークのような、セクシーなコンテンツでいっぱいの世界の隙間を埋めているのです。大人たちの楽しくておかしい、ありふれた日常を垣間見れるというわけです」とコメントしている。「リアリティ番組が狂ったスターを生み出しているなら、YouTubeは比較的ノーマルなスターを生み出しているといえるでしょう」[iii]

トリッピーのショーは、会話のできる本物らしいエンターテイメントが見たいという現代人の目の前で行われている。彼らが使うフォーマットは決して新しいものではなく、おそらくこの種の交流に対する欲求は常に存在していたのだろう。長年にわたってYouTube上での

04｜この記録に近い記録を持っている人もほとんどいないはずだ。

人気を誇っているシェイ・カールは、ビドコンのパネルディスカッションにおいて、「私たちはもともと、お互いを必要としているのだと思います。誰かとコミュニケーションし、誰かとつながり、そして誰かに理解されたいと願う。究極的に言えば、それこそビデオブログなのです」と語った。「いまあるエンターテイメントのなかで、最も不自然さのないものといえるでしょう」

ハリウッドの黄金時代には、ヘッダ・ホッパーやルエラ・パーソンズといったゴシップ・コラムニストたちが、エンターテイメント業界のなかで最もパワフルな存在のひとつだった。合わせて7500万人もの読者を抱えていた彼らは、みだらな噂話を流すだけでなく、ファンたちがお気に入りの映画スターとの個人的なつながりを得られる唯一の窓口をコントロールすることで、誰かを成功させることも、破滅へと導くこともできたのである。[iv] 当時から人々が憧れるタレントたちの個人的な裏話や、暮らしぶりに関する情報は、貴重な絆を生み出し、人々がチケットを買ったり関心を向けたりすることを促していた。

ソーシャルメディアの時代、このことは新たなレベルに達している。いまやゴシップ・コラムニストたちは必要ない。実際、YouTubeのクリエイターたちの多くが、この種のつながりを提供する第2のチャンネルを運営している。第1のチャンネルにおいて、トリッピーのようにリアルな日常生活にフォーカスしたコンテンツを配信しているのではないクリエイターたちが、個人ビデオブログや「舞台裏」系コンテンツを配信する第2のチャンネルを設置し、ファンたちのリクエストに360度対応しようとしている。たとえばリンジー・スターリングは、「リンジータイム」というチャンネルを開設していて、そこではツアーのバックステージ映像や彼女からのメッセージが配信されている。ジェントル・ウィスパリングのマリアですら、「サッシー・マーシャのビデオブログ」と題された第2のチャンネルを設けている（このチャンネルでは、マリアは普通の声でしゃべっている）。

こうした日常系エンターテイメントをYouTubeで見ていない人々は、いったい何が楽しいんだ？と思うかもしれない。こんなの誰でもできるだろう？というわけだ。確かにその通りで、誰でもカメラを取り出して、自分の日常生活を撮影できる。平均すると、1日に4万件を超えるビデオブログがYouTubeに投稿されている。[05] もしそのすべてを見たとしたら（1日分を見るだけでも約6か月かかるので、これは無理な話なのだが）、それはありとあらゆる人間の経験を体に流し込むような体験になるだろう。またそれは、伝統的なメディアが提供するよりも、多種多様な内容になるはずだ。コメディアン兼女優兼作家のフランチェスカ・ラムジーは、あるインタビューのなかで、「有色人種にとって、それは他のどこでも見ることのできない、リアルなストーリーをオンラインで提供してくれる窓のような存在」と述べている。「YouTubeでは、自分のストーリーが語られていないと思ったら、それを自分で撮影できるのです」。

20世紀の放送技術に対しては、こんな表現をすることはできない。

しかし私は、私たちの多くが、こうしたリアル感のある経験を生み出すのに必要なスキルを過小評価していると考えている。それには何が必要なのか？　まず必要なのは、

05｜これは2017年における非常に保守的な見積りだ。「ビデオブログ」として認識されるものが、これほどの規模で行われようとしているのである。

私たちの多くが極端だと感じるほどの、一貫したコミュニケーションに対するコミットメントである。十代のファンたちは特に、ユーチューバーたちからの定期的な「承認」を期待している。毎日とは言わないまでも、毎週動画を投稿して、コメントに反応し、しばしば個人的な情報をシェアしなければ、リアル感は維持できないのだ。誰もがそれをできるわけではない。ネットコミュニケーションの研究者は、デジタルネイティブのセレブですら、リアル感を出すために、「自分の生活やキャリアを危機にさらさない一方で、自分自身のことを十分にシェアする」[vi]という難しいタスクに苦労していることを確認している。

私はこの、自分をさらけ出すという新しい行為の心理を、多くのクリエイターたちが乗り越えようとするのを見てきた。ＹｏｕＴｕｂｅで最も有名なカップルの一組である、「プランクvsプランク【BFvsGF】」〔「いたずら対いたずら」という意味で、ジェシーとジーナの2人が、お互いにドッキリを仕かけ合うという内容の動画を公開していたチャンネル〕のジェシー・ウェレンズとジーナ・スミスは、10年間の交際と6年間の継続的なビデオブログ投稿の後、２０１６年に交際をやめてビデオブログも終了することを宣言した。彼らが別れた最大の理由のひとつは、自分たちの生活を何のフィルタリングもせず、常にシェアするという経験だった。ウェレンズは動画のなかで、「自分の日常生活を毎日撮影し、夜中に編集して翌朝に投稿するというのは、健全なライフスタイルではありません」と語っている。彼は動画を撮りたくなかったが、視聴者への提供を続けなければならないと考えていた。最終的に、視聴者を裏切ることとなった（と彼は感じている）。「最初は本当に楽しい体験です。すばらしくて、大好きになりました。まだ大好きです。でもそれが仕事のように感じられて、それをするのは相手を愛しているからではなく、ビデオブログを投稿しないといけないと感じるからという段階に達すると、私たちの関係のなかで大きな重荷になってしまいました[vii]」

この種の脆弱性は、伝統的なセレブの間ではそれほど見られないが、もちろん例外はある（テイラー・スウィフト、アデル、エミネムなど、自分の作品に実生活を反映させるような人々だ）。しかし視聴者たちは、こうした透明性をユーチューバーたちに求めているのだ。

テレビゲームの実況プレイを行うユーチューバーとして有名な、「ピューディパイ［PewDiePie］」ことフェリックス・シェルバーグは、「お金について話そう（Let's Talk About Money）」と題された２０１５年の動画のなかで、ファンに向かって「お金の話は、僕が動画を作成してきたこの5年間、意図的に避けてきたテーマです」と語りかけている。その数日前、彼の母国であるスウェーデンの新聞が、シェルバーグの前年度の収入が７４０万ドルだったことを報じていた[viii]。この記事は無数のサイトで取り上げられ、ソーシャルメディアでトレンドになっていた。「そんなこと重要じゃない、なんてふりをするつもりはありません。それは誰にとっても重要なことです」と彼は述べた。

シェルバーグが動画を始めたのは、学生ローンを抱えた大学生のころで、彼がゲームをしているところを録画するコンピューターをやっとのことで手に入れるという状況だった。よく知られている話だが、彼はその後大学を辞め、ホットドッグの屋台でアルバイトをしながら、趣味の実況プレイ動画作成に必要なお金を稼いでいた。その時はまだ、金銭的な成功を収める具体的なプランはまったくなかった。その当時、動画制作で身を立てることに成功したごく一握りのユーチューバーのなかで、ゲーマーはひとりもいなかった。その5年後、彼はブロ・アーミー〔ピューディパイに集うファンたちを指す言葉で、直訳すれば「兄弟軍団」〕のひとりから寄せられた、自身のゲーム実況チャンネルから得られる、莫大な収入に関する質問に答えていた。「人々が指摘されるまで忘れているのは、私のチャンネルは90億回視聴されていて、それは何かに変換することができるという点です」と、彼ははっきり説明した。「僕の動画には広告が表示され、私はそこからお金を得ることができます。それで私がある年にこれだけ儲けましたよという話が流れると、人々はショックを受けます。そしてたくさんの人たちが、すごくすごくすごく怒るんです。私が単に一日中座って、テレビに向かって叫んでいるだけなのに不公平だ、というわけです。それは本当なんだけど」。彼はそう言って笑った。

ユーチューバーについて聞いたことがあるなら、ピューディパイという名前も耳にしているはずだ[06]。彼のチャンネルの登録者数は5000万人であり、YouTubeで最大のチャンネルである。2016年に彼のチャンネルに登録した世界中のユーザーの数は、YouTube内で登録者数の多いポップスターのナンバー1と2である、ジャスティン・ビーバーとリアーナのチャンネルに登録したユーザーの数を合わせたより多かったほどだ。ピューディパイの登録者数よりも人口の多い国は、世界で26か国しかない。

私は自分の好きなバンド、俳優、テレビ出演者がいくらお金をもらっているのかなど、気にしたことがない(実際には多くの人々が、テレビやラジオの出演者たちはかなりのお金を稼いでいるのだろうと考えるのではないだろうか。それは思い込みでしかないことが多いのだが)。しかしいまや、シェルバーグのような人々と彼らのファンの関係は、これまでとは異なるものになっている。そしてシェルバーグが自分の稼ぎに関して驚くほど率直なのは、それが理由だ。それは彼がしたい会話ではなく、せざるを得ない会話なのである。そしてそれが、彼のファンがシェルバーグを愛してやまない理由だ。

シェルバーグは最も極端な例だが、他のユーチューバーの場合も、彼らの収入が明らかにされると、支援や不信感、フラストレーション、そして離反までさまざまな反応が起こる。ほとんどの人々は、単にショックを受ける。「誰でも同じことができる」というYouTubeの美学は、当然ながら半分幻想であり、平均的な視聴者は、YouTubeで成功するためにどれほどのスキルが必要なのか、きちんと理解していない。そのため何か単純なように見えたり、馬鹿げているように感じられたりすることをして稼いでいる人を見ても、思わず頭を振ってしまうのである。

熱狂的なファンたちの感情は、さらに状況をややこしくすることがある。お金に関する議論は、私たちが「第5の壁」と呼ぶものを壊してしまう。それは「私たちがつながりを持つ人物は、自分と同じような人であり、彼らとの関係は日常生活での友人たち（そのほとんどは数百万ドルを稼ぐような人物ではない）と同じくらい親密なものである」という信念だ。多くのファンたちは、自分のお気に入りのスターが金銭的な成功を収めるのを見れば喜ぶのだが、葛藤を覚える人もいる。彼らの成功を後押ししたと感じるのに、見返りを得られないからだ。

こうした状況のすべてを切り抜けるのは難しい課題であり、ほとんどの人々はそれに向いていない。最も熟練のクリエイターや、コミュニティ管理者ですら、炎上し

06｜彼は歯に衣着せぬ物言いをするので、配信した動画が物議をかもすことがある。最も有名な例が、2017年にシェルバーグが反ユダヤ的なギャグを言ったとして、ウォール・ストリート・ジャーナル誌が取材を行った件だ。

たりファンの離反を招いたりする。ＹｏｕＴｕｂｅのような環境での名声を本当に理解するためには、現代における「ファン」とはどういうものかを、より多面的に理解しなければならない。

ティーンエイジャーの組織力

２００８年、それまでは想像もつかなかった数である「視聴回数１億回」を、世界で初めて突破する動画はどれになるかという競争が行われていた。候補のひとつは、古典的なバイラル動画「エボリューション・オブ・ダンス」で、もうひとつはカナダのシンガーソングライター、アヴリル・ラヴィーンのミュージックビデオ「ガールフレンド」だった。

現在では「エボリューション・オブ・ダンス」がインターネットの殿堂入りを果たしている一方で、多くの人々は、「ガールフレンド」にどんなシーンがあったか思い出すのに苦労するはずだ。当時私たちのほとんどが、「エボリューション・オブ・ダンス」が勝利を収めるだろうと思っていた。なにしろ誰もがそれを見ていたのである。しかし勝ったのは「ガールフレンド」で、インターネットはティーンエイジャーの組織力に関する最初の教訓を学んだ。ラヴィーンの過激なファンたちは、この「視聴回数１億回」というトロフィーを、自分たちのアイドルに捧げようというキャンペーンを開始したのである。実際、自動的にページがリフレッシュされるウェブサイトをつくって、視聴回数を稼ごうとする人物まで現れた。そして熱狂的なファンは、ウェブ掲示板に「ネットにアクセスしている間、このページを開きっぱなしにして！　試験勉強中でも、寝ている間でも。そしてもっと再生回数を増やすために、何枚もブラウザを立ち上げて、このページを表示して！」と書き込んだ。[ix] ケニヤッタ・チーズはある議論のなかで、「ビリーバーズ（Beliebers）」と呼ばれるジャスティン・ビーバーの熱狂的ファンたちが、ツイッターのトレンドを決めるアルゴリズムを解き明かしたエピソードを紹介している。「14歳から16歳の少女たちの一群と敵対することになったとき、彼女たちが世界最高の並列処理コンピューターシステムであることを思い知るでしょう」

ファンコミュニティの力を促進し、活用する力を持つことは、新たな種類のタレントにとっての必須条件となっている。そしてそれは、伝統的なセレブの場合とは対照的に、私たち自身が彼らの名声の一部であるという気分にさせてくれる。スターであることは、もはやポップカルチャーの持つ遍在性を必要としないが、全体的な意識のなかで失われたものは、人々の交流の奥深いところで手に入れることができる。言い換えれば、私たちの知らない有名人が増えているが、自分のお気に入りの有名人にはより親近感を覚えられるようになっており、彼らとつながる機会もより増えている。

２００６年、当時ワイアードで編集長を務めていたクリス・アンダーソンは、これをセレブの「平坦化」と表現した。「セレブの数が増えると、その価値も下がる」と彼は述べた。「私たちは『ミニヒット』や『ミニスター』の時代に入った。そこではあなたにとってのセレブは、私にとってのセレブではないかもしれない。そして私にとってのセレブを、あなたは聞いたこともないかもしれない」。[x] 同じ時期、作家のレックス・ソルガッツは、ニューヨーク誌において「プチ有名」という言葉を使って起きていることを説明した。「プチ有名とはセレブの一形態で、そこでは有名人とファンの両者が、有名人がつくり出したものの中に参加する。プチ有名はそれをつくり出したクリエイターの活動の枠を超えて広がり、コミュニティを飲み込んでいく。そしてそのコミュニティは、コメントを残したり、リアクションを撮影した動画を投稿したり、メールを送ったり、リンクを通じてインターネットの評判を構築したりする」[xi]

２００６年当時、そうしたやり取りは、人々がＹｏｕＴｕｂｅを使って興味のある人物とつながることの補完的行為であると思われていた。しかしその後ソーシャルメディアが普及し、人々がそれを普通に使うようになると、私たちのネット上の行動は、この現象を過剰なまでに拡大していった。そして私がＹｏｕＴｕｂｅに加わったときに最初に気づいたことのひとつは、コメント投稿やシェアなど、自分がより大きなコミュニティの一部だと感じさせてくれる行動のすべてが、実は最も重要な体験なのだという点だった。コンテンツの方こそ、副次的な存在になることが多いのである。それはつまり、ファン同士や、ファンと自分がつながることのできる有意義な接点を用意するというのが、現代のエンターテイナーとして最も重要なスキルになったことを意味する。

このことは、データからも確認できる。次のグラフは、視聴数に対するコメント数の比率（交流がどの程度生まれているかを示す最もシンプルな指標）を示したもので、有名ユーチューバーでゲーマーの「マークプライヤー」ことマーク・フィシュバフと、ＹｏｕＴｕｂｅで最も人気のある、メインストリーム系のセレブ番組を比較している。

視聴者がクリエイターとの間で、あるいは別の視聴者との間で、コンテンツを通じて行うインタラクティブな体験が、そのコンテンツを見るという体験そのものよりも重要であるという現実は、クリエイターがファンと交流する方法を完全に変えた。そしてそれがもたらした、視聴者と彼らが慕う画面上のタレントの間の力学は、まだ十分に解明されていない。

ゼ・フランクがウェブ動画をつくり始めたころ、彼は視聴者と直接的で感情的な会話を持てば、視聴者を急速に増やし、しかも彼らに何度も来てもらえるようになることを学んだ。「感情に働きかけることが、一般

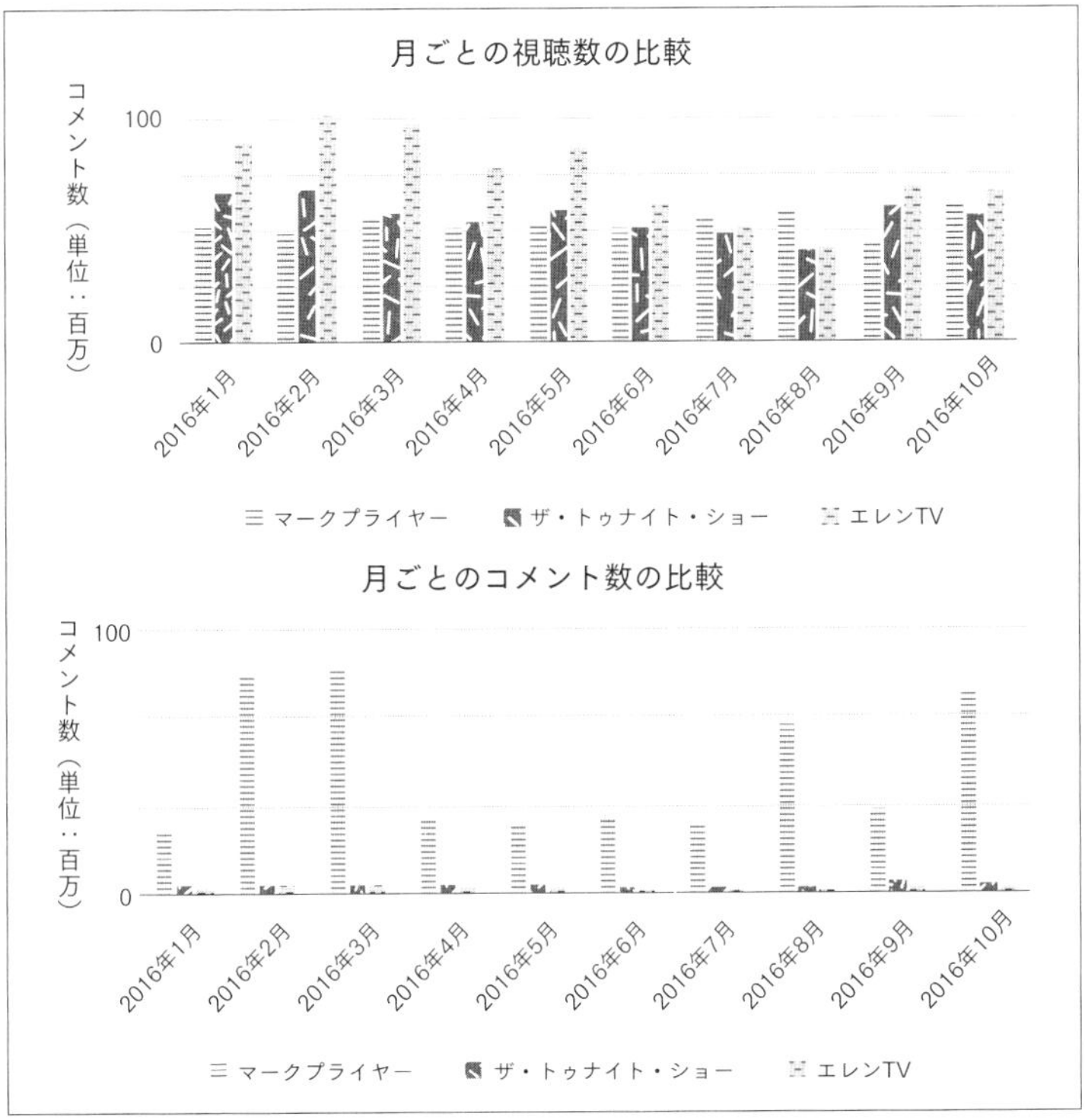

的に言って、最も強力です。たとえば悲しみといったことについて、率直に語るのです。バーチャルな感情的体験は、さまざまな理由から、信じられないほど強力なものであることがわかりました」と彼は言う。最高の芸術作品は、常に私たちと感情的な言葉でコミュニケーションしてきた。それは別に、新しいことではない。しかしウェブ動画の世界では、ひとりの個人（自分が信じるものや気にしているもの、愛しているものなどを人格化してくれるような人物）との感情的なやり取りに集中することで、大きな違いをもたらすことができる。「個人の姿という形で表現するとき、人々とのつながりはより強くなります」とフランクは私に語った。

すべてのクリエイターたちが、それほど強いつながりに対応できる準備が整っているわけではない。そして私たちは、それがクリエイターと視聴者の間に生み出す力学を、依然として学んでいる最中だ。現実と、認識された現実の間に生まれるずれは、まちがった方向に事態を導く恐れもある。２０１６年７月、「#SaveMarinaJoyce（#マリーナジョイスを救って）」というハッシュタグが世界中でトレンドになったのだが、それはこの19歳の英国人クリエイターであるマリーナ・ジョイスと、彼女のファンたちの間で生まれた狂乱状態の結果だった。その直前の数日間、ファンたちは彼らのお気に入りのユーチューバーに何かまずいことが起きているのではないかと考えるようになっていた。彼女が最近アップした一連の動画のなかで、ジョイスは普段より視聴者に距離をおいていて、まばたきをせず、痩せているように見えた。彼女の動画を分析した人々は、さまざまなことを指摘した。ジョイスの腕にあざがある、ある動画の背景に銃がおかれていた、ベッドの脇のテーブルに謎の容器がある、といった具合である。「デートに着ていく服」をテーマにした動画のなかで、ジョイスが「助けて」とつぶやいているのが聞こえると主張する人まで現れた。そして多くの人々が、彼女が誘拐されたのではないかと考えるようになった。ガーディアンはこう報じている。「何千人というティーンエイジャーたちが、マリーナが誘拐されたのではないか、あるいは監禁されているのではないかという思いから、眠れなくなったり体が震えたりしていると告白している。また60人以上が、不安やパニックの発作を起こしたとツイートしている。これはヒステリー状態といえるだろう」。そしてついに、ファンの通報により午前3時に警察官がジョイスの自宅を訪れ、彼女が無事であることを確認した（何かあったとすれば、ジョイスがその後に配信したメッセージと動画において、彼女に集まっている注目に対して準備不足であるように見えたことぐらいだった）。

クリエイターがコミュニティをコントロールできなくなると、すべてが簡単に台無しになってしまう。それはいまや、ファンとタレントの関係が、私たちが実生活において築いている関係と同じように、予測不能で感情的に感じられるからだろう。ジョイスの話は、現代のセレブが陥る災厄の、特に劇的な例だ。しかしファンの自己認識が、彼らが深いつながりを感じる公の人物と結びついた唯一の例ではない。

セレブとそのファンの間に存在する、（個人的だがきわめて人工的な）準社会的関係は、ウェブ動画の平等主義的な環境（そこでは愛される者と愛する者の間の距離がほとんどないと認識される）のなかで、まちがいなく増幅され、拡大され、変化させられている。このことは特に、ビデオブログのようなフォーマットについて当てはまる。ビデオブログでは、クリエイターが自分の日常に関する（編集されているものの）プライベートな情報を、カメラに向かって直接シェアする。それがさらに、リアルで本物の関係を結んでいるという感覚を醸成するのである。親密さという幻想は、ファンのコメントが読まれ、反応されたり、視聴者が画面上で認識されたりするとき、幻想であるという感覚が薄くなる。そしてセレブたちによるソーシャルメディアへの投稿は、友人や家族による投稿と混ざり合うのである。

場合によっては、このことは感受性の強いファンたちを、新しいタイプのセレブたちに対して脆弱な立場におくことになる（そしてセレブたちは、必ずしもあらゆる場面でそうした脆弱性を責任をもって扱うのに適しているというわけではない）。このことは実際に、２０１４年に起きたある事件によって露わになった。その年、米国と英国のクリエイターコミュニティにおける数名の有名人が、ＹｏｕＴｕｂｅの外で「友人」になったファンたちに対する性的暴行および感情面での操作的行為（それは不適切な会話からヌード写真の要求、暴行にまでおよんだ）の罪で起訴された。一部のケースでは、報告されたような行為が行われたとき、対象となったファンは未成年であった。加害者のほとんどが追放され、彼らが行っていたビジネスは中止され（犯罪捜査まで行われた人は少なかったが）、現代のセレブとファンのつながりのあり方に疑問の目が注がれることとなった。英国最大のウェブ動画の集会である「サマー・イン・ザ・シティ」の運営者は、参加者へのメッセージとして、「最近の動向を踏まえると、私たちはこの点を強調してもしすぎることはないだろう」との文章を発表した。「この夏のイベントを計画するにあたって、指摘しておきたい。みなさんが尊敬している人々は、ただの人間だ。そして残念なことに、場合によっては、彼らの意図は純粋なものではないのである」

スキャンダルと、それに続いて起きた、セレブがファンに対して正直な気持ちを告白するという行為は、ＹｏｕＴｕｂｅのバーチャルコミュニティが、私たちの家や家族の周囲にある物理的に近いコミュニティと同じくらい強いものであることを、人々に気づかせた。現実世界でもオンラインでも、一部の関係は危険なのだ。しかしその多くはポジティブなものである。

もし尋ねられれば（しかし多くは自発的にだが）、ほぼすべてのＹｏｕＴｕｂｅのクリエイターたちが、彼らとファンの関係が、伝統的なメディアスターとどう違うのか、くわしく説明してくれるだろう。たとえばメイクアップ系コンテンツの配信で大人気を誇るミシェル・ファンは、「クリエイターたちは視聴者にとって、アイドルとして見なされるセレブというより、友人や兄弟、姉妹に近い存在です」と語っている。

２０１３年、人気ユーチューバーのフィリップ・デフランコは、彼が毎日配信しているニュースとポップカルチャーに関する番組のなかで、彼の父親に腎臓移植が必要になるかもしれないと述べた。すると彼のファンのひとりであった、アイダホ州の退役軍人が、彼の腎臓を提供すると申し出た。デフランコは２０１６年のビドコンにおいて、「私が動画を始めたのは、人々と話をし、つながり、コミュニティをつくりたかったからです」と私に語った。「つまり私の父が腎臓移植をできたのは、私のことを長年にわたって見てくれていた人がいて、その人が腎臓提供を申し出てくれたからです。しかもそうした申し出をしてくれた人は他にもいました。これはすばらしいことです。デジタルのつながりが、この驚くべきネットの現実へと変換されたのです」

デフランコは、自分の番組を見ている数百万人のファンたちを「国民（Nation）」と呼んでいる。この「国民」は、YouTube上に無数に存在するファンコミュニティのひとつだ。他にも有名な例として、ピューディパイの「ブロ・アーミー」やベサニー・モタの「モタベーター」などがある。グレイトフル・デッドのファン「デッドヘッズ」や、スタートレックのファン「トレッキー」など、大規模なファンコミュニティはエンターテイメントの世界に常に存在していたが、ウェブが持つ「人々を組織化する力」は、YouTubeのファンコミュニティを、ポップカルチャーにおける最も強力な一群へと変えた。ハンクとジョン・グリーンの「ナードファイター」たちは、2人が設置した「ファウンデーション・トゥ・ディクリーズ・ワールド・サック（世界のむかつくものを減らす財団）」を通じて、チャリティとして数百万ドルを集めることを支援した。そう、そんなことが実際に起きたのだ。それは非常にすばらしいことだと言えるだろう。また多くのクリエイターたちがベストセラーを生み出していて、私がかつて訪れたあるロンドンの書店などは、1つのコーナー全体がユーチューバーによる本を集めたものだった。ビューティー&ライフスタイル部門におけるスーパーユーチューバー「ゾエラ」として知られるゾーイ・サグが、2014年に小説を出版したとき、それはこれまでで最も速いペースで売れたデビュー作となった。[xii]

ウェブ動画のスターのファンたちは、熱狂的な人々の集団というよりも、ソーシャルなムーブメントに近いように見える。ソーシャルメディア時代に、こうしたデジタルの群衆たちを「フォロワー（後を追う人）」と呼ぶのは皮肉といえるだろう。インタラクティブであるかどうかが、タレントの人気を左右する世界では、私たちは自分が「フォロワー」とは真逆の存在であると感じることが多いからだ。

YouTubeが登場する前に大人になった人々が、新しいタイプのスターをカテゴライズするのに苦労してしまう理由のひとつは、そうしたスター自身もそれに苦労しているからである。彼らの生み出すものや姿を表すボキャブラリーが、常にあるわけではないのだ。「キャプテン・スパークルズ」のジョーダン・マロンは、税関や国境警備隊に自分を説明するときに苦労する。そこで彼は詳しく説明するのを諦め、過度に単純化して説明するようにしている。何か付け加えようとすると、皆を混乱させてしまうのだ。「いちど税関で、『オンライン・エンターテイナーです』と言ったことがあります。彼らの表情から判断すると、どうやら彼らは、私がポルノをやっているのではと勘違いしているようでした。そこで私はその説明を諦め、単に「YouTube動画をつくっています」と言うようにしています。いまのところ、勾留されたことはありません」

自分の愛するものをつくる人々を発見し、彼らと交流する方法は、セレブやタレントに関する古典的な概念を一変させた。「セレブ」という言葉はかつて、あらゆる年代や地域にまたがって、誰もが知っているような有名人を意味するものとして使われていた。しかし私はYouTubeに加わってから、誰に対してもではなく、一部の人々に対して有名という人物にますます遭遇するようになっている。私たちはいつだってキム・カーダシアンや英国のハリー王子のゴシップを聞いているような気がするが、いまや私たちの誰にでも、自分が情熱を傾けるものに共鳴してくれる人々を見つけて、自分自身の観客を集めることができるのである。

映画スタジオの重役やレコード会社のA＆Rが、依然として現代のエンターテイメントにおける人材発掘に重要な役割を演じている一方で、私たちの行動とネット上のコミュニケーションは、ある個人が形式化されていない方法を通じて、より急速にスポットライトを浴びることを可能にしている。そうした新しいタレントの多くが優れているのは、非常に21世紀的なスキルを持っているところだ。つまり力強くリアルな交流を、頻繁に生み出す力である。彼らのなかには、ポップカルチャーの大スターというより、友人に近い人々もいる。彼らは友人が使うのと同じようなツールを通じて私たちとコミュニケーションし、私たちは自分が傍観者というより、彼らの名声の協力者であるように感じる。自分たちがどのような貢献を行ったのか、後からたどることができるからだ。

レコード会社や映画スタジオ、テレビネットワーク、出版社は、彼らが持つ顧客に到達する力と、資金力を使って、今後も私たちのお気に入りになるような才能のある人々を発掘し、磨き上げ、宣伝し、維持していくだろう。しかしもはや、それがスターになる唯一の道ではなくなった。いまはネット上でどれほどの人々とつながっているか、そしてそれをどれほど効率的にできるかによって世間への露出が左右される時代であり、見た目が良い、適切なタイミングで適切な場所にいる、あるいは誰か有名な人物と関係があるといったことは、以前よりもずっと重要ではなくなったのである。

そして私たち自身も変わった。私たちはもはや、ただのファンではない。コミュニティの一員だ。そしてただの観客でもない。程度の差はあれ、私たちはみな参加者なのだ。

エンドカード

２００７年１月、ケン・スナイダー［RNickeyMouse］はベニスビーチで自転車に乗っていた。そのとき彼は、自分の新しいカメラで撮影したくなるものを見つけて、すぐにその映像を皆にシェアした。

それは颯爽とスケートボードに乗る——ブルドッグだった。

茶色と白が混ざったブルドッグは、長いピンクの舌を出しながら、小さな足で地面を蹴って、集まったティーンエイジャーのスケートボーダーの間をすり抜けていく。その姿はベニスビーチの注目を集め、すぐにネット上でも注目されるようになった。彼の動画「スケートボードする犬▣01」は、数百万回視聴され、多くのファンを集めた。さらにこの動画はその年、iPhoneの最初のＣＭでも使用された。多くの人々にとって、この映像はバイラル動画の楽しく、ひょうきんな世界を象徴するものだ。

このブルドッグ「ティルマン」は、「世界で最も速くスケートボードで走る犬」としてギネス世界記録に認定されただけでなく（そう、他にもそんな犬がいたのだ）、彼の飼い主でベストパートナーのロン・デイビスと、スキムボードやサーフィン、スノーボードを楽しむ犬だった。時間とともに、ティルマンはバイラル・ペット動画の愛好家の間で伝説的な存在になっていった。しかしティルマンは、

▣01
Skateboarding Dog
RNickeyMouse

ＹｏｕＴｕｂｅ本社で別の種類の伝説にもなっていた。まったくのとばっちりだったのだが、彼はメディア業界全体のなかで、最も悪名高い動物として認識されていたのである。

２０１１年から２０１３年にかけて、ティルマンの画像は、私が数えきれないほどのプレゼンテーションに登場した。そしてウェブ動画というコンテンツに対する、視聴者や業界パートナー、広告主が抱いているステレオタイプ的な捉え方の、究極のメタファーとして使われた。「スケートボードに乗る犬」というフレーズは、ウェブ上のエンターテイメントを嘲笑する表現として、頻繁に使われるようになった。ＹｏｕＴｕｂｅの経営陣はさまざまな記者会見、セールストーク、キーノートスピーチにおいて、定期的にこのフレーズを使い、自分たちのプラットフォームがアマチュアたちばかりだった時代から進化したことをアピールした。「ＹｏｕＴｕｂｅは、スケートボードに乗る犬だけのものではありません」と、繰り返し宣言したのである。当時のマーケティングチームの目標のひとつは、人々にこの明白な事実を知らしめることであるかのように感じられた。

正直言うと、こうした取り組みに私は混乱してしまった。「スケートボードに乗る犬」はシェークスピアの作品ではないことはわかっていたし、メディア専門家を含む多くの人々は、ＹｏｕＴｕｂｅに毎日のように生まれる新しい種類のクリエイティビティを、すぐに否定してしまいがちだということもわかっていた。しかし、この犬が業界の汚点を象徴するかのように扱われることにいら立ちを覚えていたのだ。我慢ならないと感じたのは、「スケートボードに乗る犬」が、私がＹｏｕＴｕｂｅについて愛していたすべてのものを思い起こさせるからだった。それは奇妙で、脈略がなく、びっくりさせられるものであり、テレビともラジオとも映画とも違っていた。それは私たち一人ひとりが、ＹｏｕＴｕｂｅが可能にした洗練された形での交流を通じて、有名にさせたものだった。私たちはそれを見て、シェアして、再発見した。私たちはひどい目にあったり、友人に「感情のギフト」を贈りたいと思ったりするたびに、それがもたらす喜びや驚きに参加したのである。ＹｏｕＴｕｂｅの世界では、それは日常生活にあふれる、小さな魔法の瞬間を祝うものだった。私にとって、まさにティルマンは（スケートボードの上で）この新しいメディアが持つ民主的な性質のすばらしさを象徴していた。

もちろんその後、ＹｏｕＴｕｂｅとウェブ・エンターテイメントは何年もかけて「スケートボードに乗る犬」の烙印を乗り越え、プロ並みのクリエイティビティと才能が、ウェブ上でも繁栄し始めたことを誰もが認めるようになった。スケートボードに乗ったティルマンの画像は、プレゼンテーションのスライドから姿を消した。そして日々現れる流行の動画のなかで、ペット動画がバイラルになる機会は次第に減っていった。

２０１５年が終わろうとするころ、小さなニュースが目に留まった。ティルマンが自然死したというのである。ロン・デイビスは愛するブルドッグについて、「私たちはこの10年間、一緒に出かけたり、スケートしたり、サーフィンしたりなど、いくつものすばらしい思い出をつくってきました」と記した。「私がどんなに寂しいと感じているか、言葉では表現できません。すべてのすばらしい時間をありがとう、ティリー」

私はこれを読んで、ひどく悲しくなった。誰でもペットを失った悲しみはひどいものだから、というだけではない。私にとってティルマンがふざける姿が、何もフィルタリングされていない自己表現のすばらしさを象徴していたように、彼の死が突如として、過ぎ去ったノスタルジックな時代の終わりを象徴するものに感じられたからである。ウェブ・エンターテイメントのビジネスが拡大し、プロフェッショナルなウェブ動画産業が繁栄するなかで、「スケートボードに乗る犬」のような、何も加工されていないセレンディピティの瞬間は生まれづらくなっているように感じられる。この新しい動画の世界について私が愛したもの、YouTubeのような場所を従来のエンターテイメントとは別の存在にしたものも、一緒に死んでしまったのだろうか？　それはお金と、広告と、伝統的なメディア・コングロマリットの流入によって消し去られてしまったのだろうか？　ウェブ動画が依然として、「民主的な創造革命」を代表する存在なのかどうか、私は疑問に思い始めた。

しかし世界中のどんなビジネスマンも、YouTubeを独自の存在にしているものを変えることはできない、というのが真実だ。私がこんなことを書いている間に、大部分のメディアにとってはまったく意味をなさないものが何百万と投稿され、視聴され、共有されている。私たち一人ひとりが、依然として何かを人気にさせ、重要なものにする力を持っている。明日は誰に新しいアイデアが生まれるだろう。まったく脈略がなくて、ナンセンスな創造のアイデアだ。しかしそれは、何百万人という人々の心に触れるものになるだろう。私たち誰もが、それを可能にするのだ。

その結果、現代は表現の歴史において、最も予測不可能で最も混乱している時代となっている。私たちはまだ、アマチュアとプロフェッショナルの両者によって生み出されたメディアの演じる役割が、劇的に変化する時期の入り口にいる。それが何を意味するのか、私たちは考えなければならない。

本書はウェブ動画とYouTubeに焦点を当てたが、それは私が最もよく知る領域だからである。しかしYouTubeは、私たちのネット上の行動が生活や周囲の世界に影響を与えるようになるという、より大きなトレンドにおける最大かつ最も多様な例のひとつにすぎない。YouTubeや他の多くのプラットフォームで提供されるものは、無秩序なように感じられるが、それらが集合体として文化に与える影響は、個々のどんな動画やミーム、クリエイターが与えるものよりも大きい。

こうした多くのYouTube現象（特に初期のもの）に関する裏話を聞いていると、繰り返し現れるテーマに気づくかもしれない。それは成功が、まったく偶然によって訪れるように見えることが非常に多いというものだ。親しい友人や親戚の間だけでシェアするはずだった動画（あるいはOK Goの場合で言えば、ミシェル・ゴンドリーだけに見せるつもりの動画）の人気が爆発して、独り歩きを始めるのである。そうした小さな動画でも、劇的な影響を大勢の人々に与えられるということは、ウェブ動画の時代が、視聴者へのアクセスが厳しく管理されていた時代とはどれほど違ったものになり得るかについて、多くを語っている。10年も経たないうちに、バンドがTRLで紹介されますようにと祈りを捧げる時代から、自ら裏庭で偶然ヒット作を生み出してしまう時代へと移ったのだ。しかしより多くの人々が、メディアとはどのように機能するものなのか、また人々はオンライン上でどのように行動するのかを理解し始めるようになると、インターネット文化は偶発的なものから意図的なものへと変化した。もはや最も人気のある動画やクリエイターのなかで、偶然成功したというケースはほとんどない。しかし自発的で、何も手の加えられていない精神は、依然として多くのヒット作品の中心に見ることができる。それは彼らが使う、多様で実験的な制作手法から、彼らが扱う思いがけないトピックに至るまで、さまざまな形で表れている。

ＹｏｕＴｕｂｅのようなプラットフォームがより商業化され、計算されたもののようになっていると感じたとしても、ウェブ動画を「変革するメディア」として際立たせている独自の性質、私たち自身が何かを生み出す力を持つという特徴は維持されている。それこそが、ＹｏｕＴｕｂｅを魅力的な存在にしているのだ。そこにはありとあらゆる体験をもたらす、クリエイティブなコンテンツと、他人との交流の場所が存在している。最高の動画やチャンネルが成功しているのは、そうした体験を、一定のリアル感と強度をもって提供しているからだ。私はＹｏｕＴｕｂｅという、インターネットのなかでひときわ目立つ場所において販促ツールの責任者をしているのだが[01]、自分が何かを人気にする力を持っているなどとはほとんど感じない。ただそれは、チャンネルの登録者が数千人のユーザーが感じるのと同じ形ではない。私のマーケティングチームの同僚たちが、ＹｏｕＴｕｂｅというブランドに対する人々の認識を高めようと努力している一方で、究極的には、数百万人のユーザーたちがそれをどう使うかによって「ＹｏｕＴｕｂｅ（そして人々の自己表現が後押しするあらゆるテクノロジー）とは何か」が決まるのである。

ＹｏｕＴｕｂｅは良くも悪くも、私たち自身のイメージによって形づくられている。それは「私たちは何者か」と「私たちは何を大切に思っているか」を最も幅広く、最も手の加えられていない形で映し出すものであり、私たちについて多くを語るのだ。

私たちは、自分がテクノロジーのために働くのではなく、テクノロジーが自分のために働くように強いる。道具を実際のニーズや欲求に合うようにするためには、どんな努力も惜しまない。その結果、道具をデザインした人が考えていたのと、かけ離れた形で使われるようになることもしばしばだ。YouTubeの創設者であるチャド、スティーブ、ジョードは、自分たちの新しい動画ホスティングサイトが、デート相手を募集するプロフィールに使われると考えていた。ASMRや、オートチューンで歌い出す大統領候補などのために、自分たちのサイトが使われるとは誰も予想しなかった。ウェブ動画の世界は、人々の熱意がどこまで深くなり得るものなのかを私たちに示してくれる。そしてニッチな趣味や、地理的に離れた場所にいるファンたち、あるいは個人的にはまっているものを、チャンネルやコミュニティ、そして新しいジャンルへと変えていく。

もちろん人はそれぞれ、違ったニーズを抱えている。時には自分の独特な情熱(エレベーターに対するものなど)を理解してくれる人々のコミュニティに、避難場所を求めて駆け込むこともある。あるいは単に、おならから逃げ切ることができるかどうかを知りたくなることもある(ありがとう、グレッグとミッチェル!)。しかしいくつかのニーズは、他のものよりも普遍的であり、私たちは見たり読んだり聞いた

01 | 一時期私は、YouTubeのホームページ上で、「ティッカー」モジュールと一緒に「スポットライト」モジュールも管理していた。これはYouTubeのすべてのデスクトップページにおいて、一番上に目立つリンクを表示するというものである。この役割のおかげで、私はYouTubeのオフィスで非常に有名になったのだが、同時に悲惨な目にあうことも多々あった。

りするものから、以前よりも多くを求めるようになっている。人々が自分の消費するメディアに対して求める基準は高まっており、それがすぐに下がることはないだろう。一方で目的のないものに対する許容度は下がっており、エンターテイメントが生活のなかで、より意味のある役割を演じることが求められるようになっている。多くの人気動画やチャンネルが愚かさの極みのような内容であることを考えると、これは奇妙に聞こえるだろう（「ニャンキャット」を見ても、自分が現代の啓もう主義への知的探求を行っているとは感じられないはずだ）。しかし思い出してほしいのは、ウェブ動画の価値は、必ずしもそのコンテンツで決まるわけではないという点だ。むしろそれは、動画が促すつながりによって決まる。このことはずっとそうだったと感じられるかもしれないが、メディアへの積極的な参加から得られる価値が、ポップカルチャーを促進する大きな力になったのは、最近になってからである。

私たちが人気者にする人々やコンテンツとは、何かにつながることや、お互いにつながり合うことを、より深く個人的なレベルで可能にし、さらに私たちに自分が何者か、何を大事に思っているかを表す方法を提供してくれる存在だ。いまや何かがどこまで到達するか、またどのような形で拡散するかは、それが持つビジネス上の価値ではなく、個人間の関係における価値で決まるのである。

伝統的なマスメディアは堅牢な構造で守られている。私たちがそこから一歩踏み出したことで、エンターテイメントと情報を一貫性があり、予測可能で、無害なものにしていた安全装置の一部を失った。20世紀には、大衆に到達したメッセージの大部分が、高額なシステムを使って放送されたものだったことを思い出そう。そしてそうしたシステムを維持するために、セールスや広告を通じて収入を得る必要があった。そのため既存の収益モデルを脅かす恐れのある、物議をかもすような表現形式には、チャンスは与えられなかった。創造性や表現に対して企業があれこれ口出しすることはしばしば馬鹿にされるが、予算を出す立場にいる人々が抱く、ブランドの安全性に対する懸念は、私たちが見たり聞いたりするものを制作し配信する人々に、義務感を植え付けるのだ。そのため無責任なメッセージが多くの人々に届けられるような状況は、実現が難しかったのである。

本書を執筆する過程で、私たちが創造している文化は長期的に見てどのような影響をもたらすのだろうかという、長年の疑問が頭に浮かんだ。「フェイクニュース」やネット上の集団による嫌がらせといった現象は、自分を表現し、他人や世界の出来事とつながるためのテクノロジーの新しい使い方が生み出した大きな問題の一部でしかない。民主主義はアナーキーのように感じられることが多い、と私は考えていた。

2010年代の中頃まで、文化的影響力を持つ人々の数はますます増加し、かつその顔ぶれは常に変わっていった。彼らはあらゆる人々を楽しませようとするのではなく、自分のごく狭い視聴者のほうだけを見ていた。2017年初頭、フェリックス・シェルバーグがウォール・ストリート・ジャーナルから反ユダヤ的ジョークを繰り返し使ったと訴えられたとき、彼の主なビジネスパートナー（そのなかにはYouTubeの「YouTubeオリジナルズ」プログラムや、ディズニー傘下のメーカースタジオも含まれていた）は彼との関係を打ち切った。騒動に驚いたシェルバーグは、ウォール・ストリート・ジャーナルの姿勢に動揺し、ジョークが行きすぎたものであったことを認めて謝罪した。より成熟した、確立されたメディア組織では、これほどの規模で視聴者にこの種のジョークが発信されることはほとんどない。シェルバーグがその場の思いつきで、最先端だと思ってやってしまったことは、他人にとって攻撃的で危険なものであり、また伝統的なメディアに組み込まれたフィルターは通過できない類のものだった。シェルバーグは動画による回答（それは数千万回再生された）のなかで、「私は限界に挑戦するのが好きですが、自分を駆け出しのコメディアンのように感じています。これまでも同じような過ちを犯してきたことでしょう」と語った。「しかしそれは常に、私にとって成長と学びの機会になってきました」。

当時27歳で、世界中のティーンエイジャーから知られる存在だったシェルバーグを、駆け出しのエンターテイナーだと考えるのは奇妙なことだろう。彼が起こした騒動は、新人のミスという以上のものだったし、シェルバーグは何のフィルタリングもなく情報発信できるメディアを通じて、たった数年で大学生ゲーマーから誰もがなじみの存在へと変身していた。そして数百万人という視聴者を抱えながら、毎日配信される番組において、制作スタッフは実質的にゼロだった。クリエイターは、自分の愚かな決断に個人として責任を持ち、視聴者が増えれば説明責任も大きくなる。浅い考えで取った行いが、膨大な数の人々に影響を与えるということが、簡単に起きるようになっているのだ。

ある意味において、私たちはみな新人だ。パフォーマーとして、そして視聴者コミュニティの一員として、このウェブ動画という仕組みがどのように機能するのかを理解しようとしている、新参者なのである。

私たちのネット上の行動が世界に与える新しい影響力は、きわめて過小評価されてきた。衛生が保たれたマスメディアの安全地帯（私たちの多くがそれと共に育った）の外側では、私たちの劣った自己が暴れ出してしまうことがある。不正を告発したり、コミュニティを組織したりするのと同じ場所が、誰かを軽率に攻撃したり、計算ずくで嫌がらせをしたりする場所になるのだ。より親密で個人的な形で自分自身を表現することのできるプラットフォームが、ネガティブな表現をも可能にする。

組織的ないじめに対する懸念が長年にわたって存在しているにもかかわらず、2015年と2016年には事態が悪化したように感じられる。ソーシャルメディア上で行われる組織立った行動が、いかにひどいものになり得るかが示されたのだ。セレブや活動家、そして一般の人々が、容赦のない差別や脅迫の標的にされた。コミュニティが中心となる主要なメディアプラットフォームのほぼすべてが（そこにはフェイスブックやツイッターも含まれていた）、この問題に取り組むことを余儀なくされることになった。

そして2016年の大統領選挙が訪れる。2008年はソーシャルメディア時代における最初の大統領選挙だったが、2016年はネットでの政治行動が持つ影響力が、伝統的なメディアのそれを上回るなかで行われた最初の大統領選挙となった。[02] それと同時に、説得力のある新たな声（それはさまざまな問題をはらむものだった）と、裏付けがなくフィルタリングもされていないコミュニケーションが大量に押し寄せてきた。さらには

02｜このことは数字でも確認できる。2016年、YouTube上での選挙関連コンテンツの視聴回数は、2008年時の８倍に達したのである。

これまでにない規模で大きな声が発せられ、複雑さをかき消してしまい、私たちが事実として信頼することに慣れてきたメッセージが、しばしば信頼できないものになってしまった。

こうした状況において最も難しいのは、これからどう進めるべきかというロードマップが存在しないことだ。私たちの声は、これまでになかったほど遠くまで届くようになったが、その影響力に対処する準備が十分にできていないように感じられる。

ケニヤッタ・チーズは私に、人々は「『注目の責任』を持つとはどういうことかを再度考える」必要があると語った。これほど簡単にメッセージを拡散し、コミュニティを形成することができる世界では、私たち全員が新しい倫理的義務を負う。私にとって、群衆行動と「フェイクニュース」論争は、そうした義務を無視してきた結果のように感じられる。「他人の注目を集め、維持することに長けた人々の多くが……気づかぬうちに、トロール〔ノルウェーの妖精の名前だが、ファンタジー作品では鬼のような姿の怪物として登場することが多く、近年はネット上で他人を攻撃する「荒らし」を指す言葉として使われている〕の一群を生み出してしまっている」とチーズは言った。「注目や私たちが持つ力には、物理法則がありますね。それにどの程度気づいているかは、人によってバラつきがあるんだよね」

それは本当だ。私たちの多くは、自分が持っている、公の議論や他人の物の見方に対する影響力を、あまりに過小評価してしまっている。そして自己表現の力を議論するときには、ポジティブな側面に注目することがほとんどだ。たとえば私たちは、自分が見る、あるいはつくる動画がいかに人々をつなげ、より大きなコミュニティにするのかについて考える。もしくは他人との交流が、個人の娯楽の源泉になることについて考える。「良い行いにフォーカスした、すばらしいコミュニティをつくり出すことはできる」とチーズは付け加えた。「でも愛を中心に何かをつくるのと同じ方法で、憎しみを中心に何かをつくることもできるんだ」

未来について考えるとき、技術的なイノベーションや、それが人間にとって何を意味するのかに焦点を当てることは簡単だ。エンターテイメントに関する技術の進歩や、オートメーション技術や機械学習の進歩が文化に大きな影響をおよぼすことはまちがいない。しかしそれにも増して、この10年間で議論されてきたのは、アクセスと流通だった。これらは退屈な言葉かもしれないが、これからの10年に対しても、大きな影響力を秘めている。

何千人という従業員が、YouTubeの裏側にあるシステムや戦略を長年にわたって支えてきたが、YouTubeを文化のタマゴが生まれる場所に変えたのは、それを毎日のように使う私たちだ。それは人々と世界的な出来事との関係のあり方や、知識を得る方法、そして音楽やセレブの概念を変えるメディアになった。私たち一人ひとりが、ネット上での小さな行動を通じて、日常における表現行為が世界に与える影響を増すことに手を貸している。そしてこれからは、私たち一人ひとりが、表現行為が日常生活に対して与える影響を生み出すことに手を貸していくだろう。次の百年間で、ウェブ動画が人々をどこに連れて行くのか——それを決めるのはプログラムのソースコードではなく、それを使う私たちだ。

それに伴う責任が持つ落とし穴を考えないほど、私はうぶではない。とはいえ、私は基本的には楽観視している。究極的には、企業の関心や投資対効果の追求によってよりも、個人の表現行為によって文化が形成される方が良いと信じているからだ。思いもよらないコミュニティやタレント、そして表現のかたちが存在する、奇妙で予測不可能な環境がこの10年間で生まれてきた。予想外のコミュニティが発生し、予想外のタレントが現れ、予想外だが創造力に富んだ表現のスタイルが広まった。そこは乱雑としか言いようのない場所だが、これまでのどのようなメディアよりも、私たちが何者かという現実をより良く反映している。私たちが生み出し、視聴し、共有してきた、取るに足らないと感じられるもの（そこにはもちろん「スケートボードに乗る犬」も含まれる）を通じて、私たちはお互いに理解を深め、自分にとって大切な人々やアイデアとの本当につながりを得る大きなチャンスを手にしているのである。

だからこそ、すべてのすばらしい時間をありがとう、ティリー。そして君がくれた、大変だけどためになる時間にも。これからの動画の世界には、もっともっと多くの、もっともっとすばらしいことが起きるだろう。

[RNickeyMouse]
Skateboarding Dog,YouTube,2007.6.28

謝辞

本書で扱ったトピックに関して、私が学んだものはすべて、多くの素晴らしい人々の支援と、インターネット上で創作活動を行う、魅力的で、奇妙で、情熱的な人々の優れたクリエイティビティを通じて得られたものだ。その全員にお礼を言うことはできないが、私は彼らに心から感謝している。

特に本書の制作においては、素晴らしく優秀で、疲れ知らずの編集者であるリー・ベレスフォードと、ブルームズベリーのチームに感謝の意を述べたい。彼らは私を信じ、制作を始めた当初からビジョンを共有してくれた。特にシンディ・ロー、ナンシー・ミラー、クリスティーナ・ギルバート、ジョージ・ギブソン、ローラ・キーフ、ニコル・ジャービス、シェイ・マクダニエル、マリー・クールマン、サラ・ニューに、執筆を支援してくれたことに感謝したい。またダン・レンバートはデザインにおいて、ジェナ・ダットンとローラ・フィリップスは文章の推敲において私を助けてくれた。皆さんと仕事することができて、私は本当に幸運だ。

ステファニー・ヒッギスには、本を書くという辛いプロセスを、楽しくて乗り越えられるものに変えてくれたことに（君は「江南スタイル」をまだ見たことがないっていう珍しい人だったけど）、またキラン・サミュエル、テイコ・ウエカワには、このカオスなテーマにおける事実確認や調査をしてくれたことに、それぞれ謝辞を述べたい。フォリオ・リテラリー・マネジメントのジェフ・クラインマンは私を励まし、どんな時にも正直なアドバイスをくれただけでなく、動画に関する本に何が求められるかを予想してくれた。

また私の古い友人で、同僚でもあるスティーブ、オリビア、クリストス、ビリー、ハミー、ベン・R、ベニー、ラフィ、エバン、マイケル、アンドリュー・G、デビッド・C、ケニャッタ、クティ、ケイシー、スコットに、インタビューに応じてくれたことを感謝したい。ジョーダン（キャプテン・スパークルズ）、ミッチとグレッグ（アサップサイエンス）、ゼ・フランク（バズフィード）、アンドリュー・R（エレベッツアーズ）、マリア（ジェントル・ウィスパリング）、ノイ、ジェフ・J、ジアーニそしてサラ（ウォーク・オフ・ジ・アース）、ダミアン（オーケー・ゴー）、クレイグ、サム・P、サム・Gそしてニック（ポゴ）、ベン・B（マイ・ナイス・タイ）、マット・N（カーズアンドウォーター）、ジエイソン・R、そしてビドコンで出会ったお父さんたち、またベア、クリス・T・レベッカ、サラ・Rの才能あふれる人々には、彼らの知識と物語を共有してくれたことに謝意を表する。

ジーナ、マット・T、アビー、クリス・D、さらにマーリー、ロス、アーネスト、カーリー、ボニー、ジェフ、ケビン・M、マット・D、マーク、バングス、テイラー、ラムヤ、マーニー、ステフ・S、エリザベス・L、ランス、エミリー、マーガレット・G、メグ・C、グラント・L、その他大勢のバックオフィスの人々に、心からの感謝を伝えたい。彼らは信じられないほど親切で、彼らの知見やアドバイス、支援を提供してくれた。ダニエル、アナ、ルシンダには前向きな心と信頼を与えてくれたのだが、そのことを私はずっと感謝し続けるだろう。スーザン、サラー、ロレーヌには、毎日のように素晴らしい人々が、素晴らしい成果を生み出すことを可能にする、一種のリーダーになってくれたことにお礼を言いたい。そしてスティーブ、いつもスティーブのままでいてくれてありがとう。

ケン・シンドラーにはティルマンの画像を使用する許可を与えてくれたことに、そしてケイティ・クレムにはクロエの愉快な画像を使用する許可を与えてくれたことに感謝を申し上げる。ケビン・A #2、アニア、レッド、トム、その他大勢の友人に対して、私がいろいろな集まりに顔も出さず、ふらふらと歩きまわっているのを我慢してくれたことに感謝したい。バネッサは執筆の最終段階において、思慮に富むフィードバックを与えてくれた。またロングアイランドシティのカフェ「コミュニティー（Communitea）」は、私の第2のオフィスと呼べるほどの場所を提供してくれた。

家族や親戚に対する感謝の言葉は、いくら口にしたとしても十分ではない。父は私が普通ではない道を進むことを可能にしてくれた。母は私のすることはすべて最善の選択だと考えてくれた（たとえそうでない時にも）。妹はさまざまな問題を解決してくれた。[00] いとこのテリーは故郷から離れた場所でも、故郷と同じ空間を私にくれた。本書を捧げた祖父のジョー・アロッカは、ラジオの商用サービスの登場、テレビの発明、インターネットの爆発、バーチャルリアリティの普及を目にした人物であり、何事にもたじろぐことはなかった。あなたはいつも私にインスピレーションを与えてくれて、あなたのように時代や環境に左右されることなく、自分の周囲につくり上げた生活や人間関係によって、自分を定義するような人物になりたいと思わせてくれた。

00 | 愛してるよ、クリスティン！ 動画制作における最初の協力者として、君以上の人はいなかっただろう。

最後に、その自己表現によって現在のＹｏｕＴｕｂｅをつくり出し、自分の傷つきやすい場所をさらし、リアルであることが難しい時代にリアルであろうとし、時にリスクを冒して自らの人生をシェアするという、怖くて不安で危険な行為をいとわない何百万もの人々に感謝をささげる。皆さんのこの行為こそが重要で、それが世界を変えつつあるのだ。

訳者あとがき

本書は２０１８年1月に出版された、*Videocracy: How YouTube Is Changing the World...with Double Rainbows, Singing Foxes, and Other Trends We Can't Stop Watching*（ビデオクラシー：ユーチューブはいかに世界を変えようとしているか……二重の虹と歌うキツネ、その他の見ずにいられない流行と共に）の邦訳である。著者のケビン・アロッカは、ユーチューブ社内で「カルチャー&トレンド」というチームのトップを務める人物。このチームの仕事内容については、ある求人サイト上で、「データを駆使してトレンドを追跡し、ユーチューブのストーリーやコンテンツを、年間数百万人ものユーザーの皆様とつなぐ」役割を果たすと解説されている。アロッカは２０１０年9月にトレンドマネージャーに就任して以降、足掛け8年にわたってこの職務を果たしており、ユーチューブの最前線に立って、この動画サービスの発展とそこで起きたさまざまな事件、トレンド、そしてバイラル動画を見てきたわけだ。「ユーチューブはいかに世界を変えようとしているか」を語る上で、これ以上適任の人物はいないだろう。

彼は数々の出来事を目にしてきただけに、本書の内容も多岐にわたっている。実は出会い系に使われることを想定していたという、ユーチューブの黎明期についての解説から、「ニャンキャット（Nyan Cat）」や「江南スタイル」のような有名なバイラル動画の顛末と、それらを事例とした「なぜバイラルが生まれるのか」の考察、また「オバマガール」のように政治家を動画で応援するという現象や、逆に「マカカ」事件のように政治家や権力を動画で追求するという現象、さらには日本でも近ごろ話題になっている「ＡＳＭＲ」のような最新の現象に至るまで、まるで宝石箱のように次々と興味深い話が披露されている。

一方で本書の関心は、ユーチューブを超えて、ウェブ動画というメディア全体にも向けられている。そのため「ドラゴスタ・ディン・テイ（日本でも『恋のマイアヒ』として大きな話題を集めた）」のような、ユーチューブ登場以前のバイラル現象や、世界初のバイラル動画とされる「ウィネベーゴ・マン」、ウェブ動画業界のイベント「ビドコン（VidCon）」、そこに集まる著名な動画配信者とそのファンたち、そして彼らを理解しようと努めるお父さん世代の様子などといった話題まで網羅されている。ユーチューブを中核に据えつつ、ウェブ動画とそれに関わる無数の人々、そして彼らが世界を変えようとしている姿を追った一冊と言えるだろう。

残念ながら著者のアロッカは、ユーチューブ本社がある米国を活動拠点としているため、本書では日本国内や日本発のトレンド、バイラル動画についてはあまり扱われていない。たとえば２０１６年に大流行した「ＰＰＡＰ」や、ヒットした音楽やダンスを一般人が自分でも真似してみるという「弾いてみた」「踊ってみた」系動画、そしてその到達点とも言える、同じく２０１６年の「恋ダンス」現象（星野源の曲『恋』に合わせ、同曲のpVで披露されたダンスを一般人が踊る動画が大量に投稿される現象が起き、レコード会社のビクターエンタテインメント側も、音源の使用を一時的に容認する姿勢を見せた）などは登場しない。

ただ本書で紹介される事例を読んでいると、「これは日本でいうあの事例に近い」や「同じような事件は日本でも起きた」と感じることが多いのではないだろうか。本書でアロッカが議論しようとしているのは、個々の事例ではない。それらはあくまでサンプルであり、その裏側にある大きな流れや、社会の変化を追うのが本書の目的だ。

たとえば日本でも、残念ながらさまざまな政治家が失言や失敗をおかし、それが録音・撮影されて失脚するといったことが起きている。またHIKAKINやはじめしゃちょーといった著名なユーチューバーが生まれており、子供たちの「なりたい職業ランキング」の上位にユーチューバーがランクインするようになっている。２０１１年には東日本大震災への配慮で放送中止されていた、九州新幹線全線開通を祝うＣＭがユーチューブ上で話題になり、放送再開に至るという出来事もあった（その後同ＣＭはＤＶＤ版が発売され、さらにカンヌ国際広告賞で金賞を受賞している）。本書で紹介されている事例や現象は、決して欧米に限定されているわけではない。同様の事例や、その根底にある社会や文化の変化は、世界中で起きているのだ。

本書の原題には「ビデオクラシー（Videocracy）」という造語が使われている。「cracy」とは「～による支配」を意味する接尾語で、たとえばデモクラシー（Democracy）であれば「市民（demos）による支配」で民主主義、テクノクラシー（Technocracy）であれば「技術（Technology）による支配」で「技術者や科学者などの専門家による政治支配」を意味する。さしずめビデオクラシーは「動画による政治支配」といったところだが、本書を読めば、「一般人を含む大勢の人々が動画を通じてコミュニケーションし、社会を動かしていく世界」をイメージした言葉だとわかるだろう。まさに本書は、このビデオクラシー現象の全体像を捉えようとしているのである。

ともすれば私たちは、こうした社会の変化を、「バズる」というような表面的な要素でしか見ようとしない。つまり「なぜあの動画は流行ったんだろう、どうすれば同じような流行を生み出せるのだろう」というわけだ。「少ない広告費でこの商品を流行させるには、流行りのバイラルCMを我社も起こすしかない」という場合もあるかもしれない。もちろんこうした動機は多くの人々が抱くものであり、責められるような話ではないだろう。本書もバイラル現象については大きく紙面を割いており、「どうすればバズれるのか」について答えを与えてくれている（余談だが、著者ケヴィン・アロッカがTEDで行ったスピーチ「バイラルビデオが生まれるメカニズム」は200万回以上再生されており、人々がこのテーマに対していかに大きな関心を抱いているかを示している）。

しかしいま身の回りで起きている「ビデオクラシー化」という大きな変化を、一本の動画が流行るか流行らないかだけで捉えてしまうのはもったいない。誰もが動画でコミュニケーションできる環境が生まれ、実際にそうするのが一般的な行為として定着することが、いかに画期的なことなのか。それを改めて考えてみる必要があるだろう。

20世紀の半ばに活躍した、マーシャル・マクルーハンという学者がいる。彼はカナダ出身の英文学者だったのだが、メディア研究に没頭し、現在ではその第一人者とみなされている。

マクルーハンは、人間が技術をつくるだけでなく、技術も人間をつくると考えた。つまり何らかの技術を使っているうちに、人間自身もそれに合わせて思考や行動のパターンを変えるというのである。これは突飛な発想というわけではなく、たとえば古代ギリシアの哲学者ソクラテスも、「書き言葉」という技術によって人間の記憶力が破壊されると訴えている。

マクルーハンも、文字や印刷機といったメディアの登場によって、人間の思考に一定の変化が生まれたと考えている。会話など音声によるコミュニケーションであれば、さまざまなメッセージが同時に発せられても問題ない。しかしテキストの場合、複数の文章を同時に読むというわけにはいかない。したがって、そこにはおのずと一定の方向性と意識の占有が生まれ（いま皆さんもこの文章だけを、初めから終わりに向かって読んでいるはずだ）、人々は直線的で論理的な思考をするようになり、究極的には文明の発展も促されたのだとマクルーハンは説いている。

彼の理論がどこまで現実に当てはまるかは別にして、程度の差はあれ、メディアの変化が人々の思考や行動まで変えてしまうということは実際に起きている。たとえば携帯電話の登場以前、私たちはきちんと場所と時間を決めてから待ち合わせしていた。しかしいまでは、あいまいな約束をしても、その後の通話やテキストのやり取りを通じて、目指す相手と問題なく落ち合うことができる。手元にあるのがスマートフォンであれば、事前にレストランやイベントの情報を詳しく調べておく必要もない。メディアの変化により、私たちはより柔軟に行動できる存在になったのである。

ではビデオクラシーの時代には、人間はどのような存在に変わっていくのか。その答えは人それぞれであり、本書にはケヴィン・アロッカ自身の意見が収められている。「バイラル動画のつくり方」という答えを得るだけでも良いのだが、ぜひ本書を通じて、私たちの近未来にも目を向けてみてほしい。

単なるウェブ動画で大げさな、と思われたかもしれない。しかし変化は着実に進行している。たとえば米国の若者の間で流行っている「スナップチャット」というメッセージアプリがある。これは米国版のLINEとも言える存在なのだが、おもしろいのは、起動するといきなり動画撮影モードになることだ。つまりコミュニケーションのデフォルトが、文字から動画に変わっているのである。もちろん画面をタップして、テキスト送信モードに変えることもできる。しかし「いきなり動画」でも多くのユーザーが受け入れるほど、若者の意識は変わろうとしているのだ。

また通信インフラも、この流れを後押ししている。現在の通信規格は4G（LTE）と呼ばれるものが主流だが、東京オリンピックが行われる2020年ごろから、次世代規格である5Gの整備が始まる。5Gはさまざまな面で4Gを上回る規格なのだが、通信速度は約百倍、通信容量は約千倍になることが期待されている。つまりこれまで以上に、動画によるコミュニケーションが容易になるわけだ。

こうした変化が進んでいる中で、人々が動画によるコミュニケーションを重要なものと位置付けても不思議ではない。前述の通り、いまさまざまな調査で、ユーチューバーに憧れを持つ子供が増えているという結果が出ている。こうした状況に対して、一部の大人たちからは「嘆かわしい」といった否定的な意見が示されている。しかし従来よりも親近感が感じられるメディアで、他のセレブよりも親近感が感じられる相手に憧れを抱くというのは、ひとつもおかしな話ではない。私たちもかつて、テレビに映る歌手や芸人に同じ感情を抱いていたはずだ。そして私たちの親も、そんな風潮を嘆いていたことだろう。

前述のマーシャル・マクルーハンも、「新しいテクノロジーが古い社会に導入されると、その社会はそれ自身がもっていた古いテクノロジーを理想化する傾向がある」と指摘している。新しい現象やテクノクラシーを理解できないときに用意する言葉は、否定や過去の理想化ではなく、「なぜそう感じるのか」「これまでと何が変わったのか」という問いであるべきだ。

そして本書は、そうした私たち（本書の言葉を借りれば「ＹｏｕＴｕｂｅが登場する前に大人になった人々」）の問いに答えを用意してくれている。ビデオクラシー時代の全体像を理解する一冊として、本書が役立てられることを願っている。

２０１８年12月

小林啓倫

abcnews.go.com/blogs/lifestyle/2013/09/little-sisters-unamused-reaction-to-disneyland-surprise-steals-the-spotlight/.

vi Richard Buskin, " Rick Astley 'Never Gonna Give You Up,' " Sound on Sound, Feb.2009. http://www.soundonsound.com/people/rick-astley-never-gonna-give-you.

vii Fred Bronson, *The Billboard Book of Number One Hits*(New York:Billboard Books, 2003), 693.

viii Tom Bromley, *Wired for Sound:Now That's What I Call an Eighties Music Childhood* (London:Simon & Schuster, 2012).

ix Matthew Moore, " Rickrolling:Rick Astley named Best Act Ever at the MTV Europe Music Awards," *Telegraph*, Nov.7, 2008. http://www.telegraph.co.uk/news/celebritynews/3395589/Rickrolling-Rick-Astley-named-Best-Act-Ever-at-the-MTV-Europe-Music-Awards.html.

x Gary Graff, " Rick Astley on Returning to the Spotlight with His No.1 Album '50' and the 'Weird' Phenomenon of Rickrolling," *Billboard*, Aug.1, 2016. http://www.billboard.com/articles/news/7454407/rick-astley-talks-new-album-50-rickrolling-being-back-in-spotlight-touring-america.

第 12 章

i Tom Butler, " Interview with Lindsey Stirling," *London Calling*, Oct.23, 2014. http://londoncalling.com/features/interview-with-lindsey-stirling.

ii T. L. Stanley, " Why Utah Is Poised to Be America's Next Tech and Creative Hub:College Grads, Beehive Work Ethic Put Silicon Slopes on the Map," *Adweek*, Jul.10, 2016. http://www.adweek.com/news/advertising-branding/why-utah-poised-be-americas-next-tech-and-creative-hub-172444.

iii Caroline Siede, " YouTube Stars Create Communities, Not Fans," *A.V. Club*, Jun.26, 2014. http://www.avclub.com/article/youtube-stars-create-communities-not-fans-205939.

iv Katie Calautti, " Hedda, Louella, and Now Tilda:The Hollywood Rivalry That Inspired *Hail Caesar!," Vanity Fair*, Feb.2, 2016. http://www.vanityfair.com/hollywood/2016/02/tilda-swinton-hail-caesar-hedda-hopper-louella-parsons.

v Lindsay Deutsch, " Unfiltered YouTube 'Changing Diversity' for Minorities," *USA Today*, Dec.20, 2014. http://www.usatoday.com/story/tech/2014/12/19/youtube-diversity-millennials/18961677/.

vi John Hartley, Jean Burgess, and Axel Bruns, *A Companion to New Media Dynamics*(Boston:Wiley-Blackwell, 2013), 361.

vii BFvsGF, " A New Chapter," *YouTube*, May 18, 2016. https://www.youtube.com/watch?v=I0KazRqlJ9U.

viii Peter Thunborg, " Youtube-jättens stora vinst:63 miljoner," *Expressen*, Jul.3, 2015. http://www.expressen.se/nyheter/youtube-jat tens-stora-vinst-63-miljoner/.

ix Lindsay Robertson, " We Must Stop Avril Lavigne from Owning YouTube," *Stereogum*, Jun.23, 2008. http://www.stereogum.com/1779993/we_must_stop_avril_lavigne_fro/vg-loc/videogum/.

x John Leland, " Where All the Beautiful People Are.Ho-Hum," *New York Times*, Sept.24, 2006. http://www.nytimes.com/2006/09/24/weekinreview/24leland.html?_r=0.

xi Rex Sorgatz, " The Microfame Game," *New York magazine*, Jun.17, 2008. http://nymag.com/news/media/47958/.

xii Anita Singh, " Zoella Breaks Record for First-Week Book Sales," *Telegraph*, Dec.2, 2014. http://www.telegraph.co.uk/news/celebritynews/11268540/Zoella-breaks-record-for-first-week-book-sales.html.

エンドロール

i PewDiePie, " My Response," YouTube, Feb. 16, 2017. https://www.youtube.com/watch?v=lwk1DogcPmU.

Journals 40, no.6 (2012):761. http://journals.sagepub.com/doi/pdf/10.1177/0093650212437758.

第 10 章

i Lisa Belkin, " An Internet Star's Mom Responds, " Motherlode, *New York Times*, Mar.25, 2011. http://parenting.blogs.nytimes.com/2011/03/25/an-internet-stars-mom-responds.

ii Jessica Hundley, " Patrice Wilson of Ark Music: ' Friday ' Is on His mind, " Pop & Hiss, *L.A. Times Music Blog*, Mar.29, 2011. http://latimesblogs.latimes.com/music_blog/2011/03/patrice-wilson-of-ark-music-friday-is-on-his-mind.html.

iii John Semley, " Patrice Wilson—Songwriter, Producer, " *Believer* 12, no.2 (Feb.2014). http://www.believermag.com/issues/201402/?read=interview_wilson.

iv Britt Peterson, " There Were Listicles That Went Viral Long Before There Was an Internet, " *Smithsonian Magazine*, Jul.2015. http://www.smithsonianmag.com/innovation/listicles-went-viral-long-before-internet-180955742/.

v Evie Nagy, " Ylvis Q&A:What ' The Fox ' (Viral Stars) Say About Their Surprise Hit, " *Billboard*, Sep.7, 2013. http://www.billboard.com/articles/news/5687218/who-is-ylvis-the-fox-creators-on-going-viral-and-whats-next.

vi Nancy Frates, " Meet the Mom Who Started the Ice Bucket Challenge, " TED video. https://www.ted.com/talks/nancy_frates_why_my_family_started_the_als_ice_bucket_challenge_the_rest_is_history/transcript?language=en.

vii ALS Association, *ALS Ice Bucket Challenge Donations Led to Significant Gene Discovery*, Jul.25, 2016. http://www.alsa.org/news/media/press-releases/significant-gene-discovery-072516.html.

viii Nico Bunzeck and Emrah Duzel, " Absolute Coding of Stimulus Novelty in the Human Substantia Nigra/VTA, " *Neuron* 51, no.3 (Aug.2006):369-79.

ix University College London, " Novelty Aids Learning, " UCL News, Aug.2, 2006. http://www.ucl.ac.uk/news/news-articles/news-releases-archive/newlearning.

x Tania Luna and LeeAnn Renniger, *Surprise: Embrace the Unpredictable and Engineer the Unexpected*(New York:TarcherPerigee, 2015).

xi Fathomas, " I Am Jason Steele, Creator of Charlie the Unicorn, Llama with Hats, and Other Internet Videos. Ask Me Anything!, " *Reddit*, Mar.2016, https://www.reddit.com/r/IAmA/comments/49prlm/i_am_jason_steele_creator_of_charlie_the_unicorn/d0trvpm/.

xii Jonah Berger, *Contagious:Why Things Catch On*(New York:Simon & Schuster, 2013), 156.

xiii " Bouquets and Brickbats:Ken Shucks Corn, and We All Care, " *Tribune*, Oct.20,2011. http://www.sanluisobispo.com/opinion/editorials/article39186507.html.

xiv Reggie Ugwu, " The Unbreakable Rebecca Black, " BuzzFeed, Aug.7, 2015. https://www.buzzfeed.com/reggieugwu/the-unbreak able-rebecca-black.

第 11 章

i Malaka Gharib, " Bono Comments on Invisible Children's Kony 2012 Campaign, " *One*, Mar. 12, 2012. https://www.one.org/us/2012/03/12/bono-comments-on-invisible-childrens-kony-2012-campaign/.

ii Jukin Media, " Behind The Video—Matt Little and ' Pizza Rat, ' " YouTube video posted Jun.9, 2016. https://www.youtube.com/watch?v=NpLzuTkgHO8.

iii Jeffrey Benner, " When Gamer Humor Attacks, " *Wired*, Feb.23, 2001. https://www.wired.com/2001/02/when-gamer-humor-attacks/.

iv Matthew Moore, " Finger-Biting Brothers Become YouTube Hit, " *Telegraph*, Dec.5, 2008. http://www.telegraph.co.uk/news/uknews/3564392/Finger-biting-brothers-become-YouTube-hit.html.

v Eliza Murphy, " Little Sister's Unamused Reaction to Disneyland Surprise Steals the Spotlight, " ABC News, Sep.25, 2013. http://

Movement:So Wrong, It's Right," *Time*, Jul.8, 2013. http://world.time.com/2013/07/08/norways-slow-tv-movement-so-wrong-its-right/.

vi Mireille Silcoff, " A Mother's Journey Through the Unnerving Universe of 'Unboxing' Videos," *New York Times Magazine*, Aug.15, 2014. https://www.nytimes.com/2014/08/17/magazine/a-mothers-journey-through-the-unnerving-universe-of-unboxing-videos.html?_r=0.

vii Nicole Chettle, " 'Unboxing' Internet Craze a Threat to Kids:Psychologists," *New Daily*, Jul.26, 2015. http://thenewdaily.com.au/life/tech/2015/07/26/unboxing-internet-craze-threat-kids-say-psychologists/.

viii Rosa Prince, " Toddlers Mesmerised by Surreal World of Unboxing Videos," *Telegraph*, Sept.22, 2014. http://www.telegraph.co.uk/news/worldnews/northamerica/usa/11112511/Toddlers-mesmerised-by-surreal-world-of-unboxing-videos.html.

ix Jackie Marsh, " 'Unboxing' Videos:Co-Construction of the Child as Cyberflâneur," Academia.edu (2015):10. http://www.academia.edu/20711532/Unboxing_videos_co-construction_of_the_child_as_cyberfl%C3%A2neur.

x Alfred Maskeroni, " Meet the Mysterious YouTube Food Surgeon Who Hypnotically Concocts Freaky Candy Hybrids," *Adweek*, Mar.9, 2016. http://www.adweek.com/adfreak/meet-mysterious-youtube-food-surgeon-who-hyp notically-concocts-freaky-candy-hybrids-170045.

xi Julie Beck, " The Existential Satisfaction of Things Fitting Perfectly into Other Things," *Atlantic*, Aug.14, 2015. http://www.the atlantic.com/health/archive/2015/08/the-existential-satisfaction-of-things-fitting-perfectly-into-other-things/401213.

xii Peatoire, " This Is Me Hydrating a Compressed Sponge," *Reddit*, 2014. https://www.reddit.com/r/oddlysatisfying/comments/2k2waq/this_is_me_hydrating_a_compressed_sponge/.

xiii Lecia Bushak, " Removing Earwax from an Ear Has Never Looked So Gross, Yet Satisfying," *Medical Daily*, Jun.19, 2015. http://www.medicaldaily.com/pulse/removing-earwax-ear-has-never-looked -so -gross-yet-satisfying-339114.

xiv Diana Bruk, " Watch Someone Pull Out a Monstrous Chunk of Ear Wax and Try Not to Hurl," *Cosmopolitan*, Jun.17, 2015. http://www.cosmopolitan.com/sex-love/news/a 42162/watch-someone-pull-out-a-monstrous-chunk-of-ear-wax/.

xv Siri Carpenter, " Everyday Fantasia:The World of Synesthesia," *American Psychological Association* 32, no. 3 (Mar.2001). http://www.apa.org/monitor/mar01/synesthesia.aspx.

xvi Wikipedia, https://en.wikipedia.org/wiki/Leiden frost_effect.

xvii Martha Ostergar, " 'What's Inside?': Kaysville Family Hits 100K Subscribers on YouTube," KSL.com, Aug.18, 2015. http:// www.ksl.com/?sid=36023553&nid=148.

xviii Adam Freelander, " Watching This Popular YouTuber Crush Household Objects with 100 Tons of Pressure Is Pure Catharsis," *Quartz*, Apr.8, 2016. http://qz.com/657279/watching-a-finnish-man-crush-household-objects-with-100-tons-of-pressure-is-pure-catharsis/.

xix Tori DeAngelis, " The Two Faces of Oxytocin," *American Psychological Association* 39, no.2 (Feb.2008). http://www.apa.org/monitor/feb08/oxytocin.aspx.

xx Jeffrey M. Zacks, *Flicker:Your Brain on Movies*(Oxford:Oxford University Press,2015).

xxi Thomas A. Willis, " Downward Comparison Principles in Social Psychology," Psychological Bulletin 90, no. 2 (Sept.1981):245-71. http://psycnet.apa.org/index.cfm?fa=buy.optionToBuy&id=1981-30307-001.

xxii Clint Rainey, " 10 Former Viral Sensations on Life After Internet Fame," Select All, *New York* magazine, Dec.2, 2015. http://nymag.com/selectall/2015/12/10-viral-sensations-on-life-after-internet-fame.html?mid=twitter_nymag#.

xxiii Silvia Knobloch-Westerwick et al., " Tragedy Viewers Count Their Blessings:Feeling Low on Fiction Leads to Feeling High on Life," *Sage* v Nick Purewal, " 'I learned the Irish National Anthem from Youtube clips' —CJ Stander excited to be part of Six Nations squad, " Independent.ie, Jan.1, 2016. http://www.independent.ie/sport/rugby/international-rugby/i-learned-the-irish-national-anthem-from-youtube-clips-cj-stander-excited-to-be-part-of-six-nations-squad-34407742.html.

vi Bruce I. Reiner, " Strategies for Radiology Reporting and Communication, " *Journal of Digital Imaging 26*, no. 5 (Sep.2013):PMC.

vii Riad S. Aisami, " Learning Styles and Visual Literacy for Learning and Performance, " *Procedia—Social and Behavioral Sciences 176 (2015):542, ScienceDirect*.

viii Joel D. Galbraith, "Active Viewing:An Oxymoron in Video-Based Instruction?, " Sep.14, 2004.

第 8 章

i Dina Bass, " Microsoft to Buy Minecraft Maker Mojang for $2.5 Billion, " *Bloomberg Technology*, Sep.15, 2014. https://www.bloom berg.com/news/articles/2014-09-15/microsoft-to-buy-minecra ft-maker-mojang-for-2-5-billion.

ii Steven Messner, " Over Four Years Went into Building This Gorgeous Minecraft Kingdom, " *PC Gamer*, Oct.6, 2016. http://www.pcgamer.com/minecraft-kingdom/.

iii " Changing Channels:Americans View Just 17 Channels Despite Record Number to Choose From, " *Nielsen*, May 6, 2014. http://www.nielsen.com/us/en/insights/news/2014/changing-channels-americans-view-just-17-channels-despite-record-number-to-choose-from.html.

iv Tim Molloy, " Discovery to Spend Another $50M on OWN, " *Wrap*, Feb.11, 2011. http://www.thewrap.com/discovery-spend-another-50m-own-24656/.

v Elise Hu, " Koreans Have an Insatiable Appetite for Watching Strangers Binge Eat, " Salt, *NPR*, Mar.24, 2015. http://www.npr.org/sections/thesalt/2015/03/24/392430233/koreans-have-an-insatiable-appetite-for-watching-strangers-binge-eat.

vi Carol Kino, " It's Not Candid Camera,It's Random Culture, " *New York Times*, Feb.4, 2011. http://www.nytimes.com/2011/02/06/arts/design/06random.html?_r=0.

vii Phil Kollar, " The Past, Present and Future of League of Legends Studio Riot Games, " *Polygon*, Sep.13, 2016. http://www.polygon.com/2016/9/13/12891656/the-past-present-and-future-of-league-of-legends-studio-riot-games.

viii Mike Snider, " Nielsen:People Spending More Time Playing Video Games, " *USA Today*, May 27, 2014. http://www.usatoday.com/story/tech/gaming/2014/05/27/nielsen-tablet-mobile-video-games/9618025/.

ix Dan Savage, " How It Happened:The Genesis of a YouTube Movement, " *Stranger*, Apr.13, 2011. http://www.thestranger.com/seattle/how-it-happened/Content?oid=7654378.

x Jonathan Wells, " Tyler Oakley:How the Internet Revolutionized LGBT Life, " *Telegraph*, Nov.12, 2015. http://www.telegraph.co.uk/men/thinking-man/tyler-oakley-how-the-internet-revolutionised-lgbt-life/.

第 9 章

i Nitin Ahuja, " 'It Feels Good to Be Measured':Clinical Role-Play, Walker Percy, and the Tingles, " *Perspectives in Biology and Medicine* 56,no. 3 (Summer 2013):442-51.

ii Emma L. Barratt and Nick J. Davis, "Autonomous Sensory Meridian Response (ASMR):A Flow-Like Mental State, " *PeerJ*, Mar.26, 2015. https://peerj.com/articles/851/.

iii George Gent, "WPIX's Night Before Christmas:Nothing Stirring But a Yule Log, " *New York Times*, Dec.9, 1966.

iv Haakon Wærstad, " How Do We Measure Viewing Figures, " *NRK*, Jun.21, 2011. https://www.nrk.no/telemark/slik-maler-vi-seertallene-1.7682457.

v Mark Lewis, "Norway's 'Slow TV'

walter-scott-feidin-santana-cell-phone-video/25497593/.

xv Valerie Bauerlein, " How Feidin Santana Caught South Carolina Shooting on Video, " *Wall Street Journal*, Apr.9, 2015. http://www.wsj.com/articles/south-carolina-shooting-fled-after-taking-cellphone-video-1428595282.

xvi James Queally and David Zucchino, " Man Who Recorded Walter Scott Shooting Says His Life Has Changed Forever, " *Los Angeles Times*, Apr.9, 2015. http://www.latimes.com/nation/nationnow/la-na-nn-videographer-south-carolina-20150408-story.html.

xvii Jeremy Borden, " House Approves Body Cam Bill, " *Post and Courier*, May 12, 2015. http://www.postandcourier.com/poli tics/house-approves-body-cam-bill/article_79c725ab-8045-5722-bf34-dc8fa00968af.html.

xviii Democracy Now!, " Two Years After Eric Garner's Death, Ramsey Orta, Who Filmed Police, Is Only One Heading to Jail, " YouTube video posted Jul.13, 2016. https://www.youtube.com/watch?v=QbM0uO8zy2E.

xix Stephen Bijan, " Social Media Helps Black Lives Matter Fight the Power, " *WIRED*, Nov.2015. https://www.wired.com/2015/10/how-black-lives-matter-uses-social-media-to-fight-the-power/.

xx Geoff Brumfiel, " Russian Meteor Largest in a Century, " *Nature International Weekly Journal of Science*, Feb.15, 2013. http://www.nature.com/news/russian-meteor-largest-in-a-century-1.12438.

xxi Kareem Fahim, " Slap to a Man's Pride Set Off Tumult in Tunisia, " *New York Times*, Jan.21, 2011. http://www.nytimes.com/2011/01/22/world/africa/22sidi.html?_r=1&pagewanted=2&src=twrhp.

xxii Thessa Lageman, " Mohamed Bouazizi:Was the Arab Spring Worth Dying For? " Aljazeera, Jan 3, 2016. http://www.aljazeera.com/news/2015/12/mohamed-bouazizi-arab-spring-worth-dying-151228093743375.html.

xxiii J. A. Barraza and P. J. Zak, " Empathy Toward Strangers Triggers Oxytocin Release and Subsequent Generosity, " Annals of the New York Academy of Sciences, 1167 (2009):182-189.

xxiv " Iran Doctor Tells of Neda's Death, " *BBC News*, Jun.25, 2009. http://news.bbc.co.uk/2/hi/middle_east/8119713.stm.

xxv Peter Gabriel, " Fight Injustice with Raw Video, " TED video. https://www.ted.com/talks/peter_gabriel_fights_injustice_with_video/transcript?language=en.

xxvi Josh Sanburn, " The Witness:One Year After Filming Eric Garner's Fatal Confrontation with Police, Ramsey Orta's Life Has Been Upended, " Time, Jul.17, 2015. http://time.com/ramsey-orta-eric-garner-video/.

xxvii Raphael Satter, " AP Exclusive:Witness to Paris Officer's Death Regrets Video, " Associated Press, Jan.11, 2015. https://apnews.com/5e1ee930 21b941629186882f03f1bb79.

xxviii Dan Verderosa, " Digital Media and Iran's Green Movement:A Look Back with Cameran Ashraf, " *Hub*, Dec.15, 2009. http://hub.witness.org/en/blog/digital-media-and-irans-green-movement-look-back-cameran-ashraf.

第 7 章

i Joseph Carroll, " 'Business Casual' Most Common Work Attire, " *Gallup*, Oct.4, 2007. http://www.gallup.com/poll/101707/business-casual-most-common-work-attire.aspx.

ii Newton N. Minow, " Television and the Public Interest, " (speech, Washington, D.C., May 9, 1961), *American Rhetoric*. http://www.americanrhetoric.com/speeches/newtonminow.htm.

iii Clarissa Ward, " Sneaking into Syria, " *CBS News*, Dec.5, 2011. http://www.cbsnews.com/news/sneaking-into-syria/.

iv Matt Bonesteel, " YouTube-Taught Javelin Thrower Julius Yego Wins Gold at World Championship, " *Washington Post*, Aug.26, 2015. https://www.washingtonpost.com/news/early-lead/wp/2015/08/26/youtube-taught-javelin-thrower-julius-yego-wins-gold-at-world-championships/?utm_term=.eccfecdc373a.

v Josh Sanburn, " The Ad That Changed Super Bowl Commercials Forever, " Time, May 25, 2016. http://time.com/3685708/super-bowl-ads-vw-the-force/.

vi " The Big Game Becomes a Month-Long, Multi-Screen Event on YouTube, " *Think with Google*, Jan.2015. https://www.thinkwithgoogle.com/articles/youtube-insights-stats-data-trends-vol9.html.

vii Ann-Christine Diaz, " Geico's ' Unskippable ' from the Martin Agency Is Ad Age's 2016 Campaign of the Year, " *Ad Age*, Jan.25, 2016. http://adage.com/article/special-report-agency-alist-2016/geico-s-unskippable-ad-age-s-2016-campaign-year/302300/.

viii London International Awards, " John Mescall McCann Melbourne Talks About ' Dumb Ways to Die ' the 2013 Grand LIA, " YouTube video posted Nov.8, 2013. https://www.youtube.com/watch?v=RrGWwS JL0yl.

ix " YouTube Data, " *Think with Google*, 2014. https://www.thinkwithgoogle.com/data-gallery/detail/top-10-youtube-ads-length-2014/.

x Alicia Jessop, " The Secret Behind Red Bull's Rise as an Action Sports Leader, " *Forbes*, Dec.7, 2012. http://www.forbes.com/sites/aliciajessop/2012/12/07/the-secret-behind-red-bulls-action-sports-success/#20b46b3d4ede.

第6章

i Fredrick Kunkle, " Fairfax Native Says Allen's Words Stung, " *Washington Post*, Aug.25, 2006. http://www.washingtonpost.com/wp-dyn/content/article/2006/08/24/AR2006082401639.html.

ii " Battleground States Poll, " Dow Jones & Company,Inc., *Wall Street Journal*, Oct.31, 2006. http://online.wsj.com/public/resources/documents/info-flash05a.html?project=elections06-ft&h=495&w=778&hasAd=1.

iii " 2008 Republican Insiders Poll, " *National Journal*, May 13, 2006. http://syndication.nationaljournal.com/images/513insiderspoll.pdf.

iv Jim Rutenberg and Jeff Zeleny, " Democrats Outrun by a 2-Year G.O.P. Comeback Plan, " *New York Times*, Nov.3, 2010. http://www.nytimes.com/2010/11/04/us/politics/04campaign.html.

v Michael Scherer, " Salon Person of the Year:S.R. Sidarth, " *Salon*, Dec.16, 2006. http://www.salon.com/2006/12/16/sidarth/.

vi Frank Rich, " 2006:The Year of the ' Macaca, ' " *New York Times*, Nov.12, 2006. http://www.nytimes.com/2006/11/12/opinion/12rich.html?_r=0.

vii Ben Cosgrove, " Kennedy's Assassination:How LIFE Brought the Zapruder Film to Light, " *Time*, Nov.6, 2014. http://time.com/3491195/jfks-assassination-how-life-brought-the-zapruder-film-to-light/.

viii Assassination Archives and Research Center, *Warren Commission Hearings*, vol 7, 576. http://www.aarclibrary.org/publib/jfk/wc/wcvols/wh7/html/ WC_Vol7_0292b.htm.

ix Dominic Evans and Fredrik Dahl, " Andy Mousavi Says Iran Vote Result a Fix, " *Reuters*, Jun.13, 2009. http://www.reuters.com/article/us-iran-election-mousavi-sb-idUSTRE55C1K020090613.

x *Frontline*, " A Death in Tehran, " PBS, 2009. http://www.pbs.org/wgbh/pages/frontline/tehranbureau/deathintehran/etc/script.html.

xi Robert Tait and Matthew Weaver, " How Neda Agha-Soltan Became the Face of Iran's Struggle, " *Guardian*, Jun.22, 2009. https://www.theguardian.com/world/2009/jun/22/neda-soltani-death-iran.

xii Associated Press, " Records Reveal Details About Past of Man Shot by Cop, " *CBS News*, Apr.11, 2015. http://www.cbsnews.com/news/south-carolina-details-walter-scott-michael-slager/.

xiii Christina Elmore and David MacDougall, " N. Charleston Officer Fatally Shoots Man, " *Post and Courier*, Apr.3, 2015. http://www.postandcourier.com/archives/n-charleston-officer-fatally-shoots-man/article_483b2c62-f65e-5c33-b92b-314062866c9a.html.

xiv Melanie Eversley, " Man Who Shot S. C. Cell Phone Video Speaks Out, " *USA Today*, Apr.9, 2015. http://www.usatoday.com/story/news/2015/04/08/

News, Aug.23, 2005. http://news.bbc.co.uk/2/hi/asia-pacific/4177622.stm.

iii Tim Kenneally, " ' Lip Sync Battle ' Premiere Delivers Ratings Records for Spike, " *Wrap*, Apr.3,2015. http://www.thewrap.com/lip-sync-battle-premiere-delivers-ratings-record-for-spike/.

iv Leigh Blickley, " John Krasinski on the Wild Car Ride That Inspired ' Lip Sync Battle, ' " Huffington Post, Aug.22, 2016. http://www.huffingtonpost.com/entr y/john-krasinski-on-the-wild-car-ride-that-inspired-lip-sync-battle_us_57b4cbf9e4b095b2f5424282.

v Emily Steel, " On Spike TV, Celebrities Clash Where Everyone Can Watch Their Lips Move, " *New York Times*, Mar.31, 2015. http:// www.nytimes.com/2015/04/01/business/media/lip-sync-battle-to-make-its-debut-on-spike-tv.html?_r=0.

vi Gillian Telling, " Lip Sync Battle:Inside TV's Newest Viral Sensation, " *Entertainment Weekly*, Apr.16, 2015. http://www.ew.com/article/2015/04/16/lip-sync-battle-producer-what-makes-show-so-popular.

vii Nathan McAlone, " Madonna Cofounded a Startup That Manufactures Viral Dance Trends—and ' Whip/Nae Nae ' Was Its First Monster Hit, " *Business Insider*, Jan.28, 2016. http://www.businessinsider.com/madonna-cofounded-a-company-that-creates-viral-dance-videos-and-whipnae-nae-was-its-first-monster-hit-2016-1.

viii Corban Goble, " Baauer, " *Pitchfork*, Aug.16, 2013. http://pitchfork.com/features/update/9187-baauer/.

ix Swiper Bootz, " The Haus SanDada,Sans Laurieann, Heavy on the Nicola...#OhNico lan, Michael, Asiel #Werethedancers, " *Art Nouveau Magazine*, Jan.17, 2012. http://www.an-mag.com/the-haus/.

x Sirius XM, " Lady Gaga: ' The Haus of Gaga Is a Real Thing ' //SiriusXM//Oprah Radio, " YouTube video posted Jun.13, 2011. https://www.youtube.com/watch?v=YQvT4QnFpWo.

xi Katy Perry, Twitter post, Jul.24, 2014, 10:07 a.m., https://twitter.com/katyperry/statuses/492310013894221824.

xii Jocelyn Vena, " Beyonce ' Nailed It ' in ' Girls ' Video, Choreographer Says, " *MTV News*,May 19, 2011. http://www.mtv.com/news/1664223/beyonce-run-the-world-girls/.

xiii Jocelyn Vena, " Justin Bieber Relives First Time He Heard ' Call Me Maybe, ' " *MTV News*, Sept.14, 2012. http://www.mtv.com/news/1693836/justin-bieber-carly-rae-jepsen-call-me-maybe/.

xiv " Hot 100 Songs:Year End Chart, " *Billboard*, 2012. http://www.billboard.com/charts/year-end/2012/hot-100-songs.

xv Shannon Carlin, " Carly Rae Jepsen on How You Get Tom Hanks to Star in Your Music Video, " Radio.com, Mar.6, 2015. http://radio.com/2015/03/06/carly-rae-jepsen-i-really-like-you-video-tom-hanks-interview/.

xvi " Everyone Listens to Music,But How We Listen Is Changing, " *Nielsen*, Jan.22, 2015. http://www.nielsen.com/us/en/insights/news/2015/everyone-listens-to-music-but-how-we-listen-is-changing.html.

第5章

i Noreen O ' Leary and Todd Wasserman, " Old Spice Campaign Smells like a Sales Success, Too, " *Adweek*, Jul.25, 2010. http:// www.adweek.com/news/advertising-branding/old-spice-campa ign-smells-sa les-success-too-107588.

ii Media Dynamics Inc., *Adults Spend Almost 10 Hours per Day with the Media,But Note Only 150 Ads*, Sept.22, 2014. http://www.mediadynamicsinc.com/uploads/files/PR092214-Note-only-150-Ads-2mk.pdf.

iii " Google Consumer Surveys, Canada, " *Think with Google*, Jan.2016. https://www.thinkwithgoogle.com/data-gallery/detail/canada-super-bowl-viewership-for-ads/.

iv Will Heilpern, " The 10 Most Shared Super Bowl Ads of All Time, " *Business Insider*, Jan.12, 2016. http://www.businessinsider.com/10-most-shared-super-bowl-ads-ever-2016-1.

ii Lawrence Lessig, *Remix*(New York:Penguin Press, 2008), 83. 邦訳、ローレンス・レッシング『REMIX ——ハイブリッド経済で栄える文化と商業のあり方』山形浩生訳、翔泳社、2010年

iii Matt Mason, *The Pirate's Dilemma:How Youth Culture Is Reinventing Capitalism*(New York:Free Press, 2009), 71. 邦訳、マット・メイソン『海賊のジレンマ ——ユースカルチャーがいかにして新しい資本主義をつくったか』玉川千恵子他訳、フィルムアート社、2012年

iv Scott Thill, " Kutiman's *ThruYou* Mashup Turns YouTube into Funk Machine, " *Wired*, Mar.25, 2009. https://www.wired.com/2009/03/kutimans-pionee/.

v U.S.Department of the Treasury, *Treasury Targets Additional Ukrainian Separatists and Russian Individuals and Entities*, Dec.19, 2014. https://www.treasury.gov/press-center/press-releases/Pages/jl9729.aspx.

vi Agence France-Presse, " Russia Tries to Curb Crimean Prosecutor's Internet Fame, " Inquirer.net, Apr.2, 2014. https://tech nology.inquirer.net/35177/russia-tries-to-curb-crimean-prosecutors-internet-fame.

vii Tom Ballard, " Part 1:Baracksdubs ' Fadi Saleh Started at UT in Pre-Med, " Teknovation.biz, Apr.12, 2016. http://www.tekno vation.biz/2016/04/12/part-1-baracksdubs-fadi-saleh-started-ut-pre-med/.

viii Michelle Jaworski, " Barack's Dubs:How a Biochemistry Student Makes President Obama Sing, " *Daily Dot*, Jul.16, 2012. http://www.dailydot.com/upstream/baracks-dubs-fadi-saleh-interview/.

ix Andres Tardio, " Meet the Man Behind the ' Sesame Street ' Rap Mash-Ups, " *MTV News*, Jun.8, 2015. http://www.mtv.com/news/2180975/sesame-street-mash-ups-animal-robot/.

x Liv Siddall, " The Art Student Behind Shia's DO IT!!!, " *Dazed*, Jun.9, 2015. http://www.dazeddigital.com/artsandculture/article/24996/1/the-art-student-behind-shia-s-do-it.

xi Hannah Ellis-Petersen, " Shia LaBeouf Collaborates with London Art Students on Graduation Project, " *Guardian*, May 27, 2015. https://www.theguardian.com/film/2015/may/27/shia-labeouf-collaborates-london-art-students.

xii Timothy D. Taylor, *Strange Sounds:Music, Technology and Culture* (New York:Routledge,2001), 45.

xiii Jonathan Patrick, " A Guide to Pierre Schaeffer, the Godfather of Sampling, " *FACT*, Feb.23, 2016. http://www.factmag.com/2016/02/23/pierre-schaeffer-guide/.

xiv Andy Baio, " Fanboy Supercuts, Obsessive Video Montages, " *Waxy*, Apr.11, 2008. http://waxy.org/2008/04/fanboy_supercuts_obsessive_video_montages/.

xv Patrick Kevin Day, " ' Sorkinisms ' Reveals Aaron Sorkin's Penchant for Recycled Dialogue, " *Los Angeles Times*, Jun.26, 2012. http://articles.latimes.com/2012/jun/26/entertainment/la-et-st-sorkinisms-aaron-sorkin-20120626.

xvi Roger Moore, " ' Downfall ' Presents Human but Still-Grim Look at Hitler, " *Orlando Sentinel*, Apr.5, 2005. http://articles.orlando sentinel.com/2005-04-05/news/0504040307_1_hitler-downfall-eva-braun.

xvii Emma Rosenblum, " The Director of *Downfall* Speaks Out on All Those Angry YouTube Hitlers, " *Vulture*, Jan.15,2010. http://www.vulture.com/2010/01/the_director_of_downfall_on_al.html.

xviii " Libya Starts to Reconnect to Internet, " *BBC News*, Aug.22,2011. http://www.bbc.com/news/technology-14622279.

xix " Muammar Gaddafi:Bizarre Quotes from the ' Mad Dog of the Middle East, ' " *Sydney Morning Herald*, Oct.21, 2011. http://www.smh.com.au/world/muammar-gaddafi-bizarre-quotes-from-the-mad-dog-of-the-middle-east-20111021-1mbcb.html.

xx Lawrence Lessig, *Remix*(New York:Penguin Press, 2008), 83.

第4章

i John Philip Sousa, " The Menace of Mechanical Music, " *Appleton's Magazine* 8 (1906).

ii " Turkmenistan Bans Recorded Music, " *BBC*

注

プリロール

i "Price List:Broadcast Camera Equipment for Television," Radio Corporation of America, Jan.1959.

ii Bernard Rosenberg and David Manning White, *Mass Culture:The Popular Arts in America* (Glencoe, IL:Free Press,1957), 519.

第1章

i Scott Kirsner, "Why Did YouTube Win? An Interview with Co-founder Chad Hurley from 2005," *Boston Globe*, Feb.16,2015. http://www.betaboston.com/news/2015/02/16/why-did-youtube-win-an-interview-with-co-founder-chad-hurley-from-2005.

ii acmuiuc, "r|p2006:YouTube:From Concept to Hypergrowth—Jawed Karim," YouTube video posted Apr.22,2013. https://youtu.be/XAJEXUNmP5M.

iii Arthur C. Clarke, *Profiles of the Future* (London:Orion,2013).

iv T-Pain, Twitter post, Jul 29, 2012, 2:43p.m. https://twitter.com/TPAIN/status/229693595437912064.

v Katy Perry, Twitter post, Aug.21, 2012,2:19 a.m. https://twitter.com/katyperry/status/237841455782182912.

vi Sukjong Hong, "Beyond the Horse Dance:Viral vid 'Gangnam Style' Critiques Korea's Extreme Inequality," *Open City*, Aug.24, 2012. http://opencitymag.com/beyond-the-horse-dance-viral-vid-gangnam-style-critiques-koreas-extreme-inequality/.

vii Jaeyeon Woo, "Psy Reveals All About 'Gangnam Style,'" *Wall Street Journal*, Aug.9, 2012. http://blogs.wsj.com/koreareal time/2012/08/09/psy-reveals-all-about-%E2%80%98gangnam-style%E2%80%99/.

viii Alphabet Investor Relations, "Google Q3 2012 Earnings Call," YouTube video posted Oct.18, 2012. https://www.youtube.com/watch?v=gEifqZU7ntY.

第2章

i jm42892, "Lonelygirl15 Creators Nightline Interview," YouTube video posted Nov.17, 2006. https://www.youtube.com/watch?v=rnjZzDeepE8.

ii Fine Brothers Entertainment, "YOUTUBERS REACT TO LONELYGIRL15," YouTube video posted Dec.27, 2015. https://www.youtube.com/watch?v=qhjLjaCt1DM.

iii Elena Cresci, "Lonelygirl15:How One Mysterious Vlogger Changed the Internet," *Guardian*, Jun.16, 2016. https://www.theguardian.com/technology/2016/jun/16/lonelygirl15-bree-video-blog-youtube.

iv Harrison Jacobs, "Here's Why PewDiePie and Other 'Let's Play' YouTube Stars Apr.So Popular," *Business Insider*, May 31, 2015. http://www.businessinsider.com/why-lets-play-videos-are-so-popular-2015-5.

v Ze Frank, "My Web Playroom," TED video posted Oct.15, 2010. https://www.ted.com/talks/ze_frank_s_web_playroom/transcript?language=en.

vi Sahil Patel, "85 percent of Facebook video is watched without sound," *Digiday*, May 17, 2016. http://digiday.com/platforms/silent-world-facebook-video/.

vii Rick Kissell, "Jimmy Fallon's 'Tonight Show' Audience Biggest Since Johnny Carson Exit," *Variety*, Feb.27, 2014. http://variety.com/2014/tv/ratings/upon-further-review-jimmy-fallons-first-week-drew-the-largest-tonight-show-audience-since-johnny-carsons-exit-1201122644/.

viii Edinburgh International Television Festival, "The Late Late Show:Conquering America with Corden and Carpool Karaoke," YouTube video posted Aug.26, 2016. https://www.youtube.com/watch?v=66VEMLRCsyg.

第3章

i Elizabeth Fish, "Profiles in Geekdom:Chris Torres, Creator of Nyan Cat," *PC World*, Feb.4, 2012. http://www.pcworld.com/article/249299/profiles_in_geekdom_chris_torres_creator_of_nyan_cat.html.

A—Z

わ

記号類

や

ら

ま

は

た

な

さ

か

索 引

あ

著者：ケヴィン・アロッカ［Kevin Allocca］
YouTube トレンド・カルチャー統括部長。ボストンカレッジ（コミュニケーション／映像研究）卒業後、Huffington Post（現 HuffPost）等をへて、2010年 YouTube（Google）入社。TED 講演『バイラルビデオが生まれるメカニズム』は200万回以上再生され、話題となった。バイラル動画分析の第一人者として世界各国で講演を行っている。ニューヨーク在住。

訳者：小林啓倫［こばやし・あきひと］
経営コンサルタント。筑波大学大学院修士課程修了後、米バブソン大学にてMBA 取得。コンサルティングファーム、大手メーカー等で先端テクノロジーを活用した事業開発に取り組む。著書『FinTech が変える！』『IoT ビジネスモデル革命』他、訳書『HUMAN + MACHINE 人間＋マシン』『プロフェッショナルの未来』『テトリス・エフェクト』他多数。個人ブログ「POLAR BEAR BLOG」は2011年度のアルファブロガー・アワード受賞。

YouTube の時代——動画は世界をどう変えるか

2019年 3 月 6 日　初版第 1 刷発行

著　者　　ケヴィン・アロッカ
訳　者　　小林啓倫

発行者　　長谷部敏治

発行所　　NTT 出版株式会社
〒141-8654 東京都品川区上大崎 3-1-1 JR東急目黒ビル
営業担当 TEL 03(5434)1010 FAX 03(5434)1008
編集担当 TEL 03(5434)1001
http://www.nttpub.co.jp/

ブックデザイン　加藤賢策（LABORATORIES）

印刷・製本　　精文堂印刷株式会社

ISBN 978-4-7571-0384-9 C0055